21世纪信息科学与电子工程系列精品教材

无线局域网(WLAN)设计与实现

段水福　厉晓华　段　炼　编著

浙江大學出版社

内容提要

本书较为详细地介绍了无线局域网的概述、标准、关键技术、设备及附件、拓扑结构、规划与设计、安全与 QoS 设计以及安装、配置与调试、测试与验收等。

本书内容丰富，叙述深入浅出，不仅注重理论方法的引导，更注重工程实际的应用。本书可作为大专院校信息工程类、计算机网络技术等专业的教材，同时也适合从事网络组建、网络管理等工程技术人员阅读。

图书在版编目（CIP）数据

无线局域网（WLAN）设计与实现 / 段水福，厉晓华，段炼 编著.
—杭州：浙江大学出版社，2007.11(2019.7 重印)
ISBN 978-7-308-05617-5

Ⅰ.无… Ⅱ.①段… ②厉…③段… Ⅲ.无线电通信—局部网络—高等学校—教材 Ⅳ.TN925

中国版本图书馆 CIP 数据核字（2007）第 164234 号

无线局域网(WLAN)设计与实现

段水福　厉晓华　段　炼　编著

责任编辑　王元新
封面设计　刘依群
出版发行　浙江大学出版社
（杭州市天目山路 148 号　邮政编码 310007）
（网址：http//www.zjupress.com）
排　　版　杭州中大图文设计有限公司
印　　刷　嘉兴华源印刷厂
开　　本　787mm×1092mm　1/16
印　　张　21
字　　数　551 千
版 印 次　2007 年 11 月第 1 版　2019 年 7 月第 11 次印刷
书　　号　ISBN 978-7-308-05617-5
定　　价　49.00 元

总　序

浙江大学是一所具有100多年办学历史的学科门类齐全的教育部直属综合性重点大学，是一所基础坚实、实力雄厚、特色鲜明，居于国内一流水平的中国著名高等学府。近几年来，学校以全面提高教育和科研水平、培养合格优质人才为中心，改革创新，与时俱进，教学质量、科研水平以及办学效益都进入了历史上最好的发展时期。

浙江大学一贯十分重视教材、专著和学报的建设。老校长竺可桢就在许多场合多次讲过：要重视教材的建设，要有好的图书和设备。他屡次过问学校的教材和专著的编写和出版。在抗日战争时期，竺可桢校长精心地组织浙江大学的图书期刊内迁贵州遵义，抗战胜利后又完整地迁回杭州。尽管当时物质条件十分困难，他仍组织相关部门用黄黑的再生纸影印了部分教材。当时浙江大学有一个教材组，依靠同学们勤工俭学刻印蜡纸，油印出版了教师自编讲义。纸张虽然是草纸，但同学们刻写得非常认真，错字很少，图和公式刻写得很漂亮。就在那样的条件下，每个同学仍都能从图书馆借到一份教材和从教材组领到讲义。同学们夜自修在油灯下攻读，艰苦奋斗，保证了浙江大学高质量教学的顺利进行。

教材建设是高校教学建设的主要内容。编写出版一本好的教材，就意味着开设了一门好的课程，甚至可能预示着一个崭新学科的诞生。当前，浙江大学出版社已精心组织编写了21世纪信息科学与电子工程系列精品教材，涉及的学科包括电路理论与应用、信号与系统、数字信号处理、微电子、微光学、通信系统、电磁场与微波等。其中既有本科专业课程教材，也有研究生课程教材，可以适应不同院系、不同专业、不同层次的师生对教材的需求，广大师生可自由选择和自由组合使用。这套系列丛书要求体现以下特点：

学术水平高。丛书的作者大部分是浙江大学重点学科的学术带头人、博士生导师。他们一般都承担着高水平的国家科研项目。他们的著作含有独特的见解，是科研成果的结晶，代表了学校的学术水平和发展趋势。

教学效果好。这套丛书的主要作者长期从事教育工作，有着丰富的教学经验。这套教材既有作者个人长期把纷繁的教材内容、教育改革的成果进行综合、提炼升华成的理论，又有师生集体日积月累学习使用的心得体会。

我相信，这套教材可用于高等院校有关专业的大学生、研究生的教学，也可作为研究所、工矿企业有关科技人员的参考书。对于我国教育与科学技术的发展一定能起到积极的作用。

中国工程院副院长、院士　潘云鹤

前　言

无线局域网(wireless LAN)简称 WLAN,是利用无线射频技术构成的局域网络,它不需要铺设电缆,不受节点布局的限制。网络拓扑结构具有很大的灵活性,而且安装便捷、使用灵活、费用节省、易于扩展。无线局域网应用范围非常广泛,是当今网络发展的一个主要潮流,可应用于无线办公、无线医院、无线校园、无线社区、无线厂房、无线 SOHO、无线会议等。当前,无线城市的概念也逐渐开始出现在各种媒体中。

无线局域网越来越受到全球的普遍关注,它就像一颗璀璨的明珠,在众多 IT 技术中显得尤为醒目耀眼,很多人都想方设法去研究和掌握它,然而,实际上它并不简单,因为要想真正理解它,单就技术而言,就需要了解网络技术、微波通信技术和信息安全技术等。本书以循序渐进的方法,试图让读者快速地熟悉无线局域网的关键技术,迅速地了解无线局域网的设备性能,并能掌握无线局域网的配置技巧,从而达到轻松自如地设计与组建无线局域网的目的。这是撰写本书的指导思想,也是章节安排的线索。

全书共 10 章,主要内容包括:第 1 章是无线局域网概述,主要介绍无线局域网的基本概念、技术定位、采用的频段、技术分类、管理机构以及发展历程;第 2 章是无线局域网标准,主要介绍国际主流标准——IEEE 802.11 系列标准,除此之外,还介绍了 WiMAX 系列标准;第 3 章是无线局域网关键技术,主要介绍物理层的关键技术、数据链路层的关键技术;第 4 章是无线局域网设备及附件,主要介绍常用设备工作原理和产品实例,如无线网卡、无线天线、无线 AP、无线网桥、无线路由器、以太网供电(POE)交换机以及无线交换机等;第 5 章是无线局域网拓扑结构,主要介绍无中心拓扑和有中心拓扑,以及无线网状网(Mesh)拓扑结构;第 6 章是无线局域网规划与设计,主要介绍无线局域网的设计方法和步骤——确定设计目标,进行需求分析、站点确定、设备选型、设计方案的编写等过程,并附有设计成功案例;第 7 章是无线局域网安全与 QoS 设计,主要介绍无线局域网的安全措施,以及如何在无线局域网中实现安全策略和 QoS 功能;第 8 章是无线局域网安装,主要讲解无线接入点 AP 的安装;第 9 章是无线局域网配置与调试,包括无线客户端、无线接入点 AP 及无线交换机的配置与调试;第 10 章是无线局域网测试与验收,主要介绍测试的观点、工具、项目以及方法,最后讲解无线局域网的优化。

本书力图将一般性的模式和规律总结出来呈现给读者,希望读者读完此书后能够对无线局域网的技术和应用有一个整体的认识,并且在遇到实际问题时能够轻松地拿出一个实用、合理的解决方案。

在介绍无线局域网设备配置时，本书以杭州华三通信技术有限公司生产的无线控制器 H3C WX5002 系列为例来说明无线交换机的配置，具有一定的代表性，读者可以举一反三。在此，感谢杭州华三通信技术有限公司的鼎力支持。同时也感谢浙江大学网络与信息中心提供组建无线局域网的实践机会。

由于作者水平有限，书中难免存在错误和不当之处，恳请读者批评指正。

编者

2007 年 10 月于杭州

目　录

第1章

无线局域网概述

一般而言，凡是采用无线传输的计算机局域网络都可称为无线局域网(wireless local-area network，WLAN)。具体地说，以无线电波、激光、红外线等来代替有线局域网中的部分或全部传输媒介便构成了无线局域网。而就应用层面来讲，它与有线网络的用途完全一样，两者的最大区别在于传输媒介的不同。无线数据通信不仅可以作为有线数据通信的补充和延伸，而且还可以与有线网络环境互为备份。

无线局域网是计算机网络与无线通信技术相结合的产物。它利用射频(radio frequency，RF)技术，取代旧式的双绞线构成局域网络，提供传统有线局域网的所有功能。网络所需的基础设施不需再埋在地下或隐藏在墙壁里，而且可以随需移动或变化。它使用无线信道来接入网络，为通信的移动化、个人化和多媒体应用提供了潜在的手段，并成为宽带接入的有效手段之一。因此，无线局域网可以达到“信息随身化、便利走天下”的理想境界。

1.1 各种无线网技术定位

目前，市场上采用无线网技术进行通信的手段很多。例如利用蓝牙(bluetooth)和红外(IrDA)技术组成的网络，传输数据速率中低(<1Mbps)，传输距离短，因而将它们定义为无线个人网(wireless personal area network，WPAN)。WPAN 主要用于个人用户的工作空间，典型的距离覆盖为几米，可以与计算机同步传输文件，也可以访问本地外围设备，如打印机等。

而利用 IEEE 802.11b，IEEE 802.11a，IEEE 802.11g 等标准组成的网络，其传输数据速率达到中高(2～54Mbps)，传输距离中等，因而定义为无线局域网(WLAN)。这也给出了无线局域网的狭义定义——凡是遵循 IEEE 802.11 系列协议标准的网络均定义为无线局域网。许多文章和书籍都采用这样的定义。这些协议是由国际电气与电子工程师协会(IEEE)制定的，经过多年的发展已经逐渐成为事实上的行业标准。这也是本书要介绍的重点。

此外，我们还可以从图 1.1 中看出利用其他技术组成的无线城域网(WMAN)和无线广域网(WWAN)的定义。

WPAN 无线个人网	WLAN 无线局域网	WMAN 无线城域网	WWAN 无线广域网
IrDA Bluetooth	802.11b 802.11a 802.11g	802.16 MMDS LMDS	GSM GPRS CDMA 2.5~3G
中低数据速率	中高数据速率	高数据速率	低数据速率
短矩离	中等距离	中长距离	长距离
笔记本/PC机/ 打印机/键盘/电话	笔记本电脑和 手持设备无线联网	固定, 最后一公里接入	PDA设备与手持 设备到互联网
<1Mbps	2~54Mbps	22~54Mbps	10~384Kbps

图 1.1 各种无线网技术定位

1.2 无线局域网采用非专用频段

尽管各类无线网所遵循的标准和规范有所不同,但就其传输方式来看则不外乎两种:无线电波方式和红外线方式。其中,红外线传输方式是目前应用最广泛的一种无线网技术,我们使用的家电遥控器几乎都是采用了红外线传输技术。从图 1.2 可看出,红外线辐射的电磁频谱在可见光和微波之间。利用红外线进行通信的网络通过空气传输数据,红外线系统使用相当高的频率作为传输数据机制。作为一种无线网的传输方式,红外线传输的最大优点是不受无线电波的干扰,而且红外线的使用也不会被国家无线电管理委员会加以限制。但是,红外线传输方式的传输质量受距离的影响非常大,并且红外线对非透明物体的穿透性也非常差,这就直接导致了红外线传输技术与计算机无线网的"主角地位"无缘。相比之下,无线电波传输方式的应用则广泛得多了。

从图 1.2 可以看出,无线电波划分为许多频段,其中有的分配给广播、电视或移动电话使用,这些频段的使用需要经过各个国家的无线电管理委员会批准。而无线局域网一般选择的是 ISM 频段,这里 ISM 分别取于 Industrial,Scientific 及 Medical 的第一个字母。许多工业、科研和医疗设备的发射频率均集中于该频段。ISM 频段又分为工业(902～928MHz)、科学研究(2.42～2.4835GHz)和医疗(5.725～5.850GHz)三个频段——由美国联邦通信委员会(federal communications commision ,FCC)分配的不必许可证的无线电频段(功率不能超过 1W)。1997 年 1 月,国际标准组织核准了用于无线局域网(WLAN)的是科学研究和医疗频段。这个频段,在各个国家的无线管理机构中,例如美国的 FCC、欧洲的 ETSI 和日本的 MKK 都是非注册使用频段。在美国,如果发射功率及带宽辐射满足美国联邦通信委员会(FCC)的要求,则无须向 FCC 提出专门的申请即可使用 ISM 频段。这样,使用 IEEE 802.11 的客户端设备就不需要任何无线许可,所以无线局域网的组建无须有关部门的批准。这项政策使各大公司和终端用户不需要获得 FCC 许可证就可以生产和使用无线产品,从而促进了 WLAN 技术的发展和应用。

900MHz ISM 频段指的是 902～928MHz 的频率,更为正确的定义是 915±13MHz,带宽为 26MHz,主要用于工业。900MHz ISM 频段曾用于无线局域网,但是该频段过于狭窄,使得

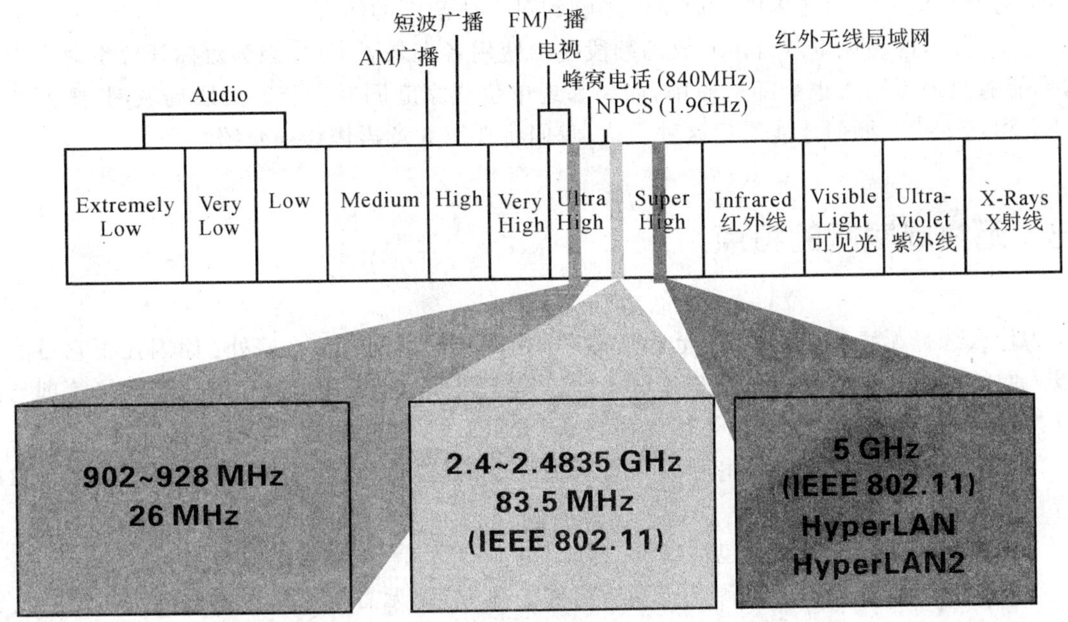

图1.2 无线局域网采用非专用频段

900MHz ISM 频段使用大为减少。当然,家用无绳电话和无线监控系统现在仍使用这个频段。

2.4GHz ISM 频段指的是 2.400～2.500GHz 的频率,更为正确的定义是2.4500GHz±50MHz,带宽为 100MHz,主要留给科学研究用。无线局域网遵循 IEEE 802.11,802.11b 和 802.11g 标准的相关产品都使用这一频段,它是3个 ISM 频段中最为常用的。实际上,在这 100MHz 的带宽中无线局域网设施实际使用的只是 2.4000～2.4835GHz 频段,所以实际无线局域网的带宽只有 83.5MHz,其最主要的原因在于 FCC 限定了 2.4GHz ISM 频段中的功率输出只能在此频段。

5GHz ISM 频段指的是 5.15～5.825GHz 的频率,带宽总计为 675MHz,主要划给医疗事业用。无线局域网使用不是全部带宽,而只是使用了其中的一部分。

除了 ISM 频段外,在美国,FCC 还划定了3个 UNII(unlicensed national information infrastructure)都位于 5GHz,带宽为 100MHz。5GHz UNII 频段由3个独立带宽为 100MHz 的频段组成,分别称为低、中、高频段,主要用于 IEEE 802.11a 的相关产品。低频段指的是 5.15～5.25GHz 频率。中频段指的是 5.25～5.35GHz 频率。高频段指的是 5.725～5.825GHz 频率。每个频段中又有4个由 5MHz 间隔的非重叠的频道。FCC 规定低频段是用于室内设备,中频段可以兼顾室内与室外设备,高频段只能适用于室外设备。因为大多接入点都位于室内,所以 5GHz UNII 频段可允许存在8个使用低、中频段的非重叠的室内 AP。

值得指出的是,虽然采用了 ISM 频段,无需批准即可组建无线局域网,但无线网络设备的射频规范必须成为重点关注的部分。我国的频率管理机构是国家无线电管理局(state radio regulatory commision,SRRC)。SRRC 是隶属于信息产业部的一个部门。为了明确射频功率对人体的辐射以及对电子设备的电磁干扰的界限,国家无线电管理局在 2002 年颁布了 353 号规定《关于调整 2.4GHz 频段发射功率限值及有关问题的通知》文件。其中明确规定,室内无线设备的等效射频功率不得高于 20dBm(100mW),室外无线设备的等效射频功率不得高于 27dBm(500mW)。因此,在规划新的无线网络时,应该严格遵循国家规定,控制无线电射频,避免超标的射频信号对园区内电子设备的影响和对人体健康的伤害。

还要指出，这种免申请自由开放的频段也给使用者带来了不便，因为对你开放也对别人开放，你能随便使用别人也能随便使用，如果邻近单位或家庭同时安装了无线局域网，则两个系统就会相互干扰。如何才能避免这种干扰，我们将在第5章再作详细介绍。

1.3 无线局域网的特点

为什么选择无线局域网技术？也就是说，采用无线局域网有什么好处？原因在于它目前拥有以太网的传输速率（现已达到108Mbps）。此外，无线高速IEEE标准也简化了网络管理与技术支持部门的工作流程，并确保具有与其他基于IEEE标准的无线产品的互操作能力。

无线局域网技术具有经济和自由配置所需设备的特点，特别适合于无法预测变化与发展的应用环境中。

一些常用的无线网络应用包括以下三点。

(1)便携式计算：能够将资源安排到所需要的地方，而无需要求每台计算机或每个办公室之间的硬线连接。利用无线局域网，可以从任何一间教室或办公室通过一条硬连线连接到无线访问点，从而通过无线局域网的适配器为多个PC设备提供网络访问能力。

(2)灵活、移动的Internet访问能力：对众多试图提供独特的Internet与电子邮件访问能力的公司来说，传统的有线技术具有很大的费用制约性，而采用无线网络就不必有这些顾虑，并能够向职员提供公司内的移动网络访问能力。

(3)集成化的远程站点与设备：无线技术能够用来连接以太网的网络硬件，提供对远程站点与用户快速、经济的集成。我们只需花费少量的挖沟铺设电缆的费用或者每月支付一定的使用费用，就能够利用该技术提供视线内连接（最远连接25英里内的天线），或者替代连接各建筑物间的T1硬连线。无线的点到点或单点到多点连接，不仅能够服务于办公室、仓库、咖啡馆甚至图书馆等公用设施，而且还可支持全社区信息和教学网络。无线技术还能够使多个公司不必使用电缆或专用线路，共享一条连接到Internet的高速链路。

更快的Internet访问速度增强了公司的能力，极大地降低了租用线路的再发生费用，从而带来巨大的经济效益。利用无线网桥你能够向客户提供将远程站点接入单一局域网的经济合理的解决方案，并能够避免像高速公路、铁路、河道等有线连接时所面临的种种阻碍。没有许可申请要求，没有通行权问题，也没有租用线路的再发生费用，无线桥路的费用将远远低于T1线路或光纤电缆。另外，它还具有方便安装和配置的特点，可在一天之内安装完毕。

无线局域网可以作为传统有线网络的延伸，在某些环境中还可以替代传统的有线网络。对比于传统的有线网络，无线局域网的显著特点包括：

◆ 移动性。在大楼或园区内，局域网用户不管在什么地方都可以实时地访问信息。

◆ 安装的快速性和简单性。安装无线局域网系统既快速又简单，同时消除了穿墙或过天花板布线的繁琐工作。

◆ 安装的灵活性。无线技术可以使网络遍及有线网络所不能到达的地方。

◆ 减少投资。尽管无线局域网硬件的初始投资要比有线硬件高，但一方面无线网络减少了布线的费用，另一方面在需要频繁移动和变化的动态环境中，无线局域网的投资更有回报。

◆ 扩展能力。无线局域网可以组成多种拓扑结构，也可以十分容易地从少数用户的对等网络模式扩展到上千用户的结构化网络。

下面介绍一些有关无线网使用的技术。

目前,使用较广泛的近距无线通信技术有蓝牙(bluetooth)、无线局域网 802.11(Wi-Fi)和红外数据传输(IrDA)。同时,还有一些具有发展潜力的近距无线技术标准,它们分别是 ZigBee、超宽频(ultra wideband)、短距通信(NFC)、WiMedia、GPS、DECT 和专用无线系统等。它们都有其立足的特点,或基于传输速度、距离、耗电量的特殊要求,或着眼于功能的扩充性,或符合某些单一应用的特别要求,或建立竞争技术的差异化等,但是没有一种技术可以完美到足以满足所有的需求。

现将几种主要的技术简述如下。

1.4 Bluetooth 技术

蓝牙(bluetooth)技术是近几年出现的,广受业界关注的近距无线连接技术。它是一种无线数据与语音通信的开放性全球规范,以低成本的短距离无线连接为基础,可为固定的或移动的终端设备提供接入服务。

蓝牙技术是一种无线数据与语音通信的开放性全球规范,其实质内容是为固定设备或移动设备之间的通信环境建立通用的近距离无线接口,将通信技术与计算机技术进一步结合起来,使各种设备在没有电线或电缆相互连接的情况下,能在近距离范围内实现相互通信或操作。其传输频段为全球公用的 2.4GHz ISM 频段,提供 1Mbps 的传输速率和 10m 的传输距离。

蓝牙技术诞生于 1994 年,当时 Ericsson 为建立手机及其附件间的通信,决定开发一种低功耗、低成本的无线接口。该技术还陆续获得了 PC 行业界巨头的支持。1998 年,蓝牙技术协议由 Ericsson,IBM,Intel,NOKIA、Toshiba 等 5 家公司达成一致。

蓝牙协议的标准版本为 IEEE 802.15.1,由蓝牙小组(SIG)负责开发。IEEE 802.15.1 的最初标准是基于蓝牙 1.1 实现的,后者已被构建到现行的很多蓝牙设备中。新版 IEEE 802.15.1a基本等同于蓝牙 1.2 标准,具备一定的 QoS 特性,并完整保持后向兼容性。

但蓝牙技术遭遇到最大的障碍是过于昂贵,突出表现在芯片大小和价格难以下调、抗干扰能力不强、传输距离太短、信息安全问题等。这就使得许多用户不愿意花大价钱来购买这种无线设备。因此,业内专家认为,蓝牙的市场前景取决于蓝牙价格和基于蓝牙的应用是否能达到一定的规模。

1.5 IrDA 技术

红外线数据协会 IrDA(infrared data association)成立于 1993 年。起初,采用 IrDA 标准的无线设备仅能在 1m 范围内以 115.2 Kbps 的速率传输数据,但很快发展到 4Mbps 和16Mbps 的速率。

IrDA 是一种利用红外线进行点对点通信的技术,是第一个实现无线个人网(WPAN)的技术。目前,它的软、硬件技术都很成熟,在小型移动设备如 PDA、手机上都已广泛使用。事实上，当今每一个出厂的PDA以及许多手机、笔记本电脑、打印机等产品都支持IrDA。

IrDA的主要优点是无需申请频率的使用权，因而红外通信成本低廉，并且还具有移动通信所需的体积小、功耗低、连接方便、简单易用等的特点。此外，红外线发射角度较小，传输安全性高。

IrDA的不足之处在于它是一种视距传输，两个相互通信的设备之间必须对准，中间不能被其他物体阻隔，因而该技术只能用于2台(非多台)设备之间的连接。而蓝牙就没有此项限制，且不受墙壁的阻隔。IrDA目前的研究方向是如何解决视距传输问题及怎样提高数据传输率。

1.6 NFC技术

近距离无线传输(near field communication，NFC)是由Philips，NOKIA和Sony主推的一种类似于射频识别技术 (radio frequency idenfication ，RFID)的短距离无线通信技术标准。和RFID不同的是，NFC采用了双向识别和连接。

NFC最初仅仅是遥控识别和网络技术的合并，但现在已发展成无线连接技术。它能快速自动地建立无线网络，为蜂窝设备、蓝牙设备、Wi-Fi设备提供一个“虚拟连接”，使电子设备可以在短距离范围内进行通讯。NFC的短距离交互大大简化了整个认证识别过程，使电子设备间互相访问更直接、更安全和更清楚，不用再听到各种电子杂音。

NFC通过在单一设备上组合所有的身份识别应用和服务，帮助解决记忆多个密码的麻烦，同时也保证了数据的安全保护。有了NFC，多个设备如数码相机、PDA、机顶盒、电脑、手机等之间的无线互联、彼此交换数据或服务都将有可能实现。

此外，NFC还可以将其他类型无线通讯(如Wi-Fi和蓝牙)“加速”，实现更快和更远距离的数据传输。每个电子设备都有自己的专用应用菜单，而NFC可以创建快速安全的连接，无需在众多接口的菜单中进行选择。与知名的蓝牙等短距离无线通讯标准不同的是，NFC的作用距离进一步缩短且不像蓝牙那样需要有对应的加密设备。

同样，构建Wi-Fi家族无线网络需要多台具有无线网卡的电脑、打印机和其他设备。除此之外，还得有一定技术的专业人员才能胜任这一工作。而NFC被置入接入点之后，只要将其中两个设备靠近就可以实现交流，比配置Wi-Fi连接容易得多。

NFC有以下两种应用类型：

(1)设备连接。除了无线局域网，NFC也可以简化蓝牙连接。比如，手提电脑用户如果想在机场上网，他只需要走近一个Wi-Fi热点即可实现。

(2)实时预定。比如，海报或展览信息背后贴有特定芯片，利用含NFC协议的手机或PDA，便能取得详细信息，或是立即联机使用信用卡进行票券购买，而且，这些芯片无需独立的能源。

总而言之，这项新技术正在改写无线网络连接的游戏规则，但NFC的目标并非是完全取代蓝牙、Wi-Fi等其他无线技术，而是在不同的场合、不同的领域起到相互补充的作用。如今的NFC发展态势相当迅速，有后者居上之势。

1.7 ZigBee 技术

ZigBee 主要应用在短距离范围之内，并且数据传输速率不高的各种电子设备之间。ZigBee 名字来源于蜂群使用的赖以生存和发展的通信方式，蜜蜂通过跳 ZigZag 形状的舞蹈来分享新发现的食物源的位置、距离和方向等信息。

ZigBee 联盟成立于 2001 年 8 月。2002 年下半年，Invensys，Mitsubishi，Motorola 以及 Philips 半导体公司的四大巨头共同宣布加盟 ZigBee 联盟，以研发名为 ZigBee 的下一代无线通信标准。到目前为止，该联盟大约已有 27 家成员企业。所有这些公司都参加了负责开发 ZigBee 物理和媒体控制层技术标准的 IEEE 802.15.4 工作组。

ZigBee 联盟负责制定网络层以上协议。目前，标准制订工作已经完成。ZigBee 协议比蓝牙、高速率个人区域网或 802.11x 无线局域网更为简单实用。

ZigBee 可以说是蓝牙的同族兄弟，它使用 2.4 GHz 波段，采用跳频技术。与蓝牙相比，ZigBee 更简单、速率更慢、功率及费用也更低。它的基本速率是 250Kbps，当速率降低到 28Kbps 时，传输范围可扩大到 134m，并获得更高的可靠性。另外，它可与 254 个节点联网，可以比蓝牙更好地支持游戏、消费电子、仪器和家庭自动化应用。人们期望能在工业监控、传感器网络、家庭监控、安全系统和玩具等领域拓展 ZigBee 的应用。

ZigBee 技术特点主要包括以下几个部分：

◆ 数据传输速率低。只有 10～250Kbps，专注于低传输应用。

◆ 功耗低。在低耗电待机模式下，两节普通 5 号干电池可使用 6 个月以上。这也是 ZigBee 的支持者所一直引以为豪的独特优势。

◆ 成本低。因为 ZigBee 数据传输速率低、协议简单，所以大大降低了成本。积极投入 ZigBee 开发的 Motorola 以及 Philips，均已在 2003 年正式推出芯片，飞利浦预估，应用于主机端的芯片成本和其他终端产品的成本比蓝牙更具价格竞争力。

◆ 网络容量大。每个 ZigBee 网络最多可支持 255 个设备，也就是说，每个 ZigBee 设备可以与另外 254 台设备相连接。

◆ 有效范围小。有效覆盖范围为 10～75m，具体依据实际发射功率的大小和各种不同的应用模式而定，基本上能够覆盖普通的家庭或办公室环境。

◆ 工作频段灵活。使用的频段分别为 2.4GHz，868MHz(欧洲)及 915MHz(美国)，均为非注册频段。

根据 ZigBee 联盟目前的设想，ZigBee 的目标市场主要有 PC 外设(鼠标、键盘和游戏操控杆)、消费类电子设备(TV，VCR，CD，VCD，DVD 等设备上的遥控装置)、家庭智能控制(照明、煤气计量控制及报警等)、玩具(电子宠物)、医护(监视器和传感器)、工控(监视器、传感器和自动控制设备)等非常广阔的领域。

1.8 UWB 技术

超宽带技术(ultra wideband,UWB)是一种无线载波通信技术,它不采用正弦载波,而是利用纳秒级的非正弦波窄脉冲传输数据,因此,其所占的频谱范围很宽。

UWB 可在非常宽的带宽上传输信号,美国 FCC 对 UWB 的规定为:在 3.1～10.6GHz 频段中占用 500MHz 以上的带宽。由于 UWB 可以利用低功耗、低复杂度发射/接收机实现高速数据传输,在近年来得到了迅速发展。它在非常宽的频谱范围内采用低功率脉冲传送数据而不会对常规窄带无线通信系统造成大的干扰,并可充分利用频谱资源。基于 UWB 技术而构建的高速率数据收发机有着广泛的用途。

UWB 技术具有系统复杂度低、发射信号功率谱密度低、对信道衰落不敏感、低截获能力、定位精度高等优点,尤其适用于室内等密集多径场所的高速无线接入,非常适于建立一个高效的无线局域网或无线个人网(WPAN)。

UWB 主要应用在小范围、高分辨率,能够穿透墙壁、地面和身体的雷达和图像系统中。除此之外,这种新技术适用于对速率要求非常高(大于 100 Mbps)的 WLAN 或 WPAN。

UWB 最具特色的应用将是视频消费娱乐方面的无线个人网(WPAN)。现有的无线通信方式802.11b和蓝牙的速率太慢,不适合传输视频数据;54 Mbps 速率的 802.11a 标准可以处理视频数据,但费用昂贵。而 UWB 有可能在 10 m 范围内,支持高达 110 Mbps 的数据传输速率,不需要压缩数据就可以快速、简单、经济地完成视频数据处理。

具有一定相容性和高速、低成本、低功耗的优点使得 UWB 较适合家庭无线消费市场的需求。UWB 尤其适合近距离内高速传送大量多媒体数据以及可以穿透障碍物的突出优点,让很多商业公司将其看作是一种很有前途的无线通信技术,应用于诸如将视频信号从机顶盒无线传送到数字电视等家庭场合。当然,UWB 未来的前途还要取决于各种无线方案的技术发展、成本、用户使用习惯和市场成熟度等多方面的因素。

虽然每一种无线技术都将遇到它们自身的特殊任务,而且人们在各个地方使用不同的技术,但是它们将有可能配合工作。对于企业来说,绕过主要的无线通信运营商可以节约可观的成本。从长远来看,企业应密切关注各种无线通信技术的发展,选择最适合自己需要的一种标准。

1.9 无线局域网的组织机构

大多数计算机的相关硬件和技术都遵循一定的标准,无线局域网也不例外,不同厂家的产品能够互相兼容,都归功于遵循统一的标准。各国都有相应的组织机构来负责标准的起草和管理。通过对无线局域网技术法律和标准的理解,使我们在实施任何一个无线局域网的时候都能确保遵循兼容标准,并且不与现行的法律法规相抵触。

1.9.1 频率管理机构

美国的频率管理机构是联邦通信委员会(federal communications commision,FCC),其主

要负责协调美国国内和国际的广播、电视、有线和卫星通信等。制定无线局域网必须遵循的法律规定了无线局域网使用的频率和功率、传输技术以及如何在不同的场合使用不同的无线局域网产品。

我国的频率管理机构是国家无线电管理局(state radio regulatory commision,SRRC)。SRRC 隶属于信息产业部。信息产业部是主管全国电子信息产品制造业、通信业和软件业,推进国民经济和社会服务信息化的国务院组成部门。其主要职责是:制定无线电频谱规划,合理开发利用频谱资源;负责无线电频率资源的指配和管理;负责无线电台(站)管理和无线电监测,协调处理电磁干扰事宜,维护空中电波秩序;依法组织实施无线电管制;负责卫星轨道位置协调;根据授权参加有关国际无线电会议,负责涉外无线电管理工作。

1.9.2　标准制定组织

讲到标准化组织,不得不首先提到国际电气和电子工程师联合会(institute of electrical and electronic engineers ,IEEE),IEEE 总部设在美国纽约,1985 年在北京也成立了分部。

IEEE 是美国信息产业大多数标准的制定者,它在 FCC 制定的法律范围内制定标准。它不但制定了几乎所有电子和电气的标准,还制定了几乎涵盖任何技术领域的标准,包括汽车、海运、超导体等。当然几乎所有的无线局域网标准也是由 IEEE 制定的(参见第 2 章)。

中国的国家标准是由中国国家标准化管理委员会来进行制定和管理的。该委员会也称为中华人民共和国国家标准化管理局(standardization administration of the people's republic of china ,SAC),它是由国务院授权的履行行政管理职能,统一管理全国标准化工作的主管机构。它的主要职责是:参与起草、修订国家标准化法律、法规的工作;拟定和贯彻执行国家标准化工作的方针、政策;拟定全国标准化管理规章,制定相关制度;组织实施标准化法律、法规和规章制度;负责制定国家标准化事业发展规划;负责组织、协调和编制国家标准(含国家标准样品)的制定,修订计划;负责组织国家标准的制定、修订工作;负责国家标准的统一审查、批准、编号和发布等。

还有一些组织,如欧洲电信标准委员会(european telecommunications standards institute,ETSI)和我国宽带无线 IP 标准工作组(china broadband wireless IP standard drop ,BWIPS)也做了许多工作。如中国宽带无线 IP 标准工作组的主要任务:提出宽带无线 IP 技术领域相关标准制、修订项目和相关标准的研究课题建议,开展相关标准的起草、意见征求和审查协调等标准制修订工作;开展相关标准在国内外的研讨、宣传、咨询、服务和培训等活动,推动宽带无线 IP 技术相关标准的有力实施;开展与对口的国际标准化组织的交流与合作,推荐、提交相关国际标准的提案;受部科司委托,办理有关事务。在 2003 年 5 月 12 日,编写了《信息技术系统间远程通信交换局域网和城域网特定要求第 11 部分:无线局域网介质访问控制和物理层规范》和《信息技术系统间远程通信和信息交换局域网特定要求第 11 部分:无线局域网介质访问控制和物理层规划——2.4GHz 频段较高速物理层扩展规范》,起草的标准由国家标准化管理委员会发布,标准编号为 GB15629.11 和 GB15629.1102,并于 2003 年 12 月 1 日起实施。

还有一些协会和民间组织,如红外线数据协会(infrared data association ,IrDA)及无线以太网兼容联盟(wireless ethernet compatibility alliance,WECA)等组织,都在无线局域网领域作出了不可磨灭的贡献。著名的 Wi-Fi 标准就是由 WECA 提出的。有关标准将在第 2 章中有详细阐述。

1.10 无线局域网的发展历程

人类采用无线技术进行通信已经非常悠久了,但是真正使用无线技术实现计算机的通信还是近三十几年的事情。了解一些无线局域网的发展历程能使我们更好地理解无线局域网技术。

进入 20 世纪 70 年代,人们就开始进行无线电技术与网络技术相融合的研究。1971 年,夏威夷大学的一项研究课题首次将网络技术与无线通信技术相结合,研究人员创造了第一个基于封包式技术的无线通信网络,这个网络称为 ALOHNET。它将分散在 4 个岛屿中的 7 个校园的计算机利用无线的方式连接起来,提供双向的数据通信。

20 世纪 80 年代,伴随着以太网的迅猛发展,具有不用架线、灵活性强等优点的无线局域网也开始兴起。但早期的产品速度非常慢,只有 19.2Kbps~1Mbps。1985 年,FCC 开放了 ISM 频段,允许在低功率条件下无照使用这些频段,也就是我们常说的免许可证频段。这一开放对无线局域网产业产生了巨大的积极影响,使无线局域网设备的顺利开发和广泛使用成为可能。但是当时并没有制定统一的标准。生产厂家根据自己的技术来生产产品,这就存在一个兼容性问题,无线局域网就不可能得到大规模的应用。

1987 年,由 IEEE 802.4 小组开始在 IEEE 802 委员会中进行对无线局域网的研究。最初的兴趣想开发一个使用基于 ISM 频段的等同于令牌总线 MAC 协议无线局域网。在进行了一段时间的合作后,研究人员发现令牌总线不适合于控制无线电介质,因为直接架构与有线网络管理机制上的无线局域网产品存在着易受其他微波噪声干扰、性能不稳定、传输速率低且不易生产等弱点,从而导致无线电频谱不能得到充分利用。于是在 1990 年,IEEE 802 决定成立一个新叫做 IEEE 802.11 工作组,专门从事无线网的研究,由其开发一个 MAC 层协议和物理介质标准。

1991 年 5 月,IEEE 802.11 工作组成立。1997 年 6 月 26 日,IEEE 802.11 标准制定完成,1997 年 11 月 26 日正式发布。IEEE 802.11 标准是第一代无线局域网标准之一,对无线网络技术的发展和应用起到了重要的推动作用,促进了不同厂家的无线网络产品的互联互通。该标准定义了物理层和介质访问控制(MAC)层的规范,允许无线局域网及无线设备制造商建立互操作网络设备。IEEE 802.11 标准公布以后,无线局域网的产品制造厂家提供了大量基于 IEEE 802.11 标准的无线基站设备和无线客户端设备。由于当时有线以太网的速度可以达到 10Mbps,而早期的无线局域网产品在数据传输速率上没有什么优势(仅有 1~2Mbps),且价格又不菲,因此最初的 IIEE802.11 标准在市场中的反响并不大。

IEEEE802.11 标准为以后相继出现的一系列无线局域网标准的发展奠定了最为重要的基础。1999 年 9 月,工作组又对 IEEE 802.11 标准作了修正和扩展,除原 IEEE 802.11 的内容之外,增加了基于简单网络管理协议(SNMP)的管理信息库(MIB),以取代原 OSI 协议的管理信息库。另外还增加高速网络内容,就是经常提到的 IEEE 802.11a 和 IEEE 802.11b。通用标准的发展和无线局域网传输速率的提高都起到了市场催化剂的作用,此时,无线局域网市场已进入快速发展的阶段。

2000 年 3 月,IEEE 802.11 工作组成立了一支研究小组探索扩充 IEEE 802.11b 标准,以达到高于 20Mbps 数据速率的可行性。2000 年 7 月,IEEE 将该研究小组转变为 IEEE 802.11g 专攻组,其任务是为在 2.4GHz 频带内达到更高速率定义新标准。2003 年 3 月,IEEE 批准了

2.4GHz 的高速无线局域网标准，于 6 月 12 日正式公布。IEEE 802.11g 通过对 IEEE 802.11b 的物理层(PHY)进行扩展，使其能够进行 54Mbps 的通信，就能够使用 2.4GHz 频带实现与使用 5GHz 频带以 54Mbps 速率进行通信的 IEEE 802.11a 相同的功能。IEEE 802.11g 与 IEEE 802.11b 使用相同的频带和载波频率。两种规格可以混合使用，在 IEEE 802.11b 设备以 11Mbps 速率工作的网络中，IEEE 802.11g 设备能够以 54Mbps 的速率进行通信。由于这种可同时使用的功能，在两种规格混用的网络中可以不受 IEEE 802.11g 性能的限制，顺利地提供了可升级的方案。

在 IEEE 802.11 标准制定后，为了不断完善无线局域网技术，IEEE 又制定了大量的协议标准，用 IEEE 802.11 和相应的字母来表示，字母的顺序已经从 a 排列到了 n。

我国对无线局域网技术的研究在 20 世纪 90 年代才开始，起步较晚。1997 年，国家无线电管理委员会向各地区无线电委员会宣布，同意在我国境内使用 2.4GHz 和 5.8GHz 的扩频传输技术产品。

1999 年，IEEE 802.11b 标准颁布后，使得我国无线局域网技术得到了进一步的推广和应用，而且一发不可收。面对无线局域网市场的飞速发展，国家相关部门也开始关注并着手进行无线局域网技术的规范工作。2001 年 6 月，信息产业部颁布文件，决定起草我国无线 IP 领域的行业标准。组织有关单位和高等院校分别起草了《无线局域网介质访问控制和物理层规范》、《无线局域网介质访问控制和物理层规范：2.4GHz 频段高速物理层扩展规范》、《无线局域网介质访问控制和物理层规范：5 GHz 频段高速物理层扩展规范》、《应用于无线 IP 技术的网络安全规范：移动 IP 技术规范》和《宽带无线 IP 技术规范》等 6 个无线 IP 领域国家和行业标准。其中《无线局域网介质访问控制和物理层规范》和《无线局域网介质访问控制和物理层规范：2.4GHz频段高速物理层扩展规范》两项标准被国家标准化管理委员会列为 2002 年国标项目("国标委计划[2002]41 号"文件)。2003 年 5 月 15 日，两项标准由信息产业部报送国家标准化管理委员会正式颁布。

无线局域网技术以其高度的灵活性和移动性，受到了人们的广泛重视，其正在快速的发展和应用。从产品和技术发展的角度看，无线局域网产品正在朝五个方向发展：更高的数据传输速度、增加对流媒体的支持、模块复合型应用、分布式智能化管理和加强安全机制。

第 2 章

无线局域网标准

在认识无线局域网标准之前，我们首先来认识一下 Wi-Fi，原先 Wi-Fi 是无线保真的缩写。Wi-Fi 的英文全称为“wireless fidelity”，在无线局域网的范畴是指“无线相容性认证”，实质上是一种商业认证。就目前的情况来看，Wi-Fi 已被公认为 WLAN 的代名词。但要注意的是，这两者之间有着根本的差异：Wi-Fi 是一种无线局域网产品的认证标准，而 WLAN 标准则是无线局域网的技术标准，两者都保持着同步更新的状态。之所以说它是一种认证标准，是因为它并不是只针对某一 WLAN 规范的技术标准。例如，IEEE 802.11b 是较早出台的无线局域网技术标准，因此当时人们就把 IEEE 802.11b 标准等同于 Wi-Fi。但随着无线技术标准的多样化，Wi-Fi 的内涵也就相应地发生了变化，因为它针对的是整个 WLAN 领域。

由于无线技术标准出现了多样化，所使用的频段和调频方式也不尽相同，从而造成了各种标准的无线网络设备互不兼容，这就给无线接入技术的发展带来了相当大的不确定因素。无线产品品种繁多，因而解决各厂商产品之间的兼容性问题就显得非常必要。然而 IEEE 并不负责测试 IEEE 802.11b/g/a 无线产品的兼容性，所以这项工作就由厂商自发组成的非赢利性组织——Wi-Fi 联盟来担任。这个联盟包括了最主要的无线局域网设备生产商，如 Intel、Broadcom 以及大家熟悉的中国厂商华硕、BenQ 等。凡是通过 Wi-Fi 联盟兼容性测试的产品，都被准予打上“Wi-Fi CERTIFIED”标记（见图 2.1）。Wi-Fi 标签是无线以太网兼容性联盟（wireless ethernet compatibility alliance，WECA）注册商标，只有通过 WECA 的授权，厂家才可以使用该商标。因此，我们在选购 IEEE 802.11b 无线产品时，最好是选购有 Wi-Fi 标记的产品，以保证产品之间的兼容性。

图 2.1　Wi-Fi 认证标记

目前，无线局域网技术正处在一个快速发展的过程当中，如何选择适当标准的无线局域网产品是用户构建其无线局域网的第一步。

目前，国际上有三大标准家族。其一是美国 IEEE 802.11 家族，其二是欧洲 ETSI 高性能局域网 HIPERLAN 系列，再就是日本 ARIB 移动多媒体接入通信 MMAC。2003 年 5 月，两项 WLAN 中国标准已正式颁布。这两项国家标准原则上采用 IEEE 802.11/802.11b 系列标准的前提下，在充分考虑和兼顾 WLAN 产品互联互通的基础上，针对 WLAN 的安全问题，给出了技术解决方案和规范要求。所以说 IEEE 802.11 系列标准是 WLAN 的主流标准。

作为全球公认的局域网权威机构——IEEE 802 工作组建立的标准在过去二十年内在局域网领域内独领风骚。这些协议包括 802.3 Ethernet 协议、802.5 Token Ring 协议、802.3z 100BASE-T 快速以太网协议。在 1997 年，经过了 7 年的工作以后，IEEE 发布了 802.11 协议，这也是在无线局域网领域内的第一个国际上被认可的协议。在 1999 年 9 月，他们又提出了 802.11b"High Rate" 协议，用来对 802.11 协议进行补充，802.11b 在 802.11 的 1Mbps 和 2Mbps 速率下又增加了 5.5Mbps 和 11Mbps 两个新的网络吞吐速率。利用 802.11b，移动用户能够获得同 Ethernet 一样的性能、网络吞吐率和可用性。这个基于标准的技术使得管理员可以根据环境选择合适的局域网技术和产品来构造自己的网络，满足他们的商业用户和其他用户的需求。802.11 协议主要工作在 ISO 协议的最低两层，并在物理层上进行了一些改动，加入了高速数字传输的特性和连接的稳定性。下面我们详细阐述有关无线局域网的标准。

2.1 IEEE 802.11

1997 年，IEEE 发布了 802.11 协议，1999 年又进行了修订。802.11 标准的制定是无线局域网发展的里程碑，其他无线局域网标准都是以该标准为基础的。IEEE 802.11 定义了物理层和介质访问控制层(MAC)协议规范，允许无线局域网及无线设备制造厂商建立互操作网络设备。

2.1.1 工作方式

802.11 定义了两种类型的设备，一种是无线工作站，或称无线客户端。通常是通过一台 PC 机器加上一块无线网络接口卡构成。另一个称为无线接入点(access point，AP)，它的作用是提供无线和有线网络之间的桥接。一个无线接入点通常由一个无线输出口和一个有线的网络接口(802.3 接口)构成，桥接软件符合 802.1d 桥接协议。无线接入点就像是无线网络的一个无线基站，将多个无线工作站聚合到有线的网络上。无线客户端可以是 802.11 PCMCIA 接口、PCI 接口、ISA 接口的计算机，或者是在非计算机终端上的嵌入式设备(如 802.11 手机)。

2.1.2 物理层

物理层是 OSI 模型的最底层，该层定义了往来设备之间的实际连接的电气特性。物理层向下直接与传输介质连接，相邻并且服务于数据链路层。它在数据链路实体之间提供必要的物理连接，按顺序传输数据位，并进行差错检查，在发现错误时，向数据链路层报告。对于有线局域网，该层包括敷设电缆的类型、电压电平等。对于无线局域网，该层包括使用频率、调制技术、频率扩展技术等。

物理层协议解决的是数据终端设备与通信线路上数据电路设备之间的接口问题。数据终端设备指数据输入、输出设备传输控制器或者计算机等数据处理装置及通信控制器，如主机、无线工作站等，它的主要功能是产生和处理数据。数据电路设备指自动呼叫设备、调制解调器(modem)、无线基站以及其他一些中间装置的集合。它的主要功能是沿传输介质发送和接收数据。数据终端设备和数据电路设备之间要连接，须遵循共同的接口标准。接口标准由4个接口特性来详细说明，这4个接口特性分别是机械特性、电气特性、功能特性和规程特性。

802.11中最初定义的三个物理层包括了两个扩展频谱技术和一个红外传播规范，无线传输的频道定义在2.4GHz的ISM波段内，这个频段，在各个国家无线管理机构中，例如美国的USA、欧洲的ETSI和日本的MKK都是非注册使用频段。这样，使用802.11的客户端设备就不需要任何无线许可。扩展频谱技术保证了802.11的设备在这个频段上的可用性和可靠的吞吐量，这项技术还可以保证同其他使用同一频段的设备不互相影响。802.11无线标准定义的传输速率是1Mbps和2Mbps，可以使用跳频序列扩频技术(frequency hopping spread spectrum，FHSS)和直接序列扩频技术(direct sequence spread spectrum，DSSS)。需要指出的是，FHSS和DSSS技术在运行机制上是完全不同的两种扩频技术，所以采用这两种技术的设备没有互操作性。

2.1.3 数据链路层

数据链路层是OSI模型的第二层，通用的标准将该层分离为两个子层。

(1) 介质访问控制层(media access control，MAC)，该层设置的准则只有在网络上每个设备传送信息时才涉及。

(2) 逻辑链路控制层(logical link control，LLC)，该层提供各设备之间初始(逻辑链路)的连接。

802.11协议的MAC与802.3协议的MAC非常相似，都是在一个共享媒体上支持多个用户共享资源，由发送者在发送数据前先进行网络的可用性检测。在802.3协议中，是由一种称为CSMA/CD(carrier sense multiple access with collision detection，CSMA/CD)的协议来完成调节，而在802.11无线局域网协议中，冲突的检测存在一定的问题，这个问题称为"Near/Far"现象，这是由于要检测冲突，设备必须能够一边接受数据信号一边传送数据信号，而这在无线系统中是无法办到的。鉴于这个差异，在802.11中对802.3标准中的CSMA/CD进行了一些调整，采用了新的协议CSMA/CA(carrier sense multiple access with collision avoidance)或者DCF(distributed coordination function)。CSMA/CA利用ACK信号来避免冲突的发生，也就是说，只有当客户端收到网络上返回的ACK信号后才确认送出的数据已经正确到达目的地。CSMA/CA通过这种方式来提供无线的共享访问，这种显式的ACK机制在处理无线问题时非常有效。然而不管是对于802.11还是802.3来说，这种方式都增加了额外的负担，所以802.11网络和类似的有线Ethernet网络比较，在性能上总是稍逊一筹。

IEEE 802.11 MAC的基本存取方式CSMA/CA与以太网所用的存取方式CSMA/CD的差别是，碰撞检测(collision detection)变成了碰撞避免(collision avoidance)。虽只一字之差，但工作原理差之千里。大家对以太网的CSMA/CD都比较熟悉，我们将在第3章无线局域网关键技术中详细讲解CSMA/CA的工作原理和过程。那么为什么用不相同的方式解决这个问题呢？因为在无线传输中感测载波及碰撞侦测都是不可靠的，感测载波有困难。另外，通常无线电波经天线送出去时，自己是无法监视到的，因此碰撞侦测实质上也是做不到的。在802.11中，感测载波是由两种方式来达成的，一个是实际去听是否有电波在传，以及加上优先权的观念。另一个是虚拟的感测载波，告知大家待会有多久的时间我们要传东西，以防止碰撞。

另一个无线 MAC 层问题是“hidden node”问题。两个相反的工作站利用一个中心接入点进行连接，这两个工作站都能够“听”到中心接入点的存在，而互相之间则可能由于障碍或者距离原因无法感知到对方的存在。为了解决这个问题，802.11 在 MAC 层上引入了一个新的 Send/Clear to Send(RTS/CTS)选项，当这个选项打开后，一个发送工作站传送一个 RTS 信号，随后等待访问接入点回送 RTS 信号。由于所有网络中的工作站都能够“听”到访问接入点发出的信号，所以 CTS 能够让他们停止传送数据，这样发送端就可以发送数据和接受 ACK 信号而不会造成数据的冲突，这就间接地解决了“hidden node”问题。由于 RTS/CTS 需要占用网络资源而增加了额外的网络负担，一般只是在那些大数据报上采用(重传大数据报会耗费较大)。

最后，802.11MAC 子层提供了另两个强壮的功能，即 CRC 校验和包分片。在 802.11 协议中，每一个在无线网络中传输的数据报都被附加上了校验位以保证它在传送的时候不会出现错误，这和 Ethernet 中通过上层 TCP/IP 协议来对数据进行校验有所不同。包分片的功能允许大的数据报在传送的时候被分成较小的部分分批传送，这在网络十分拥挤或者存在干扰的情况下(大数据报在这种环境下传送非常容易遭到破坏)是一个非常有用的特性。这项技术大大减少了许多情况下数据报被重传的概率，从而提高了无线网络的整体性能。MAC 子层负责将收到的被分片的大数据报进行重新组装，对于上层协议这个分片的过程是完全透明的。

2.1.4　网络接口

网络接口涉及无线局域网中站点从哪一层接入网络系统这个问题。一般来讲，网络接口可以选择在 OSI 参考模型的物理层或数据链路层。所谓物理层接口，是指使用无线信道替代通常的有线信道，而物理层以上各层不变。这样做的最大优点是，上层的网络操作系统及相应的驱动程序可不作任何修改。这种接口方式在使用时一般作为有线局域网的集线器和无线接入点 AP，以实现有线局域网间互联或扩大有线局域网的覆盖范围。

另一种接口方法是从数据链路层接入网络。这种接口方法并不沿用有线局域网的 MAC 协议，而采用更合适无线传输环境的 MAC 协议。在实现中，MAC 层及其以下层对上层是透明的，配置相应的驱动程序来完成与上层的接口，这样可保证现有的有线局域网操作系统或应用软件能在无线局域网上正常运行。目前，大部分无线局域网厂商都采用数据链路层的接口方式。

2.1.5　联合结构、蜂窝结构和漫游

802.11 的 MAC 子层负责解决客户端工作站和访问接入点之间的连接。当一个 802.11 客户端进入一个或者多个接入点的覆盖范围时，它会根据信号的强弱以及包错误率来自动选择一个接入点进行连接，一旦被一个接入点接受，客户端就会将发送接受信号的频道切换为接入点的频段。这种重新协商通常发生在无线工作站移出了它原连接的接入点的服务范围，其他的情况还可能发生在建筑物造成的信号的变化或者仅仅由于原有接入点中的拥塞。在拥塞的情况下，实现重新协商。

IEEE 802.11 标准为以后相继出现的一系列无线局域网标准的发展奠定了基础，1999 年 9 月，工作组又对 IEEE 802.11 标准作了修正和扩展，除原 IEEE 802.11 的内容外，增加了简单的网络管理协议(SNMP)的管理信息库(MIB)，以取代原 OSI 协议管理信息库。另外，还增加了高速无线网络内容，这就是我们经常提到的无线局域网标准 IEEE 802.11b，a 和 g。表2.1 所示为当前最为流行的三种不同的 IEEE 802.11 扩展标准的特性。

表 2.1　三种不同的 IEEE 802.11 扩展标准的特性

	802.11b	802.11a	802.11g
标准批准时间	1999 年 9 月	1999 年 9 月	2003 年 6 月
每个子信道最大的数据速率	11Mbps	54Mbps	54Mbps
调制方式	CCK	OFDM	OFDM 和 CCK
每个子信道的数据速率	1,2,5.5,11Mbps	6,9,12,18,24,36,48,54Mbps	CCK：1,2,5.5,11Mbps OFDM：6,9,12,18,24,36,48,54Mbps
工作频段	2.4～2.4835GHz	5.15～5.35GHz 5.725～5.825 GHz	2.4～2.4835GHz
可用频宽	83.5MHz	300MHz	83.5MHz
不重叠的子信道	3	12	3

2.2　IEEE 802.11b

1999 年 9 月正式通过的 IEEE 802.11b 标准是 IEEE 802.11 协议标准的扩展。它可以支持最高为 11Mbps 的数据速率，运行在 2.4GHz 的 ISM 频段上，最多可提供三个互不重叠的子频道，采用补码键控调制技术(complementary code keying，CCK)。但是随着用户不断增长的对数据速率的要求，CCK 调制方式就不再是一种合适的方法了。因为对于直接序列扩频(DSSS)技术来说，为了取得较高的数据速率，并达到扩频的目的，选取的码片的速率就要更高，这对于现有的码片来说比较困难；对于接收端的 RAKE 接收机来说，在高速数据速率的情况下，为了达到良好的时间分集效果，要求 RAKE 接收机有更复杂的结构，这在硬件上不易实现。

802.11b 在无线局域网协议中最大的贡献就是它在 802.11 协议的物理层增加了两个新的速度：5.5Mbps 和 11Mbps。为了实现这个目标，DSSS 被选作该标准的唯一的物理层传输技术，这个决定使得 802.11b 可以和 1Mbps 和 2Mbps 的 802.11 DSSS 系统互操作。最初 802.11 的 DSSS 标准使用 11 位的 chipping－Barker 序列来将数据编码并发送，每一个 11 位的 chipping 代表一个一位的数字信号 1 或者 0，这个序列被转化成波形(称为一个 symbol)，然后在空气中传播。这些 symbol 以 1Mbps(每秒 1M 的 symbols)的速度进行传送，传送的机制称为 BPSK(binary phase shifting keying)，在 2Mbps 的传送速率中，使用了一种更加复杂的传送方式，称为 QPSK(Quadrature Phase Shifting Keying)，QPSK 中的数据传输率是 BPSK 的两倍，以此提高了无线传输的带宽。

在 802.11b 标准中，一种更先进的编码技术被采用，在这个编码技术中，抛弃了原有的 11 位 Barker 序列技术，而采用了补码键控调制技术 (complementary code keying，CCK)，它的核心编码中有一由 64 个 8 位编码组成的集合，在这个集合中的数据有特殊的数学特性使得他们能够在经过干扰或者由于反射造成的多方接受问题后还能够被正确地互相区分。5.5Mbps使用 CCK 串来携带 4 位的数字信息，而 11Mbps 的速率使用 CCK 串来携带 8 位的数字信息。两个速率的传送都利用 QPSK 作为调制的手段，不过信号的调制速率为1.375Mbps。这也是 802.11b 获得高速的机理，表 2.1 中列举了这些数据。

除了 CCK 的编码方式外，在 IEEE 802.11b 中还规定了一种可选的编码机制叫分组二进制卷积码(PBCC)，有的公司采用这种技术将无线局域网的传输速率提高到 22Mbps。我们常常称之为 IEEE 802.11b＋标准。

为了支持在有噪音的环境下能够获得较好的传输速率，802.11b 采用了动态速率调节技术，它允许用户在不同的环境下自动使用不同的连接速度来补充环境的不利影响。在理想状态下，用户以 11Mbps 的全速运行，然而，当用户移出理想的 11Mbps 速率传送的位置或者距离时，或者潜在地受到干扰的话，就把速度自动按序降低为 5.5Mbps，2Mbps，1Mbps。同样，当用户回到理想环境的话，连接速度也会以反向增加直至 11Mbps。速率调节机制是在物理层自动实现而不会对用户和其他上层协议产生任何影响。

因此，该标准一经推出便得到了用户的认可。目前 95% 的无线局域网都是基于 IEEE 802.11b技术，是现今最为流行的无线局域网络标准。

802.11b 协议基于直序跳频(DSSS)无线频率调制技术。DSSS 抗无线噪声和干扰的能力较强，因为它在很宽的无线频段上扩展传输信号。使用 802.11b 产品的兼容能力最好，大多数公共热区及商业和家庭环境都提供了 802.11b 兼容能力。

使用 802.11b 标准的好处如下：

①最经济。在大多数情况下，802.11b 产品的客户端适配器、路由器和接入点的价位都最低。

②良好的发展道路。能够与 802.11g 协议互操作。

③距离更远。在开放环境中最远支持 500m 的距离。

④功耗更低。802.11b 客户端插卡一般要求较低的功率，因此在使用电池操作时，客户端设备的工作时间要更长。

注意，802.11b 设备在 2.4 GHz 范围内工作，更容易受到便携电话、微波炉、婴儿监测仪等设备发出的干扰的影响。

图 2.2 所示是 802.11b 的信道定义：采用 2.4～2.483GHz 频率，带宽为 83MHz，分为 11 个子信道，每个子信道占用 22MHz 的频带，再外加 5MHz 的间隔。从图中可以看出，同一个信号覆盖范围内最多可容纳 3 个互不重叠的子信道，如 1，6，11 子信道。

2.3 IEEE 802.11a

1999 年 9 月正式通过的 IEEE 802.11a 标准工作在 5GHz 频段上，也是 IEEE 802.11 标准的物理层扩展之一。IEEE 802.11a 标准完全抛弃了在 IEEE 802.11 中采用的扩频传输技术，而使用一种叫做正交频分复用的多载波调制技术(orthogonal frequency division multiplexing，OFDM)。IEEE 802.11a 标准数据交换速率可达到 6，9，12，18，24 和 54Mbps。最多可提供 12 个互不重叠的子频道，每个接入点最多可支持 64 并发用户。IEEE 802.11a 与 802.11b 两个标准都存在着各自的优缺点，802.11b 的优势在于价格低廉，但速率较低(最高速率为 11Mbps)；而 802.11a 优势在于传输速率快 54Mbps(最高达 108Mbps)，受干扰少，但

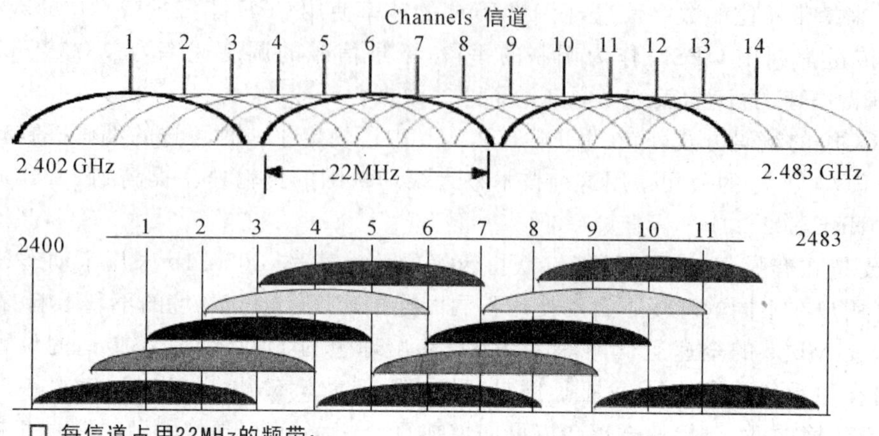

- 每信道占用22MHz的频带；
- 最大提供11Mbps（CCK调制方式下）的数据传输速率；
- 同一个信号覆盖范围内最多可容纳3个互不重叠的子信道（如1，6，11子信道）；
- 同一区域可支持最多3个无线接入设备，从而提供总计达33Mbps的数据传输率。

图 2.2　802.11b 的信道定义

价格相对较高。

虽然 IEEE 802.11b 与 IEEE 802.11a 标准同时被批准，但是由于 DSSS 比 OFDM 更加容易实现且具有更低的成本，因此从 1999 年年中便开始出现基于 802.11b 的产品，并得到了快速的发展。而基于 802.11a 的产品是于 2001 年年底才开始销售的。由于 802.11a 标准工作在更高的频段、具有更多不重叠的子信道和更高的数据通信带宽，因此也得到了较为广泛的应用。

802.11a 和 802.11b 工作在两个完全不同的频带，采用完全不同的调制技术，因此两者是完全不兼容的，但两者可以共存于同一区域当中而互不干扰。不少产品提供了双模和三模接入无线产品，克服了这种限制。

802.11a 网络为高密度环境提供了理想的解决方案，如会议大堂、办公区、计算机实验室和大型会议室。这些设备在大型企业中非常流行，因为其能够在每个接入点支持更多的用户及支持更多的非重叠子信道。

使用 802.11a 标准的好处如下：

①速度最高。在启动 Atheros Super G 增压模式时，峰值吞吐量可以达到 108 Mbps。

②密度更高。信道更多，可以并发更多的接入点。

③无干扰。在没有管制的 5GHz 频段中运行，其他设备干扰的可能性较少。

注意，由于其工作频率较高，因此其支持的距离要低于工作频率较低的 802.11b/g 系统。

图 2.3 所示为有关 802.11a 各国使用的频段和定义的差别，以及中国信息产业部公布的关于使用 5.8GHz 频段频率事宜的通知。图 2.4 所示是 802.11a 的信道定义。

值得注意的是，相关法律法规的限制使得 5GHz 频段无法在全球各个国家中获得批准和认可。5GHz的高频虽然令 IEEE 802.11a 具有低干扰的使用环境，但也带来了不利的一面——太空中数以千计的人造卫星与地面站通信也恰恰使用 5GHz 频段。此外，欧盟也只允许将 5GHz频率用于其自己制定的另一个无线标准——Hiper LAN。

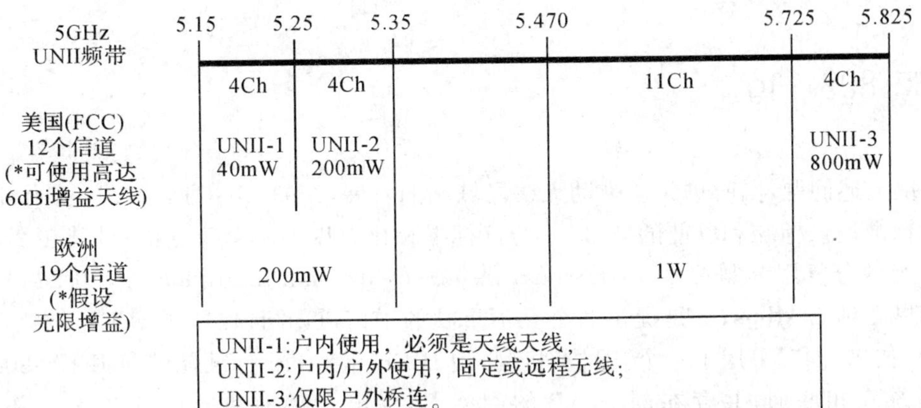

点对点、点对多点扩频通信系统、高速无线局域网、宽带无线接入系统、蓝牙技术设备及车辆无线自动识别系统等符合技术要求的无线电通信设备在5.725~5.850GHz频段内与无线电定位业务及工业、科学和医疗等非无线通信设备共用频率。

——《关于使用5.8GHz频段频率事宜的通知》中国，信息产业部，2002年7月2日

图 2.3　802.11a 标准中各国使用的频段和定义的差别

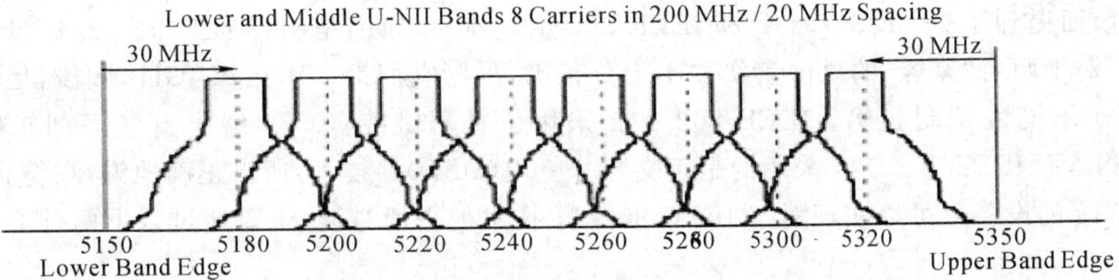

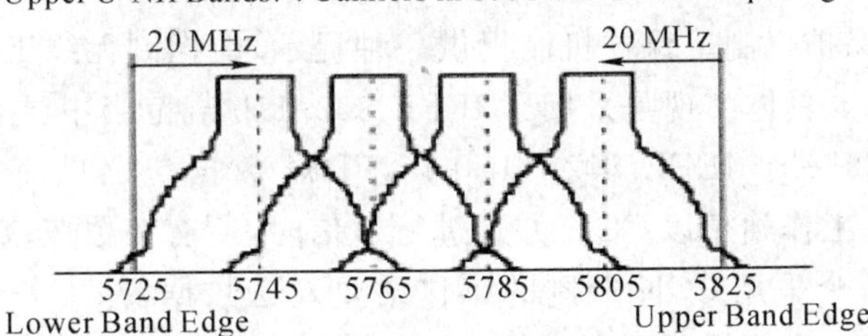

注：**Figure 119–OFDM PHY frequency channel plan for the United States**

① 每信道占用20MHz频带带宽；

② 提供6/9/12/18/24/36/48/54Mbps 数据传输速率；

③ 采用OFDM调制方式；

④ 最多提供8+4=12个信道(美国)或19个信道(欧洲)。

图 2.4　802.11a 的信道定义

2.4 IEEE 802.11g

为了解决上述问题,同时进一步推动无线局域网的发展,2003 年 7 月,802.11 工作组批准了 802.11g 标准。该标准和以前的 802.11 协议标准相比有以下两个特点:一是其在 2.4GHz 频段使用正交频分复用调制技术(orthogonal frequency division multiplexing,OFDM),使数据传输速率提高到 54Mbps;二是提供 3 个互不重叠的子信道,并且保留了 IEEE 802.11b 所采用的 CCK 技术,同时采用了一个"保护"机制,使 IEEE 802.11g 标准能够与 IEEE 802.11b 的 Wi-Fi 系统互相联通,共存在同一 AP 的网络里,保障了后向兼容性。也就是说,基于 802.11g的无线接入点 AP 可与基于 802.11b 的无线网卡相关联,而基于 802.11g 的无线网卡也可与基于 802.11b 的无线接入点(AP)相关联。这样,原有的 WLAN 系统可以平滑地向高速无线局域网过渡,延长了 IEEE 802.11b 产品的使用寿命,降低了用户的投资。

IEEE 802.11g 标准是一个主流的无线局域网标准。它提供了高速的数据通信带宽,并以较为经济的成本提供了对原有主流无线局域网标准的兼容。

在 IEEE 802.11g 标准中,其速度为 6Mbps,9Mbps,12Mbps 和 24Mbps(强制速率),同时还有 18Mbps,36Mbps,48Mbps 和 54Mbps(可选速率)。

前面提到了 IEEE 802.11g 和 IEEE 802.11b 兼容,原因是两者都工作在 2.4GHz 频段。但是,对于两者"兼容"的说法其实并不十分正确,尽管它们都工作在 2.4GHz 频段,但是它们采用了不同的调制技术。IEEE 802.11b 采用了补码键控(CCK)编码直接序列扩频技术(DSSS),而 IEEE 802.11g 采用的是正交频分复用(OFDM)技术。所以正确地说,在符合 IEEE 802.11g 的设备上可以实现对于 IEEE 802.11 技术的平滑过渡,主要通过以下两种方法来解决这个问题。

第一种方法是 IEEE 802.11g 的设备必须同时支持 CCK 和 OFDM 两种调制技术。

第二种方法是保护机制。保护机制提供一种提示,能控制无线工作站是采用 OFDM 还是采用 CCK 调制技术。具体实现是采用了 IEEE 802.11b 规范当中已有的 RTS/CTS 机制。当使用保护机制时,每一个 IEEE 802.11g 的 OFDM 数据包之前都有一个 RTS(request to send)。这样,当一个工作站想以 CCK 方式进行通信时,所有在覆盖范围之内的 IEEE 802.11b 的工作站都知道,一个采用 CCK 调制的工作站要发送数据,并用一个 CCK 的 CTS(clear to send)进行回应。如此,通信得以顺利进行。由于 RTS 和 CTS 的数据帧中包含其他有关这个数据将被发送的信息,因此 IEEE 802.11g 工作站明白,要转向 OFDM 进行通信还是继续采用 CCK 进行通信。

目前 802.11g+已支持高达 108 Mbps 的数据速率,特别适合传送更大的文件、网上培训和其他要求高的网络应用。

使用 802.11g 标准的好处如下:

①速度最高。在 Super G 增压模式下,理论峰值吞吐量可以达到 108 Mbps。

②具有向下兼容能力。802.11b 兼容能力已经写入 IEEE 802.11g 规范。

③功耗更低。与 802.11a 设备相比,便携式设备可以在更长的时间内工作。

④距离更远。802.11g 信号传送的距离更远,与 802.11a 信号相比,可以透过墙壁和地板更加高效的工作。

注意，802.11g 设备在 2.4 GHz 频段内工作，更容易受到便携电话、微波炉、婴儿监测仪等设备发出的干扰的影响。

2.5 IEEE 802.11b/a/g 标准比较

2.5.1 IEEE 802.11b 带宽过窄

提及 802.11b 的最大缺点，想必大部分人都会对其速度略有微词。虽然 11Mbps(实际值为 550～600Kbps)的传输速率对大多数宽带用户的接入速度来说已经足够了，但该性能指标却不能满足日益增长的宽带网络的需求。即便是个人用户，目前国内不少家庭的宽带接入速度也已超过 1Mbps，无论 IEEE 802.11b 如何改进，它已呈现出力不从心的态势。

2.5.2 IEEE 802.11g 成为目前市场主流

从另一个角度来看，WLAN 的应用也不仅仅是满足于客户端计算机的 Internet 接入。出于无线局域网"无线"的特性，许多个人及商业用户均希望将其相应的"家庭局域网"和"公司局域网"通过无线来组建，从而实现大容量数据的无线传输，此时与有线局域网相比，WLAN 的速度瓶颈则更加相形见绌。再加上早期 802.11b 标准的安全性问题，注定了它与主流应用无缘。

作为 802.11b 的继承者，802.11a 和 802.11g 均具备优秀的素质。首先，它们都是经 IEEE(电子与电气工程师协会)批准的无线局域网规范，标准的确立也就意味着厂商们的认可和支持；其次，它们都拥有高达 54Mbps 的传输速度，已略微超过传统 100Mbps 有线局域网传输速率的一半，如此一来，大容量数据传输便得到了一定的解决；最后，在安全性上，802.11a 和 802.11g较 802.11b 也要更胜一筹。然而在目前的市场上，我们很少看见有基于 802.11a 标准的无线网络产品。特别是随着 Intel Dothan 处理器的发布，主流高端笔记本电脑上几乎清一色地配备了 Intel Pro 2200 b/g 无线网卡，主流无线 AP 也大多为 802.11b/g 规范，是什么原因让 802.11a 标准受到市场的冷落呢？

802.11g 与 802.11a 一样拥有 54Mbps 的传输速率。其中 802.11a 在信道可用性方面更具优势。这是因为 802.11a 工作在更加宽松的 5GHz 频段上，拥有 12 条非重叠子信道。而 802.11g只有 11 条子信道(802.11b 同为 11 条)，并且只有 3 条是非重叠信道(信道 1、信道 6、信道 11)。因此，802.11g 在协调邻近接入点的特性上不如 802.11a。由于 802.11a 的 12 条非重叠子信道能给接入点提供更多的选择，因此，它能有效地降低各子信道之间的"冲突"问题。此外，802.11a 独特的 5GHz 工作频段也在抗干扰性上优于 802.11b/g，因为在日常生活中，许多电子设备都是基于 2.4GHz 频段工作的，这正好与 802.11b/g 的工作频段相同并产生冲突(举个例子，如果您家中同时安装了无线局域网和无绳电话，那么当您使用无绳电话时便会出现通话效果时好时坏的现象，这就是典型的干扰问题)，如蓝牙设备、微波炉等。

5GHz 工作频段具有 2.4GHz 无法比拟的抗干扰优势，但同时也预示了 802.11a 的弱点。由于频段较高，使得 802.11a 的传输距离大打折扣。以往 802.11b 无线 AP 的覆盖范围为 80～100m(室内)，而 802.11a 仅有 30m 左右。首先，5GHz 频段的电磁波在遭遇墙壁、地板、家具等障碍物时的反射与衍射效果均不如 2.4GHz 频段的电磁波好，因而造成 802.11a 覆盖范围偏小的缺陷;其次,由于设计复杂,基于 802.11a 标准的无线产品的成本要比 802.11b 高得多。据一份市场调查显示,802.11a 产品的售价至少比 802.11b 高出四倍以上,在价格敏感的前提下,它很难替代已成主流的 802.11b;最后就是 802.11a 致命的兼容性问题,其独特的 5GHz 频段无法与 802.11b 兼容,要知道目前全球有几千万个采用 802.11b 标准的无线局域网,如果从现有的 802.11b 网络过渡到 802.11a,光是更换无线 AP 的费用就十分惊人,更不用提数量更为庞大的无线网卡了。尽管后来厂商们考虑到兼容性问题,将产品做成了 802.11a/b 双频甚至 802.11a/b/g 三频模式,但也改变不了成本过高使 802.11a 大势已去的现状。在 2002 年几千万颗 Wi-Fi 产品的芯片出货量中,只有不到 10 万颗是基于 802.11a 标准,也充分说明了这个问题。

总之,从各方面的分析比较,目前市场上主流产品是 IEEE 802.11g。

2.5.3 IEEE 802.11b/g/a 三足鼎立

市场对 802.11a 的怀疑,让 802.11g 迅速成为厂商们追捧的对象。与 802.11a 相比,802.11g在提供了同样 54Mbps 的高速下,采用了与 802.11b 相同的 2.4GHz 频段,因而解决了升级后的兼容性问题。同时,802.11g 也继承了 802.11b 覆盖范围广的优点,其价格也相对较低。当用户过渡到"g 网"时,只需购买相应的无线 AP 即可,而原有的 802.11b 无线网卡则可继续使用,灵活性较 802.11a 要强得多。

大多数熟悉无线网络的人认为,这个区别是数据的传输速率。的确,从 11Mbps 提高到 54Mbps 是一个巨大的飞跃。然而,对于网络设计者来说,还有一个重要的方面:非重叠子信道。802.11b 只有 3 个非重叠子信道,这就意味着你在同一个地区可以没有干扰地推出 3 个 WAP 服务,而 802.11g 有 12 个非重叠子信道。这方面是很重要的,因为很多机构都在考虑用更便宜的无线技术彻底更换他们的有线基础设施。以前,由于 802.11 技术规范是一个共享的媒介,意味着在人口稠密地区的可用带宽非常低,不能让人接受。现在,随着 802.11g 技术规范的推出,可以实现无线基础设施的目标。特别是增加了以前由于子信道重叠而无法增加的 WAP。显然用户能够注意到主要的改进是冲突减少了(指定 WAP 服务的用户减少了),而不是简单地提高了数据传输速率。

802.11a 已渐渐退出市场,但它不会完全消失,至少在更新、更强、优点更出众的标准问世之前不会被市场完全抛弃。随着 WLAN 在无线语音传输和矿山、医院等领域的应用,其抗干扰性强和多子信道的设计仍是 802.11b/g 所望尘莫及的。因此,我们有理由相信在未来的一段时间内,802.11a,802.11b,802.11g 可能还会三足鼎立(虽然 802.11a 在市场份额上可能表现的不会很理想)。

2.6 IEEE 802.11n

虽然 802.11b/g 等标准已获得了很大的成功,但 WLAN 依然面对着"四不一没有"的问题,即带宽不足、漫游不方便、网管不强大、系统不安全和没有杀手级的应用等。就像当今 VoIP 应用中一个全新的领域 VoWLAN 那样,虽被业内人士看做是 WLAN 最有希望的杀手级应用,却因为这四个"不"很难进一步发展。为了实现高带宽、高质量的 WLAN 服务,使无线局域网达到以太网的性能水平,802.11n 应运而生。

从 802.11b 过渡到 802.11g，只不过是一次升级行为，而从 802.11g 发展到 802.11n，则是一个换代问题，这注定 802.11n 无线标准将会被业界热捧。

首先，在传输速率方面，802.11n 可以将 WLAN 的传输速率由目前 802.11a 及 802.11g 提供的 54Mbps 提高到 108Mbps，甚至高达 500Mbps，成为 802.11b，802.11a，802.11g 之后的另一场重头戏。和以往 802.11 标准不同，802.11n 协议为双频工作模式（包含 2.4GHz 和 5GHz 两个工作频段），这样 802.11n 保障了与以往的 802.11a/b/g 标准兼容。在兼容性方面，802.11n 采用了一种软件无线电技术，它是一个完全可编程的硬件平台，使得不同系统的基站和终端都可以通过这一平台的不同软件实现互通和兼容，这使得 WLAN 的兼容性得到极大改善。

这得益于将多入多出（multiple input multiple output，MIMO）与正交频分复用技术相结合而应用的 MIMO+OFDM 技术，这个技术不但提高了无线传输质量，也使传输速率得到极大提升。另外，利用先进的天线技术及传输技术，通过多组独立天线组成的天线阵列，可以动态地调整波束，保证让 WLAN 用户接收到稳定的信号，并可以减少其他信号的干扰，使得无线局域网的传输距离大大增加，可以达到几公里（并且能够保障 100Mbps 的传输速率）。IEEE 802.11n标准全面改进了 802.11 标准，不仅涉及物理层标准，同时也采用新的高性能无线传输技术提升 MAC 层的性能，优化数据帧结构，提高网络的吞吐量性能。

其次，MIMO（多入多出）或 MTMRA（多发多收天线）技术是无线移动通信领域智能天线技术的重大突破，该技术能在不增加带宽的情况下成倍地提高通信系统的容量和频谱利用率，是新一代移动通信系统必须采用的关键技术。MIMO 系统在发射端和接收端均采用多天线（或阵列天线）和多通道。传输信息流 $S(k)$ 经过空时编码形成 N 个信息子流 $C_i(k)$，$i=1,2,\cdots,N$。这 N 个子流由 N 个天线发射出去，经空间信道后由 M 个接收天线接收，多天线接收机利用先进的空时编码处理能够分开并解码这些数据子流。这样，MIMO 系统可以创造多个并行的空间信道，解决了带宽共享的问题。802.11n 天线数量可以支持到 3×3，比 802.11g 增加了 3 倍。

而 802.11n 可以实现高达 320Mbps 甚至 500Mbps 的传输速率，这不仅有赖于 MIMO 技术的支撑，更少不了 OFDM 技术的功劳。OFDM 技术是多载波调制（multi-carrier modulation，MCM）的一种，它曾经效劳于 802.11g 标准，但相比 802.11n 中与 MIMO 技术的结合，昔日的表现自然逊色不少。该技术的核心是将信道分成许多进行窄频调制和传输正交子信道，并使每个子信道上的信号频宽小于信道的相关频宽，用以减少各个载波之间的相互干扰，同时提高频谱利用率的技术。

将 MIMO 与 OFDM 技术相结合，就产生了 MIMO+OFDM 技术，该技术通过在 OFDM 传输系统中采用阵列天线实现空间分集，不仅提高了信号质量，还增加了多径的容限，使无线网络的有效传输速率有质的提升。而为了提升整个网络的吞吐量，802.11n 还对 802.11 标准的单一 MAC 层协议进行了优化，改变了数据帧结构，增加了净负载所占的比重，减少了管理检错所占的字节数，大大提升了网络的吞吐量。而在天线方面，智能天线技术的应用也解决了 802.11n的传输覆盖范围的问题，通过多组独立天线组成的天线阵列系统，动态地调整波束的方向，使得 802.11n 能保证用户能接收到稳定的信号，同时也能有效地减少其他噪音信号的干扰，使无线网络的传输距离能够增加到几公里，移动性大大增强。

第三，在兼容性方面，802.11n 通过采用软件无线电技术解决不同标准采用不同的工作频段、不同的调制方式造成系统间难以互通、移动性差等问题。这种软件无线电技术是一个完全可编程的硬件平台，所有的应用都通过在该平台上的软件编程实现的，也就是说，不同系统的基站和移动终端都可以通过这一平台的不同软件实现互通和兼容，这使得WLAN的兼容性得到极大的改善。软件无线电技术将根本改变网络结构，实现无线局域网与无线广域网融合并能容纳各种标准、协议，提供更为开放的接口，最终大大增加网络的灵活性，这意味着WLAN将不但能实现802.11n向前后兼容，而且可以实现WLAN与无线广域网络的结合，比如3G。

由上述可知，为了实现更高的传输速率，取得更可靠的性能，无线局域网全面采用下一代移动通信的关键技术。首先从发送端送入数据，进行串行变换，然后每个载波分别完成LDPC编码、QAM调制及IFFT转换和加循环前缀，最后由多天线阵列发送到无线信道。接收端先由多天线阵列接收信号，再进行天线选择，去循环前缀、软译码、FFT及LDPC译码，最后将并行转换为串行数据到接收方。另外，在接收端采取信道估计，然后根据所得信道的码片采用相应的自适应算法调整编码调制的参数以达到相应模块的自适应目的。系统实现结构框图如图2.5所示。

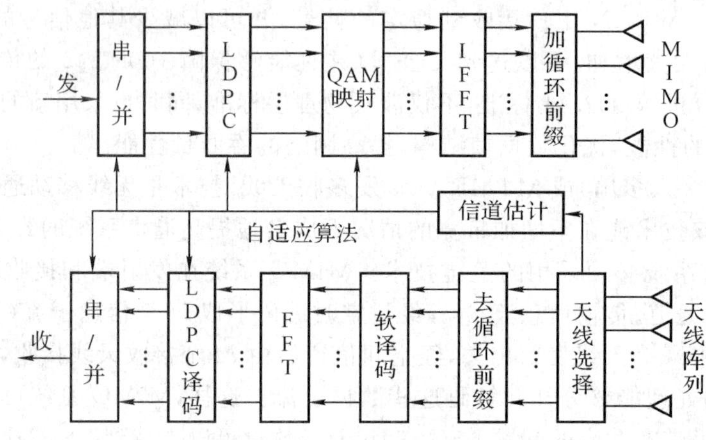

图2.5 系统实现结构框图

移动通信的发展具有一定的继承性，下一代无线局域网系统是从现有系统以及将来的移动通信系统的基础上演化而来的，具有广阔的发展前景，它必将对移动计算、移动办公和移动电子商务的早日实现起催化作用。

WLAN市场的发展可以说是日新月异，自1999年IEEE正式颁布IEEE 802.11a/b标准以后，到2004年802.11b产品成为WLAN的市场主流，中国经过了近5年的时间；到2006年，802.11g产品成为主流，却只用了不到2年的时间。由此可见，IEEE 802.11n的产品替代802.11g的历时将会更短。可以这么说，从802.11b过渡到802.11g，只不过是一次升级行为，而从802.11g发展到802.11n，则是一个换代问题，802.11n在802.11b/g的基础上已经实现了质的飞跃。具体表现在以下几个方面：

(1) 传输速率提升10倍

802.11n可以将WLAN的传输速率由目前802.11g提供的54Mbps提高到108Mbps，甚至高达600Mbps。即在理想状况下，802.11n将可使WLAN传输速率达到目前传输速率的10倍左右，拷贝需要30分钟时间的视频文件，在最高数据传输率上，用802.11b拷贝文件需要耗时42分钟，用双天线方案的802.11n客户端只需要1分钟不到。

(2) 覆盖范围扩大到几平方公里

802.11n采用智能天线技术，通过多组独立天线组成的天线阵列系统，动态地调整波束的方向。802.11n 保证能让用户接收到稳定的信号，并减少其他噪音信号的干扰，覆盖范围可扩大到好几平方公里，这使得原来需要多台 802.11g 设备的地方，现在只需要一台 802.11n 产品便能实现，这不仅方便于使用，而且还减少了原来多台 802.11g 产品互联互通时可能出现的信号盲点，移动性大大增强。

(3) 全面兼容各标准

802.11n 采用软件无线电技术解决了不同标准采用不同的工作频段、不同的调制方式造成系统间难以互通、移动性差等问题，这样，不但保证了与以往的 802.11a/b/g 标准的兼容，而且还可以实现与无线广域网络的结合，极大地保护了用户的投资。

(4) 连接 Wi-Fi 与 WiMAX

随着人们对网络的使用越来越广泛，现有的 Wi-Fi 技术根本满足不了人们不断变化的使用需求，人们渴望一种具有更高带宽、更高传输速度、覆盖面更广的无线传输技术，802.11n 的出现，弥补了 Wi-Fi 不足的同时，也成为了 WiMAX 实现市场飞跃的跳板。

其中，Wi-Fi 全称为 Wireless Fidelity，如 802.11b 标准，传输速度为 11Mbps，是在办公室和家庭中使用的短距离无线技术，其目前可使用的标准有两个。而 WiMAX 是 IEEE 802.16 标准的代名词，全称为 world interoperability for microwave access，即全球微波接入互操作性。为了推广 IEEE 802.16 无线宽带接入技术，促进和认证符合 IEEE 802.16 标准的宽带无线接入设备的兼容性和互操作性，由 Intel 和 Nokia 在 2001 年发起并成立了 WiMAX 论坛组织。WiMAX 的基本目标是提供一种在城域网接入多厂商环境下，确保不同厂商的无线设备互联互通；WiMAX 主要为家庭、企业以及移动通信网络提供最后一公里的高速宽带接入，以及将来的个人移动通讯业务。

Wi-Fi 早已发展得如火如荼，WiMAX 是 Wi-Fi 的延续，目前还没有进入到实质性的应用阶段，而且其发展也受到了一些实际问题的制约与挑战，802.11n 作为 WiMAX 的前奏，它的出现为 WiMAX 满足无线世界对带宽、速度和便捷性的应用需求提供了保证。而且，WiMAX 还可以利用目前近九成的移动网络设备内置了 Wi-Fi 的现成优势，在市场应用中加速腾飞。

2.7 IEEE 802.11e

IEEE 802.11e 是 IEEE 推出的无线通用标准，它将服务质量(QoS)功能加入到无线局域网上，用时分多址技术(time division multiple access，TDMA)取代现有的 MAC 子层管理，为重要的数据增加额外的纠错功能。

时分多址是通信技术中基本的多址技术之一，在 2G(为 GSM)移动通信系统中采用，也用于卫星通信和光纤通信的多址技术中。时分多址是把时间分割成周期性的帧(frame)，每一个帧再分割成若干个时隙，向基站发送信号，在满足定时和同步的条件下，基站可以分别在各时隙中接收到各移动终端的信号而不会混淆。同时，基站发向多个移动终端的信号都按顺序安排在指定的时隙中传输，各移动终端只要在指定的时隙内接收，就能在合路的信号中把发给它的信号区分并接收下来。

TDMA 较 FDMA 具有通信质量高、保密性较好、系统容量较大等优点，但它必须有精确的定时和同步以保证移动终端和基站间的正常通信，技术上比较复杂。

IEEE 802.11e 采用了这一技术后，使企业、家庭和公共场所(如机场、饭店等)之间真正实现互通，而同时具有满足不同行业特殊需求的特性。与其他无线标准所不同的是，IEEE 802.11e标准在MAC物理层增加了服务质量(QoS)和对现有的802.11b和802.11a无线标准提供多媒体支持，同时完全与这些标准向后兼容。

QoS和支持多媒体是提供话音、视频和音频业务的无线网络的关键特性。宽带服务提供商把QoS和多媒体支持视为对用户提供视频点播、音频点播、IP话音和高速Internet接入的重要部分。因此，IEEE在802.11e正式生效之前，为其制定了QoS基准，并成为802.11e的核心构件。

QoS基准的主要机制在于能更好地控制多媒体应用的时间敏感信息。当无信号发送，即无争用期间(CFP)时，QoS基准接纳时间调度和轮询通信，改善轮询的效能，并通过前向纠错(FEC)提高信道稳定性和有选择的重发。在无争用期间，还能改善信道存取，并能保持对向后兼容的轮询。这些机制为高带宽多媒体流、功率管理以及各种速率和突发信息流的轮流接入提供了最大效能。

即使是无线网络的密集部署，如企业无线环境，802.11e标准也能增强QoS支持。在这样的环境中，多个802.11e子网可配置在互相能通信的范围内，而不受通信期间不同子网中无线设备可能产生的干扰。

总之，IEEE 802.11e是一项实现网络中服务质量的标准，增强型分散协调功能采用多种传输流种类来实现优先级。其工作原理如图2.6所示。

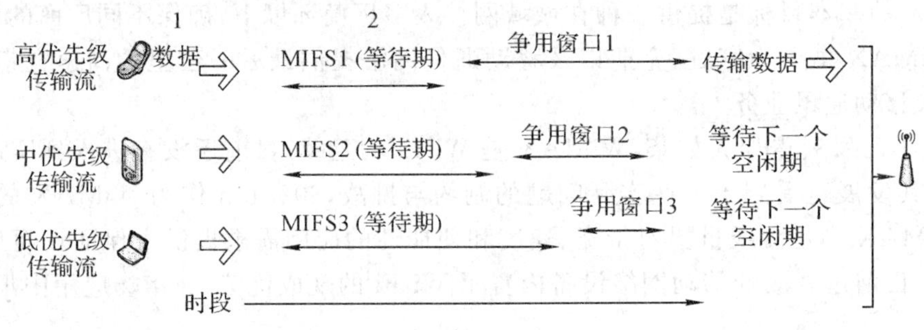

图2.6 IEEE 802.11e的工作原理

(1) 电话、PDA和PC分别具有高、中、低优先级传输流类。这些设备都要在无线网络上发送数据。在电话结束发送一个数据后，接入点接受数据报。

(2) 接受后，在通信站试图发送数据前，有一个叫做仲裁帧间隔(MIFS)的等待期。MIFS是基于传输流类优先级的。对于具有较高优先级的传输流类来说，等待期比具有较低优先级的传输流类要短。

(3) 电话在争用窗口开始前选择一个随机数，然后开始倒计数。其他通信站在等待接入无线网络时也要这样做，但是一旦电话开始传输数据包，其他通信站就暂停倒计数。

现有的无线局域网产品采用的是基于CSMA/CA方式分配信号发送权的。在这一方式中没有优先权的概念，所以无线客户端是以帧为单位，根据先到者优先发送的原则互相争夺信号的发送权。因此，当多个无线客户端同时进行通信时，每条通信的通信速率都会出现波动。IEEE 802.11e改进了每个无线局域网终端获得信号发送权的顺序，可以根据数据的种类决定优先顺序，确保传输影视及声音数据的带宽，而不至于使数据在传输中途间断。也就是说，IEEE 802.11e是给特定的通信以优先权，根据该优先权决定信号的发送权。该技术名为“Whitecap”协议。在Whitecap中采用了称为TDMA技术。TDMA通过采用每隔一定时间分配信号发送权的方式,按数据种类改变分配的时机,确保优先数据的带宽。Whitecap 是安装在无线客户端的个人电脑之间直接进行通信的点对点型协议。在开始通信时的第一台终端成为主机,由它向其他终端发送用来分配带宽的控制信息。数据优先顺序分为 4 档,数据流数据(如动态图像等不可间断的数据)将自动成为优先传输的数据类型。

2.8 IEEE 802.11h

钟爱 802.11 标准大餐的朋友,也许对 802.11h 感兴趣,原因在于它能克服现有的其他 802.11 标准的缺陷。我们知道,802.11a 无线网络工作在 5GHz 频段,支持多达 24 个不重叠的信道,对干扰的敏感性也比 802.11g 低,但因国家不同,利用 5GHz 频段的环境会发生改变,同样会遇到与其他系统相互干扰的问题。802.11h 针对这个问题所定义的机制能使基于 802.11a 的无线系统避免与雷达和其他同类系统中的宽带技术相干扰,保障无线通信的畅通。

802.11h 为了克服上述缺陷,引入了两项关键技术,即动态频率选择(dynamic frequency selection, DFS)和发射功率控制(transmit power control, TPC)。

1. 动态频率选择(DFS)

DFS 定义了一种检测机制,但当检测到有使用相同无线信道的其他装置存在时,可根据需要转换到其他信道,以避免相互干扰,并协调对信道的利用。即某个无线接入点利用 WLAN 装置的 DFS 查找其他接入点。当 WLAN 装置连接到某个接入点时,无线装置列出它能够支持的信道。当需要转换到新的信道时,接入点利用列出信道数据确定最佳信道。网络(即 AP 和相关站点)可根据目前的频谱情况,自行选择频率,如果必要,可以改变当前使用的频谱,以避开雷达和卫星的传输。通过这种方式,也可以避免其他 WLAN,从而最高效地利用波长。

2. 发射功率控制(TPC)

TPC 是指所有通信合作伙伴的发射输出必须符合当前要求。在德国,规定的正常范围是 6 dB。这样可以最大限度地减少其他 WLAN 的干扰。如果不支持 TPC/DFS,则在德国,REGTP 只允许使用 5.15～5.25 GHz,最大的发射输出可达 30 mW。TPC 旨在通过降低 WLAN 装置的无线发射功率,减少 WLAN 与卫星通信的相互干扰。TPC 还能用于管理无线装置的功耗和接入点与无线装置之间的距离。

802.11h 定义的 DFS 和 TPC 机制的新奇之处,在于根据 5GHz 频段的管理要求确保标准通信方式的实施,以促进 802.11a 无线网络的推广使用,并提高 WLAN 的部署和运行性能。

总而言之,IEEE 802.11h 标准定义了一种确保 IEEE 802.11e 无线网络根据 5GHz 频带管理规定来运行的机制。其中的一种机制是动态频率选择。动态频率选择使接入点和相连的 WALN 站点可以动态地切换到另一个信道,避免干扰雷达或其他无线局域网。其工作原理如图 2.7 所示。

图 2.7 IEEE 802.11h 的工作原理

(1) 接入点在帧中宣告了它在 WLAN 中的存在以及需要的频带管理。

(2) WLAN 站点在它发出与接入点建立联系的请求帧中包含了它所支持的运行信道。

(3) 接入点发送一条消息作出响应,完成 WLAN 站点与接入点建立联系的过程。

(4) 在决定需要改变 WLAN 网段的运行信道后,接入点向所有建立联系的 WLAN 电台发送一条消息,宣布 WLAN 网段将切换到新的信道上,并宣布切换信道的时间以及新信道。

(5) 到指定的时间,WLAN 站点将运行信道切换到新的信道上。

2.9 IEEE 802.11i

新一代安全标准 IEEE 802.11i 定义了强健的安全网络(robust security network,RSN)的概念,增强了 WLAN 中的数据加密和认证性能,并且针对 WEP 加密机制的各种缺陷作了多方面的改进。

IEEE 802.11i 规定使用 802.1x 认证和密钥管理方式。在数据加密方面,定义了 TKIP(temporal key integrity protocol),CCMP(counter-mode/CBC-MAC protocol)和 WRAP(wireless robust authenticated protocol)三种加密机制。其中 TKIP 采用 WEP 机制里的 RC4 作为核心加密算法,可以通过在现有的设备上升级固件和驱动程序来达到提高 WLAN 安全的目的。CCMP 机制基于 AES (advanced encryption standard)加密算法和 CCM(counter-mode/CBC-MAC)认证方式,使得 WLAN 的安全程度大大提高,是实现 RSN 的强制性要求。由于 AES 对硬件要求比较高,因此 CCMP 无法通过在现有设备的基础上进行升级实现。802.11i 协议结构如图 2.8 所示。

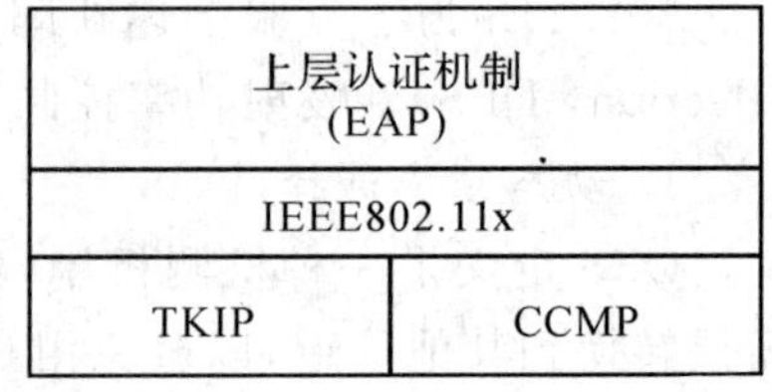

图 2.8 IEEE 802.1i 协议机构体系

TKIP 虽然与 WEP 同样都是基于 RC4 加密算法,但却引入了 4 个新算法:

①扩展的 48 位初始化向量(IV)和 IV 顺序规则(IV sequencing rules);

②每包密钥构建机制(per-packet key construction);

③Michael 消息完整性代码(message integrity code,MIC);

④密钥重新获取和分发机制。

TKIP 并不直接使用由 PTK/GTK 分解出来的密钥作为加密报文的密钥,而是将该密钥作为基础密钥(base key),经过两个阶段的密钥混合过程,从而生成一个新的、每一次报文传输都不一样的密钥,该密钥才是用作直接加密的密钥,通过这种方式可以进一步增强 WLAN 的安全性。密钥的生成方式如表 2.2 所示。

表 2.2 密钥的生成方式

	WEP(RC4)	TKIP	CCNP
加密算法	RC4	RC4	RC4
密钥长度	40bit 或 104bit	128bit	128bit
密钥生存期	24bitfv	48bitfv	48bitfv
数据校验算法	CRC32	Michael	CCM
密钥管理	无	802.11x	802.11x

除了 TKIP 算法以外，802.11i 还规定了一个基于 AES（高级加密标准）加密算法的 CCMP（counter-mode/CBC-MAC protocol）数据加密模式。与 TKIP 相同，CCMP 也采用 48 位初始化向量（IV）和 IV 顺序规则，其消息完整检测算法采用 CCM 算法。

AES 是一种对称的块加密技术，提供比 WEP/TKIP 中 RC4 算法更高的加密性能。对称密码系统要求收发双方都知道密钥，而这种系统的最大困难在于如何安全地将密钥分配给收发的双方，特别是在网络环境中。AES 加密算法使用 128bit 分组加密数据，它将在 802.11i 最终确认后，成为取代 WEP 的新一代加密技术。

自从 IEEE 802.11 标准制定后，为了不断完善无线局域网技术，IEEE 又制定了大量的协议标准，以 IEEE 802.11 和相应的字母来表示，字母的顺序已经从 a 排列到了 n。我们这里只是列举一些常用的标准。

2.10 WiMAX 系列标准

WiMAX 的全名是微波接入全球互操作性产业认证联盟（worldwide interoperability for microwave access），主要成员包括设备制造商、器件供应商和运营商等，主要任务是对产品进行兼容性和互操作性认证。它积极推广的是 IEEE 802.16 系列标准及其相关的规范。

WiMAX 论坛成立于 2001 年 4 月，最初该组织旨在对基于 IEEE 802.16 标准和 ETSI HiperMAN 标准的宽带无线接入产品进行一致性和互操作性认证，通过 WiMAX 认证的产品会拥有“WiMAX CERTIFIED”标识。随着 802.16e 技术和规范的进展，该组织的目标也逐步扩展，不仅要建立一整套基于 IEEE 802.16 标准和 ETSI HiperMAN 标准的认证体系，同时还致力于可运营的宽带无线接入系统的研究、需求的分析、应用模式的探索以及市场的拓展等一系列大力促进宽带无线接入市场发展的工作。通常认为，802.16 工作组是 WiMAX 空中接口规范的制定者，而 WiMAX 论坛是技术和产业链的推动者。目前，WiMAX 几乎成了802.16技术的代名词，其空中接口规范涵盖了 802.16d/e 标准。

WiMAX 是一项新兴技术，能够在比 Wi-Fi 更广阔的地域范围内提供“最后一公里”宽带连接性，由此支持企业客户享受 T1 类服务以及居民用户拥有相当于线缆 xDSL 的访问能力。凭借其在任意地点的 1～6 英里覆盖范围（取决于多种因素），WiMAX 将可以为高速数据应用提供更出色的移动性。此外，凭借这种覆盖范围和高吞吐率，WiMAX 还能够提供为电信基础设施、企业园区和 Wi-Fi 热点提供回程。

WiMAX 将分为三个阶段进行部署。第一阶段是通过室内天线来部署采用 IEEE 802.16d 规范的 WiMAX 技术，目标用户是固定地点的已知用户。第二阶段会大量部署室内天线，将 WiMAX 技术的吸引力拓宽到寻求简化用户点安装的运营商身上。第三阶段将推出 IEEE 802.16e 规范，在此规范中 WiMAX 认证硬件将应用于便携式的解决方案，面向那些希望在服务区内漫游的用户，支持类似于当今 Wi-Fi 能力，但有更加持久稳固的连接性。

WiMAX 面临的首要挑战依然是其建设成本和设备价格。目前，MMDS 多点多信道分布式系统包括 WiMAX 天线部署在内的每个用户成本高达 3000 美元左右，这不仅使运营商难以获得足够的投资回报，也会使用户望而生畏、退避三舍，更何况对中国 3.5GHz 频段这一资源很有限的 MMDS 宽带无线接入系统，经过几轮方案更新及技术创新后，各类设备已具备相当优良的性价比，WiMAX 如果按上述类似的价位参与竞争将面临严峻的挑战。此外，WiMAX 与

Wi-Fi,3G 在相当长的时间内将会互补共存,并在重叠区有一定程度的彼此竞争,对此,保持这些系统应用之间的有效互联互通及增强其自身竞争力亦是 WiMAX 面临的重要任务。

作为致力于宽带无线接入(BWA)产品的互操作性认证的唯一专业组织,WiMAX 论坛将阐释技术标准,并进行相关的一致性和互操作性测试,确保不同供应商的系统能够实现无缝连接。那些通过一致性和互操作性测试的产品将获得"WiMAX 论坛认证(WiMAX forum certifiedTM)"标志。

值得指出,与 802.16 标准兼容并不意味着某一设备获得了 WiMAX 论坛认证,或能够实现与其他供应商的设备的互操作。不过,获得了 WiMAX 论坛认证的设备,将能兼容 802.16 标准,又能与其他供应商获得了 WiMAX 论坛认证的设备实现互操作。

不过,Wi-Fi 崛起虽然迅速,但是面对 WiMAX 咄咄逼人的发展态势,有舆论认为 WiMAX 将取代 Wi-Fi,但也有人认为 WiMAX 不会取代 Wi-Fi,双方将在无线接入中互补。WiMAX 与 Wi-Fi 最明显的区别是覆盖范围存在巨大的差别,Wi-Fi 最高只能达到 300 英尺的覆盖范围,并只能在无线局域网环境中使用;而 WiMAX 802.16e 通常可以达到 1～3 英里,主要定位在移动无线城域网环境中使用。

随着对 802.16 系列标准越来越关注,加入 WiMAX 论坛的成员越来越多,也使得论坛发展迅速。WiMAX 论坛陆续成立了认证工作组(CWG)、技术工作组(TWG)、频谱工作组(RWG)、市场工作组(MWG)、需求工作组(SPWG)、网络工作组(NWG)和应用研究工作组(AWG)。

无线城域网的推出是为了满足日益增长的宽带无线接入(BWA)市场的需求。虽然多年来 802.11x 技术一直与许多其他专有技术一起被用于 BWA,并获得了很大成功,但是 WLAN 的总体设计及其提供的特点并不能很好地适用于室外的 BWA 应用。当其用于室外时,在带宽和用户数方面将受到了限制,同时还存在着通信距离等其他一些问题。基于上述情况,IEEE 决定制定一种新的、更复杂的全球标准,这个标准应能同时解决物理层环境(室外射频传输)和 QoS 两个方面的问题,以满足 BWA 和"最后一英里"接入市场的需要。有了这样一个全球标准,就能使通信公司和服务提供商通过建设新的无线城域网来为目前仍然缺少宽带服务的企业和住宅提供服务。

符合 802.16 标准的设备可以在"最后一英里"宽带接入领域替代 cable modem,DSL 和 T1/E1,也可以为 802.11 热点提供回传。新标准规范了一个支持诸如话音和视像等低时延应用的协议,在用户终端和基站(BTS)之间允许非视距的宽带连接,一个基站可支持数百上千个用户,在可靠性和 QoS 方面提供电信级的性能。总之,它充分考虑了为全世界通信公司和服务提供商设计一个可扩展、长距离、大容量"最后一英里"无线通信系统的需要,可支持一整套服务,从而使服务提供商能够在降低设备成本和投资风险的同时提高系统性能和可靠性能,有助于加速无线宽带设备向市场的投放以及"最后一英里"宽带在世界各地的部署。BWA 应用不仅包括住宅宽带接入、用于 SOHO 和小企业的 DSL 级业务、用于企业的 T1/E1 级业务(所有这些不仅支持数据,而且还支持话音和视像),还包括用于热点的无线回传和蜂窝小区基站回传业务等,如图 2.9 所示。

在无线局域网(WLAN)势头正劲之际,又出现了无线城域网(MAN)技术。与为无线局域网制定 802.11 标准一样,IEEE 为无线城域网推出了 802.16 标准,同时业界也成立了类似 Wi-Fi 联盟的 WiMAX 论坛。无线城域网技术为何会紧跟 WLAN 之后出现呢?802.16 是一个什么样的标准呢? WiMAX 的使命又是什么呢? 这些就是本节所关注的要点。

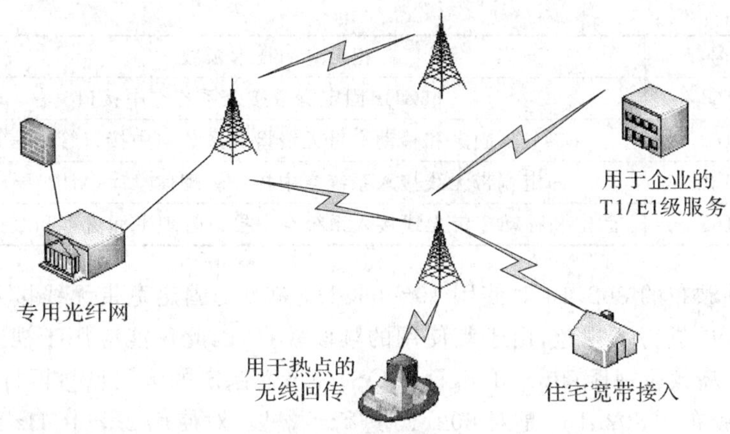

图 2.9　IEEE 802.16 标准可提供的服务范围

2.10.1　IEEE 802.16 系列标准

20 世纪 90 年代，宽带无线接入技术开始快速发展，但是相关市场一直没有繁荣扩大，一个很重要的原因就是没有统一的全球性标准。1999 年，IEEE 成立了 IEEE 802.16 工作组来专门研究宽带固定无线接入技术规范，目标就是要建立一个全球统一的宽带无线接入标准。为了促进达成这一目的，几家世界知名企业还发起成立了 WiMAX 论坛，力争在全球范围内推广 IEEE 802.16 系列标准。

IEEE 802.16 的出现大大推动了宽带无线接入技术在全球的发展，特别是 WiMAX 论坛的发展壮大，强烈地刺激了市场的发展。

如前所述，IEEE 针对特定市场需求和应用模式提出了一系列不同层次的互补性无线技术标准，其中已经得到广泛应用的标准系列包括用于家庭互联的 IEEE 802.15 和用于无线局域网的 IEEE 802.11。而 IEEE 802.16 的提出，弥补了 IEEE 在无线城域网标准上的空白。

IEEE 802.16 又称为 IEEE Wireless MAN 空中接口标准，是适用于 2～66 GHz 的空中接口规范。由于它所规定的无线接入系统覆盖范围可达 50km，因此 802.16 系统主要应用于城域网，被视为可与 DSL 竞争的“最后一公里”宽带接入解决方案。根据使用频段高低的不同，802.16系统可分为应用于视距和非视距两种，其中使用 2～11GHz 频段的系统应用于非视距范围，而使用 10～66GHz 频段的系统应用于视距范围。根据是否支持移动特性，IEEE 802.16 系列标准又可分为固定宽带无线接入空中接口标准和移动宽带无线接入空中接口标准，其中的 802.16，802.16a，802.16d 属于固定无线接入空中接口标准，而 802.16e 属于移动宽带无线接入空中接口标准。

IEEE 802.16 系列标准到目前为止包括 802.16，802.16a，802.16c，802.16d，802.16e，802.16f 和 802.16g 七个标准，各标准相对应的技术领域如表 2.3 所示。

表 2.3　IEEE 802.16 系列各标准相对应的技术领域

标准号	相对应的技术领域
802.16	10～66GHz 固定宽带无线接入系统空中接口
802.16a	2～11GHz 固定宽带接入系统空中接口
802.16c	10～66GHz 固定宽带接入系统的兼容性

续表

标准号	相对应的技术领域
802.16d	2～66GHz 固定宽带接入系统空中接口
802.16e	2～6GHz 固定和移动宽带无线接入系统空中接口管理信息库
802.16f	固定宽带无线接入系统空中接口管理信息库(MIB)要求
802.16g	固定和移动宽带无线接入系统空中接口管理平面流程和服务要求

2001 年 12 月颁布的 802.16 对使用 10～66GHz 频段的固定宽带无线接入系统的空中接口物理层和 MAC 层进行了规范，由于其使用的频段较高，因此仅能应用于视距范围内。它是针对 10～66 GHz 高频段视距(line of sight，LOS)环境而制定的无线城域网标准。

2003 年 1 月颁布的 802.16a 是对 802.16 进行了扩展，对使用 2～11GHz 许可和免许可频段的固定宽带无线接入系统的空中接口物理层和 MAC 层进行了规范，该频段具有非视距传输的特点，覆盖范围最远可达 50km，通常小区半径为 6～10km。另外，802.16a 的 MAC 层提供 QoS 保证机制，可支持语音和视频等实时性业务。这些特点使得 802.16a 与 802.16 相比更具有市场应用价值，真正成为可用于城域网的无线接入手段。

2002 年正式发布的 802.16c 是对 802.16 的增补文件，是使用 10～66GHz 频段 802.16 系统的兼容性标准，它详细规定了 10～66GHz 频段 802.16 系统在实现上的一系列特性和功能。

802.16d 是 802.16 的一个修订版本，也是相对比较成熟并且最具实用性的一个标准版本。802.16d 对 2～66GHz 频段的空中接口物理层和 MAC 层作了详细规定，定义了支持多种业务类型的固定宽带无线接入系统的 MAC 层和相对应的多个物理层。该标准对前几个标准进行了整合和修订，但仍属于固定宽带无线接入规范。它保持了 802.16，802.16a 等标准中的所有模式和主要特性，增加或修改的内容用来提高系统性能和简化部署，或者用来更正错误、补充不明确或不完整的描述，包括对部分系统信息的增补和修订。同时，为了能够后向平滑过渡到 802.16，802.16d 增加了部分功能以支持用户的移动性。

802.16e 是 802.16 的增强版本，该标准规定了可同时支持固定和移动宽带无线接入的系统，工作在 2～6GHz 适于移动性的许可频段，可支持用户站以车辆速度移动，同时 802.16a 规定的固定无线接入用户能力并不因此受到影响。该标准还规定了支持基站或扇区间高层切换的功能。

802.16e 标准面向更宽范围的无线点到多点城域网系统，可提供核心公共接入。制定 802.16e的目的，是为了提出一种既能提供高速数据业务又能使用户具有移动性的宽带无线接入解决方案，该技术被业界视为目前唯一能与 3G 竞争的下一代宽带无线技术。但就目前最新发布的草案 Draft3.0 来看，802.16e 仅提出了具有移动特性的系统框架结构，其中很多具体的技术细节尚未规定，要全部完成标准还有很大的工作量。

802.16f 定义了 802.16 系统 MAC 层和物理层的管理信息库(MIB)以及相关的管理流程。

制定 802.16g 的目的是为了规定标准的 802.16 系统管理流程和接口，从而能够实现 802.16 设备的互操作性和对网络资源、移动性和频谱的有效管理。该标准的制定工作也刚处于起步阶段，计划在 2007 年发布。

802.16a，802.16r 和 802.16e 这三个标准的物理层(FHY)和媒体接入控制层(MAC)是相同的。目前，它们所选定的物理层规范是 256 点 FFT OFDM FHY(与 ETSI Niper MAN 相同)。其他物理层规范将在今后市场需要时再制定。

选用 OFDM 是由于它在保持高频谱效率、最大限度利用可用频谱的同时，还具备支持非视距性能的能力。在 CDMA 的情况下，为了保证处理增益能够克服干扰，射频带宽必须比数据吞吐量大许多。这对低于 11GHz 的宽带无线显然是不切实际的，因为如果数据速率高达 70Mbps 就需要射频带宽超过 200MHz 才能提供相应的处理增益和非视距能力。

为了在各种信道环境下能提供可靠的性能，故 802.16 物理层具备以下一些特点：灵活的信道宽度、自适应突发信号调节、采用 Reed-Solomon 与卷积级联码的前向纠错、任选的先进天线系统（AAS）（可改善距离/容量）、动态频率选择（DFS）（可帮助减小干扰）、空时编码（STC）（通过空间分集提高在衰落环境下的性能）。表 2.4 所示为 IEEE 802.16 标准的一些物理层特点。

表 2.4　IEEE 802.16 标准的物理层特点

特　点	好　处
256 点 FFT OFDM 波形	内含解决室外视距和非视距环境中多径问题的能力
每射频突发信号自适应调制和可变纠错编码	在给每用户单元提供最大每秒比特数的同时保证射频链路可靠
支持 TDD 和 FDD 双工方式	适应世界各地不同的管制办法，有的允许一种，有的允许两种
灵活的信道宽度（如 3.5MHz，5MHz 和 10MHz 等）	提供必要的灵活性，以适应在世界各地不同频段与不同信道要求下工作
支持智能天线系统	智能天线正在迅速降价，其抑制干扰和提高系统增益的能力随之对 BWA 的部署显得越发重要

上述特点对室外 BWA 的基本运行是必要的要求，特别是一个标准要想真正适应世界各国的情况，就需要灵活的信道宽度。这是因为对设备可以工作在什么频率以及使用什么宽度的信道，各国的管理办法并不相同。在需要注册的频谱上，运营商必须为每 1MHz 付钱，因此所建的系统一定要把所分配的频谱用足，并具有适应蜂窝结构或单基站结构的灵活性。如果运营商获得了 14MHz 的频谱，并为此付了钱，它们就不希望系统的信道宽度为 6MHz，因为这将浪费 2MHz 的频谱。它们希望系统可以采用 7MHz，3.5MHz 甚至 1.75MHz 的信道来建网。

由于各种无线网基本上都是工作在共享媒体上，必然需要一种控制用户单元接入媒体的机制。IEEE 802.16 的 MAC 层使用由基站安排的 TDMA 协议在点到多点的网络拓扑中给用户分配容量。采用这种 TDMA 接入机制以后，802.16 系统不仅能够提供具有服务水平协定（SLA）的高速数据业务，而且还能够提供对时延敏感的业务（如话音、视像或数据库访问等），并具备 QoS 控制能力，不仅仅是控制优先等级，而且所设计的 MAC 层还能适应杂乱的物理层环境，即在室外工作时遇到的干扰、快衰落和其他现象（见表 2.5）。

表 2.5　IEEE 802.16 标准的 MAC 层特点

特　点	好　处
TDM/TDMA 安排上行链路/下行链路的帧	带宽有效利用
可从一个用户扩展到数百个用户	允许成本有效地部署，按需支持足够的用户即可
面向连接	每连接均有 QoS 快速分组选路和转发

续表

特　点	好　处
QoS 支持连续同意、实时可变比特率(VBR)、非实时可变比特率、尽力而为	低时延，适合对时延敏感的业务(TDM、话音、VoIP)，对可变比特率业务的传率最优(如视像)，数据优先等级为优
自动重发请求(ARQ)	由于隐藏了来自上层协议的射频层诱发差错，改善了端到端的性能
支持自适应调制	能根据信道条件使数据速率达到最高，提高系统容量
安全和保密	保护用户私密
自动功率控制	由于把自干扰减到最小，都可实施蜂窝结构

2.10.2 IEEE 802.16 与 IEEE 802.11 的比较

表 2.6 所示为 IEEE 802.16 与 IEEE 802.11 的比较。从中可以看出，其最大差别在于覆盖范围、可扩展性和 QoS。下面分别加以叙述。

表 2.6 IEEE 802.16 与 IEEE 802.11 的比较

	IEEE 802.11	IEEE 802.16	技术差别
通信距离	小于 300 英尺(加接入点后覆盖距离可大些)	可达 30 英里，典型小区半径为 4～6 英里	通过 256 FFT 的实施，802.16 物理层可容纳较大的多径、时延扩散(反射)；802.11是 64FFT
覆盖范围	室内性能最优，距离短	室外非视距性能标准，支持先进天线技术	802.16 系统的总系统增益高，通过障碍物的穿透能力强，传输距离远
可扩展性	用于 WLAN，用户可从一个扩展到数十个，每一个 CPE 限制一个用户；固定信道宽带(20MHz)	可以有效地支持一到数百个 CPE，每一 CPE 后面的用户不受限制；灵活信道宽度，1.5～20MHz	802.11 中的 MAC 协议使用 CSMA/CA 协议，802.16 则使用动态 TDMA。802.11 只能用于非注册的频谱，信道数量有限。802.16 可以使用所有能用的频率，多信道支持蜂窝结构
比特率	2.7bps/Hz	5bps/Hz，在 20MHz 信道内高达 100Mbps	高效调制加灵活的纠错导致更有效的频谱使用
QoS	无 QoS 支持	QoS 内含于 MAC，达到话音/视像和区分服务水平	802.11 基于争用的 MAC(CSMA/CA)，基本上是无线以太网；802.16 基于动态 TDMA 的 MAC，带宽按需分配

1. 覆盖

802.16 标准是为了在各种传播环境(包括视距、近视距和非视距)中获得最优性能而设计的。即使在链路状况最差的情况下，也能提供可靠的性能。OFDM 波形在 2～40km 的通信距离上支持高频谱效率，在一个射频内速率可高达 70Mbps。可以采用先进的网络拓扑(网状网)和天线技术(波束成形、STC、天线分集)来进一步改善覆盖。这些先进技术也可用来提高频谱效率、容量、复用以及射频信道的平均与峰值吞吐量。此外，不是所有的 OFDM 都是相同的。为 BWA 设计的 OFDM 具有支持较长距离传输和处理多径或反射的能力。

相反，WLAN 和 802.11 系统的核心不是采用基本的 CDMA，而是使用设计大不相同的 OFDM。它们的设计要求是低功耗，因此必然限制了通信距离。WLAN 中的 OFDM 是按照系统覆盖几十米或几百米设计的，而 802.16 被设计成高功率，OFDM 可覆盖数十公里。

2. 可扩展性

在物理层，802.16 支持灵活的射频信道带宽和信道复用（频率复用），当网络扩展时，可以作为增加小区容量的一种手段。此标准还支持自动发送功率控制和信道质量测试，可以作为物理层的附加工具来支持小区规划和部署以及频谱的有效使用。当用户数增加时，运营商可通过扇形化和小区分裂来重新分配频谱。还有，此标准对多信道带宽的支持使设备制造商能够提供一种手段，以适应各国政府对频谱使用和分配的独特管制办法，这是世界各地的运营商都面临的一个问题。IEEE 802.16 标准规定的信道宽度为 1.75～20MHz，在这中间还可以有许多选择。

但是，基于 Wi-Fi 的产品要求每一信道至少为 20MHz（802.11b 中规定在 2.4GHz 频段为 22MHz），并规定只能工作在不需注册的频段上，包括 2.4GHz ISM，5GHz ISM 和 5GHz UNII。

在 MAC 层，802.11 的基础是 CSMA/CA，基本上是一个无线以太网协议，其扩展能力较差，类似于以太网。当用户增加时，吞吐量就明显减小。而 802.16 标准中的 MAC 层却能在一个射频信道内从一个扩展到数百个用户。这是 802.11 MAC 不可能做到的。

3. QoS

802.16 的 MAC 层是靠同意/请求协议来接入媒体的，它支持不同的服务水平（如专用于企业的 T1/E1 和用于住宅的尽力而为服务）。此协议在下行链路采用 TDA 数据流，在上行链路采用 TDMA，通过集中调度来支持对时延敏感的业务，如话音和视像等。由于确保了无碰撞数据接入，802.16 的 MAC 层改善了系统总吞吐量和带宽效率，并确保数据时延受到控制使其不致太大（相反，CSMA/CA 没有这种保证）。TDA/TDMA 接入技术还使支持多播和广播业务变得更容易。

WLAN 由于在其核心采用 CSMA/CA，故其目前已实施的系统无法提供 802.16 系统的 QoS。

该技术以 IEEE 802.16 的系列宽频无线标准为基础。如当年对推广 802.11 使用有功的 Wi-Fi 联盟，WiMAX 也成立了论坛，将提高大众对宽频潜力的认识，并力促供应商解决设备兼容的问题，借此加速 WiMAX 技术的使用率，让 WiMAX 技术成为业界使用 IEEE 802.16 系列宽频无线设备的标准。虽然 WiMAX 无法另辟新的市场，目前市场上已有多种宽频无线网方式，但是有助于统一技术规范。有了标准化的规范，就可以以量制价、降低成本，提高市场增长率。

虽然 IEEE 802.16 与之后陆续的修正版本意在解决宽频无线通讯第一层与第二层的互通性，但 IEEE 无法保证大家都用这套标准，也不能保证产品与产品之间的完整互通性。为了解决这层落差，所有 IEEE 802.16 的产品经 WiMAX 论坛确认符合 IEEE 802.16 的统一规范，就会获颁 WiMAX 认证标签。采用 IEEE 802.16 标准的产品，频段介于 2～66GHz，让担任 IEEE 802.16 媒体存取控制器（MAC）界面的实体层有更多元的种类。实体层的多元性有助于增加应用面，支持企业用户与服务供应商。WiMAX 会诞生多种一流的应用类别，意在界定怎么使用最好，以便精简市面上五花八门的用途。不论是点对点还是点对多点布建，都可选择在需注册频段或免注册的频谱中操作，视用户对服务层级的需求而定。WiMAX 的重心是点对多点布建，虽然它也可以布建于点对点的企业应用，诸如企业内部通信、蜂窝中继通信等。WiMAX 的最大传输距离是 30 英里，在 20MHz 的频宽上，信息传输速率逼近 70Mbps，在低频宽区段、靠近订户基地站，移动漫游和非视距传输（NLOS）的传输品质更好。若在最大传输距离 30 英里端，唯有视距传输（line-of-sight）可用。NLOS 固定宽频无在线网服务的基地覆盖范围是 3～5 英里，视频段而定。

2.10.3 WiMAX 应用模式

WiMAX 的技术特性和应用特点决定了其能适应各种的应用环境，具有不同的应用模式，下面对 WiMAX 宽带无线接入的应用模式进行初步的分析和探讨。

1. PMP 应用模式

如图 2.10 所示，PMP 应用模式以基站(BS)为核心，采用点到多点的连接方式，构建星形结构的 WiMAX 接入网络。基站(BS)扮演业务接入点(service access point，SAP)的角色，通过动态带宽分配技术，基站(BS)可以根据覆盖区用户的情况，灵活选用定向天线、全向天线以及多扇区技术，从而满足大量的用户站(subscriber station，SS)设备接入核心网的需求。必要时，可以通过中继站(repeat station，RS)扩大无线覆盖范围，还可以根据用户群数量的变化，灵活划分信道带宽，对网络扩容，可实现效益与成本的协调。

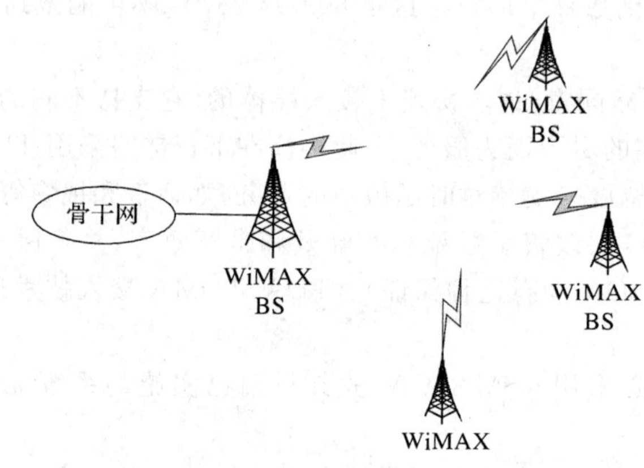

图 2.10 PMP 应用模式

PMP 应用模式是一种常用的接入网应用形式，其特点是网络结构简洁，应用模式与 xDSL 等线缆接入形式相似。因此，它是一种线缆替代的理想选用方案。

2. Mesh 应用模式

如图 2.11 所示，Mesh 应用模式采用多个基站(BS)以网状网方式扩大无线覆盖区。其中，有一个基站作为业务接入点(SAP)与核心网相连，其余基站(BS)以无线链路与该 SAP 相连。因此，作为 SAP 的基站既是业务的接入点，又是接入的汇聚点，而其余基站并非简单的中继站(RS)功能，而是业务的接入点。

Mesh 应用模式的特点是网状网结构，可以根据实际情况灵活部署，实现网络的弹性延伸。对于市郊等远距离骨干网，有线不易覆盖的地区，可以采用该模式扩大覆盖范围，其规模取决于基站半径、覆盖区大小等因素。

3. 热点回传模式

如图 2.12 所示，热点回传(backhaul)模式采用 WiMAX 无线接入网络把远端 Wi-Fi 热点 Hotspot 业务回送到核心网，WiMAX 基站(BS)的作用仍为业务接入点(SAP)，而 WiMAX 用户站(SS)是热点侧的无线接入设备，提供标准接口与热点相连，作为 WLAN 接入点(access point，AP)的热点设备再通过 IEEE 802.11a/b/g 无线链路与无线终端连接。

WiMAX 接入网络可根据实际情况灵活采用 PMP 或 Mesh 结构形式。对于移动运营商也可以采用该应用模式，把各小区移动基站业务回传到移动交换中心。

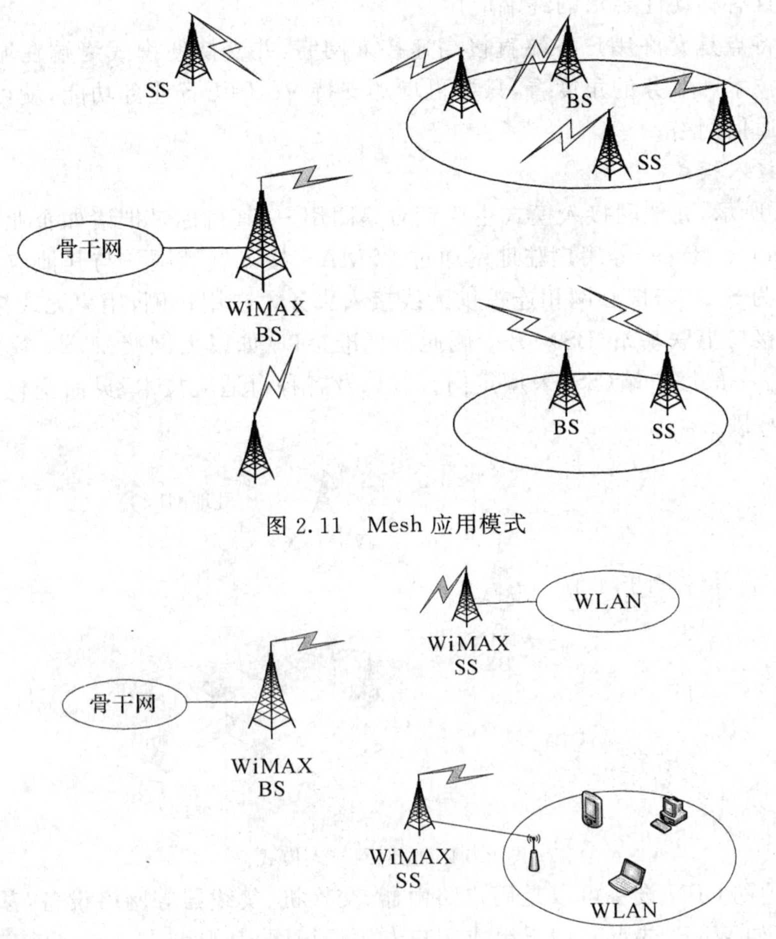

图 2.11　Mesh 应用模式

图 2.12　热点回传模式

WiMAX 热点回传模式的主要特点是:作为业务回传应用,采用无线传输方式,与传统有线回传模式相比,其特点显而易见,可作为传统回传模式的补充或替代方案。

4. 终端接入模式

如图 2.13 所示,在终端接入模式下,用户终端设备(terminal equipment,TE)直接通过作为 SAP 的 WiMAX 基站(BS)接入核心网。而用户终端设备(TE)若要直接接入 WiMAX 网络,则必须配置符合 WiMAX 标准的用户单元(subscriber unit,SU),用户单元(SU)一般是 WiMAX 无线网卡或无线模块形式。

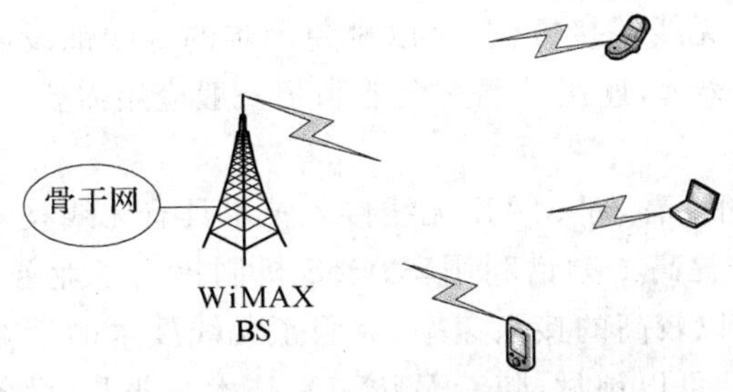

图 2.13　用户终端接入模式

由于 WiMAX 接入速率很高,而且支持城域内终端设备的移动性,因此特别适合于接入速率要求高并且有移动性要求的终端应用。

该模式的特点是允许用户终端直接高速接入网络，并支持便携式终端在城域范围内的移动和漫游。从技术和业务的角度看，只要再增加支持 VoIP 语音业务功能，就可成为名副其实的下一代移动通信网络。

5. 驻地网接入模式

如图 2.14 所示，驻地网接入模式主要针对集团用户，其目标是把诸如企业、校园和 SOHO (small office home office)等用户驻地网通过 WiMAX 接入城域网。与其他应用模式相同，基站(BS)还是作为 SAP 与核心网相连提供无线接入服务。在用户侧，用户无线接入设备 SS，其一侧通过无线接口上联基站(BS)，另一侧通过标准接口(如以太网接口、E1 等)与用户驻地网 CPN 设备相连。一般用户站(SS)采用定向天线以及各种自适应技术，灵活调整工作方式，从而保证用户的正常接入。

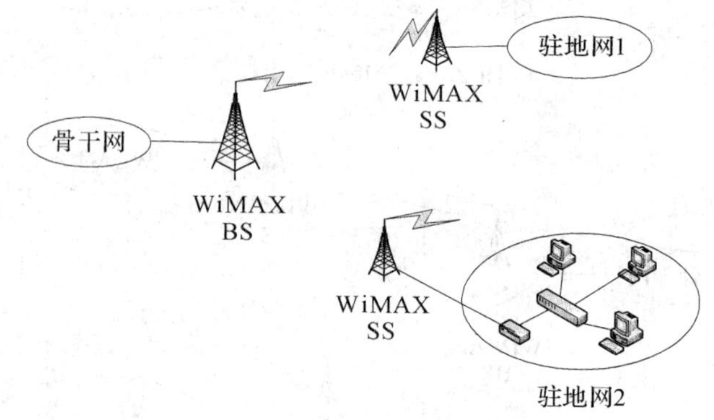

图 2.14 驻地网接入模式

用户侧驻地网 CPN 设备可以是用户路由器、交换机、集线器等网络设备，甚至可以是另一种无线接入点(如 Wi-Fi 热点)，用于组成用户专用局域网，其典型实例是目前广泛存在的校园网、企业网、政府网或 SOHO 等形式。

驻地网接入模式特别适合于线缆接入不方便，对接入带宽要求不高的驻地之间接入应用。与线缆接入方式相比，部署快捷是该模式的竞争优势。

6. 无线桥接模式

如图 2.15 所示，无线桥接模式是一种点到点无线链接方式，与远程网桥的作用相似，其目的是把地理位置分离的两个子网络通过 WiMAX 无线链路连接在一起。由于无线桥接采用点对点方式，两端 WiMAX 无线网桥设备天线的方向可以彼此对准固定，因此传输性能相对稳定，部署也相对简单。

显然，采用 WiMAX 无线桥接方式，可以避免困难的专线铺设或缴纳昂贵的线缆租金，并能迅速开通使用，连接距离远，连接带宽完全能满足一般应用需要。在用户专网建设方面，比有线桥接方式更具竞争力。

从网络结构和应用角度看，WiMAX 无线接入技术具有无线技术带来的所有优势，同时从技术上看，高效调制技术提高了频谱利用率；QoS 机制提高了业务能力；宏小区覆盖方式，特别适合户外应用；并且其以较高的接入速率，克服了无线技术的带宽瓶颈，成为今后线缆传输方式的补充或替代方式。可以预见，随着 WiMAX 技术的普及，设备成本的下降，其完全可能成为解决信息高速公路“最后一公里”极具竞争力的手段。本节讨论的 WiMAX 应用模式把网络应用环境与 WiMAX 特点相结合，既可以满足网络应用需求，又可以充分发挥 WiMAX 的

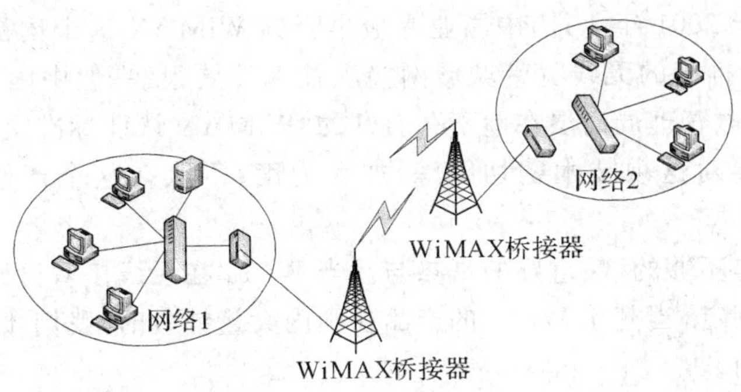

图 2.15　无线桥接模式

性能优势，因此，WiMAX 应用模式的确定对其今后的应用和发展具有现实意义。

2.10.4　WiMAX 发展存在的问题

目前，很多厂商相信，未来 WiMAX 的应用会给最终上网用户带来新的网络生活体验：采用宽带无线接入方式，每个家庭可以享受到 25MB 以上的带宽应用服务。这样的带宽，将满足家庭对多媒体网络的需求。因为广泛的覆盖范围能够进一步扩大运营商的目标服务区域的覆盖范围，这意味着将有更多的用户可以享受到高速无线互联网的服务。

目前无法获得 XDSL 或有线宽带服务的家庭用户，将能够以极具竞争力的价格享受到同样到位的无线服务。通过向目前被线缆、有线和 XDSL 接入技术垄断的接入市场推出这一极具竞争力的“第三通道”，每月宽带接入服务费用将随着时间的推移而逐渐降低，这就是 WiMAX 鼓吹者为我们描绘的 WiMAX 远景。但问题是远景并不等于现实。WiMAX 要想从远景变为现实，还有很多工作要做。

首先，要从 WiMAX 自身开刀，严格要求自己。因为从今天的标准来看，802.16 仍然是一锅“大杂烩”，含混不清的地方太多，大部分还只是纸上谈兵。例如，802.16a 为 802.16 标准增加 2～11GHz 频段(原始的 802.16 标准只有 10～66GHz 频段)，却需要安装室外天线，用户安装费用无疑会太高；802.16d 不需要室外天线，用 PC 卡实现 WiMAX 访问，虽然 WiMAX 论坛组织希望从 2007 年下半年开始启动 802.16d 产品的认证工作，但就目前来说也只是个“希望”。另外，在 802.16e 标准完成之前，WiMAX 还不能在各基站间实现真正的移动。虽然 WiMAX 论坛组织对标准的完成时间充满信心，但也未能保证产品可以在 2007 年问世。

另外，WiMAX 在自身发展的同时还有一个强烈的竞争者，那就是 IEEE 802.20，专门用来为移动的环境提供宽带数据服务的。该技术将在低于 3.5GHz 频带下工作，用户的移动速度可达每小时 155 英里。这个标准实现后，人们就可以坐在火车里使用宽带无线数据服务了。从发展进度来看，802.16e 和 802.20 的诞生时间较接近。但 802.16 的支持者认为，他们在标准化的道路上已经远远地超过了 802.20。事实确实如此，因为 802.16e 的研发已有 802.16 雄厚的基础。但是，对这些基础的兼容性具有两面性，既可能是一个优点，也可能是一个累赘，可能会限制移动性的充分发挥。

另外，由于 IEEE 802.16e 标准要做到对 IEEE 802.16 标准的向后兼容，这也会限制它的移动性的充分发挥。如果 IEEE 802.16 不能合理地解决在移动性上的缺陷，那它将会无奈地被划定在固定无线宽带接入的范畴，这样一来，它的价值会大打折扣。

但不管如何，WiMAX 是一个很有发展前景的无线接入技术，其性能参数非常诱人，发展走向值得国内企业关注。实际上，对于 WiMAX，国内以前没有对它的发展给予应有的关注。

WiMAX 联盟成立于 2001 年 4 月，中国业界最早听到 WiMAX 这个词是在 2003 年。截至目前，虽然 WiMAX 所推广的无线宽带城域网接入技术发展很快，但中国业界对此了解得却不多。因此，国家无线电管理局高层在前不久召开的"WiMAX 认证标准交流会"上大声呼吁，希望"中国的产业界要对这项技术密切跟踪，加大力度，争取在这个产业中把我们的利益扩大化"。

但是仅仅关注是不够的，最重要的是参与。当 Wi-Fi 在无线接入世界渐露头角时，我们国内没有参与标准的制定。当基于 Wi-Fi 的产品在国内大量铺货时，我们才意识到 Wi-Fi 对国内信息安全构成了威胁。

当然，从这里我们也可以看到，当一种标准正在制定的过程中，我们国内的企业没有去参与，或者没有技术实力和机会去参与，从而造成了国内企业与各种技术标准无缘。如此，带来的后果就是当这些标准真正产品化以后，高昂的专利费或者信息安全性等问题就会出现。

因此，对于国内企业而言，需要在 WiMAX 还没有成形的时候，参与进去，成为其中的成员，进而掌握其中的技术，这才是长远之道。

第3章

无线局域网关键技术

这是本书非常重要的部分，我们必须熟悉无线局域网的关键技术，才能更好地理解和应用它。国际标准化组织(ISO)建议的开放系统互联参考模型(OSI)将网络通信协议体系分为七层。局域网协议标准的结构主要包括物理层和数据链路层。体系的底层为物理层，网络所采用的不同传输介质，对应不同的物理层，如有线网的传输介质是双绞线或光缆，而无线网的传输介质是空气。体系的第二层为数据链路层(data link sub-layer，DLL)，因为局域网的介质访问控制比较复杂，所以数据链路层又分为两层，数据链路层的上半部为逻辑链路控制子层(logical link control sub-layer，LLC)，负责将数据准确地发送到物理层；数据链路层的下半部为介质访问控制子层 (media access control，MAC)，负责控制与连接物理层的物理介质。有线和无线局域网的不同主要体现在物理层和数据链路层上，所以我们要讨论的关键技术也集中在这两层。

3.1 无线局域网物理层的关键技术

无线局域网物理层的关键技术涉及采用的传输介质、选择的频段及调制方式。无线局域网涉及的传输技术，主要有红外线和微波传输技术两种。红外线传输技术采用小于 1μm 波长的红外线作为传输媒体，有较强的方向性，受太阳光的干扰大。红外线支持 1～2Mbps 的数据速率，适于近距离通信。但由于红外线传输方式的传输质量受距离的影响非常大，并且红外线对非透明物体的穿透性也非常差，这就直接导致了红外线传输技术与计算机无线网的"主角地位"无缘。所以，我们重点讨论微波传输技术。微波传输技术涉及的技术也很多，本书由于篇幅有限不可能一一介绍，只是对无线局域网涉及的主要技术作一归类，简要介绍，有兴趣的读者可以参见现代数字通信技术的有关专业书籍。

图 3.1 所示为无线局域网涉及的主要技术名词的归类以及它们之间的关系。

随着无线局域网技术的应用日渐广泛，用户对数据传输速率的要求也越来越高。但是在室内较为复杂的电磁环境中，多经效应、频率选择性衰落和其他干扰源的存在使得实现无线信道

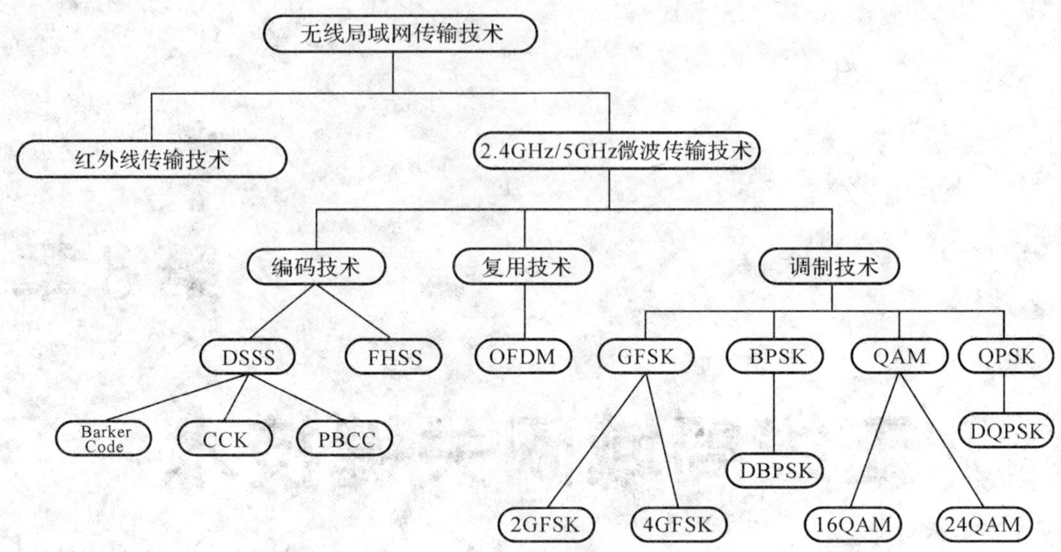

图 3.1 无线局域网涉及的传输技术

中的高速数据传输比有线信道中的困难，WLAN 需要采用合适的调制技术。

从技术角度来讲，无线局域网属于微波数字通信系统，对于微波通信的理解有利于我们更加深刻地理解无线局域网。图 3.2 所示是数字微波通信的系统模型，载波调制和信道数字编码是数字通信中的重要组成部分。

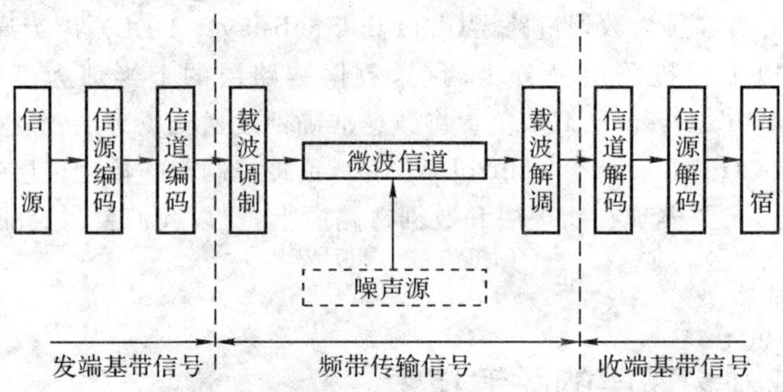

图 3.2 数字微波通信的系统模型

微波是指频率在 300～300000MHz 或波长为 1mm～1m 范围内的电磁波。数字微波通信是指利用微波(射频)携带数字信息，通过天线发射出去，电磁波在空间传播，由于电磁波存在空间衰减，所以它的传输距离是有限的，因而需要再生中继来延长其通信距离的通信方式。数字通信系统的设备组成及其各部分功能，因用途不同而不同，综合各种数字通信系统，得到如图 3.2 所示的数字微波通信系统模型。

发端的信源是提供原始信号的装置，其输出信号可以是模拟信号，也可以是数字信号。

信源编码的任务是把模拟信号变换成数字信号，完成模/数变换的任务。如果信源送出的已经是数字信号，可以省去信源编码装置。信源编码的目的是去掉信息的冗余度，压缩信号的数码率，从而提高信道的传输效率。

信道编码是为了提高数字信号传输的可靠性。因为信道中不可避免地存在噪声和干扰，可能使传输的数字信号产生误码。为了在接收端能够自动地检测和纠正错误码元，使用信道编码器可在输入的数字序列中按照一定的规律加入一些附加的码元(又叫多余码元)，并形成新的数字序列，附加的码元称为监督码。在接收端，根据新的数字码元序列的规律性来检测接收信号有无误码。另外，为了实现加密通信，还可在信道编码器的输入端或输出端对所传输的信号加上密码，接收时再在相应的位置上解除密码。加密和解密装置合称为加密机。

调制部分是为使经信道编码后的符号能在适当的频段传输，如微波频段、短波频段等。为了数字微波通信，需要把数字信号调制到频率较高的“载波”上去，以便适合无线信道传输。未经调制的数字信号称为基带信号。将基带信号直接送到信道传输的方式称为基带传输。将基带信号经过调制后送到信道进行传输的方式称为频带传输。数字微波中继通信的无线传输信道(包括电波空间)就是频带传输信道，如图 3.2 中两条虚线之间所示的部分。

接收端的解调、信道解码和信源解码等几个方框的功能与发送端几个方框的功能是一一对应的反变换。接收端的收信者称之为信宿。图 3.2 中的噪声源是系统内部和系统外部干扰噪声一起折合到信道中而成一个总的等效噪声源。

数字通信的整个过程是这样的：用适当的传感器(如话筒、摄像机等)把原始的声音、图像等信息变成电信号送入信源编码器，信源编码器对输入信号进行模/数变换，压缩编码后形成数据信号，再送入信道编码器.此过程可对数字信号进行适当编码(如补码键控、卷积编码等)，增加信号的冗余度，使其具有检错和纠错能力。一般称信道编码后的信号为符号，调制部分是根据信道的特点和要求把信道编码后的符号以适当的方式(相移键控、频移键控等)调制在一定的频率上。这里的信道通常是指传输射频信号的各种信道，如微波信道、卫星信道、光纤信道、电台短波信道等。收端对信号的处理过程与发端一一对应，且是一个相反的过程。而且前后的顺序也相反。先解调，再信道译码、信源译码，最后恢复信息如声音、图像等。

人们一提到无线局域网就会想到扩频传输技术(扩展频谱技术的简称)，它的重要性也就不言而喻了，扩频传输技术是一种以高频带宽和低峰值功率为特征的通信技术。但扩频传输技术不是无线局域网传输技术的全部，它只是 IEEE 802.11，IEEE 802.11b 协议标准规定的传输技术，包括跳频序列扩频传输技术(frequency hopping spread spectrum，FHSS)和直接序列扩频传输技术(direct sequence spread spectrum，DSSS)两种。随着无线网技术标准的发展，它已经不能适应更高速率的要求，将会逐渐被一种叫做正交频分复用(orthogonal frequency division multiplexing ，OFDM)调制技术所替代。

IEEE 802.11 无线局域网络是一种能支持较高数据传输速率(1～54Mbps)，采用微蜂窝结构的自主管理的计算机局域网络。其关键技术大致有以下几种：DSSS，CCK，PBCC，OFDM，每种技术皆有其特点。目前，DSSS 正成为主流，而 OFDM 技术由于其优越的传输性能成为人们关注的新焦点。

扩频传输技术是指用比信号带宽宽得多的频带宽度来传输信息的技术，一般的扩频通信系统都要进行三次调制和相应的解调，第一次调制为信息调制(编码)，第二次调制为扩频调制，第三次调制是射频调制，以及相应的信息解调(解码)、解扩调制和射频解调。与一般数字通信系统比较，扩频通信就是多了扩频调制和解扩调制两部分。扩频传输技术在具体实施时有多种方案，但思路相同；把索引(也称为码或序列)加入到通信信道，插入码的方式正好定义了扩频传输技术。术语“扩频”，是指将信号带宽扩展几个数量级，在信道中加入索引即可实现扩频。更精确的定义是：扩频通过注入一个更高的频率信号，将基带信号扩展到一个更宽的频带内的射频通信系统，即发射信号的能量被扩展到一个更宽的频带内，使其看起来如同噪声一样。扩展的带宽与初始信号之比称为处理增益(dB)，典型的扩频处理增益可以从 20dB 至 60dB，采用扩频传输技术，在天线之前发射链路的某处简单的引入相应的扩频码，这个过程称为扩频处理,结果将信息扩散到一个更宽的频带内。在接收链路中数据恢复之前移去扩频码,称为解扩。解扩是在信号的原始带宽上重新构建信息。显然,在信息传输通路的两端需要预先知道扩频码。图 3.3 所示是一种典型的扩频系统。

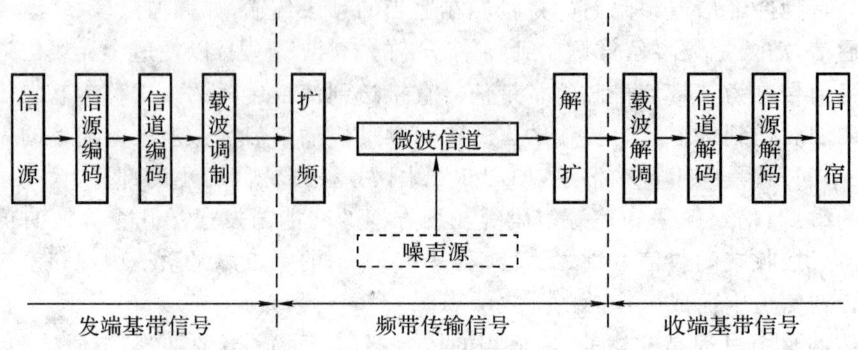

图 3.3 扩频传输技术的系统模型

扩频传输技术包括直接序列(DS)、跳频(FH)、跳时(TH)线性调频以及它们的各种混合方式。用于无线局域网的主要是直接序列(DS)和跳频(FH)。直接序列扩频,是指使用比信息速率高很多倍的伪随机噪声码(PN)与信号相乘来达到扩展信号的带宽。直接序列(DS)是用伪噪声码(PN)作为扩频码序列,调制方式多为二相相移键控(BPSK)和四相相移键控(QPSK)。跳频(FH)是使原始信号随机的用不同的载波传输发送;跳时(TH)是使用伪随机码序列来开通或关断发射机,即信号的发射时刻和持续时间是随机的。跳频(FH)就是载波在跳频码的控制下按照某种跳频图案跳变,在接收端通过相关解跳,恢复发送信号。

扩频技术的理论基础是信息论中的香农定理:

$$C=W\log_2(1+\frac{S}{N})$$

式中:C——信道容量(bps);

N——噪声功率;

W——带宽(Hz);

S——信号功率。

当 S/N 很小($\leqslant 0.1$)时,得到:

$$W=(\frac{C}{1.44})\times(\frac{N}{S})$$

可以看出,当无差错传输的信息容量 C 不变时,如果 N/S 很大,则必须使用足够大的带宽 W 来传输信号。

扩频传输技术的抗干扰能力不仅仅能抗多经干扰、抗自身干扰、抗外界相邻频段的干扰,而且还能抵抗各种恶劣天气对通信链路的影响,并能跨江传输,能在海面长距离优质传输。这是传统微波技术无法比拟的。

除了模拟数据的模拟信号发送外,还需要某种形式的数据表示或者编码,我们称之为数据编码技术。虽然严格来说信道编码对数字通信不是必须的,但是要得到性能好的信道编码是必要的。我们将在这里介绍无线局域网主要的信道编码技术,包括跳频扩频传输技术(FHSS)、直接序列扩频传输技术(DSSS)和正交频分复用技术(OFDM)。需要注意的是,将正交频分复用技术归类在信道编码技术中不十分准确,因为它融合了一部分调制技术。

3.1.1 跳频扩频传输技术(FHSS)

跳频扩频传输技术(frequency hopping spread spectrum,FHSS)是一种用频率的活跃性将数据扩展的扩频传输技术,这种技术只在IEEE 802.11中作了规定,在实际应用中已经很少见到,所以我们只对一些主要的概念进行说明。频率的活跃性指的是微波在射频应用的频率波段中突然改变传输频率的能力。

采用跳频扩频传输技术(FHSS)的无线局域网支持1Mbps和2Mbps。在1Mbps时采用的调制方式是两相高斯频移键控(2GPSK),在2Mbps时采用的调制方式是四相高斯频移键控(4GPSK)。

3.1.2 直接序列扩频传输技术(DSSS)

直接序列扩频传输技术(direct sequence spread spectrum,DSSS)是直接采用具有高码率的扩频码序列的各种调制方式在发射端扩展信号的扩展频谱技术,在接收端用相同的扩频码序列进行解码,把被扩展的扩频信号还原成原始的信息。

在直接序列扩频传输技术中,使用一个伪随机二进制串来调制信号。这个二进制串称为扩展码(spreading code),使用扩展码将数据比特映射成很多个比特,以提供冗余。将数据比特映射到一个模式,该模式称为一个碎片(chip)或码片(chipping code)。用来表示一位的码片数称为扩展比(spread ratio)。可以设想,发送器和接收器必须使用相同的扩展码。它至少往每个数据位中加入了一定数量的码片来防止接收机丢失数据。也就是说,直接序列扩频技术并不是把数据信号分割成片,而是把每个数据位编码到这些码片中,即发射机发送带有若干码片的相同数据片来保证冗余。图3.4所示为直接序列扩频系统的工作模型。

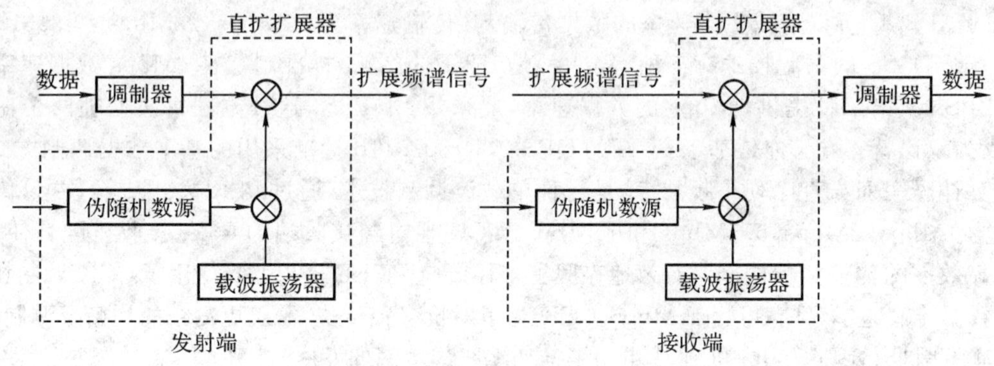

图3.4 直接序列扩频系统工作模型

在采用直接序列扩频传输技术的无线局域网中使用的扩展码的编码类型主要有3种:巴克码(barker code)序列、补码键控(complementary code keying,CCK)和分组二进制卷积(packet binary convolutional coding,PBCC)。

巴克码序列将信源与一定的伪随机码进行整合,每个巴克码序列表示一个数据比特(1或0),它将被转换成可以通过无线方式发送的波形符号。例如,在发射端将“1”用11001000110代替,将“0”用00110010110代替,这个过程就实现了扩频;在接收机处,只要把收到的序列11001000110恢复成“1”,00110010110恢复成“0”,这就是所谓的解扩。这样信源速率就被提高了11倍,同时也使处理增益达到10dB以上,从而有效地提高了整机的信噪比。在IEEE 802.11的规定中,11码片巴克码序列应用于1MHz和2MHz的调制。

补码键控(CCK)是由64个8比特长的码字组成。作为一个整体,这些码字具有自己独特的数据特性,即使在出现重要噪声和多经干扰(如接收由某个建筑物内的多个无线反射导致的干扰)的情况下,接收方也能够正确地予以区别。IEEE 802.11b规定,当速率为5.5Mbps时,使用补码键控(CCK),对每个载波进行4比特编码;当速率为11Mbps时,对每个载波进行8比特编码。要在室内近距离范围内达到速率超过数兆比特每秒时,若采用一般的直接序列扩频传输技术(DSSS),则系统扩展的频谱带宽甚至会超过开放ISM频段规定的频率范围。补码键控(CCK)就是这样一种软扩频的调制方式。与常用的扩频(真扩频)方法不同,软扩频即"假扩频",实际是采用编码的方法完成频率的扩展。对比"真扩频",每一位信息码都与多个整数数位的伪随机码模2相加;软扩频是一种(N,K)编码,即用N位长的伪随机序列来表示K位信息码,这样用几位信息元对应一条伪随机码,频率扩展的倍数不大,而且不一定是整数。在室内距离通信的条件下,软扩频既能够满足开放频段带宽的要求,也能达到很高的通信速率,成本也较低。

分组二进制卷积码(PBCC)在IEEE 802.11b中是一个可选方案,它使用一个64位的二进制卷积码(BCC)和一个掩码序列来进行二进制卷积编码,分组二进制卷积码(PBCC)与补码键控(CCK)在编码方式上是不一样的。分组二进制卷积码(PBCC)增加了3dB的增益,相当于发射功率提高了一倍。因此,在实际应用中,补码键控(CCK)只能达到11Mbps的传输速率。而分组二进制卷积码(PBCC)可以达到22Mbps的传输速率。这也就是我们常说的IEEE 802.11b+的技术。

PBCC调制技术是由TI公司提出的,已作为802.11g的可选项被采纳。PBCC也是单载波调制,但它与CCK不同,它使用了更多复杂的信号星座图。PBCC采用8PSK,而CCK使用BPSK/QPSK;另外PBCC使用了卷积码,而CCK使用区块码。因此,它们的解调过程是完全不同的。PBCC可以完成更高速率的数据传输,其传输速率为11Mbps,22Mbps和33Mbps。

基于DSSS的调制技术有三种。第一种是IEEE 802.11标准制定在1Mbps数据速率下采用DBPSK。第二种提供2Mbps的数据速率,要采用DQPSK,这种方法每次处理两个比特码元,成为双比特。第三种是基于CCK的QPSK,是802.11b标准采用的基本数据调制方式。它采用了补码序列与直序列扩频技术,是一种单载波调制技术,通过PSK方式传输数据,传输速率分为1Mbps,2Mbps,5.5Mbps和11Mbps。CCK通过与接收端的Rake接收机配合使用,能够在高效率的传输数据的同时有效地克服了多径效应。IEEE 802.11b使用了CCK调制技术来提高数据传输速率,最高可达11Mbps。CCK为了对抗多径干扰,需要更复杂的均衡及调制,实现起来非常困难。因此,802.11工作组为了推动无线局域网的发展,又引入了新的调制技术。

3.1.3 载波调制技术

调制的定义是把输入信号变换为适合于通过信道传输的波形。调制是一个物理层的功能,是一个无线电收发器准备将数字信号转换成传输微波的一个过程,或者说是把数字信号映射到模拟信号的过程,以便使该信息能够在信道中传输。调制是通过一个可控制的方式来改变振幅、频率和相位使载波增加数据的过程。每个数字通信系统都包含一个调制器来完成这个任务。与调制密切相关的是与之相反的过程——解调,接收机通过解调来恢复传输的数字信息。无线局域网会用到许多种调制方式,对于一般的使用者或用户来说,要完全理解是比较困难的,所以本书只是简单地介绍一下。

由信源产生的原始信号一般不能在大多数信道内直接传输,需要经过调制将它变换成适于在信道内传输的信号。通常把原始信号称为调制信号,也称基带信号,被调制的高频周期性脉冲起运载原始信号的作用,称为载波。调制实现了信源的频谱与信道的频带匹配。调制是使载波信号的幅度、频率或相位(其中的一种或几种)随发送信号变化的过程。载波信号是利用商用发生器产生高频正弦波的。发送信号(模拟数据或数字数据)一经调制,就将作为模拟信号(已携带发送信号的载波——已调波),并通过送信介质发送出去。在接收端接收后要进行解调(从已调制中取出发送信号的过程),变换成原来的信号形式。调制类型一般分为模拟调制和数字调制两种。

模拟调制以低频模拟信号作为输入,在甚高频下进行调制,输出信号是带有输入信号的高频模拟信号。最常用的调制技术有以下两种。

幅度调制(AM,简称调幅),用来使载波的幅度随原始模拟信号数据的幅度变化而变化。因此,载波幅度会在整个调制过程中波动,而载波频率是不变的,图 3.5(a)所示为调幅过程。在接收端接收到幅度调制信号后,就进行解调,以恢复原始的模拟数据。

频率调制(FM,简称调频),用来使高频载波的频率随原始模拟信号的幅度变化而变化。因此,载波频率会在整个调制过程中波动,而载波的幅度仍然是相同的,图 3.5(b)所示为调频过程。接收端一旦接收到调频信号,就会进行解调,恢复成原始的模拟数据。

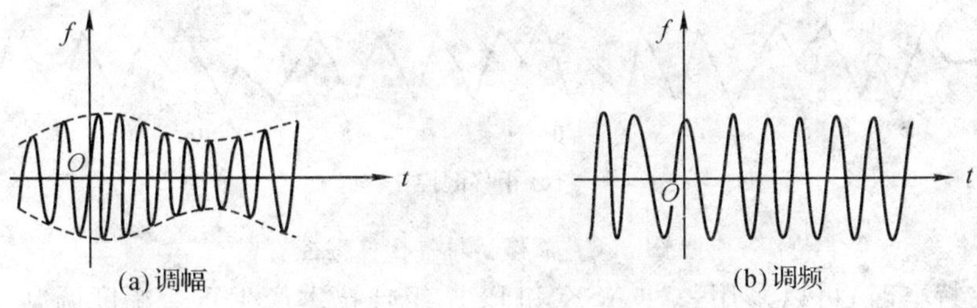

图 3.5　调幅与调频波形图

数字调制将数字数据变换成模拟信号有三种基本技术,它们全部涉及一种叫做移动键控的技术。采用这种技术时,每当载波的参数(幅度、频率或相位)因数字信号的幅度突然变化而被键控时,它就会发生变化。这些基本技术称为幅移键控、频移键控和相移键控。下面介绍常用的调制技术:

在幅移键控(ASK)中,载波信号的两个不同幅值代表两个二进制数值,有载波表示二进制"1";无载波表示二进制"0";或使用两个不同的载波幅度值,每一个相当一个特定的二进制值。ASK 对突然的增益变化十分敏感,是一种不理想调制方式。图 3.6(a)所示为 ASK 典型的波形。

在频移键控(FSK)中,用邻近载波频率的两个不同的频率代表二进制的两个数值。FSK 是目前最流行的数字调制技术之一。图 3.6(b)所示是 FSK 的典型波形。

在相移键控(PSK)中,用载波信号的相位移动来表示每个二进制值。以相邻两位的载波信号相差 0°或 180°来区别两位是在相同状态还是在不同状态下,这种调制方式称为差分相位调制。也可以根据"0"或"1"状态,分别给予同已调信号差"0°"或"180°"的相位,这种调制方式称为双相系统。其工作情况如下:二进制"0"是通过发送一个相位与前一个信号列相反的信号列来表示的。PSK 也可以使用多余两相的位移。四相系统能把每个信号串编码为两位。在四相调制的情况下,每一个调制时间间隔包含有 2 比特的信息,使信息传输速率增加一倍,如图 3.6(c)所示。

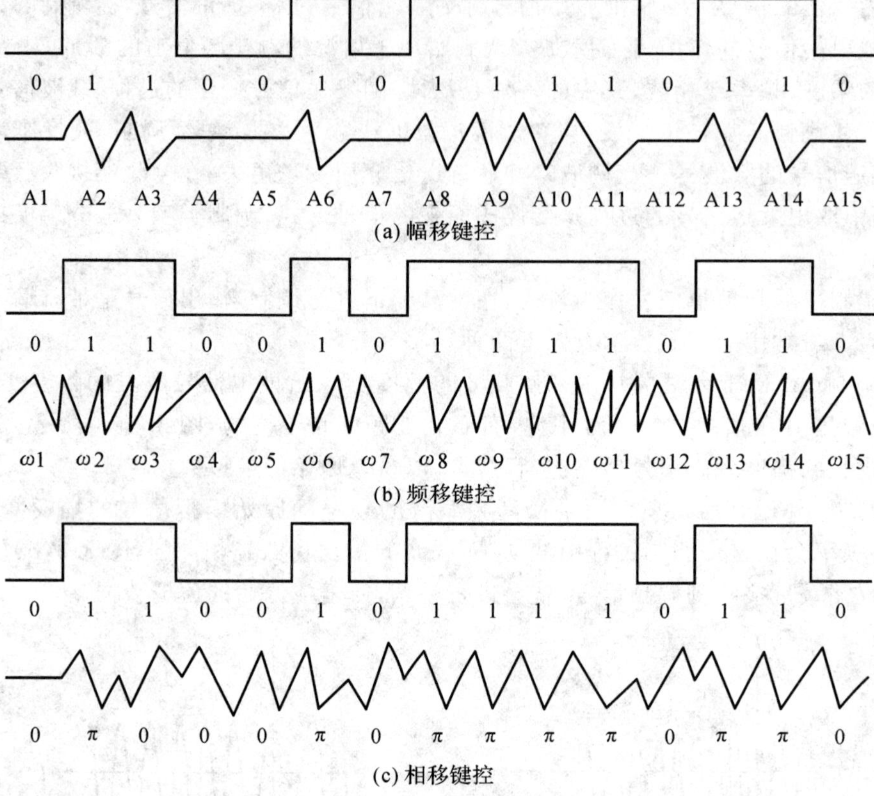

图 3.6 幅移、频移、相移键控

在较高比特率时，可以采用一种 ASK 和 PSK 组合技术产生正交幅度调制(QAM)。QAM 是 PSK 的一种形式，只是稍为复杂一些。在 PSK 中，每当输出信号的相位因输入数字数据的变化进行键控时，该相位就会偏移。在 QAM 中，输出信号的相位由一群位(PSK 只有一位)键控时就会偏移。图 3.7 所示为输出信号的相位偏移不同的量，这是按输入数字数据采样的各位组合情况而定的。图 3.7 代表一个 360°周期，每个箭头表示在该位模式出现时，载波信号相位改变的度数。对于正交频分复用系统来说，不能采用频率调制的方法，这是因为子载波是频率正交，并携带独立的信息，调制子载波频率会破坏这些子载波的正交特性，这是频率调制不能在 OFDM 系统中采用的原因。

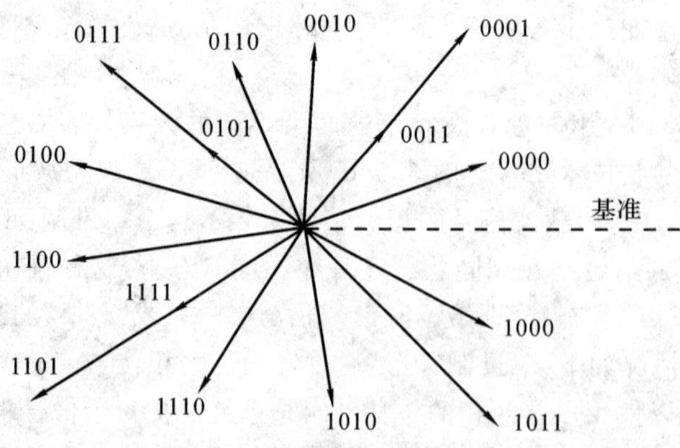

图 3.7 正交幅度调制(QAM)

调制信号中的实际信息包含在边频带中，或者是附加到载波的频率部分，值得注意的是，信息并不包含于载波自身。那些高于载波频率的频率部分称为上层边频带，低于载波频率部分称为下层边频带。通常只传输其中一个边频带，它们一般包含相同的信息。最普通的调制技术类型为模拟，比如频率调制和振幅调制。所有无线局域网中的无线通信设备必须能够把数字信息编码到模拟信号中，从而为发送和接收做好准备，和调制解调器的功能非常相像，转变工程需要有效地以模拟形式传送数字信息的调制技术。

3.1.4　正交频分复用(OFDM)技术

新一代 WLAN 技术标准均采用了正交频分复用(OFDM)技术。较传统的 WLAN 技术，OFDM 具有更高的频谱利用率，以及良好的抗多径干扰能力。它不仅增加了系统容量，更重要的是它能更好地满足多媒体通信要求。正交频分复用(OFDM)技术是 HPA 联盟(homeplug powerline alliance，HPA)工业规范的基础。

OFDM 技术的主要思想是将指配的信道分成许多正交子信道，在每个子信道上进行窄带调制和传输，信号带宽小于信道的相关带宽。OFDM 单个用户的信息流被串/并变换为多个低速率码流(100Hz～50kHz)，每个码流用一条载波发送。OFDM 采用跳频方式选用即使频谱混叠也能保持正交的波形，所以 OFDM 既有调制技术，也有复用技术。OFDM 增强了抗频率选择性衰落和抗窄带干扰的能力。在单载波系统中，单个衰落或干扰会导致整条链路不可用，但在多载波系统中，只会有一小部分载波受到影响。纠错码的应用可以恢复一些易错载波上的信息。

OFDM 允许各载波间频率互相混叠，采用基于载波频率正交的 FFT 调制，由于各个载波的中心频点处没有其他载波的频谱分量，所以能够实现各个载波的正交。不是通过很多带通滤波器来实现，而是直接在基带进行处理，这也是 OFDM 有别于其他系统的优点之一。OFDM 的接收机实际上是一组解调器，它将不同载波搬移至零频，在一个码元周期内积分，其他载波由于与所积分的信号正交，不会对这个积分结果产生影响。OFDM 的高数据速率与子载波的数量有关，增加子载波数目能提高数据的传送速率。OFDM 每个频带的调制方法可以不同，增加了系统的灵活性，适用于多用户的高灵活度、高利用率的通信系统。它是将一个通信频段分成一定数量平均间隔的频率频段的通信技术，一个子载波在每一个频段传输负载的一部分用户信息，每一个子载波相对于其他的子载波都是直角的(相互之间是独立的)。OFDM 采用一种不连续的多音调技术，将被称为载波的不同频率中的大量信号合并成单一的信号，从而完成信号传送。由于这种技术具有在杂波干扰下传送信号的能力，因此常常会被利用在外界干扰或者抵抗外界干扰能力较差的传输介质中。在 IEEE 802.11a 和 IEEE 802.11g 协议标准中进行规定，以实现高达 54Mbps 的传输速率。

OFDM 技术是一种无线环境下的高速多载波传输技术，无线信道的频率响应曲线大多是非平坦的，而 OFDM 的主要思想是在频域内将给定信道分成许多正交子信道，在每个子信道上使用一个子载波进行调制，各子载波并行传输。这样，尽管总的信道是非平坦的，具有频率选择性，但每个子信道是相对平坦的，在每个子信道上进行的是窄带传输，信号带宽小于信道的相应带宽，就可以大大消除信号波形间的干扰，从而有效地抑制无线信道的时间弥散所带来的 ISI。由于在 OFDM 系统中各个子信道的载波相互正交，于是它们的频谱是相互重叠的，这样不但减少了子载波间的相互干扰，同时又提高了频谱的利用率。并且各子载波并行传输，这样就减少了接收机内均衡的复杂度，有时甚至可以不采用均衡器，仅通过插入循环前缀的方式消除 ISI 的不利影响。

OFDM 技术能够较好地对抗频率选择性衰落或窄带干扰。在单载波系统中，单个衰落或干扰能够导致整个通信链路失败，但是在多载波系统中，仅仅有很小一部分载波会受到干扰，对这些子信道可以采用纠错码来进行纠错，可以有效地对抗信号波形间的干扰，适用于多经环境和衰落信道中的高速数据传输。当信道中因为多经传输而出现频率选择性衰落时，只有落在频率凹陷处的子载波以及其携带的信息受影响，其他的子载波未受损害，因此系统总的误码率性能要好得多。OFDM 本身已经利用了信道的频率分集，如果衰落不是特别严重，就没有必要再加时域均衡器。通过将各个信道联合编码，可以使系统性能得到提高。

OFDM 技术实际上是多载波调制(multi-carrier modulation，MCM)的一种。其主要思想是：将信道分成若干正交子信道，然后将高速数据信号转换成并行的低速子数据流，并调制到每个子信道上进行传输。

在接收端采用相关技术，分开正交信号，可以减少子信道之间的相互干扰(ICI)。在每个子信道上，由于信号带宽小于信道的相关带宽，从而消除了间的干扰。而且由于每个子信道的带宽仅仅是原信道带宽的一小部分，信道均衡变得相对容易。

OFDM 系统的关键技术如下，同时也是 OFDM 有别于其他系统的优点之一。

(1) 时域和频域同步

OFDM 系统对定时和频率偏移敏感，特别是实际应用中与 FDMA，TDMA 和 CDMA 等多址方式结合使用时，时域和频率同步显得尤为重要。在下行链路中，基站向各个移动终端广播式发同步信号，所以下行链路同步较易实现；上行链路中，来自不同移动终端的信号必须同步到达基站，才能保证子载波间的正交性。基站根据各移动终端发来的子载波携带信息进行时域和频域同步信息的提取，再由基站发回移动终端，以便移动终端进行同步。

(2) 信道估计

在 OFDM 系统中，信道估计器的设计主要有两个问题：一是导频信息的选择，由于无线信道常常是衰落信道，需要不断地对信道进行跟踪，因此导频信息也必须不断地传送；二是信道估计器的设计应既有较低的复杂度，又有良好的导频跟踪能力。

(3) 信道编码和交织

为了提高数字通信系统的性能，信道编码和交织是通常采用的方法。对于衰落信道中的随机错误，可以采用信道编码；对于衰落信道中的突发错误，可以采用交织。在实际应用中，通常同时采用信道编码和交织来进一步改善整个系统的性能。

在 OFDM 系统中，如果信道衰落不是太深，均衡是无法再利用信道的分集特性来改善系统性能的，因为 OFDM 系统自身具有利用信道分集特性的能力，但是 OFDM 系统的结构却为在子载波间进行编码提供了机会，从而形成 COFDM 方式。

(4) 降低峰均功率比

由于 OFDM 信号时域上表现为 N 个正交子载波信号的叠加，当这 N 个信号恰好均以峰值相加时，OFDM 信号也将产生最大峰值，该峰值功率是平均功率的 N 倍。尽管峰值功率出现的概率较低，但为了不失真地传输这些高峰均功率比 PAPR(peak to average power ratio)的 OFDM 信号，发送端对高功率放大器(HPA)的线性度要求很高且发送效率极低，接收端对前端放大器以及 A/D 变换器的线性度要求也很高，因此高的 PAPR 使得 OFDM 系统的性能大大下降。为了解决这一问题，人们提出了基于信号畸变技术、信号扰码技术和基于信号空间扩展等降低 OFDM 系统 PAPR 的方法。

(5) 均衡

在一般的衰落环境下,OFDM 系统均衡不是有效改善系统性能的方法。因为均衡的实质是补偿多径信道引起的码间干扰,而 OFDM 技术本身已经利用了多径信道的分集特性,因此在一般情况下,OFDM 系统不做均衡。但在高度散射的信道中,信道记忆长度很长,CP 的长度也必须很长才能使 ISI 尽量不出现,而 CP 长度过长必然导致能量大量损失,尤其对于子载波个数不是很大的系统,这时可以考虑加均衡器以使 CP 的长度适当减小,即通过增加系统的复杂性换取系统频带利用率的提高。

同其他的通信方法一样,OFDM 的应用也有缺陷。首先,多载波的使用使得这种通信技术相对于单一载波系统来说,对载频的偏移和抽样时钟的失配变得更加敏感。其次,OFDM 在相对较高的 5GHz 频带,FCC 功率限制下使用时,其覆盖范围会受到限制。

由于在 OFDM 系统中各个子信道的载波相互正交,于是它们的频谱是相互重叠的,这样不但减小了子载波间的相互干扰,同时又提高了频谱的利用率(见图 3.8)。在各个子信道中的这种正交调制和解调可以采用 IFFT 和 FFT 方法来实现,随着大规模集成电路技术与 DSP 技术的发展,IFFT 和快速傅里叶变换(FFT)都是非常容易实现的。FFT 的引入,大大降低了 OFDM 的实现复杂性,提升了系统的性能。

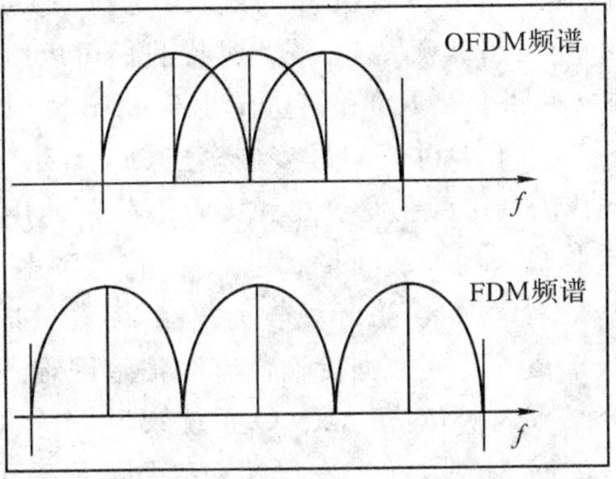

图 3.8 FDM 信号与 OFDM 信号频谱比较

无线数据业务一般都存在非对称性,即下行链路中传输的数据量要远远大于上行链路中的数据传输量。因此无论从用户高速数据传输业务的需求,还是从无线通信自身来考虑,都希望物理层支持非对称高速数据传输,而 OFDM 容易通过使用不同数量的子信道来实现上行和下行链路中不同的传输速率。

由于无线信道存在频率选择性,所有的子信道不会同时处于比较深的衰落情况中,因此可以通过动态比特分配以及动态子信道分配的方法,充分利用信噪比高的子信道来提升系统性能。由于窄带干扰只能影响一小部分子载波,因此 OFDM 系统在某种程度上能抵抗这种干扰。

另外,同单载波系统相比,OFDM 还存在一些缺点,比如易受频率偏差的影响,存在较高的峰值平均功率比(PAR)等。

OFDM 技术有非常广阔的发展前景,已成为第 4 代移动通信的核心技术。IEEE 802.11a/g 标准为了支持高速数据传输都采用了 OFDM 调制技术。目前,OFDM 结合时空编码、分集、干扰(包括符号间干扰 ISI 和邻道干扰 ICI)抑制以及智能天线技术,最大限度地提高物理层的可靠性。如再结合自适应调制、自适应编码以及动态子载波分配、动态比特分配算法等技术,可以使其性能进一步优化。

OFDM 技术的优点有:①OFDM 技术的最大优点是对抗频率选择性衰落或窄带干扰。在单载波系统中,单个衰落或干扰都会导致整个通信链路的失败,但是在多载波系统中,仅有很小一部分载波会受到干扰。对这些子信道可以采用纠错码来进行纠错。②可以有效地对抗信号波形间的干扰,适用于多径环境和衰落信道中的高速数据传输。当信道中因为多径传输而出现频率选择性衰落时,只有落在频带凹陷处的子载波以及其携带的信息受影响,其他的子载波未受损害,因此系统总的误码率性能要好得多。③通过各个子载波的联合编码,具有很强的抗衰落能力。如果衰落不是特别严重，则没有必要再加时域均衡器。通过将各个信道联合编码使系统性能得到提高。④可以选用基于 IFFT/FFT 的 OFDM 实现方法。⑤信道利用率很高，这一点在频谱资源有限的无线环境中尤为重要。当子载波数量很大时，系统的频谱利用率趋于 2Baud/Hz。

OFDM 技术存在两个缺陷：对频率偏移和相位噪声很敏感；峰值与均值功率比相对较大，比值的增大会降低射频放大器的功率效率。

3.1.5　多进多出(MIMO)技术

典型的无线设备使用一部发射信号的天线和一部接收信号的天线，如图 3.9(a)所示。当来自发射机的信号遇到常见的办公室物体时会产生信号的反射，并且通过不同的路径，以不同的时间到达接收机，因而性能受到损失。这种传输方式称为单进单出(single-input single-output，SISO)系统。按此类推我们可以组成单进多出(single-input multiple-output，SIMO)方式(见图 3.9(b))和多进单出(multiple-input single-output，MISO)方式(见图 3.9(c))。这里我们要重点讨论的是多进多出(multiple-input multiple-output，MIMO)方式(见图 3.9(d))。MIMO 是指，在发射端和接收端分别使用多个发射天线和接收天线。通过使用多台发射机或接收机来增加吞吐量和可靠性，将这种多径效应问题变成积极的因素。

在室内，电磁环境较为复杂，多径效应、频率选择性衰落和其他干扰源的存在使得实现无线信道的高速数据传输比有线信道困难。多径效应会引起衰落，因而被视为有害因素。然而研究结果表明，对于 MIMO 系统来说，多径效应可以作为一个有利因素加以利用。

MIMO 系统在发射端和接收端均采用多天线(或阵列天线)和多通道。MIMO 的多进多出是针对多径无线信道来说的。传输信息流 $S(k)$经过空时编码形成 N 个信息子流 $C_i(k)$，$i=1,2,\cdots,N$。这 N 个信息子流由 N 个天线发射出去，经空间信道后由 M 个接收天线接收。多天线接收机利用先进的空时编码处理能够分开并解码这些数据子流，从而实现最佳的处理。

特别是，这 N 个子流同时发送到信道，各发射信号占用同一频带，因而并未增加带宽。若各发射接收天线间的通道响应独立，则 MIMO 系统可以创造多个并行空间信道。通过这些并行空间信道独立地传输信息，数据率必然可以提高。

MIMO 将多径无线信道与发射、接收视为一个整体进行优化，从而可实现高的通信容量和频谱利用率。这是一种近于最优的空域时域联合的分集和干扰对消处理。

系统容量是表征通信系统的最重要标志之一，表示了通信系统的最大传输率。对于发射天线数为 N，接收天线数为 M 的多进多出(MIMO)系统，假定信道为独立的瑞利衰落信道，并设 N，M 很大，则信道容量 C 近似为

$$C=[\min(M,N)]B\log_2(\rho/2)$$

式中：B 为信号带宽；ρ 为接收端平均信噪比；$\min(M,N)$为 M，N 中的较小者。

上式表明，MIMO 技术能在不增加带宽的情况下成倍地提高通信系统的容量和频谱利用率。当功率和带宽固定时，MIMO 的最大容量或容量上限随最小天线数的增加而线性增加。而在同样条件下，在接收端或发射端采用多天线或天线阵列的普通智能天线系统，其容量仅随天线数的对数增加而增加。研究表明，在瑞利衰落信道环境下，OFDM 系统非常适合使用 MIMO 技术来提高容量。采用多输入多输出(MIMO)系统是提高频谱效率的有效方法。我们知道，多径衰落是影响通信质量的主要因素，但 MIMO 系统却能有效地利用多径的影响来提高系统容量。系统容量是干扰受限的，不能通过增加发射功率来提高系统容量。而采用 MIMO 结构不需

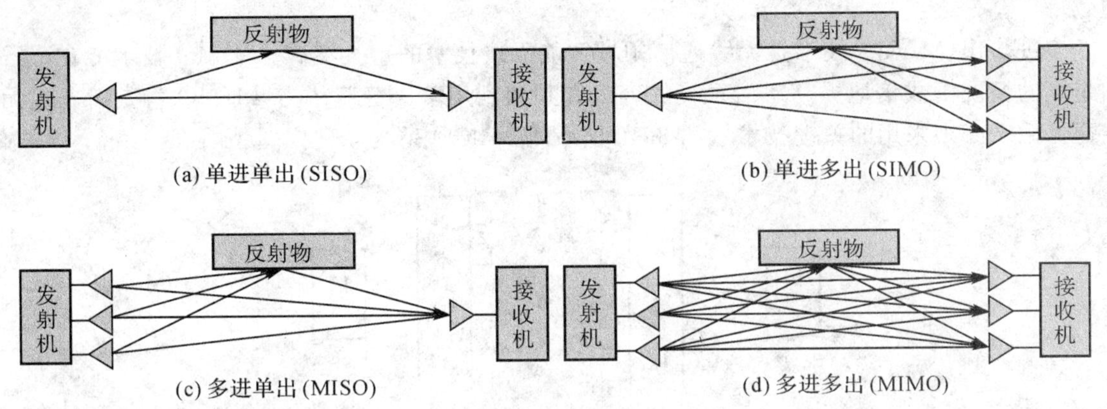

图 3.9　四种典型的传输技术

要增加发射功率就能获得很高的系统容量。因此,将 MIMO 技术与 OFDM 技术相结合是下一代无线局域网发展的趋势。可见,MIMO 技术对于提高无线局域网的容量具有极大的潜力。

目前,MIMO 技术领域的另一个研究热点就是空时编码。常见的空时码有空时块码和空时格码。空时码的主要思想是,利用空间和时间上的编码,实现一定的空间分集和时间分集,从而降低信道误码率。

MIMO 天线阵列,是一种开环的 MIMO 技术,M 个发送天线,使用编码重用技术,将同样码集的每个码重复使用 M 次,每个码用来调制不同的数据子流,这样在不增加码资源的基础上提高了原始数据的传输速率。

为了分辨 M 个数据子流,在接收端需要使用多天线和空间信号处理。MIMO 是一种能使 HSDPA 增加容量、提高峰值速率的技术,但受限于物理信道模型,会增加射频的复杂性。MIMO 是 HSDPA 进一步发展的技术。

MIMO 解调解扩接收机主要分为两个部分:一是空时 RAKE 接收机,主要功能是分离不同的扩频码扩频的信号,合并多径信号;二是 VBLAST,即对垂直空时码进行译码,分离出不同天线发送的空间叠加信号。

为了充分利用 MIMO 信道的容量,人们提出了不同的空时处理方案。贝尔实验室的 Foschini 等人,提出了一种分层空时结构(bell laboratories layered space-time,BLAST),它将信源数据分成几个子数据流,独立进行编码/调制。AT&T 的 Tarokh 等人在发射延迟分集的基础上,正式提出了基于发射分集的空时编码。同时,Alamouti 提出了一种简单的发送分集方案,Tarokh 等把它进一步推广,提出了空时分组编码。由于它具有很低的译码复杂度,因而可以尽早地应用于 WLAN 中。

多进多出(MIMO)技术能在不增加带宽的情况下成倍地提高通信系统的容量和频谱利用率。它可以定义在发送端和接收端之间存在多个独立信道,也就是说天线单元之间存在充分的间隔,因此消除了天线间信号的相关性,提高了信号的链路性能,增加了数据的吞吐量。

802.11a/b/g 技术使用一个发射天线和两个接收天线,而 MIMO 在两端使用多个发射天线、多个接收天线以及很多的信号处理功能来建立复杂的三维射频传输。

MIMO 增加了第三个“空间”维数,事实上是依靠以前被认为不利因素的多径效应来正常运行的。如果这听起来与我们的直觉相悖,不妨将 MIMO 想象为三维计算机图像:一种比二维图像内容更丰富、信息内容更多的通信形式。这就是它的核心概念。请注意,单输入、多输出与多输入、单输出方法也是可以的,但是必须在通信的两端都实现真正的 MIMO 才能取得最佳的效果。

多进多出(MIMO)技术是无线通信领域智能天线技术的重大突破。MIMO 技术能在不增加带宽的情况下成倍地提高通信系统的容量和频谱利用率。普遍认为,MIMO 将是新一代无线通信系统必须采用的关键技术。图 3.10 所示为 MIMO 系统原理框图。

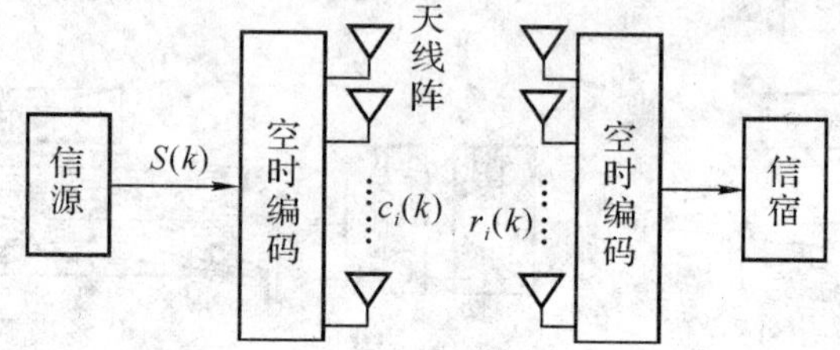

图 3.10 MIMO 系统原理框图

3.1.6 MIMO+OFDM 技术

随着无线通信技术的飞速发展,人们对无线局域网性能和数据速率的要求也越来越高。IEEE 802.11a 和 IEEE 802.11g 协议标准支持的数据速率最高为 54Mbps,显得有些低了。从理论上来说,作为高速无线局域网核心的 OFDM 技术,只要适当选择各载波的带宽和采用纠错编码技术,多径衰落对系统的影响可以完全被消除。因此,如果没有功率和带宽的限制,我们可以用 OFDM 技术来实现任何传输速率。而其他技术就不具备这种特性,因为采用其他技术,当数据速率最终增加到某一数值时信道的频率选择性衰落会占据主导地位,此时无论怎样增加发射功率也无济于事,这正是 OFDM 技术适用于高速无线局域网的原因。但从实际来说,为了进一步增加系统的容量,提高系统传输速率,使用多载波调制技术的无线局域网需要增加载波的数量,而这种方法会造成系统复杂度的增加,并增大系统的带宽,这对今日的带宽受限和功率受限的无线局域网系统就不太适合了。而 MIMO 技术能在不增加带宽的情况下成倍地提高通信系统的容量和频谱利用率,因此将 MIMO 技术与 OFDM 技术相结合是适应下一代无线局域网发展要求的趋势。研究表明,在衰落信道环境下,OFDM 系统非常适合使用 MIMO 技术来提高容量。

MIMO+OFDM 技术是通过在 OFDM 传输系统中采用阵列天线实现空间分集,提高了信号质量,是联合 OFDM 和 MIMO 而得到的一种新技术。它利用了时间、频率和空间三种分集技术,使无线系统对噪声、干扰、多径的容限大大增加。

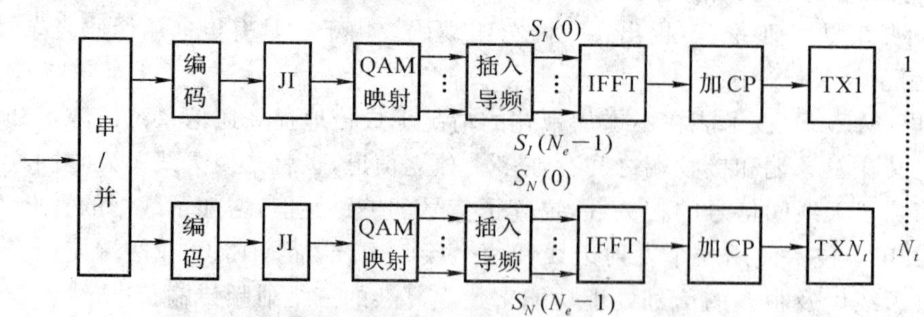

图 3.11 MIMO+OFDM 系统发送方案框图

图 3.11 和图 3.12 分别为采用 MIMO+OFDM 技术系统发送、接收方案框图。从图中可以看出,MIMO+OFDM 系统有 N_t 个发送天线、N_r 个接收天线。在发送端和接收端各设置多

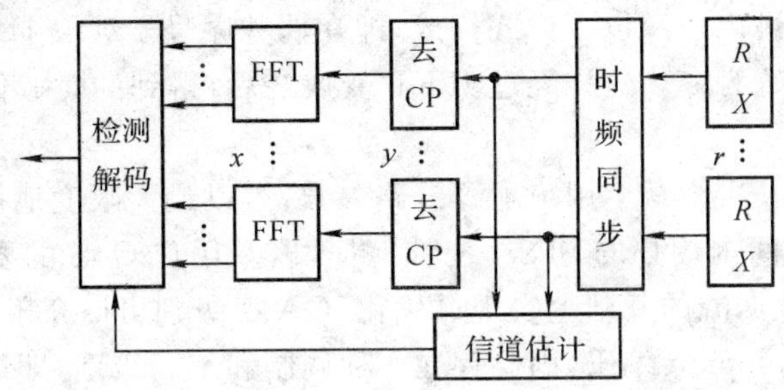

图 3.12　MIMO+OFDM 系统接收方案框图

重天线，可以提高空间分集效应，克服电波衰落的不良影响。这里因为安排了恰当的多副天线提供多个空间信道，不会全部同时受到衰落。输入的比特流经串行变换分为多个分支，每个分支都进行 OFDM 处理，即经过编码、JI（交织）、正交幅度调制（QAM）映射、插入导频信号、IFFT 变换、加循环前缀等过程，再经天线发送到无线信道中。接收端进行与发射端相反的信号处理过程，例如去除循环前缀、FFT 变换、解码等，同时通过信道估计、定时、同步、MIMO 检测等技术完全恢复原来的比特流。

MIMO+OFDM 实现主要包括以下关键设计。

（1）发送分集：MIMO 和 OFDM 调制方式相结合，对下行通路选用“时延分集”，它装备简单、性能优良，又没有反馈要求。它是让第二副天线发出的信号比第一副天线发出的信号延迟一段时间。发送端引用这样的时延，可使接收通路响应得到频率选择性。如果采用适当的编码和穿插，接收端可以获得“空间—频率”分集增益，而不需预知通路情况。

（2）空间复用：为提高数据传输速率，可以采用空间复用技术，也可能从两副基台天线发送两个各自编码的数据流。这样，可以把一个传输速率相对较高的数据流经多组分割为一组相对速率较低的数据流，分别在不同的天线对不同的数据流独立地编码、调制和发送，同时使用相同的频率和时隙。每副天线可以通过不同独立的信道滤波独立发送信号。接收机利用空间均衡器分离信号，然后解调、译码和解复用，恢复出原始信号。

（3）接收分集和干扰消除：如果基台和用户终端一侧三副接收天线，可取得接收分集的效果。利用“最大比值合并”MRC（maximal ratio combining），将多个接收机的信号合并，得到最大信噪比 SNR，可能有遏止自然干扰的好处。但是，如果有两个数据流互相干扰，或者从频率再利用的邻近地区传来干扰，MRC 就不能起到遏止作用。这时，利用“最小的均方误差”MMSE（minimum mean square error）可使每一有用信号与其估计值的均方误差最小，从而使“信号与干扰及噪声比”SINR（signal to interference plus noise ratio）最大。

（4）软译码：上述 MRC 和 MMSE 算法生成软判决信号，供软解码器使用。软解码和 SINR 加权组合相结合使用，可能对频率选择性信道提供 3～4dB 的性能增益。

（5）信道估计：目的在于识别每组发送天线与接收天线之间的信道冲击响应。从每副天线发出的训练子载波都是相互正交的，从而能够唯一识别每副发送天线到接收天线的信道。训练子载波在频率上的间隔要小于相干带宽，因此可以利用内插获得训练子载波之间的信道估计值。根据信道的时延扩展，能够实现信道内插的最优化。下行链路中，在逐帧基础上向所有用户广播发送专用信道标识时隙。在上行链路中，由于移动台发出的业务可以构成时隙，而且信道在时隙与时隙之间会发生变化，因此需要在每个时隙内包括训练和数据子载波。

（6）同步：在上行和下行链路传播之前，都存在同步时隙，用于实施相位、频率对齐，并且实施频率偏差估计。时隙可以按照以下方式构成，即在偶数序号子载波上发送数据与训练符号，而在奇数序号子载波设置为零。这样经过IFFT变换之后，得到的时域信号就会被重复，更加有利于信号的检测。

(7)自适应调制和编码：为每个用户配置链路参数，可以最大限度地提高系统容量。根据两个用户在特定位置和时间内用户的SINR统计特征，以及用户QoS的要求，存在多种编码与调制方案，用于在用户数据流的基础上实现最优化。QAM级别可以介于4～64，编码可以包括凿孔卷积编码与Reed-solomon编码，因此存在6种调制和编码级别，即编码模式。在2MHz的信道带宽内，编码模式1～6分别对应1.1～6.8的数据传输速率。下行链路中，在使用空间复用的情况下，上述速率可以被加倍。链路适配层算法能够在SINR统计特性的基础上，选择使用最佳的编码模式。

目前正在开发的设备由2组IEEE 802.11a收发器、发送天线和接收天线各2个(2×2)和负责运算处理过程的MIMO系统组成，能够实现最大108Mbps的传输速度。支持AP和客户端之间的传输速度为108Mbps，客户端不支持该技术时(IEEE 802.11a客户端的情况)，通信速度为54Mbps。下一代无线局域网协议IEEE 802.11n传输速率高达320Mbps，净传输速率为108Mbps。

MIMO技术和OFDM技术在各自的领域都发挥了巨大的作用，今日将MIMO与OFDM相结合，并应用到下一代无线局域网中，是无线通信的一个研究热点，势必将使无线局域网向着更高速率、更大容量、更好性能的方向发展，在人们的日常生活中起到越来越重要的作用。

3.2 无线局域网数据链路层的关键技术

在OSI参考模型中，数据链路层位于第二层。通用的标准定义将该层分为两个分离的子层：

①介质访问控制子层(media access control)，简称MAC子层。该层设置的准则只有在网络上的设备传送信息时才涉及。

②逻辑链路控制子层(logical link control)，简称LLC子层。该层提供各设备之间初始(逻辑链路)的连接。

介质访问控制(MAC)作为局域网的关键技术之一，完全决定了局域网的网络性能(诸如吞吐性能与迟延性能等)。而无线局域网(WLAN)由于其传输介质及移动性等特点，采用与有线局域网有所区别的MAC层协议。

数据链路层的基本功能是在网络层之间提供透明的数据传输。数据链路层基于物理层的服务，通过数据链路协议，把由位组成的帧从一个设备送到相邻设备，为网络层提供透明的、正确有效的传输线路。实际的数据通路经过各层之间的接口，由网络层传向数据链路层，再由物理层发送。接收过程则以相反顺序进行，把该过程看作两个数据链路层个体使用数据链路协议进行通信更加容易理解。

数据链路层为网络层提供的服务主要有数据链路的建立和拆除、帧传输、差错控制、流量控制和数据链路管理等。

IEEE 802.11作为基础协议包含了物理层和MAC子层的内容，其后续速度扩展标准，如IEEE 802.11a，IEEE 802.11g和IEEE 802.11n都延续了它所定义的MAC子层协议。

3.2.1 MAC 子层的功能

计算机网络的通信方式有很多种，总的可分为点到点通信和广播通信两大类。点到点通信是指网络中每两个连接设备间存在一条物理信道，某个设备发出的数据为信道另一端的设备独自接收。点到点通信网络没有信道竞争，也不存在信道的访问控制问题。广播通信指网络中所有设备共享一条信道，某一设备发出的数据，其他设备都能收到。在广播通信网络中，由于共享信道会引起访问冲突，因此，首先必须解决信道控制问题。使用广播信道的网络共享单一信道资源，必须解决多个用户竞争信道使用权的问题（常被称为多路复用信道或随机访问信道问题），即在广播网中存在如何访问介质使用问题。将传输介质的信道有效地分配给网上的各站点用户的方法叫做介质访问控制（media access control，MAC），相应的协议标准叫做介质访问控制协议。一个好的介质访问控制协议应该是简单的、有效利用信道的，对网上各站点用户是公平合理的。因此，介质访问控制（MAC）协议对于局域网显得特别重要。按照 OSI 模型，介质访问控制功能应归于数据链路层介质访问控制子层管理，它的主要功能是进行合理的信道分配，解决信道竞争的问题。介质访问控制方法决定局域网的主要性能。

把单信道分配给多个竞争信道的用户使用，通常有静态分配方法和动态分配方法两种。静态分配方法是传统的分配方法，它将单个信道划分后分配给多个用户。但是，当用户站数较多或使用信道的站数变化，或者通信量的变化具有突发性时，静态分配方法的性能就较差。因此，传统的静态分配方法不完全适合于计算机网络。动态分配方法就是用动态的方法为每个用户站点分配信道使用权，在无线局域网中动态分配方法又分为争用和预约两种。争用方法属于随机访问技术，也就是所有的站点都可以争用介质。实现起来简单，对轻负载和中等负载的系统比较有效，适合于突发式通信。预约的方法指的是将传输介质上的时间分割成时间片，网上的用户站点如果需要发送数据，必须事先预约能够占用的时间片，这种技术适合大数据流的通信。

在计算机网络中，为了解决这一问题，已经有了许多协议，正是这些协议组成了介质访问控制的主要内容。

在局域网对介质的访问控制中，最常见的是两种争用方法。在访问网络之前，它们都会被用来调查是否有一个以上的设备试图同时使用当前的网络。这两种争用方法都将读取在传输信道上的每个设备的信号，称为载波侦听多路访问（carrier sense multiple access，CSMA）。

载波侦听是指网络设备侦听网络，直到检测到没有其他设备正在发送数据时，才开始发送数据。网络上每个设备在发送信息前都要检测传输信道有没有信息在传输。如果有信息在传输，则需要等候；如果没有，则可以发送信息，显然，这避免了一些冲突情况的发生。

多路访问就是指多个网络设备连接到同一个网络上，并能同时检测信道。它采用一对多的广播方式。例如，以太网的报文帧中有发送方和接收方的网卡地址，接收方通过网卡只接收发给自己的帧。

在通信繁忙的网络中，冲突是普遍的。网络中传输设备越多，发生冲突也越多。当一个网络发展成包括巨大数目的设备时，网络性能可能由于冲突而下降。冲突能够破坏数据或截去数据帧的一部分，因此网络检测和抵消冲突是非常重要的。网络中同时有两个设备要发送信息时，由于它们在检测的时候可能都没有发现总线上有信息在传输，因而都开始发送信息，结果这些信息的信号将在总线上混合，谁也分辨不出是什么信息，导致数据的丢失，使发送数据的客户需要再次发送数据。这样的冲突增加，会影响网络性能。为了解决这样的冲突，载波侦听多路访问可以使用冲突检测(collision detect,CD)和冲突避免(collision avoidance,CA)两种方法来解决。

1.CSMA/CD 的工作过程

带冲突检测的载波侦听多路访问(CSMA/CD),是采用竞争技术的一种介质访问控制方法。每个站点都能独立决定发送帧,若两个或多个站同时发送,即产生冲突。每个站点都能判断是否有冲突发生。如果冲突发生,则等待随机时间间隔后重发,以避免再次发生冲突。每个有数据需要发送的设备发出等待信息,直到网络上没有其他设备收听为止,当设备检测到无声时,设备就发送数据。但这个设备为了检测冲突也注意监听是否有任何其他的设备正在发送。如果一个设备听到了另一个设备(由观察电压电平的变化而定),它将假定冲突已经出现,并且它发送的数据也丢失了。于是这个设备将等待一段时间,并且试图再次传送。因为另一个设备试图发送,这个设备也探测到一个冲突,所以由介质访问控制机制产生随机等待时间将防止这两个设备试图再次在同一瞬间发送数据。

我们也可以将 CSMA/CD 形象地概括为用“先听后说”或“边听边说”的方法来共享传输介质的。先听后说就是在发送帧前,各站都要先监听线路是否空闲,若没有空闲则等待,直到线路空闲时才开始发送。边听边说就是在该站开始发送以后,需要继续监听至少一个往返传输信号的时间,判断是否发生冲突,一旦发生冲突,就需要告知总线上各站并立即停止发送。所有的以太网,不论其速度或帧类型是什么,都使用 CSMA/CD。图 3.13 所示为 CSMA/CD 的工作过程。

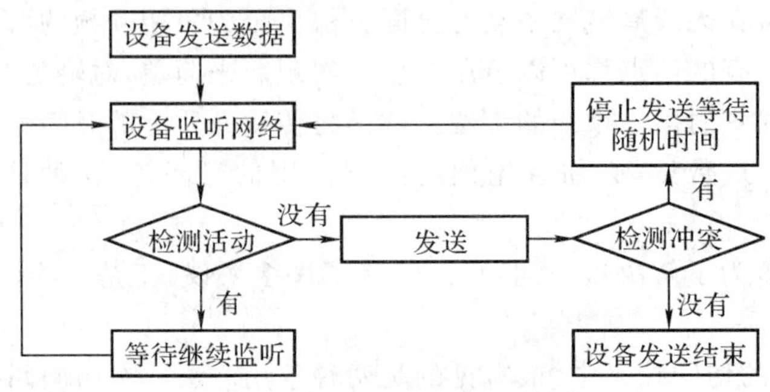

图 3.13 CSMA/CD 的工作过程

2.CSMA/CA 的工作过程

尽管 CSMA/CD 在有线局域网中取得了巨大的成功,然而它的冲突检测机制并不适合无线局域网的通信环境,无线局域网却不能简单地搬用 CSMA/CD 协议。这里主要有两个原因:

(1)CSMA/CD 协议要求一个站点在发送本站数据的同时还必须不间断地检测信道,但在无线局域网的设备中要实现这种功能花费过大。

(2)即使我们能够实现碰撞检测的功能,并且当我们在发送数据时检测到信道是空闲的,在接收端仍然有可能发生碰撞。

CSMA/CD 与 CSMA/CA 虽只一字之差,但两者有本质的差别。CSMA/CA 与 CSMA/CD 的区别如下。

(1)载波检测方式:因传输介质不同,CSMA/CD 与 CSMA/CA 的检测方式也不同。CSMA/CD 通过电缆中电压的变化来检测,当数据发生碰撞时,电缆中的电压就会随着发生变化;而 CSMA/CA 采用能量检测(ED)、载波检测(CS)和能量载波混合检测三种检测信道空闲的方式。

(2)信道利用率比较:CSMA/CA 协议信道利用率低于 CSMA/CD 协议信道利用率。但是由于无线传输的特性,在无线局域网不能采用有线局域网的 CSMA/CD 协议。信道利用率受传输距离和空旷程度的影响,当距离远或者有障碍物影响时会存在隐藏终端问题,降低了信道的利用率。

由于微波频率是共享的介质,所以无线局域网不得不和有线局域网一样处理可能的冲突。在无线传输中检测载波是不可靠的,而且检测载波也是有困难的。另外,通常无线电波是经天线送出去的,自己无法监视到,因此冲突检测实质上也是做不到的。

CSMA/CD 与 CSMA/CA 最大的不同在于 CA 是冲突避免,而 CD 是冲突检测。因为传输介质不同,它们之间的检测方式也不同。CSMA/CD 通过电缆中电压的变化来检测,当数据发生冲突时,电缆中的电压就会随着发生变化;CSMA/CA 采用能量检测(ED)、载波检测(CS)和能量在载波混合检测信道空闲的方式。载波检测(CS)由物理载波检测(Physical CS)和虚拟载波检测(Virtual CS)两部分组成。物理检测在物理层完成,物理层对接收天线的有效信号进行检测,若探测到这样的有效信号,物理载波检测认为信道忙;虚拟载波检测在 MAC 子层完成,这一过程体现在网络分配矢量(NAV)更新之中,NAV 中存放的介质信道使用情况的预测信息,这些预测信息是根据 RTS/CTS 帧中 Duration 段声明的传输时间来确定的。NAV 可以看作一个以某个固定速率递减的计数器,当值为 0 时,虚拟载波检测认为信道空闲;不为 0 时,认为信道忙。载波检测(CS)最后的状态指示是在对物理载波检测和虚拟载波检测综合后产生的,只要有一个指示为“空闲”时,载波检测(CS)才指示信道“空闲”。当冲突发生时使用积极的确认帧(ACK),而不是使用介质的仲裁。当一个无线客户端发送一个数据包时,这样在接收的无线客户端一旦确实接收到该数据包,将会返回一个确认帧(ACK)。如果发送的无线客户端没有收到确认帧(ACK),那么这个发送的无线客户端假定有一个冲突并且再次发送数据。

CSMA/CA 的本质是利用竞争时间片来避免冲突。其基本原理是:节点必须检测到网络空闲之后才能发送信息,如果两个或更多的节点发生冲突,便在网络上启动一个阻塞信号通知所有冲突节点,同步节点时钟,启动竞争时间片(竞争时间片跟随在阻塞信号之后,其长度比沿网络环路传输时延稍长)。通常,每一个竞争时间片均指定给特定的节点,每个节点在其对应的时间片内如信息发送则可以启动传输。其他节点检测到信息传输后,停止时间片的推进,直到传输结束所有节点才恢复推进时间片。当所有时间片都失去作用时,网络进入空闲状态。为了确保公平性和可确定性,在每次传输之后,时间片循环。此外,优先时间片(priority slots)优先于普通时间片的推进,能支持高优先级信息的全局优先传输。CSMA/CA 协议在具体实施中主要有两个变种:一个是 RCSAM(Reservation CSAM),其特点是时间片数等于节点数,在各种传输条件下都能有效工作,但不适于节点较多的网络;另外一个变种是时间片数少于节点数,根据冲突最少的原则随机调整时间片的分配,根据所预测的网络流量动态地改变时间片数。

另外,在 CSMA/CA 中,并非必须采用硬件来避免冲突,还可以通过软手段来实现,例如发送使时间片在没有网络传输的情况下仍然保持活动的空信息。具体的实现方法是:一方面,不断地进行载波侦听——查看无线传输介质是否空闲;另一方面,冲突避免——通过随机的时间等待、虚拟的感测载波,告诉大家什么时间我们要传东西,以防止冲突。这样可以使信号冲突发生的概率减到最小,保证某一个时刻只有一个站发送,从而实现了网络系统的集中控制。不仅如此,为了系统更加稳固,IEEE 802.11 还提供了带 ACK(确认帧)的 CSMA/CA。一旦遭受其他噪声干扰,或者由于侦听失败,信号冲突就有可能发生,而这种工作于 MAC 子层的 ACK,此时能够提供快速的恢复能力。

CSMA/CA 在无线局域网中增加了大量的控制数据，其导致的开销约占无线局域网上可用带宽的 50%。这个开销，插入了额外的协议开销，例如确保冲突避免的 RTS/CTS，在一个典型的 IEEE 802.11b 速率为 11Mbps 的无线局域网中可靠的实际吞吐是 5.0～5.5Mbps。CSMA/CD 也能产生开销，但是在一个平均使用的网络上大约为 30%。也正是这种机理的差异，使得当一个以太网变得拥塞时，可能导致的开销达到 70%，而一个拥塞的无线局域网仍保持 50%～55%的吞吐量。

如果无线客户端的物理或逻辑链路层感应机制表明是一个忙碌的机制，则通过使用随机的返回时间，CSMA/CA 就避免了无线客户端共享介质时可能的冲突。特别是在网络利用率较高的情况下，在一个传输过程完成之后的时间片中出现介质冲突的可能性较高。在这个时间片上，许多无线客户端可能需要等待介质变得空闲，并且试图在同一时间传送数据。一旦介质是空闲的，一个随机的返回时间推迟了一个无线客户端发送一个帧，使无线客户端冲突的机会最小化。

因此，IEEE 802.11 MAC 层分布式协调功能(distributed coordination function，DCF)的基本访问机制(basic access mechanism)采用的是 CSMA/CA 协议。在 IEEE 802.11 标准中，CSMA 协议中的载波监听既可以在物理层进行，也可以在 MAC 层进行。在物理层，终端对物理层的空中接口进行载波监听，当接收到相对信号强度超过一定的门限数值时就可判断是否有其他的移动站在信道上发送数据。在 MAC 层，标准采用了一种虚拟载波监听(virtual carrier sense)机制，即通过让发送终端将它要占用信道的时间(包括接收终端发回确认帧所需的时间)通知给所有其他的终端，以便使其他所有终端在这一段时间内都停止发送数据。这样就大大减少了发生碰撞的机会。"虚拟"是表示其他终端并没有监听信道，而是由于其他终端收到了发送终端的通知而不发送数据。这种效果好像是其他终端都监听了信道。"源站通知"就是在其 MAC 帧首部的第二个字段"持续时间"中填入了在本帧结束之后还要占用信道多少时间(以微秒为单位)。当一个终端检测到正在信道中传送的 MAC 帧首部的"持续时间"字段时，就调整自己的网络分配向量(network allocation vector，NAV)。NAV 指出了必须经过多少时间才能完成这次传输，从而使信道转回空闲状态。因此，信道处于忙态，或者是由于物理层的载波监听检测到信道忙，或者是由于 MAC 层的虚拟载波监听机制指出了信道忙。在 DCF 接入机制中，终端在发送数据前必须先通过上面的方法检测信道。若检测到信道空闲且等待发送的是它的第一个 MAC 帧时，则在等待帧间间隔(DIFS)后就可以直接发送。接收终端若正确接收到此帧，则经过帧间间隔(SIFS)后，向发送终端发送确认帧(ACK)。若发送终端没有收到 ACK 时，发送终端应该等待 EIFS 结束或在 EIFS 期间收到一个正确的帧时，才能重新进入正常的介质访问控制过程尝试重传此帧，并直到收到 ACK 或者经过若干次的重传失败后放弃此帧的发送。

带冲突避免的载波侦听多路访问(CSMA/CA)也是采用竞争技术的一种介质访问控制方法，类似前面介绍的 CSMA/CD，也可以看做一种先听后说的机制。图 3.14 所示为 CSMA/CA 的工作过程。设备在开始新的发送前必须先监听介质，如果介质上有信息正在传输，该无线客户端将不会发送信息。这个过程是在物理层提供的物理载波检测基础上实现的。可能会监听介质的无线客户端已经开始它的发送，但实际介质还有其他的信息在传送，就会产生冲突，冲突的发生导致发送中断，使近几次的发送不能正常接收。无线局域网设备不能够同时接收和发送，所以在无线局域网中采用冲突避免的策略，即在一个无线局域网中，不是所有设备都能够直接通信。因此，无线局域网采用网络分配矢量(NAV)。网络分配矢量表示介质空闲剩余时间的值。每个无线客户端的网络分配矢量都是从介质传输的帧里获取到时间长度值来保持最新值的。无线客户端通过检查网络分配矢量决定是否发送。有可能网络分配矢量表示忙，物理载波检测显示介质空闲，这时无线客户端不能够发送，因此，网络分配矢量成为虚拟载波检测。通过物理载波检测和虚拟载波检测的结合，实现了 CSMA/CA 的冲突避免机制。

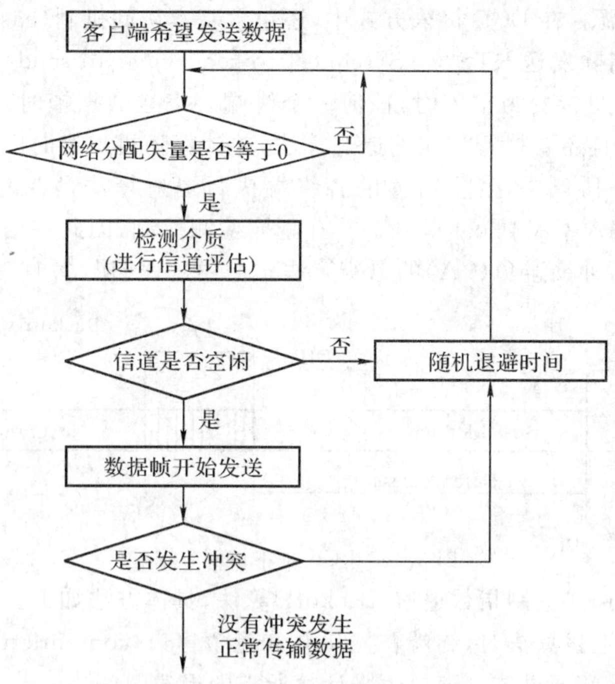

图 3.14　CSMA/CA 的工作过程

IEEE 802.11 的 MAC 子层的功能是为用户提供可靠的数据传输，实现共享介质访问的公平控制。这里主要介绍 MAC 子层的两个主要功能：分布式协调功能（distributed coordination function，DCF）和点协调功能（point coordination function，PCF）。这两种方式可以共存，允许两者在同一个基本服务集（BSS）内同时工作，两种方法交替使用，但是要求无竞争期（CFP）位于竞争期（CP）之前。图 3.15 所示为这两种访问方式之间的关系。PCF 用于无竞争服务，DCF 用于竞争服务。其中 DCF 是必备的功能，而 PCF 由各 WLAN 设备硬件厂家来决定是否实现。

图 3.15　分布式协调功能（DCF）和点协调功能（PCF）

3. 分布式协调功能（DCF）

分布式协调功能（distributed coordination function，DCF）是在 IEEE 802.11 协议标准中规定的访问控制方法，也是无线局域网最基本的访问控制方法，分布式协调功能采用带冲突避免的载波侦听多路访问 CSMA/CA。分布式协调功能在所有的无线局域网工作站均可以实现，用于无线局域网的网络结构配置中（IBSS，BSS 和 ESS）。

另外，我们还对 MAC 子层访问过程中的分段与重组过程进行说明。在实际应用中，它的参数设置会直接影响到无线局域网设备的性能。

(1)DCF 基本访问方式

DCF 是 IEEE 802.11 MAC 层协议中最重要与最基本的接入方式,它采用 CSMA/CA 与二进制指数回退机制来支持用户终端的异步数据通信。它试图让各个终端通过竞争来公平、高效地利用无线信道资源。在 DCF 接入方式中,还包含基本访问机制(basic access mechanism)与可选的请求发送/清除发送 RTS/CTS(request to send/clear to send)访问机制。

当信道从繁忙状态转变为空闲时,任何一个终端要发送数据帧时,不仅都必须等待一个 DIFS 的帧间间隔,而且还要执行相应的退避算法,并计算随机退避时间以便能再次接入无线信道。在 CSMA/CD 协议中,发生碰撞的各终端执行退避算法是在发生了碰撞之后,但在 IEEE 802.11 的 CSMA/CA 协议中,由于没有碰撞检测机制,因此在信道从繁忙状态转为空闲时,各终端就要执行冲突避免(CA)的退避算法。上述过程如图 3.16 所示。

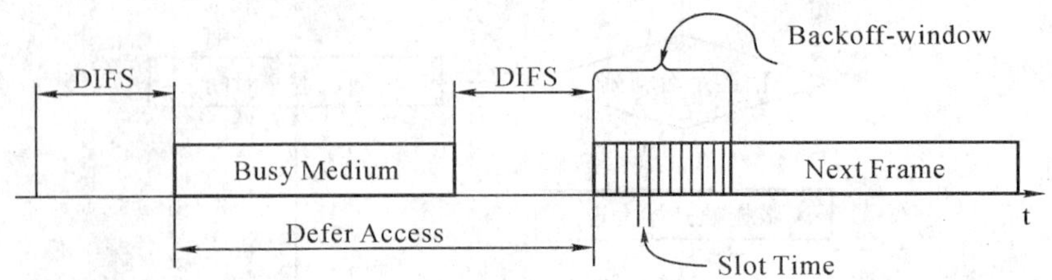

图 3.16 DCF 基本访问方式

IEEE 802.11 使用二进制指数退避(Backoff)算法,具体方法如下。

应用二进制指数退避算法时,终端首先从 0 和竞争窗口(contention window,CW)之间选择一个随机数,然后终端通过这一随机数来计算所需的退避时间:

T backoff = Random (0,CW) × a Slot Time,

其中的 Slot Time 称为协议时隙,并设置一个退避计时器(backoff timer)。当检测信道处于空闲状态的时间超过 DIFS 时,其后每经过一个 Slot Time 退避计时器就减 1。有可能当退避计时器的时间还未减到零时信道又转变为繁忙状态,这时就冻结退避计时器的数值,重新等待信道变为空闲,即再经过 DIFS 后,重新启动退避计时器(从剩下的时间开始)。当退避计时器的时间减少到零时,就开始发送数据。

尽管使用了冲突避免机制,但是碰撞的发生还是不可避免的。标准规定,如果在一个帧间间隔 EIFS 内,发送终端没有收到 ACK,则发送终端就判定数据帧的传送发生了碰撞,并再次进入退避过程重传该帧。为了降低再次发生碰撞的概率,每次发送失败后,该终端的竞争窗口 CW 加倍,直至达到预先设定的最大值 CWmax (maximum contention window)为止。竞争窗口达到最大值之后,不再变化,直到数据帧被正确传送或者该帧的重传次数超过了预设的最大重传次数后被丢弃,此后,竞争窗口 CW 回到初始值 CWmin (minimum contention window)。有意思的是,RTS 帧与一般数据帧的最大重传次数并不相等,一般情况下,RTS 帧比最大重传次数要少。

分布式协调功能通过使用 CSMA/CA 和随机退避时间在兼容的物理层之间实现介质的自动共享。在发送数据前,应检测介质上是否有其他工作站正在发送数据,如果介质空闲,则工作站就可以发送数据。CSMA/CA 分布式算法强制规定在连续两次帧发送之间,介质上必须要有一段间隔。将要发送数据的工作站必须在发送数据前确保在它请求使用介质的时间内介质空闲。如果介质检测表明处于繁忙状态时,工作站将推迟其数据发送,直至当前帧发送完毕。

在推迟发送后，或者在成功发送后，需要立即再次发送时，工作站将选择一个随机退避间隔。在介质空闲时，一般会减少随机退避间隔计数器的值。在不同情况下，会有更多方法来减少冲突，比如，发送方工作站检测表明介质空闲，并且在发送数据前完成随机退避后，将由接收方工作站交换较短的控制帧（RTS 帧和 CTS 帧）。另外，所有定向通信量采用立即的主动确认（ACK 帧），若没有接收到确认（ACK 帧），将会安排重传。关于各种帧类型的情况将在后面的章节介绍。

具体与最高的信道利用率与传输速率有关。在 IEEE 802.11b 无线局域网中，1Mbps 速率时最高信道利用率可达到 90%，而在 11Mbps 时最高信道利用率只有 65%左右。

(2) RTS/CTS 机制

DCF 接入方式除了上面的基本访问方式以外，还定义了一种可选的请求发送/清除发送 RTS/CTS(request to send/clear to send)机制。这一机制实际上就在终端发送数据帧之前首先对无线信道进行预约。具体的实现方法如图 3.17 所示。发送终端 A 在发送数据帧前先发送一个短的控制帧 RTS，其中包含源地址、目的地址和这次通信（包含相应的确认帧）所需的持续时间。若该帧被正确接收，则接收终端 B 就发送一个响应控制帧 CTS，其中也包含这次通信所需的持续时间（从 RTS 帧中将此持续时间复制到 CTS 帧中）。A 收到 CTS 帧后就可以发送其数据帧。

BSS 中的其余所有在 A，B 传输范围内的终端在监听到 RTS，CTS 帧后，根据其中的发送持续时间来更新自己的 NAV，从而有效地避免了在 A，B 通信过程中由于隐藏终端（在彼此发送范围以外，但发送范围存在交叠的终端）所带来的碰撞问题（隐藏终端同时向同一接收终端发送数据，导致在接收终端上发生的冲突）。

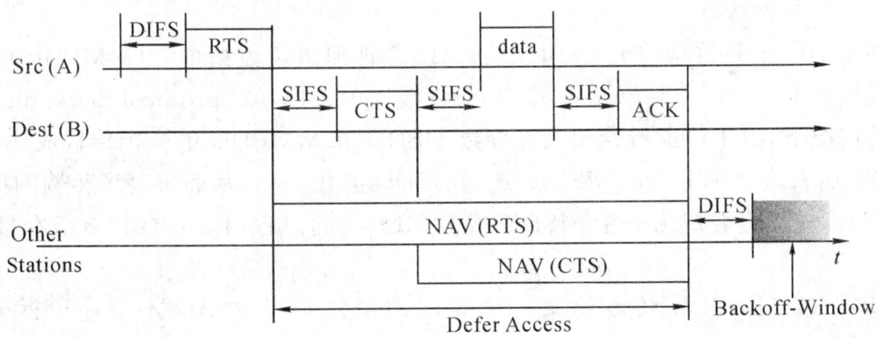

图 3.17　DCF 的 RTS/CTS 访问方式

从表面上看，使用 RTS/CTS 机制会增大网络传输的开销，因为终端不仅在发送数据帧前需要先发送 RTS，CTS 帧，而且还增加了两次握手协议。实际上，使用 RTS/CTS 机制不仅可以有效地解决隐藏终端带来的碰撞问题，同时相对于数据帧（最长可达 2346 字节）而言，RTS，CTS 控制帧都很短，其长度分别为 20 字节和 14 字节，相对来讲开销不算太大。反过来，如果不使用这种控制帧，一旦发生碰撞而导致数据帧重发，则浪费的系统资源就更多。因而在一定的条件下，802.11 定义请求发送/清除发送 RTS/CTS 机制可以有效地改善协议的性能。因此协议提供三种情况供用户选择：一种是使用 RTS/CTS 机制；一种是只有当数据帧的长度超过某一数值时才使用 RTS/CTS 机制（原因在于当数据帧本身就很短时，再使用 RTS/CTS 帧只能增加开销）；还有一种就是不使用 RTS/CTS 机制。虽然协议经过了精心设计，但碰撞仍然无法避免。对于 RTS 帧发生碰撞的处理与数据帧发生碰撞的处理完全一致，其退避计时器的算法也是使用二进制指数退避。

4. 点协调功能(PCF)

点协调功能(point coordination function, PCF)是一种可选的访问方法,通过使用轮询机制在无线局域网上允许自由冲突帧传输,仅用于基础结构网络配置(BSS 和 ESS)。该访问方法使用运行在 BSS 接入点上的点协调器(PC),以确定当前是哪个工作站的权利。该操作实质上是轮询操作,点协调器担任轮询控制器的角色。PCF 操作可能需要附加协调,以允许在多个点协调的 BSS 在重叠物理区域的相同信道上操作时高效运行。PCF 有利于保证一个已知的大数量的反应时间,所以应用程序要求使用服务质量(QoS)(例如声音或视频)。

PCF 使用访问优先权机制辅助的虚拟载波侦听机制。PCF 在信标管理帧中分发信息,并通过设置工作站的网络分配向量(NAV)来获取对介质的控制。此外,PCF 下传送帧时采用的帧间间隔(IFS)比通过分布式协调功能(DCF)机制传送帧时采用的帧间间隔要小。使用较小的帧间间隔意味着在根据 DCF 运行的重叠基本服务集(BSS)内的工作站上,点协调器应只有访问介质优先权。

由 PCF 提供的访问优先权可用于创建无竞争(CF)访问方法。点协调器控制工作站的帧传输,以消除有限时间段内的竞争。由于这种访问机制无法预先估计供输时间,因此与分布式协调功能相比,目前用得还比较少。

5. 分段与重组

当没有错误发生时,数据包分段成更小的裂片增加了协议的开销,并且降低了协议的效率(降低了网络吞吐量),但如果错误发生,就减少了再次传送所花费的时间。在网络上,更大的数据包就有更大的冲突概率,因此需要一个多种数据包裂片尺寸的方法。IEEE 802.11 标准提供了对分段和重组的支持。

分段将 MAC 服务数据单元(MSDU)或 MAC 管理协议数据单元(MMPDU),按一定的规范拆分成更短的 MAC 子层单元或 MAC 协议数据单元(MAC protocol data unit,MPDU)。在相当多的情况下,由于信道特性限制而导致 MSDU 和 MMPDU 的长帧传输成功率下降,分段后,MPDU 的长度比拆分前的 MSDU 或 MMPDU 要短许多,从而提高了传输的可靠性。将若干个 MPDU 重新组合成为一个 MSDU 或 MMPDU 的过程,称为重组,重组在接收信息时完成。

当 MSDU 或 MMPDU 传输给某一个定向的工作站时,MAC 才会进行拆分检测,若 MSDU 或 MMPDU 的信息是广播信息,或发送给多个工作站的信息时,MAC 不进行分段检测。也就是说,在这种情况下,MSDU 或 MMPDU 不会被拆分。

MAC 子层检测从逻辑链路层(LLC)接收到的 MPDU 和从 MAC 管理实体接收到的 MMPDU,若发现它们的长度超过拆分门限,则需要对 MPDU 和 MMPDU 进行拆分。分段后,MPDU 的长度不会超过拆分门限,但也有可能有部分的 MPDU 长度要短于拆分门限。

将 MSDU 或 MMPDU 划分成更小的 MAC 帧(MPDU)的过程称为分段。分段过程产生 MPDU,其长度小于原来 MSDU 或 MMPDU 的长度,以提高可靠性。对于长帧,信道特性限制接收的可靠性,此时利用分段可提高 MSDU 或 MMPDU 成功传输的概率。分段由每个直接发送方完成。将多个 MPDU 重新组合成单个 MSDU 或 MMPDU 的过程定义为重组,重组有每个直接接收方完成。

只有具有单播接收方地址的 MPDU 才可分段,而广播或组播地址帧不应被分段,即使它的长度已超出分段阀值(fragmentation threshold)。对于从逻辑链路控制(LLC)接收的定向 MSDU 或从 MAC 子层管理实体接收的定向 MMPDU,若长度大于分段阀值,则 MSDU 或

MMPDU 将被分段。MSDU 或 MMPDU 被分解为多个 MPDU。每个分段为长度不超过分段阀值的一个帧，可能小于分段阀值。图 3.18 所示为分段和重组的关系与过程。

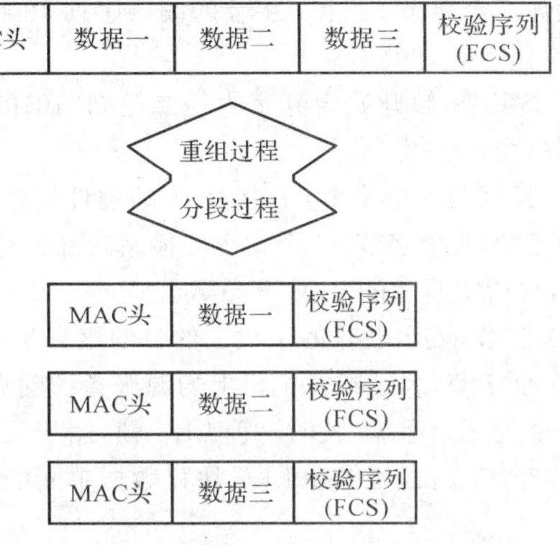

图 3.18　分段和重组的关系与过程

通过降低每一个数据包的长度，在数据包传送过程中出现冲突的可能性将下降。在使用更短的数据包来降低误包率和由于在网络上分裂更多的帧而提高的开销两者之间必须作一个权衡。每一个裂片要求有它自己的包头，分裂级别的调节是随着每一个数据包的传输对超过数量的调节。找到最佳的分裂设置对 IEEE 802.11 网络上最大的网络吞吐量是管理无线局域网的重要部分。1518 字节的帧是不通过分裂就能转化成无线局域网最大的帧。

如果当前局域网中出现非常高的数据包错误率，那么可以通过分裂来缓解，从最大的数值开始，逐渐降低分裂极限的数值。需要注意的是，因为分裂数值的增加会增加网络系统的开销，降低网络的性能，所以在降低数据包的错误率（导致数据包的重传）和提高数据包的传输有效性之间需要平衡，其最终目的是获取最大的吞吐量。

3.2.2　无线局域网的帧

所有无线局域网中的工作站都必须按照规定的帧构造发送帧和解析接收帧。我们将从帧格式、帧类型和帧间隔三个方面说明无线局域网的帧。

无线局域网的帧的基本构造包括以下三个部分：

(1)MAC 头，包含帧控制、持续时间、地址及序列控制等信息；

(2)可变长度的帧体，包含基于帧类型的特定信息；

(3)帧校验序列(FCS)，包含 IEEE 32 比特循环冗余码(CRC)。

1. 帧格式

无线局域网有不同于有线局域网类型的帧。我们首先介绍 IEEE 802.3 帧格式。图 3.19 所示为一个 IEEE 802.3 的一般帧格式。

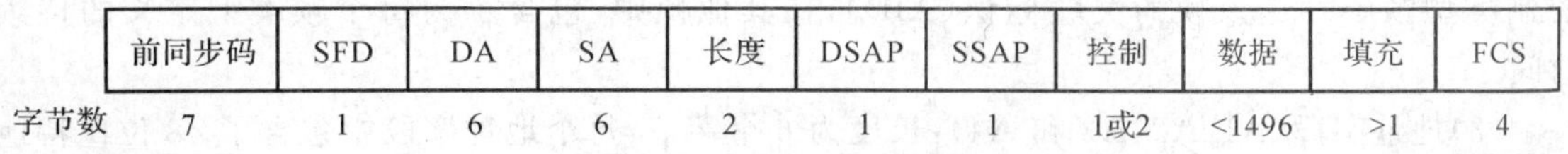

图 3.19　IEEE 802.3 的一般帧格式

每个字段执行一个特定的功能并有特定的长度。下面解析 IEEE 802.3 帧的字段，包括字段的长度和功能。

(1)前同步码：长度为 7 个字节，一个 7 字节的编码序列，在物理层用于连接从介质到电路之间的时钟同步；

(2)SFD：长度为 1 个字节，帧开始定界字段是二进制“10101011”，它指示帧的开始，因此接收者能定位到帧的第一位；

(3)DA(目的地址)：长度为 6 个字节，一个 48 位的硬件地址(即 MAC 地址)。

(4)SA(源地址)：长度为 6 个字节，一个发送广播站的硬件地址(源站的 MAC 地址)。

(5)长度：2 个字节，它指明后随的 LLC 字节数。

(6)DSAP：长度为 1 字节，表示在目的主机上的目的服务访问点。

(7)SSAP：长度为 1 个字节，表示在源主机上的源服务访问点。

(8)控制：长度为 1 个或 2 个字节，表明一种 LLC 帧，用于无连接不确认服务。

(9)数据：小于 1496 个字节长，可能和 LLC 协议数据单元的数据字段相关，包含了这些数据。

(10)填充：大于 1 个字节长，该字段是可变长的，但它有足够的空间用于“填充”，可以实现正确的冲突检测。

(11)帧校验序列(FCS)：有 4 个字节长，为 32 位，用于对帧中除了 FCS 之外的所有字段进行循环冗余校验。

在无线局域网的帧格式包含在所有固定次序出现的一组字段。图 3.20 所示为一个 IEEE 802.11 帧的帧格式。其中，地址 2、地址 3、序列控制、地址 4 和帧控制字段只在某些类型帧中出现。

	帧控制	持续时间/标识	地址 1 (A1)	地址 2 (A2)	地址 3 (A3)	序列控制	地址 4 (A4)	数据	FCS
字节数	2	2	6	6	6	2	6	0~2312	4

图 3.20　IEEE 802.11 的一般帧格式

每一个字段执行一个特定的功能并有特定的长度。下面解析 IEEE 802.11 帧的字段，包括每个字段的长度和功能，IEEE 802.11 帧中每个字段的功能如下。

(1)帧控制(FC)：长度为 2 个字节，这部分虽然只有 2 个字节长，但是却包含了大于 10 个子字段，即包括协议版本、类型、子类型、去往 DS(To DS，翻译为目的分布系统)、来自 DS(From DS，翻译为源分布系统)、多分段标记、重传、功率管理、多数据标记、WEP(保留)和排序。本书介绍无线局域网帧结构的内容不多，感兴趣的读者可以阅读标准中帧结构的详细内容。这里需要说明的是，在新的国家标准中，由于采用了新的加密安全方式，所以 WEP 字段变成保留字段，这对于开发是很有用的。

(2)持续时间/标识(duration/ID)：该字段为 2 个字节长，在类型为节能轮询(PS-Poll)的控制类型帧中发送该帧的关联标识(AID)，在其他帧中，包含了为每个帧类型定义的持续时间。

(3)地址字段(A1，A2，A3 和 A4)：长度为 6 个字节，每个地址字段中包含了 48 位比特地址，与以太网的帧相比较，我们可以发现以太网帧只有 2 个地址字段，即目标地址和源地址；在 IEEE 802.11b 中却有 4 个地址段，其中根据不同的情况会出现 5 种子类型地址字段，包括基本服务集标识(BSSID)、目的地址(DA)、源地址(SA)、发送站地址(TA)和接收方地址(RA)。可以看出,某些帧中可能不包含某些地址字段。特定地址字段的用法由 MAC 帧头中地址字段(1～4)的相应位置来规定,与该字段中出现的地址类型无关。例如,接收方的地址匹配总是根据接收帧中地址 1 字段内容执行,CTS 帧与 ACK 帧的接收方地址总是从相应的 RTS 帧或被确认的帧的地址 2 字段中获得。

(4)序列控制字段(SC):长度为 2 个字节,这是一个长度为 16 比特的字段,由两种类型字段构成,即序列号和分段号。它们的作用是指示 MSDU 或 MMPDU 的序列编号和内部每个分段的编号。

(5)帧体字段(FB):它的长度不是固定的,其长度在 0～2312 个字节,其中包含独立帧类型的特殊信息。最小的帧体为 0 个 8 位位组,最大的帧体由 MADU 的最大长度决定。该帧中封装了传输的数据,是无线局域网帧的有效负荷。

(6)帧校验序列(FCS):长度为 4 字节,这是与以太网相同的部分,由 32 位的 CRC 校验码组成,由 MAC 头和帧体的全部字段计算得到。

所有的无线局域网帧被配置成同样全面的帧格式。与 IEEE 802.3 以太网类似的一点是两者的有效负载都是 1500 个字节。以太网最大的帧尺寸是 1514 个字节,IEEE 802.11 无线局域网最大帧尺寸是 1518 个字节。

2. 帧类型

无线局域网的帧分为 3 种类型:控制帧、管理帧和数据帧。

(1)控制帧

控制帧包括请求发送/清除待发帧(RTS/CTS)、确认帧(ACK)节能轮询帧(PS-Poll)、无竞争结束帧(CF-End)和无竞争结束确认帧(CF-End+CF-ACK)。

(2)管理帧

管理帧包括信标帧(beacon)、IBSS 通告通信量指标(ATIM)帧、解除关联帧、关联请求/响应帧、重新关联请求/响应帧、探询请求/响应帧、链路验证帧、解除链路验证帧。

(3)数据帧

在整个无线局域网的帧类型中,某一类帧(上面所列的)使用的特定区域,我们只需要知道无线局域网支持习惯上的所有 3～7 层协议——IP,IPX,NetBEYI,AppleTalk,RIP,DNS 和 FTP 等。与 IEEE 802.3 以太网帧主要的不同是数据链路层的介质访问控制(MAC)子层和整个物理层的实施。更高层的协议仅仅是考虑到通过第二层的无线局域网帧的有效负载。

3. 帧间隔

如果不能理解帧间间隔的类型,就不能理解手动配置无线基站过程中的一些功能,这些功能都是正在通信的无线局域网的整体所需要的(如 RTS/CTS)。首先,我们将要定义每一种帧间间隔(inter frame space,IFS)的类型,然后解析每一种类型在无线局域网上是如何工作的。在无线局域网上所有的无线客户端都是时间同步的。帧间间隔就是所有 IEEE 802.11 无线局域网的标准时间的概念。

帧与帧之间的空间称为帧间间隔(IFS),工作站使用载波检测(CS)机制判断在特定帧间间隔(IFS)时间内的信道状态。协议中按判断先后顺序定义了以下 4 种帧间间隔:

①短帧间间隔(short inter frame space,SIFS);

②点协调功能帧间间隔(PCF inter frame space,PIFS);

③分布式协调功能帧间间隔(DCF inter frame space,DIFS);

④扩展的帧间间隔(extended inter frame space,EIFS)。

各种类型的帧间间隔与工作站传输速率无关。每个物理层固定其相应的帧间间隔(IFS),帧间间隔的值由物理层特性参数决定。每一种类型的帧间间隔都被无线局域网使用,或者用于通过网络发送某一类型的信息,或者用于在无线客户端为传输介质冲突时候的管理时间段。

帧间间隔用微秒(μs)来测量,常常用来说明工作站对于介质的访问和提供多种多样的优先等级。在一个无线局域网上,每一件事情都是同步的,所有的无线客户端和无线接入点(AP)使用标准数量的时间(间隔)执行各种各样的任务。每一个无线客户端都知道这些间隔并恰当地使用它们,都知道什么时候以及是否被期望在网络上执行一个特定的动作。

需要提到的一个概念是,在无线局域网上的一个标准时段叫做时隙(time slot)。时隙是进入SIFS,PIFS和DIFS等帧间间隔的前程序。时隙是一个标准的时间间隔,它与其他时间间隔的关系可以从下面的公式得到:

PIFS=SIFS+1 时隙

DIFS=PIFS+1 时隙

在一般情况下,FHSS拥有比DSSS更长的时隙:DIFS时间和PIFS时间。这些更长的时间导致FHSS的协议开销,降低了吞吐量。图3.21所示为帧间间隔之间的关系。

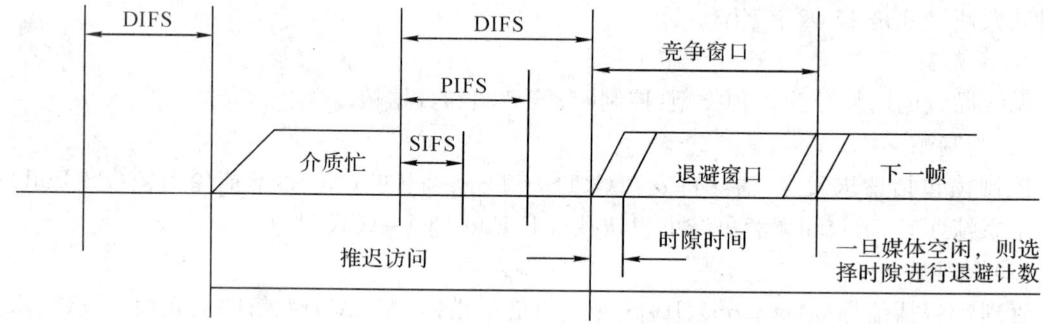

图 3.21　各种类型帧间间隔之间的关系

(1)短帧间间隔(SIFS)

SIFS是最短的固定的帧间间隔,它是紧随在被发送信息类型的前面和后面的时间间隔。

SIFS在无线局域网上提供了一个最高等级的优先权。SIFS拥有最高的优先权的原因是无线客户端连续不断地监听介质(载波侦听)以等待一个干净的介质。一旦介质是干净的,每一个无线客户端在处理传输过程之前必须等待一个所给的时间(间隔)。该时间长度由无线客户端需要执行的功能决定。任务在分成SIFS的等级中具有最高的优先级。如果一个无线客户端在介质干净以后仅仅等了一个短的时间就开始传输,那么它就有可能拥有比需要等待更长时间段的无线客户端的优先级。SIFS用于请求一个非常短的时间段的功能,这是为了完成一个目标需要更高的优先权。

SIFS用于确认帧(ACK)、请求发送/清除待发帧(RTS/CTS)、分段突发的第二个或后续的MAC协议数据单元(MPDU)以及工作站对PCF任何轮询的响应。SIFS还可以被PC用于无竞争期(CFP)的任意类型的帧,短帧间间隔(SIFS)为从前一帧的最后符号结束到在空中接口看到的后续帧前导码的第一符号开始之间的时间。SIFS可以或应当适用的有效情况由帧交换序列列出。

SIFS为最短的时间间隔。当无线工作站已经获得介质使用权且需要保持完成帧交换序列的持续时间时,应使用SIFS。帧交换序列传输之间采用最小的时间间隙,以阻止那些符号等待更长介质空闲时间的工作站试图使用介质，为已启动的帧交换序列的完成提供优先权。

(2)点协调功能帧间间隔(PIFS)

PIFS既不是最短的也不是最长的固定帧间间隔，它比DIFS获得更多的优先权，但比SIFS则要少些。当手动配置网络时，在点协调功能模式时无线基站才使用帧间间隔。PIFS要比DIFS持续的时间短，所以无线基站总是在分布式协调功能(DCF)模式中比其他冲突的无线客户端之前赢得对于介质的控制。点协调功能(PCF)只和DCF一起工作，不能作为一个单独的操作模式，一旦这个无线基站完成了轮询，其他无线客户端可能继续为了使用DCF模式的传输介质冲突。PIFS只能在PCF下的工作站使用，以获得在无竞争期启动时访问介质的优先权。

(3)分布式协调功能帧间间隔(DIFS)

DIFS是最长的固定帧间间隔，用于所有使用DCF的IEEE 802.11兼容的无线客户端。每一个使用DCF的无线客户端在网络上任何无线客户端之间的冲突中止之前被要求等待。所有的无线客户端根据DCF使用传输数据帧和管理帧DIFS来运行。DIFS使这些帧的传输比基于PCF帧具有更低的优先权。与所有无线客户端采用的介质是干净的、任意的和在DIFS(可能导致冲突)中同步的传输不同，每一个无线客户端使用一个随即返还的计算公式来决定在发送其数据之前需要等待多长时间。

直接跟随DIFS的时间段称为线路争用时间段，或者叫做竞争期(CP)。所有在DCF模式下的无线客户端在线路争用期间使用随机的返回运算法则。在随机返回期间，一个无线客户端选择一个随机的数字，并且通过时隙获得等待的时间长度增加。无线客户端一个一个地倒计时，在每一个时隙查看介质是否忙后，再执行干净信道的评估(CCA)。无论哪一个无线客户端的随机返回时间中止，那个无线客户端都进行干净信道的评估，然后开始传输。

一旦一个无线客户端开始传输，所有其他的无线客户端都监听到这个信道是忙的，并且记住从先前的竞争期(CP)中获取的他们随机返回时间的保持量。这个时间的保持量常常用于下一个竞争期期间获取另外一个随机数的场合。这个过程确保在所有的无线客户端之间对于介质公平的访问。

一旦一个随机返回的时间段结束，这个正在传送的无线客户端发送其数据和接收从正在接收的无线客户端返回的ACK，然后重复整个过程。绝大部分无线客户端选择不同的随机数的原因就是避免绝大部分的冲突。然而，记住在无线局域网上冲突时所发生的事情是很重要的，但是他们不能够直接被侦测。通过ACK没有从目标的无线客户端返回的事实来假定冲突的产生。

DIFS由操作的DCF下工作站使用，以发送数据帧和管理帧。

(4)扩展的帧间间隔(EIFS)

只要物理层向MAC指示帧的传输已经开始，此帧会引起具有正确帧检验序列(FCS)值的完整MAC帧的不正确接收，则DCF应使用扩展的帧间间隔(EIFS)。不考虑虚拟载波机制，EIFS从检测到错误帧到物理层指示介质空闲开始。定义EIFS是为了在工作站开始发送前为另一个工作站提供足够的时间对该工作站的未正确接收的帧进行确认。在EIFS期间，接收到无错误的帧使工作站重新同步到介质的实际忙/闲状态，此时EIFS结束，并在接收完此帧后继续进行正常的介质访问过程(利用DIFS，必要时进行退避)。

3.2.3 MAC 子层的管理

从概念来讲,MAC 层和物理层都应该包括管理实体,其分别称为 MAC 子层管理实体(MAC layer management entity,MLME)和物理层管理实体(PHY layer management entity,PLME)。这两个管理实体提供层管理服务接口,通过这些接口可以调用层管理功能。图 3.22 详细描述了管理实体之间的关系。

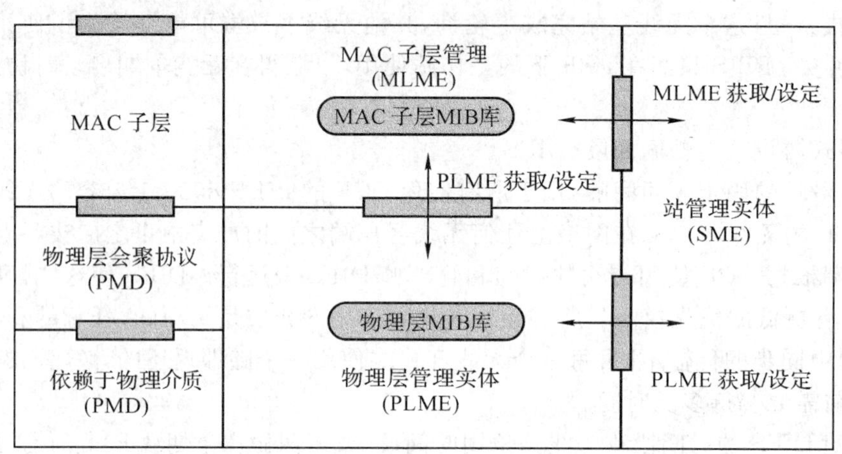

图 3.22 MAC 子层管理实体之间的关系

为了正确实现 MAC 子层操作,每个工作站都应有一个站点管理实体(station management entity,SME),站点管理实体是一个独立于 MAC 子层的实体,可以看作驻留在一个独立的管理平面上或者不在平面上。在 IEEE 802.11 标准中搜集与其有关的状态信息,同时相应地设置层特定的参数值,站点管理实体根据通用系统管理的需要执行一些典型功能和实现标准的管理协议。

如图 3.22 所示的模型中,不同实体通过不同的方式交互。其中一些特定的交互方式在 IEEE 802.11 中进行了详细的描述,并且可以通过实体间的服务访问点(service access point,SAP)进行原语交换,其他的交互方式在 IEEE 802.11 中没有详细定义,比如 MAC 子层和 MAC 子层管理实体(MLME)之间的接口,物理层收敛协议(SLCP)和物理层管理实体(PLME)之间的接口(它们在图 3.22 中用双箭头表示)。

我们只对 MAC 子层管理实体中的时间同步、同步过程中的扫描和功率管理进行简单地说明。

1. 时间同步

在无线局域网中,所有的工作站必须采用一个公共的时钟同步才能实现相互间的通信。定时同步功能(timing synchronizing function,TSF)使无线局域网内的所有工作站的定时器保持同步。所有工作站均应维护一个本地的定时同步功能(TSF)定时器。

在一个基础结构(infrastructure)网络中,无线接入点 AP 应有定时控制器,并执行定时同步功能。无线接入点 AP 应易于熔化同时启动的其他无线接入点 AP 无关的方式初始化其定时同步功能定时器,使多个无线接入点 AP 中的定时同步功能定时器的同步问题最简化。无线接入点 AP 应周期性地放松,称为信标(Beacon)的特殊帧,该帧包含一个定时同步功能定时器的副本,用于同步无线局域网中的其他工作站。接收工作站应总是接收为无线局域网服务的无线接入点 AP 发送的信标中的定时信息。如果接收工作站的定时同步功能定时器与收到的信标中的时间不同,则应将其本地定时器的值设置为接收到的时间值。信标应由无线接入点 AP 生成,每个信标周期(beacon period)时间单元发送一次。通常,无线客户端接收到这个信标后改变自己的时钟,以反映无线接入点 AP 的时钟,使两个时钟同步。同步通信单元时钟有确保所有时间敏感的功能。这个信标也包含了信标的间隔,可以告诉无线客户端一般如何去预期这个信标。

一个自组模式(Ad-Hoc)网络中的定时同步功能应通过分布式算法来实现,该分布式算法由无线局域网中的所有成员来执行。在自组网模式下,第一个进入此模式的用户将自己设定为"主管",此"主管"负责提供时标信号给其他用户作同步用。如果无线局域网中的工作站接收到的信标或探询响应中的定时同步功能值比本身的定时同步功能定时器更新,则工作站应采用从信标或探询响应中收到的定时时钟。

2. 扫描过程

无线局域网通过扫描方式获取同步信息。当安装、配置和最终开始一个无线局域网无线客户端设备时,例如一个 USB 无线客户端或 PCMCIA 无线客户端能自动地"听",观察是否有一个无线局域网的覆盖范围。无线客户端也发现是否能够联合哪个无线局域网。这个听的过程叫做"扫描"(scanning)。扫描发生在任何其他过程之前,其有两种类型的扫描:主动扫描和被动扫描。

在不同信道上的一系列扫描叫做"扫频"。扫频使用"信道列表"进行扫描,其有两种类型的扫频:完全扫频,在信道列表中的所有信道都将进行扫描;短扫频,在信道列表的子集中的信道范围内进行扫描。短扫频将提高漫游处理过程。信道列表的子集包括主动信道、工作站加电后曾经使用的信道和最可能的信道,以及那些可能从主动信道间隔较远的信道。例如,如果信道 5 是主动的,则信道 1 和信道 9 最可能,因为信道 4 和信道 6 离信道 5 最近,所以它们的可能性最小。

(1)主动扫描

主动扫描是指工作站启动或关联成功后扫描所有的频道。一次扫描中,工作站采用一组频道作为扫描范围,如果发现某个频道空闲,就广播就带有服务集标识(SSID)的探测信号,无线接入点 AP 根据该信号进行响应。主动扫描包括从一个无线客户端中发送一个探测请求帧。当无线客户端主动扫描一个网络加入时,他主动发送这个探测帧,这个探测帧包括它们希望加入的网络的 SSID 就是一个广播的 SSID。如果一个探测请求被发送一个特定的 SSID,那么仅仅那些使用这个 SSID 的无线基站才响应这个探测请求帧。如果一个探测请求帧被伴随一个 SSID 的广播发送,那么所有到达的无线基站都响应这个探测响应帧,如图 3.23 所示。

这种方式的探测点是通过能够配属于这个网络的无线客户端定位无线基站,一旦具有正确 SSID 的无线基站被发现,这个无线客户端就会使通过的那个无线基站进行初始化鉴别,同时加入这个网络的连接步骤。

无线客户端接收探测响应帧的信号强度,反过来帮助决定无线客户端将试图关联的无线接入点 AP,无线客户端通常选择信号强度最强的、误比特率(BER)最低的无线接入点 AP。这个误比特率是被破坏的数据包对好的数据包的比率,通常由信号的信噪比决定。

(2)被动扫描

被动扫描是指无线接入点 AP 每 100ms 向外发送信标,包括用于无线客户端同步的时间戳,支持速率及其他信息,无线客户端接收到信标后启动关联过程。被动扫描是在无线客户端被初始化后的一个特定的时间段内对每一个信道上的信标进行侦听的过程。这些信标被无线

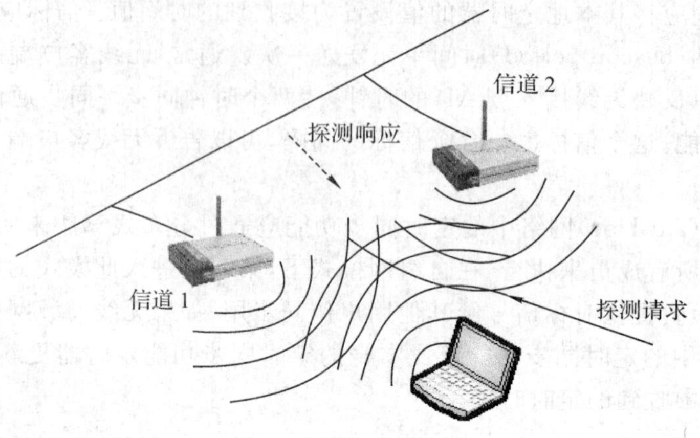

图 3.23　主动扫描的过程

接入点 AP 发送(Infrastructure，基础结构模式)或无线客户端发送(Ad-Hoc，自组网模式)，扫描关于无线接入点 AP 的无线客户端目录特征或基于这些信标的无线客户端。这个搜索网络的无线客户端监听信标，直到听到一个信标是想加入网络的 SSID，这个无线客户端将试图通过那个发送信标的无线接入点 AP 加入这个网络。图 3.24 所示为一个被动扫描的过程。

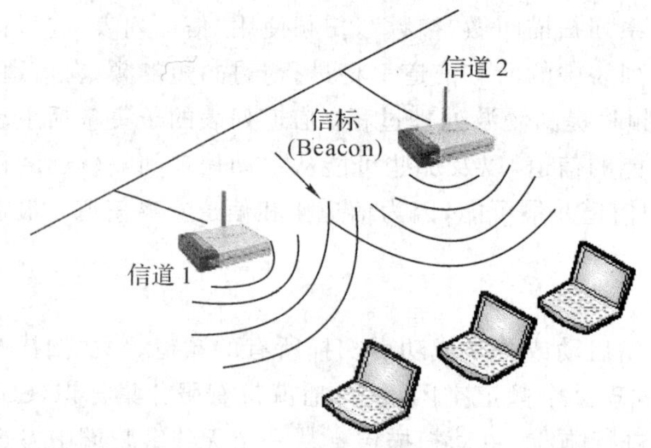

图 3.24　被动扫描的过程

在配置有多个无线接入点 AP 的地方，无线客户端希望加入的网络的 SSID 可能被不只其中一个无线接入点 AP 广播。在这种环境下，无线客户端将试图通过最强的信号强度和最低误比特率的无线接入点 AP 加入这个网络。

无线客户端持续的被动扫描，即使在关联一个无线接入点 AP 后，如果一个无线客户端和连接的一个无线接入点 AP 断开，被动扫描功能节省再次连接网络的时间。通过维护一个可用无线接入点 AP 的列表和它们的特性(信道、信号强度、SSID 等)，当无线客户端当前的连接由于任何原因被中断时，它能够快速地定位一个最好的无线接入点 AP。

在微波信号从无线接入点 AP 发出的区域，无线客户端所能获得的信号强度低于某一个等级后，无线客户端将从一个无线接入点 AP 漫游到另一个无线接入点 AP。由于漫游的实施，所以工作站能够保持对网络的连接。无线客户端通过使用被动扫描获取信标，定位下一个最好的无线接入点 AP(或 Ad-Hoc 网络)，并连接进入网络中。由于这个原因，在无线接入点 AP 单元之间重叠的单元通常被定义为 20%～30%。这个重叠允许在无线接入点 AP 之间的无缝漫游，同时在用户不知道的情况下断开连接和再次连接。

①切换与漫游

WLAN 的切换指的是在相同的 SSID(AP)之间,移动终端与新的 AP 建立新的连接,并切断原来 AP 的连接过程。漫游指的是,在不同的 SSID(AP)之间,移动终端与新的 AP 建立新的连接,并切断原来 AP 的连接过程。

加入现有的服务区有两种方法:主动扫描和被动扫描。主动扫描要求站点查找接入点,从接入点设备中接受同步信息。也可通过被动扫描获得同步信息,可侦听每个接入点周期性所发送的信标帧。一旦站点定位了接入点,并取得了同步信息,就必须交换验证信息。这些信息的交互在接入点和站点之间产生,每个设备给出预设的口令,在站点经过验证后,关联过程就开始了。在关联过程中,交换站点信息和接入点服务的能力信息是一群接入点得到的站点当前位置的信息。一旦关联过程结束,该站点就能够发送和接收帧。当站点离开它的接入点发生漫游时,注意到接入点的链路信号正在变弱。站点使用它的扫描功能查找另一个接入点,或利用上一次扫描得到的信息选取另一个接入点。一旦找到新的接入点,站点就向它发送重新关联的请求。如果站点接收到重新关联响应,它就拥有一个新的接入点并且漫游成功。

②移动 IP

在无线网络中,如果一边使用无线局域网接入服务,一边移动接入位置,那么一旦移动终端超越了子网覆盖范围,IP 数据包就无法到达移动终端,正在进行的通信将被中断。为此,IETF 制定了扩展 IP 网络移动性的系列标准。所谓移动 IP,就是指在 IP 网络上的多个子网内均可使用同一 IP 地址的技术。这种技术是通过使用被称为本地代理(home agent)和外地代理(foreign agent)的特殊路由器对网络终端所处位置的网络进行管理来实现的。在移动 IP 系统中,可保证用户的移动终端始终使用固定的 IP 地址进行网络通信,不管在怎样的移动过程中皆可建立 TCP 连接,并不会发生中断。在无线局域网系统中,广泛地应用移动 IP 技术可以突破网络的地域范围限制,并可克服在跨网段时使用动态主机配置协议(DHCP)方式所造成的通信中断、权限变化等问题。

③切换与漫游存在的问题

在没有启用加密协议的情况下,相同的 SSID(AP)之间的业务连接由 AC 控制,AP 仅仅起到二层透传的作用。在不同的 SSID(AP)之间,由于 IP 地址发生改变,业务必然中断,需要重新进行连接进行认证与计费。

如果采用安全加密机制,例如采用默认设置 WEP 协议,每当到一个新的接入点的时候,都需手工输入 40bit 或 104bit 的密钥,既麻烦又不安全。在实际使用中,采用加密措施对漫游切换带来了很大的麻烦,因为必须及时通知用户更改新的接入点的密钥。如何才能安全分发和保存这些新的密钥也是难题,所以大多数运营商都没有采用加密措施。

3. 功率管理

工作在 IEEE 802.11 标准定义的无线客户端有两个电源管理模式。这些管理模式包括主动模式(一般叫做活动模式)和省电模式(一般叫做节能模式)。IEEE 802.11 标准中为什么要提供省电模式呢?因为使用省电模式保存电量对那些使用电池运行的笔记本电脑或 PDA 的用户是特别重要的。这些电池的寿命允许用户继续留在悬挂的位置上使用更长的时间。而在活动模式(AM)下,无线客户端将从电池中吸取明显数量的能量。

(1)电源管理的活动模式(AM)

在无线局域网中的工作站处于全功率状态,工作站可以在任何时间接收帧。工作站应处于活动状态,点协调功能(PCF)轮询表下的工作站在无竞争期(CFP)期间处于活动模式。

(2)电源管理的节能模式(PS)

无线局域网中的工作站不能发送和接收,只消耗非常低的功率。工作站侦听所选择的信标,如果最近的信标通信量指示图(TIM)元素指示有发往该工作站的定向 MAC 服务数据单元(MSDU)已被缓存,则向无线接入点 AP 发送 PS-Poll 帧。无线接入点 AP 只有在响应该工作站发出的 PS-Poll 或者 CF-Pollable 省电模式的工作站处于无竞争期(CFP)期间时,才响应该节能模式的工作站发送被缓存的定向 MSDU。在节能模式下,工作站应处于休眠状态,并等待工作站已发送的 PS-Poll 帧的响应,或者在无竞争期接收被缓存的 MSDU。在以下几种情况中,工作站应该进入唤醒状态:①接收所需要的信标帧;②在接收到某些特定的信标帧之后接收广播;③在接收到某些特定的信标帧之后接收多目标传输帧;④等待对所发出的 PS-Poll 帧的响应或者等待无竞争轮询工作站,以便接收被缓存的 MAC 服务数据单元(MSDU)的无竞争发送。

当使用节能模式(PS)时,在基础结构网络和自组网结构网络的无线局域网客户端的行为是不同的,其工作过程在下面描述。这些过程每秒钟发生许多次,从而导致了一定数量的额外开销。

①基础结构网络中的节能模式

在基础结构网络中,功率的管理由无线接入点 AP 集中控制。这种结构下的功率管理比在自组网结构下节省更多电能,因为无线接入点 AP 能够将处于节能模式的无线客户端的帧缓存下来,再响应无线客户端的要求将缓存帧发送出去。这样,无线客户端可以在更多的时间内处于节能状态。

在无线局域网中,需要改变功率管理模式的无线客户端应通告无线接入点 AP 要改变功率模式。无线接入点 AP 不应随意向操作在节能模式下的无线客户端发送 MAC 服务数据单元(MSDU),而应缓存 MSDU 并仅在指定的时刻发送。

无线接入点 AP 中的缓存 MSDU 的无线客户端应是通信量指示图(TIM)中的标识。通信量指示图(TIM)作为一个元素包含于所有无线接入点 AP 产生信标中,无线客户端应接收并解释通信量指示图来确定是否有该无线接入点 AP 的 MSDU 被缓存。在节能模式下运行的无线客户端应周期性地侦听信标。

在操作于分布式协调功能(DCF)下的基本服务集(BSS)中,或处于使用点协调功能(PCF)的基本服务集(BSS)的竞争期中,一个操作于节能模式下的无线客户端一旦确认当前有 MSDU 缓存在无线接入点 AP 中,该无线客户端应向无线接入点 AP 发送一个短 PS-Poll 帧,无线接入点 AP 应立刻通过相应的缓存 MSDU 响应,或者先对 PS-Poll 确认,并在稍后作出响应。如果通信量指示图指示缓存 MSDU 在无竞争期(CFP)内被发送,运行于节能模式的不发送 PS-Poll 帧,并一直保持活动直到接收到 MSDU 或无竞争期结束。如果基本服务集(BSS)内有任何无线客户端运行于节能模式,无线接入点 AP 应缓存所有广播和组播 MSDU,并紧跟下一个含有交付通信量指示图传输的信标帧之后交付给所有的无线客户端。无线客户端应一直保持当前的功率管理模式,直到该无线客户端通过一个成功的帧交换通告无线接入点 AP 它的功率管理模式发生变化。无线客户端在任何单个帧交换顺序期间不会改变功率的管理模式。图 3.25 所示为基础结构的网络中节能模式的工作过程。

过程 1:无线客户端进入节能模式(休眠);

过程 2:无线接入点 AP 标记该无线客户端进入节能模式(休眠);

过程 3:无线接入点 AP 缓存无线客户端数据帧;

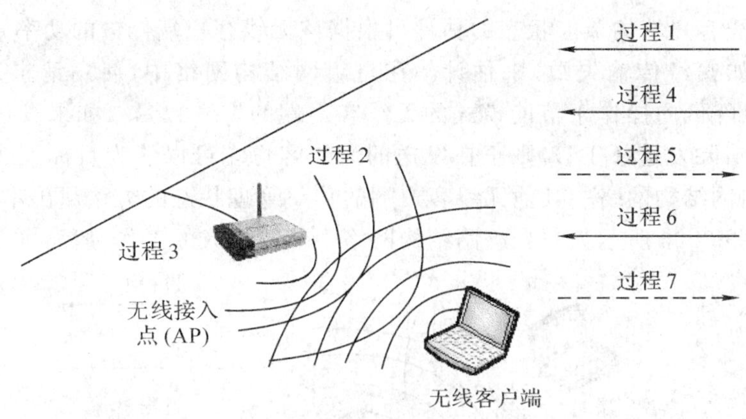

图 3.25 基础结构的网络中节能模式的工作过程

过程 4:无线客户端希望改变当前功率管理模式,通知无线接入点 AP;

过程 5:无线接入点 AP 通知无线客户端有数据在缓存中等待;

过程 6:无线客户端要求获取数据;

过程 7:无线接入点 AP 发送数据。

②自组网结构网络的节能模式

在自组网结构网络节能模式中的功率管理完全是一个分布式过程,整个管理实现由各个无线客户端共同控制。功率管理过程包括两个部分:一是各个无线客户端是如何进入节能模式的;另一个是无线客户端如何同处于节能模式的无线客户端通信。

自组网结构网络的功率管理与基础结构网络的情况非常相似,所有的无线客户端必须同步,并且在所有的无线客户端唤醒期间,首先通告那些要被传送 MAC 服务数据单元(MSDU)的处于节能模式的无线客户端。这个通告是通过自组网通信量指示信息(ad-hoc traffic message,ATIM)来完成的。节能模式的无线客户端应侦听这些通告,以决定是否保持在唤醒状态。

当要把一个 MSDU 发送到操作于节能模式的无线客户端时,发送无线客户端首先在自组网通信量指示信息(ATIM)窗口期间传输一个 ATIM 帧,在 ATIM 窗口中,所有无线客户端(包括操作于节能模式的无线客户端)都是唤醒的,ATIM 窗口定义为一个目标信标传输时间(TBTT)后特定的时间周期,在这个周期内仅能传输信标或 ATIM 帧。在无线客户端发送或接收一个信标后,通过使用与最小竞争窗口相同的竞争窗口的退避规程使 ATIM 传输次数随机化,定向 ATIM 应得到确认。如果发送定向 ATIM 的无线客户端没有接收到确认,则该无线客户端应执行退避规程以使 ATIM 重传,此时组播 ATIM 不应得到确认。如果无线客户端在 ATIM 窗口期间收到一个定向 ATIM,它应对定向 ATIM 进行确认,并在整个信标间隔内保持唤醒来接收通告的 MAC 服务数据单元(MSDU)。如果无线客户端没有收到 ATIM,它应在 ATIM 窗口结束时进入休眠状态。通过退避规程,在 ATIM 窗口后,ATIM 的发送是随机的。

有可能从多于一个的无线客户端重新收到一个 MSDU,接收 MSDU 的无线客户端也有可能从正在发送的无线客户端中收到多于一个的 MSDU。MSDU 帧仅寻址到它的目标无线客户端。用于广播或组播的 MSDU 应利用其 MSDU 具有相同的目标地址。

在 MAC 服务数据单元(MSDU)时间间隔后,只有那些由确认 MSDU 成功通告的定向 MSDU 和由 MSDU 通告过的广播/组播 MSDU 才被传送到操作于节能模式的无线客户端。这些帧的传输应通过使用常规的 DCF 访问规程来实现。

对另一个无线客户端的节能状态的估计可根据该无线客户端传输的功率管理信息和本地可用附加信息(如曾经传输失败)来估计。在自组网结构网络中,使用请求发送/清除发送(RTS/CTS)可以降低向操作于节能模式的无线客户端的发送数目。如果发送一个请求发送(RTS)而未收到清除发送(CTS),则正在发送的无线客户端可以认为目标无线客户端处于节能模式。估计自组网结构网络中其他无线客户端的功率管理状态的方法超出本书的范围,所以不再进行描述。图 3.26 所示为在自组网结构网络中节能模式的工作过程。

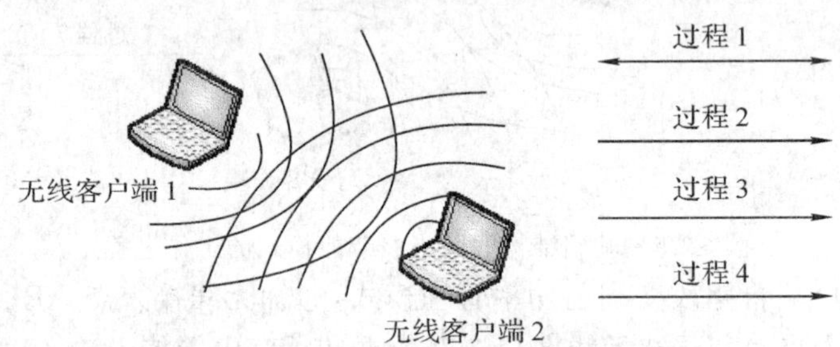

图 3.26　自组网结构网络中的节能模式的工作过程

过程 1:无线客户端通过信息同步,能够在 ATIM 窗口开始之前苏醒。

过程 2:ATIM 窗口开始,无限客户端发送信息,然后无线客户端发送 ATIM 通报缓存通信指向的其他无线客户端。

过程 3:在 ATIM 窗口苏醒过来接收数据帧的期间,无线客户端发送正在接收 ATIM 帧。如果没有 ATIM 帧被接收,无线客户端返回休眠状态。

过程 4:ATIM 窗口关闭,无线客户端开始传输数据帧。在接收数据帧后,无线客户端返回休眠状态,等待下一个 ATIM 窗口。

3.2.4　MAC 子层的服务

在 IEEE 802.11 标准中定义了 9 种服务类型,包括链路验证、关联、解除链路验证、解除关联、分发、集成、加密、重新关联和 MSDU 发送。这些服务是按照便于理解符合无线局域网操作的设计次序描述的。其中,6 种服务(关联、解除关联、分发、集成、重新关联和 MSDU 发送)用于支持工作站之间的数据交换,另外 3 种服务(链路验证、解除链路验证和加密)用来控制对无线局域网的合法访问与数据的机密性。这是因为,有线局域网的设计假设了有线介质的物理封闭与受控特性,无线介质物理开放性不符合这些假设。链路验证的过程用来代替有线介质的物理连接,加密用来提供封闭有线介质的机密特性。需要注意的是,我国的国家标准定义的是 10 种服务,在解除关联和分发两个服务之间增加了鉴别服务,它用于控制对于无线局域网的合法性访问。我们从前面的描述中可以看到,每种服务是由一种或多种 MAC 帧类型支持的。某些服务由 MAC 管理消息支持,某些服务由 MAC 数据消息支持。所有消息均利用前面所描述的 MAC 子层介质访问方法获得对无线介质的访问。

也可以从提供服务的设备和网络环境的角度去理解这些服务的划分。这样,服务集将被分为两组:一组为工作站;另一组为分布式系统。所谓分布式系统(distribution system,DS),是指将基本服务集(BSS)组合与集成的局域网互联起来而创建的扩展服务集(ESS)系统。工作站部分服务由工作站提供,包括链路验证、解除链路验证、鉴别(国标规定)、加密和 MSDU 发送。分布式系统部分的服务由无线局域网中的无线接入点 AP 提供,包括关联、解除关联、分发、集成和重新关联。无论是工作站服务还是分布式系统服务,都是为 MAC 子层实现使用而规定的。

图 3.27 所示为一个典型的无线局域网的扩展服务集合，包括分布式系统的工作站，其中我们假设工作站 1 和 2 是无线客户端，而无线接入点是 AP1 和 AP2。

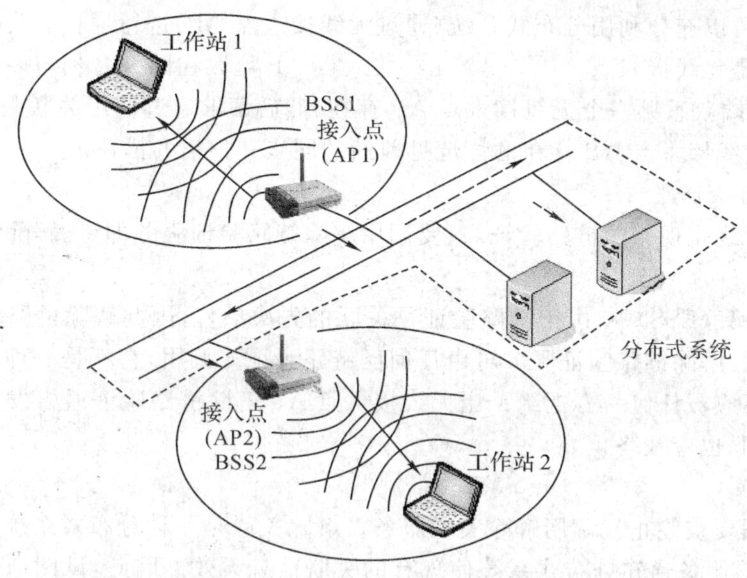

图 3.27　典型的无线局域网的扩展服务集

1. 链路验证(authentication)

在有线局域网中，物理的安全性可以用来阻止未授权的访问。而在无线局域网中，这是不实际的，因为无线介质没有明确的边界。

通过链路验证服务控制无线客户端对于无线接入点 AP 访问的合法性。该服务由所有的工作站用于建立与它们要通信的工作站的身份确认。对已扩展服务集(ESS，包含 BSS)和独立基本服务集(IBSS)网络都是这样的，如果两个站之间没有建立一种相互可接受的链路验证等级，那么关联将不会被建立，链路验证是一种工作站服务。

在 IEEE 802.11 标准中规定能够在工作站之间建立链路验证，但是不支持端到端(end to end，信源到信宿)或用户到用户的验证，也就是说，这个验证过程无法对用户的合法性进行验证，这也是无线局域网的安全漏洞之一。IEEE 802.11 标准支持两种类型的验证过程，即开放系统验证和共享密钥验证，无线局域网的安全设计将在第 7 章中有详细讲解。IEEE 802.11 标准允许支持扩展的验证方案，但是并不强制使用任何特定的验证方案。需要注意的是，在国家 GR15699.11 规定中采用的是开放系统链路验证，任何一个工作站可任意取得链路验证。

链路验证过程由两步构成：第一步为链路验证请求；第二步为链路验证响应，如果响应成功，则工作站和无线接入点 AP 之间得到相互链路验证。

2. 关联(association)

为了在分布式系统内交付信息，对于给定的工作站，分发服务需要知道访问哪个无线接入点 AP，该信息通过关联概念提供给分布式系统。为了支持基本服务集(BSS)转移的移动性，关联是必要的但不是充分的。关联服务足以支持无转移的移动性(在设备移动过程中并不连接网络)，关联是一种分布式系统服务。

在工作站被允许通过无线接入点 AP 发送数据消息之前，它应首先与该无线接入点 AP 相关联，成为相关的操作调用关联服务。该服务向分布式系统提供无线客户端到无线接入点 AP 的映射，分布式系统使用该信息完成消息分发服务。

在任一给定时刻,一个无线客户端可最多与一个无线接入点AP相关联。这确保分布式系统可以确定“哪个无线接入点AP正在为该无线客户端服务?”的答案是唯一的。一旦关联完成,无线客户端可以充分利用分布式系统(通过无线接入点AP)进行通信。关联总是由无线客户端启动,而不是无线接入点AP。一个无线接入点AP可以在同一时刻与多个无线客户端相关联。无线客户端获悉哪一个无线接入点AP存在,然后请求通过调用关联服务建立关联。无线客户端获悉无线接入点AP存在的详情见前面的同步和扫描的描述。

3. 解除链路验证

无论何时要终止现有的链路验证,只要调用解除链路验证服务即可。解除链路验证是一种工作站服务。

在扩展服务集(ESS)中,由于链路验证是关联的先决条件,因此解除链路验证也应使无线客户端解除关联。解除链路验证服务可由任何已链路验证方调用,它不是一种请求,而是通告,解除链路验证不应被任何一方拒绝。当无线接入点AP解除链路验证通告发送给关联方的无线客户端时,关联也应被终止。

4. 解除关联

现有的关联要被终止就调用解除关联服务。解除关联是一种分布式系统服务。在扩展服务集(ESS)中,该服务通知分布式系统使现有的关联信息无效。因此,试图通过分布式系统向已解除关联的无线客户端发送信息是不会成功的。

关联的任一方均可调用解除关联服务,解除关联是一个通告型而非请求型服务,它不能被关联的任一方拒绝。由于服务或其他原因,当无线接入点AP从网络中移走时,无线接入点AP需要解除与无线客户端的关联。

无线客户端在离开网络时会尝试解除关联,然而MAC协议并不依赖于无线客户端调用解除关联服务。若已关联的无线客户端丢失,MAC管理应能解除该无线客户端的关联。

5. 鉴别(authentication)

对于鉴别的描述是国家标准GB15629.11所特有的,它与“链路验证”的英文是一样的,这可能在许多文字说明中会产生混淆。

在国家标准GB15629.11的规定中,提出了鉴别基础结构WAI(WALN authentication infrastructure),其是WAPI安全机制中的一部分。它用于实现基本服务集(BSS)中无线客户端与无线接入点AP之间的相互鉴别,它建立在链路验证过程和关联过程之上。只有鉴别成功后,无线客户端才能安全接入无线接入点AP,否则无线接入点AP将拒绝无线客户端接入或无线客户端拒绝接入至无线接入点AP。

同链路验证的过程一样,在鉴别过程中,提供了链路之间的鉴别,但没有提供端到端(消息源到消息目的地)或用户到用户的鉴别。鉴别的过程仅用于使无线链路具有有线链路假定的物理标准。

6. 分发(distribution)

分发是无线局域网中工作站使用的基本服务。在概念上,它由每个来自工作的扩展服务集(ESS,此时帧通过分布式系统发送)中的工作站的数据信息调用。分发需要通过分布式系统服务。如图3.27所示的扩展服务集(ESS)网络,数据信息从工作站1发送到工作站2(实线部分),消息从工作站1发出,由无线接入点AP_1(无线接入点AP_1的输入过程)接收。无线接入点AP_1通过端口将消息发给分布式系统的分发服务。分发服务的作业就是在分布式系统重新将消息交付到适当的与期望接收方相关的目的地。在这个例子中,消息被分发到无线接入点AP_2

(无线接入点 AP_2 的输出过程),并且无线接入点 AP_2 访问无线介质,从而将消息最终传送到工作站 2(预期的目的地)。

对于分布式系统如何进行数据信息的分发(传递)超出了本书的范围,所以不再进行描述。总之,分布式系统能够提供必要的信息,保证输入的数据信息概念按照要求找到相对应的输出位置。这个必要的信息包括 3 种与关联相关的服务(即管理、重新关联和解除关联)。另外,在上面的例子中,如果数据信息的发送是在同一基本服务集(BSS)中,则用于消息"输入"和"输出"的无线接入点 AP 是同一个无线接入点 AP。

7. 集成(integration)

如图 3.27 所示的扩展服务集(ESS)网络,数据消息从工作站 1 发送到网络中的台式机(虚线部分)。如果分发服务确定消息的预期接收者为集成的局域网成员,则分布式系统的输出点将是泛端口(portal)而不是无线接入点 AP_2。

分发到泛端口的消息使得分布式系统调用集成概念(在分发服务之后),集成服务负责完成将消息交付到集成的局域网介质(包括必需的介质或地址空间转换)所需要的任何事件。集成是一种分布式系统服务。分布式系统接收到来自集成的局域网去往工作站的消息在分发服务分发消息前调用集成服务。关于集成服务的细节依赖于特定的分布式系统实现,超出了本书范围,所以不再进行描述。

8. 加密(privacy)

在有线局域网中,只有在物理上连接到线缆的站可以侦听局域网的通信量。对无线共享介质,任何一台符合标准的协议的无线客户端都可以侦听到在覆盖范围内所具有与该无线客户端相同的物理层的通信量。因此,没有加密机制的无线链路连接到有线局域网上,会严重降低有线局域网的安全等级。

为使无线局域网的功能达到有线局域网设计中隐含的等级,在 IEEE 802.11 标准协议中提供了加密消息内容的能力。该功能由加密服务提供,是一种工作站服务。

IEEE 802.11 标准协议定义的加密算法是有效的等效加密(WEP)。顾名思义,这种加密方式是使无线局域网的安全性与有线局域网实现等效。加密服务仅可以在使用数据帧和一些验证帧的过程中被调用,所有的站初始启动是"不加密的",以建立链路验证、鉴别和加密服务。

需要注意的是,在国家标准 GB15629.11 中规定了可选的加密算法,即无线局域网加密基础结构(WLAN privacy infrastructure,WPI)。在国家标准的规定中,使用 WPI 机制实现实际的消息加密并提供管理信息库(MIB)功能,加密服务仅被数据帧调用。它不同于 IEEE 802.11 标准中规定的有线等效加密(WEP)方式,提供了更为安全的解决方案,相互之间是不兼容的,关于它们的详细内容将在第 4 章中讲解。

无线局域网中的工作站,默认的加密状态为"不加密"。如果加密服务没有被调用,所有消息为不加密发送。如果该默认状态未被某一方或另一方接收,则逻辑链路控制(LLC)实体之间将不能成功地进行数据帧通信。配置成强制加密模式的工作站接收到未加密的数据帧或加密的数据帧使用接收站不支持的密钥,这些帧均会丢弃,而不告知逻辑链路控制(LLC)或当无线接入点 AP 接收到去往 DS (To DS,也翻译为目的分布系统)字段位置的帧时,将其丢弃而不告知分发服务。为了避免重传过程中浪费无线介质带宽,这些帧将在无线介质上被确认。

9. 重新关联(reassociation)

关联是以在本部分的工作站之间进行无转移消息支付。要支持基本服务集(BSS)转换移动性还需要附加功能。必须的附加功能都由重新关联服务提供。重新关联是一种分布式系统服务。重新关联总是由无线客户端启动。

重新关联服务被调用，以将当前关联从一个无线接入点 AP 移动到另一个无线接入点 AP。当工作站在扩展服务集(ESS)内从一个基本服务集(BSS)移动到另一个基本服务集(BSS)时，它始终将无线接入点 AP 与无线客户端之间的映射告知分布式系统。当无线客户端保持与同一无线接入点 AP 的关联时，重新关联还能使已建立关联的关联属性改变。

10. MSDU 的发送(MSDU delivery)

异步数据服务提供对等的逻辑链路控制(LLC)实体之间传输 MAC 服务数据单元(MSDU)或 MAC 管理协议数据单元(MMPDU)的能力，本地 MAC 子层里能够下层物理层的服务将 MSDU 传送给对等的 MAC 实体，然后再传给对等的逻辑连接控制(LLC)实体。这样的异步数据服务并不要求传输信息的成功性，通常 MAC 提供的异步数据服务包括广播(broadcast)和组播(multicast)。与单播相比，广播和组播的通信质量较差。所有的工作站都必须支持这一服务。

在 MAC 的许可和特定的条件下，MSDU 重新排序的服务才会由 MAC 提供。只有工作站的可选功能——功率管理(power management)启动后，MAC 才提供重新排序服务。当工作站处于省电方式(PS polling, power save)，且不处于激活状态时，MAC 把将要发送的 MSDU 缓存起来，等待该站激活时才对缓存数据进行重新排序再发送出去，以此来提高信息发送的成功率。

第4章

无线局域网设备及附件

无线局域网的设备繁多，如何着手介绍呢？我们从无线局域网的工作模式开始下手。无线局域网的工作流程是通过电脑的无线网卡→无线天线→无线AP→无线交换机(POE交换机、无线网桥、无线路由器、无线网关等)→Internet，所以首先从无线网卡开始。

4.1 无线网卡

在有线网络中大家对网卡已经非常熟悉了。网卡(network interface card,NIC)又被称为“网络适配器(network interface adapter)”，网卡是连接计算机和网络电缆之间的基础设备，它能为计算机之间相互通信提供一条物理通道，并通过这条通道进行数据传输。

那么，什么是无线网卡呢？无线网卡就是不通过有线电缆进行网络连接，采用无线信号进行连接的网卡。如图4.1所示，有线网卡提供电缆接口，而无线网卡则带有天线。即无线网卡同有线网卡相比，仅仅是将有线网卡的插口换成了天线。

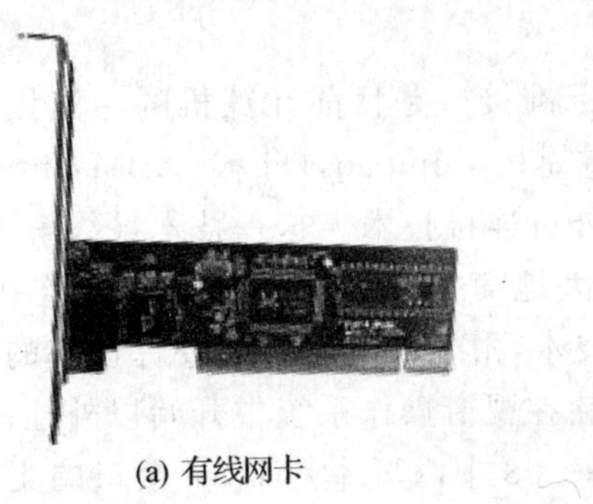

(a) 有线网卡

(b) 无线网卡

图4.1 有线网卡和无线网卡的对比

此外，不少人会将“无线网卡”和“无线上网卡”混为一谈，其实它们是两种完全不同的设备，无线网卡主要应用在无线局域网内用于局域网连接，而无线上网卡就像普通的56K modem 一样在手机信号可以覆盖的任何地方进行 Internet 接入。常见的无线上网卡有 GPRS 无线上网卡、CDMA 无线上网卡等。而我们这里所说的无线网卡均指无线局域网技术的网卡。

WLAN 无线网卡按速度分主要有 802.11b(11Mbps),802.11g(54Mbps),802.11g+(108Mbps)等标准的产品。

每一个无线网卡都像有线网卡一样,具有唯一的 MAC 地址。每一个无线网卡还有一个唯一的设备号(P/N),形如 YYUT××××××××,其中:YY 表示制造年份;UT 固定不变;××表示唯一产品编号。该设备号印制在产品标签上。

根据无线网卡的接口不同,主要种类有 PCI 无线网卡、MiniPCI 无线网卡、PCMCIA 无线网卡、USB 无线网卡以及像 SD/CF 接口的无线网卡等类产品,下面我们分别了解一下它们各自的特点。

4.1.1 PCI 接口无线网卡

外设部件互联(peripheral component interconnect,PCI)标准接口是目前应用在计算机内部的总线技术,它由 Intel 公司于 1991 年提出。后来 PCI-SIG 小组接替了 Intel 规范的开发工作,在 1993 年 5 月发布了 PCI 2.0。PCI 总线采用并行技术,它基于 32 位数据总线,工作频率为 33MHz,数据传输率可达 132Mbps(32×33MHz/8),PCI 接口的传输性能已能发挥802.11g+(108Mbps)无线网卡的性能。PCI 接口的无线网卡是多数台式机电脑用户升级到无线网络的一个较好选择。无线的 PCI 网卡支持即插即用的功能。

目前,市场上常见的 PCI 接口无线网卡有 D-Link DWL-510、D-Link DWL-G520+、EDIMAX EW-7126、趋势 TEW-223PI、趋势 TEW-403PI、趋势 TEW-423PI 等。

除此之外,市场上还有一种 PCMCIA 转 PCI 接口的无线网卡,很多新手常将它和 PCI 无线网卡混为一谈,但它并不是标准的 PCI 无线网卡——众所周知,普通台式机是通过 PCI 总线,也就是 PCI 插槽来扩展台式机的硬件功能,而笔记本电脑则是通过 PCMCIA 标准接口来丰富笔记本的硬件功能的。由于采用的标准不同,使得很多基于 PCMCIA 的扩展卡都不能应用在台式机上。而利用和安装 PCMCIA 转 PCI 的转接卡,可以使笔记本专用的 PCMCIA 卡(如 PCMCIA 接口的无线网卡、蓝牙、笔记本读卡器、网卡、GPRS 卡等)都可以用在台式机上,这对 PCMCIA 设备较多的用户很有用。

4.1.2 USB 接口无线网卡

通用串行总线(universal serial bus,USB)标准接口是目前计算机的主流接口,无论在台式机还是在笔记本电脑上,它都是标准配置。它是由 Compaq,Digital,IBM,Intel,Mircosoft,NEC 以及 Nortelt 等 7 家公司共同开发的一种外设连接技术。这一技术最终解决了串行设备和并行设备如何与计算机相连的争论,从而大大地简化了计算机与外设的连接过程。早在 1995 年,就已经应用在计算机领域的新型接口技术,由于缺乏软件及硬件设备的支持,这些计算机上的 USB 口都是闲置未用的。1997 年,微软在视窗操作系统中开始以外挂模块的形式提供对 USB 接口的支持,1998 年后,随着 Windows 98 中内置了对 USB 接口的支持模块,加上 USB 设备的日渐增多,USB 逐步走进了实用阶段。USB 接口已经成为现在最常见的计算机标准接口之一,大家天天在用的 U 盘就是插在 USB 接口上的。

USB 无线网卡支持热插拔,在进行连接及数据传输时就像是一个移动设备,可以在多台电脑间拔来拔去,使用起来十分方便。对于同时具备多台台式机或笔记本电脑的用户只要购买数块 USB 接口的无线网卡就可根据使用需要满足多于此电脑的需求。

在选择时需要注意，目前 802.11b 规格的无线网卡多采用传输速度为 12Mbps 的USB1.1 标准，而 802.11g，802.11g＋标准的无线网卡则需采用传输速度为 480Mbps 的 USB2.0 标准才能满足需求。

目前，USB 无线网卡主要有两种外观形式：盒型(见图 4.2(a))和 U 盘型(见图 4.2(b))。

USB 接口的无线网卡的优点是，与台式机和笔记本电脑都兼容，可以灵活放置以增强信号的接收能力；缺点是价格较高。

(a) 盒型的 USB 无线网卡

(b) U 盘型的 USB 无线网卡

图 4.2　USB 无线网卡

盒型的 USB 无线网卡都带有一条数据延长线，多数产品采用外置式天线，较适合于在桌面上放置使用，使无线信号的接收效果更佳。常见产品如清华同方 TFW1500，LanReady LNC1110-U，Cisco-Linksys WUSB11 等。

4.1.3　PCMCIA 接口无线网卡

PC 卡(PCMCIA)是一种笔记本电脑专用的接口，PCMCIA 有 Type Ⅰ，Type Ⅱ，Type Ⅲ 三种不同形式的产品，其长宽都是 85.6mm×54mm，只是在厚度方面有所不同，后者一般兼容前者，反之则不尽然。

与早期 16 位的 PC 卡不同，目前无线网卡所用的 PCMCIA 卡都是 32 位的 PCMCIA，也就是所谓的 CardBus。CardBus 能以 32 位数据传输和 33MHz 操作，其向后兼容 16 位的 PC 卡，总线自主，使 PC 卡可以独立于主 CPU，与计算机内存间直接交换数据，这样 CPU 就可以处理其他的任务。CardBus 无线网卡的最大吞吐量接近 90Mbps，已能基本满足 108Mbps 的无线网卡需求。对于没有内置网卡或无线网卡的笔记本电脑的用户来说，PCMCIA 接口的无线网卡是他们轻松升级到无线网络的好选择。

PCMCIA 接口是无线网卡的主要接口形式，其他接口的无线网卡通常都是通过对 PCMCIA 接口网卡转换而得到的。其优点是容易安装、体积小，且兼容性比 PCI 或 USB 接口的无线网卡要好。大部分 PCMCIA 无线网卡都有内置天线，但仍然提供一个扩展天线接口。它的缺点是与台式机不直接兼容。如果想在台式机上使用 PCMCIA 接口的网卡，必须使用一块转换卡，常见的转换卡是 PCMCIA 转 PCI 接口卡。

目前市场上常见的 PCMCIA 接口的无线网卡品牌型号众多，常见的有神州数码 DCWL-340PC、Cisco-Linksys WPC11、D-Link DWL-G650＋、EDIMAX EW-7108PCg、NETGEAR WG511、SMC 2635W、SMC 2835W、阿尔法 AFW-N450、海信 CW210g、华硕 WL-107、华为

3Com Aolynk WCB300g、清华同方 TFW1000、趋势 TEW-221PC 等。

4.1.4 MiniPCI 接口无线网卡

如图 4.3 所示，MiniPCI 及更小型化的 MiniPCI Express 无线网卡类似于笔记本电脑的 SO-DIMM 内存卡，小巧灵活。MiniPCI 接口是在台式机 PCI 接口基础上扩展出的适用于笔记本电脑的接口标准。而 MiniPCI 无线网卡本身不集成天线，靠预置在笔记本电脑机身中的天线来获取信号，所以笔记本电脑上只要有 MiniPCI 插槽和预置天线或预置天线的位置就可轻松地将网卡升级为无线网卡。

图 4.3 MiniPCI 接口无线网卡

与 PC 卡接口或 USB 接口的无线网卡相比，MiniPCI 无线网卡在使用方便性、系统资源节约程度方面更好。其优点是非常轻便，缺点是信号接收能力较弱。它通常被安装在笔记本电脑内部的 MiniPCI 插槽中。如果想在台式机中使用 MiniPCI 接口的无线网卡，也可以另外购置一块 MiniPCI 转 PCI 接口卡。

目前，市场上常见的 MiniPCI 无线网卡主要有 Intel PRO/Wireless 2100 network connection、Intel 2200BG 11M/54M 双频无线网卡、Intel PRO/Wireless 2915ABG 三频无线网卡等。

4.1.5 SD/CF 接口无线网卡

SD 和 CF 这两种接口的无线网卡主要被一些数码设备或数码智能设备所采用，如 PDA 掌上电脑、智能手机等。

图 4.4 所示是 SD 卡，SD 卡就是 secure digital card“安全数码卡”，是由日本松下、东芝和美国 SanDisk 公司共同开发研制的，具有大容量、高性能，尤其是安全等多种特点的多功能存储卡。大小尺寸比 MMC 卡略厚一点（32mm × 24mm × 2.1mm），而容量则要大许多。另外，此卡的读写速度比 MMC 卡要快，同时与 MMC 卡兼容，SD 卡的插口大多支持 MMC 卡，其平均数据传输率能达到 2～10Mbps，基本能满足无线网卡的传输需求。采用 SD，SDIO 接口的无线网卡在长度上比一般的 SD 卡更长，所以其不能用于内置式 SD 卡上。

图 4.4 SD 接口无线网卡

常见的 SD 无线网卡有 SanDisk SD 接口无线网卡（采用 SDIO 插槽，支持 802.11b 传输速率为 11Mbps。内建固定式高感度无线天线，传输距离开放空间最远至 300m。采用64/128bits WEP 网络加密，支持 Pocket PC 2002，2003，Palm OS 5.0 等操作系统的 PDA）、Palm 原装 SDWi-Fi 无线网卡等。

图 4.5 所示是 CF 卡（compact flash），于 1994 年由 SanDisk 最先推出。CF 卡具有 PCMCIA-ATA 功能，并与之兼容；CF 卡重量只有 14g，仅纸板火柴般大小（43mm × 36mm × 3.3mm），CF 卡采用闪存

图 4.5 CF 接口无线网卡

(flash)技术,是一种稳定的存储解决方案,不需要电池来维持其存储的数据。CF 卡有体积较大的缺点,也正是由于其体格较大,其在不扩展的情况下已能容纳三块芯片和天线的需要。

国内市场上常见的 CF 无线网卡有高锐 802.11b CF 无线网卡(采用 Intersil Prism 3.0 芯片,提供最大无线传输带宽达 11Mbps,支持 64/128 bits WEP 资料加密)、SanDisk Wi-Fi CF 无线网卡(无线 CF 卡并内建 128MB 存储器,一物两用)、EagleTec(映泰)802.11b CF 卡(802.11b 标准,128 位加密)等。

4.1.6　板载特殊接口无线网卡

除此之外,市场上还有一些主板厂商为了迎合市场和技术的需要,推出了一些特殊接口的无线网卡。

图 4.6 所示为华硕的 Wi-Fi WLAN 网卡,结合了软 AP(接入点)和 Wi-Fi 卡的功能。它是一块外加的卡,能够连接到现有的 AP 上,并且它还捆绑了华硕的软件 AP 功能,以使系统能够转到无线家庭网络控制中心的模式,Wi-Fi 子卡使用华硕开发的 Hyper Path 技术,符合 IEEE 802.11b 无线局域网协议,传输速度可以达到 11Mbps。而华硕 Wi-Fi 无线主板上也有这种 Wi-Fi 无线模块独有的 Wi-Fi Slot 插槽。

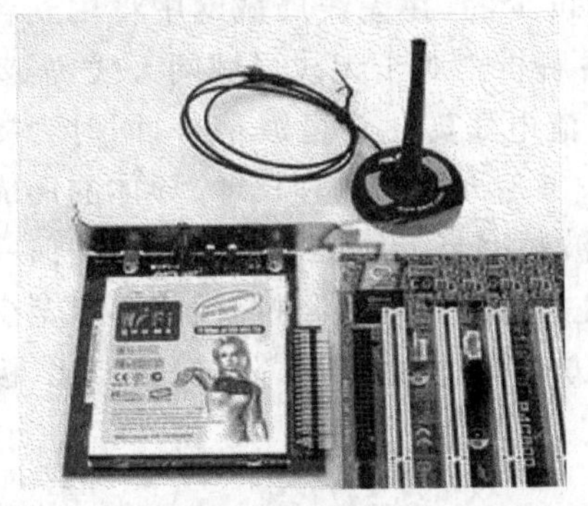

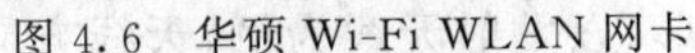

图 4.6　华硕 Wi-Fi WLAN 网卡

图 4.7　AirLink 无线射频模组

再如图 4.7 所示的映泰 P4TCA Pro 主板采用了映泰 AirLink 技术。AirLink 是一种 WLAN 快速连结主板的解决方案。其板载集基频和 MAC 功能为一体的芯片,加上随主板附带的一个专用的 BIOSTAR AirLink 无线射频模组,将它插在主板最左边的 CNR 接口前面的一段上即可让主板拥有无线网络功能。

通过上面的名词解释和对具体相关产品的介绍,相信大家对无线网卡已经有了比较清楚的理解。

4.2　无线天线

天线是将传输线中的电磁能转化成为自由空间的电磁波,或将空间电磁波转化成传输线中的电磁能的专用设备。

我们知道无线网络设备如无线网卡、无线路由器等自身都带有无线天线,那么为什么还要单独选购天线呢？无线设备自带的天线都有一定距离的限制,当超出这个限制的距离,就要通过这些外接天线来增强无线信号,达到延伸传输距离的目的。另外,在施工时为了使 AP 放在安全的地方，但又要使信号能覆盖到某个范围，也要使用天线延伸出去。

一般来说，无线网卡的自带天线的性能要弱于无线 AP 自带天线的性能。内置无线网卡自带天线的性能又比外置无线网卡自带天线的性能要弱。而笔记本电脑的内置无线网卡的自带天线是所有内置无线网卡自带天线中性能最弱的。好在笔记本电脑所具有的良好移动性多少可以解决这一问题。

大多数无线网卡和无线 AP 都提供天线接口以支持单独的天线。用户在购买时，应了解这些设备自带天线的性能，如果其性能不能满足需要，就应避免购买那些不提供天线接口的设备。

天线是能量置换设备，是无源器件，其主要作用是辐射或接收无线电波。辐射时将高频电流转换为电磁波，将电能转换为电磁能；接收时将电磁波转换为高频电流，将电磁能转换为电能。天线在无线网络布局工作中有很大的作用，天线的性能质量直接影响移动通信网络的覆盖范围和服务质量；不同的地理环境、不同的服务要求需要选用不同类型、不同规格的天线。要正确选择天线，首先要了解无线天线的性能指标。

4.2.1 天线的主要特性指标

天线的理论比较复杂，但无线局域网中，天线总是必不可少的，在无线局域网中将用到各种各样的天线，所以还是有必要对天线的相关特性进行一番解析。对于无线局域网天线，需要理解两个关键点：一是作为发送天线，将发射电路产生的电流电压转化为微波信号，同时为接收天线将微波信号转化为能被接受电路监测到的电流电压；二是天线的物理尺寸、导体的形成和制作天线的材质，都直接关系到天线能够传播、接收的微波频率与天线接收的特性。任何一段导线都能用作天线，但是为了使天线有一个相对较大而且是电阻性终端阻抗，天线必须至少有半波长或更长的临界尺寸。表征天线性能的主要参数有方向图、增益、输入阻抗、驻波比、极化、双极化天线的隔离度以及三阶交调等。

1. 方向图

天线方向图是表征天线辐射特性空间角度关系的图形。以发射天线为例，天线方向图就是从不同角度方向辐射出去的功率或场强形成的图形。一般用包括最大辐射方向的两个相互垂直的平面方向图来表示天线的立体方向图，其分为水平面方向图和垂直面方向图。平行于地面在波束场强最大的位置剖开的图形叫做水平面方向图；垂直于地面在波束场强最大的位置剖开的图形叫做垂直面方向图。

不同辐射模式的天线在空中会产生不同的模式覆盖区域。例如，定向天线在天线所指向的方向上以线性模式调制信号，而全向天线以放射模式覆盖在天线周围。

描述天线辐射特性的另一重要参数，即半功率宽度，在天线辐射功率分布在主瓣最大值的两侧，功率强度下降到最大值的一半（场强下降到最大值的 0.707 倍，3dB 衰耗）的两个方向的夹角，其表征了天线在指定方向上辐射功率的集中程度。一般地，GSM 定向基站水平面半功率波瓣宽度为 65°，在 120°的小区边沿，天线辐射功率要比最大辐射方向上低 9～10dB。

2. 方向性参数

不同的天线有不同的方向图，为表示它们集中辐射的程度和方向图的尖锐程度，我们引入了方向性参数。理想的点源天线辐射没有方向性，在各方向上辐射强度相等，方向是个球体。我们以理想的点源天线作为标准与实际天线进行比较，在相同的辐射功率下某天线产生于某点的电场强度平方 E^2 与理想的点源天线在同一点产生的电场强度平方 E_0^2 的比值称为该点的方向性参数：$D=E^2/E_0^2$。

3．天线增益

无线增益是天线的主要技术指标之一，它是方向系数与效率的乘积，是天线辐射或接收电波大小的表现。此参数表示天线功率的放大倍数，数值越大表示信号的放大倍数越大。也就是说，当增益数值越大，信号就越强，传输质量也就越好。

增益和方向性系数都是表征辐射功率集中程度的参数，但两者又不尽相同。增益是在同一输出功率条件下加以讨论的，而方向性系数是在同一辐射功率条件下加以讨论的。由于天线各方向的辐射强度并不相等，天线的方向性系数和增益随着观察点的不同而变化，但其变化趋势是一致的。一般在实际应用中，取最大辐射方向的方向性系数和增益作为天线的方向性系数和增益。

另外，表征天线增益的参数有 dBd 和 dBi。dBi 是相对于点源天线的增益，其在各方向上的辐射是均匀的；这里的"i"表示等方向性，意味着功率的改变相对参考于全向辐射体。dBd 相对于对称阵子天线的增益，且 dBi＝dBd＋2.15。dBi 和 dBd 是考证增益的值（功率增益），两者都是一个相对值，但是参考基准不一样，dBi 的参考基准为全方向性天线，而 dBd 的参考基准为偶极子，所以两者略有不同。一般认为，表示一个增益，用 dBi 表示出来比用 dBd 表示出来要大 2.15。在相同的条件下，增益越高，电波传播的距离越远。

天线是无源器件，不放大电磁信号。天线的增益是将天线辐射电磁波进行聚焦后，理想参考天线在输入功率相同条件下，在同一点上接收功率的比值，显然增益与天线的方向图有关。方向图中主波束越窄，副瓣尾瓣越小，增益就越高。可以看出，高的增益是以减少天线波束的辐射范围为代价的。

4．输入阻抗

输入阻抗是指天线在工作频段的高频阻抗，即馈电点的高频电压与高频电流的比值，可用矢量网络测试分析仪测量。2.4G 天线的标准阻抗为 50Ω，因此与该天线连接的电缆和连接器的阻抗也应是 50Ω。

5．电压驻波比（VSWR）

电压驻波比（voltage standing wave ratio，VSWR）是在两个微波系统设备之间阻抗不匹配时发生的，指的是阻止电流的能力。在微波信号传播的路径上，不匹配的阻抗将导致电压驻波比的发生。什么叫匹配？我们可以简单地认为，当馈线终端所接负载阻抗等于馈线特性阻抗时，称为馈线终端是匹配连接的。当使用的终端负载是天线时，如果天线振子较粗，输入阻抗随频率的变小而变小，容易和馈线保持匹配，这时振子的工作频率范围就较宽；反之，则较窄。在实际工作中，天线的输入阻抗还会受周围物体存在和杂散电容的影响。为了使馈线与天线严格匹配，在架设天线时需要通过测量，适当地调整天线的结构，或加装匹配装置。

电压驻波比是一个比率，表现为两个数字的关系。一个典型的电压驻波比是 1.5∶1。这个比值相当于匹配阻抗和正确阻抗的比率。第二个数字往往是 1，表示正确匹配，和第一个数字有所不同。第一个数字较小（接近于 1），说明我们的系统有更好的阻抗匹配。例如，电压驻波比值 1.1∶1 要比 1.4∶1 好。测量出一个电压驻波比是 1∶1，则表明它是一个正确的阻抗匹配，并且没有电压延迟出现在信号的路径上。

当馈线和天线匹配时，高频能量全部被负载吸收，馈线上只有入射波，没有发射波。馈线上传输的是行波，馈线上各处的电压幅度相等，馈线上任意一点的阻抗等于它的特性阻抗。当天线和馈线不匹配时，也就是天线阻抗不等于馈线的特性阻抗时，负载就不能全部将馈线上的传输的高频能量吸收，只能吸收部分能量。入射波的一部分能量发射回来形成发射波。在不匹配的情况下，馈线上同时存在入射波和发射波。两者叠加，在入射波和发射波相位相同的地方振幅相加最大，形成“波腹”；在入射波和发射波相位相反的地方振幅相减为最小，形成“波节”。其他各点的振幅则介于波腹与波节之间。这种合成波称为驻波。反射波和入射波的幅度之比叫做发射系数。终端负载阻抗和特性阻抗越接近，反射系数越小，驻波系数越接近于1，匹配就越好。

严重的电压驻波比可能导致严重的微波电路问题。由于一些能量被发射回传输者而导致前向传输能量损耗，电压驻波比导致回波损耗。如果终端连接器的阻抗不能匹配，那么无线局域网将不能接收到最大的传输功率。当部分微波信号被反射回传输者，在传输线上的信号变的不稳定，传输微波信号的振幅下降。

为了防止电压驻波比的副作用，所有馈线、连接器和设备的匹配阻抗全部要匹配。例如，决不能用75Ω的线缆配50Ω的设备。现在绝大部分无线局域网设备采用的都是50Ω的阻抗，但是仍要注意，在实施安装之前要检查每一台设备。每一从发送器到天线的设备匹配阻抗要尽可能的连接紧密，包括线缆、连接器、天线、放大器、衰减器和发送器的输出电路、接收器的接收电路。

6. 极化方向

一个无线电波实际由两个区域组成：一个是电场平面；另一个是磁场平面。这两个平面是相互垂直的，如图4.8所示。

这两个区域的总和叫做电磁场。能量从一个区域到另一个区域传入和传出，这个过程叫做振动。与无线元件平行的平面叫做“E平面”，与天线元件垂直的平面叫做“H平面”。电场相对于地球表面（地面）放置的位置和方向决定了波的极化。无线电波在空间传播时，其电场方向是按一定规律变化的，这种现象称为无线电波的极化。无线电波的电场方向称为电波的极化方向。如果电波的电场方向垂直于地面，就称它为垂直极化波。如果电场的方向平行于地面，就称它为水平极化波。此时无线电波是向垂直方向传播的。根据天线在最大辐射（或接收）方向上电场矢量的取向，天线极化方式可分为线极化、圆极化和椭圆极化。线极化又分为水平极化、垂直极化和±45°极化。发射天线和接收天线应具有相同的极化方式 。

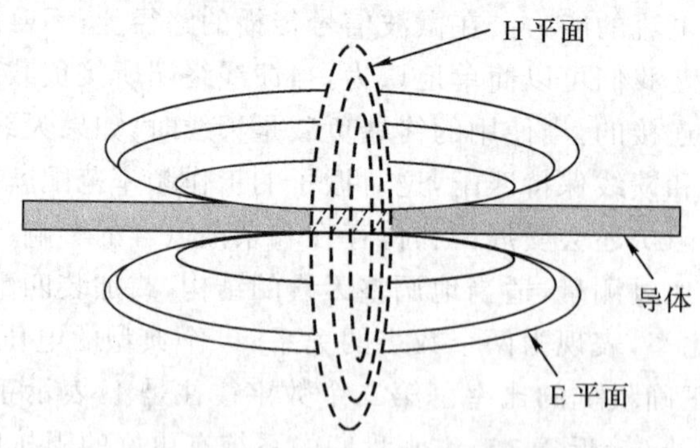

图4.8 电场与磁场关系示意图

通常所说的天线的极化，是指天线在最大辐射方向与辐射的电波的极化（对发射天线），或在最大接收功率（极化匹配）方向的入射平面波的极化（对接收天线）。以发射天线为例，如果天线辐射波的电场方向在入射面（如涉嫌与反射面法线形成的平面）内，因入射面总是垂直于反射面的切面，所以称为垂直极化；当天线辐射波的电场方向垂直于入射面（如涉嫌与反射面法线形成的平面)时,与反射面切面平行,称为水平极化。

由于电波的特性,决定了水平极化传播的信号在贴近地面时会在大地表面产生极化电流,极化电流因受大地阻抗影响产生热能而使电场信号迅速衰减,而垂直极化方式则不易产生极化电流,从而避免了能量的大幅衰减,保证了信号的有效传播。因此,在使用天线的时候一般采用垂直极化的方式进行安装,比如在无线局域网中采用天线进行远距离传输时,一般采用垂直极化的天线。需要注意的是,绝大部分的无线接入点 AP 垂直竖起的两根天线都是垂直极化的。

没有在同一个方式上极化的天线相互之间不能有效地通信。垂直极化波要具有垂直极化特性的天线来接收,水平极化波要具有水平极化特性的天线来接收。当微波的计划方向与接收天线的极化方向不一致时,在接收过程中通常都要产生极化损失。例如,在 PCMCIA 无线网卡塑料覆盖的后端内部小电路板上,嵌入在 PCMCIA 无线网卡中的天线几乎不能提供一个独立的覆盖,特别是当无线网卡正在漫游的时候。PCMCIA 无线网卡的极化和无线接入点 AP 的极化有时是不一样的,这也是为什么使用笔记本电脑的时候在不同的方向上通常能够获得不同的接收效果和不同数据速率的原因。

7. 双极化天线隔离度

双极化天线有两个信号输入端口,从一个端口输入功率信号 P_1dBm,从另一端口接收到同一信号的功率 P_2dBm,两者之差称为隔离度,即隔离度$=P_1-P_2$。

8. 频率范围

频率范围是指天线工作在哪个频段,这个参数决定了它适用于哪个无线标准的无线设备。比如某天线的技术指标中频率范围为 2400～2485MHz,表示它适用于工作频率在 2.4GHz 的 802.11b 和 802.11g 标准的无线设备。而 802.11a 标准的无线设备则需要频率范围在 5GHz 的天线来匹配,所以在购买天线时一定要认准这个参数对应的产品。

4.2.2　天线的分类

天线分类的标准很多,按照天线辐射和接收在水平面的方向性分为定向天线与全向天线。全向天线具有较大的覆盖区域,而定向天线则具有较大的信号强度(较高的增益)。因此,全向天线通常用于点对多点的环境中,而定向天线则常用于点对点的环境中。

另外,还有一种天线界于定向与全向之间的就是扇面天线,它具有能量定向聚焦功能,可以在水平 180°,120°,90°的范围内进行有效覆盖。所以,有时可以将扇面天线看做是压缩了辐射角度的全向天线。例如远程连接点在某一个角度范围内信号都比较集中而不是仅仅在某个特定方向上信号较强时,可以采用扇面天线。每一种天线的应用领域不同,其各有所长。

1. 全向天线

衡量天线方向性通常使用方向图,在水平面上,辐射与接收无最大方向的天线称为全向天线。或者说,在所有水平方向上信号的发射和接收都相等,即在水平方向图上表现为 360°都均匀辐射。全向天线由于无方向性,所以多用在点对多点通信的中心台。如只是在同一栋楼房或者相隔很近的楼宇间搭建无线网络,就比较适合选用高增益全向天线。

全向天线的最大增益一般无法做得很大,但是在安装部署两点之间位置的时候不需要考虑两端天线安装角度的问题,所以安装起来比较方便,适合于距离要求不高的环境。

2. 定向天线

有一个或多个辐射与接收能力最大方向的天线称为定向天线。定向天线能量集中,增益相对全向天线要高,适合于远距离点对点的通信,同时由于具有方向性,抗干扰能力比较强。比方说，如果一个企业需要跨越几栋楼房或者街区来搭建无线网络，那么就适合配备高增益定向天线。

定向天线可以将增益做得很高，一般方向性越尖锐的天线增益就越高，信号的传输距离就越远。但是方向性过于尖锐的天线在安装和调整上的难度就越大，因为两边的天线必须对准特定角度才能保证信号的传输。

定向天线按照天线的部署位置分为室内天线和室外天线。室内天线用于室内传输距离近，发射、接收功率较弱的环境；相反，室外天线一般传输距离远，发射、接收功率大。特别指出，室内天线没有做过防水和防雷处理，因此室内天线绝对不可以用于室外。

根据使用需求的不同，天线的结构形状又做成多种多样，下面按形状不同分类。

3. 杆状天线

杆状天线像一根木棒。室内外全向天线往往做成此形状。其信号是从天线向所有方向辐射的，这就形成了一个类似圆顶形的辐射区域，如图 4.9 所示。

值得注意的是，杆状天线的最弱信号区域出现在天线的正上方和正下方，因此应避免在这些区域放置无线终端。

图 4.9 杆状天线

图 4.10 扇面天线

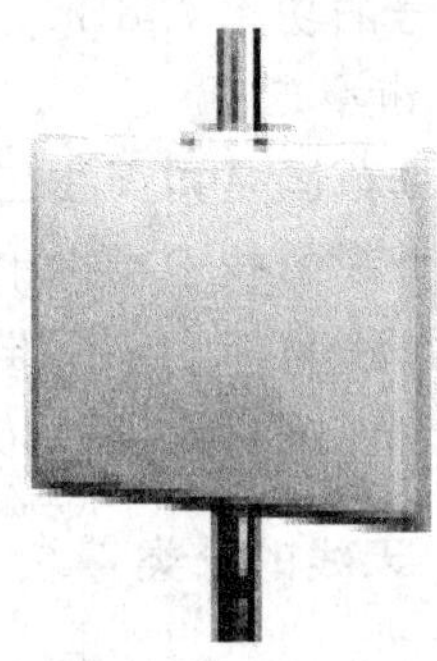

图 4.11 平板天线

4. 扇面天线

扇面天线具有能量定向聚集功能，可以有效地进行水平 180°，120°，90°范围内的覆盖，因此如果远程链接点在某一角度范围内比较集中时，可以采用扇面天线（见图 4.10）。

5. 平板天线

平板天线也称为片面天线，可以将其看做是八木天线的一种，只是平板天线的所有主动振子和寄生振子都位于一个平面上。

平板天线的构造是平面的、实心的。它能提供 12～22dBi 的增益，但是因为它的平面设计，所以在户外环境中会由于风引起路径损耗。平板天线的波速角度可分为 30°和 15°，能量汇聚能力强，具有很强的方向性，因此它非常适用于点对点的环境（见图 4.11）。

6. 碟形天线

碟形天线是定向天线中能量汇聚能力最强、信号方向指向性最好的一种类型的天线，在桥接点位置固定且数量少而集中的项目中，此类天线是最佳选择（见图 4.12）。

图 4.12 碟形天线

7. 组合天线

上述各种天线各具一定的特性，因此在实际项目中，经常会出现组合使用的情况，例如利用多幅扇面天线，或者扇面天线和定向天线相结合使用(见图 4.13)，称之为组合天线。

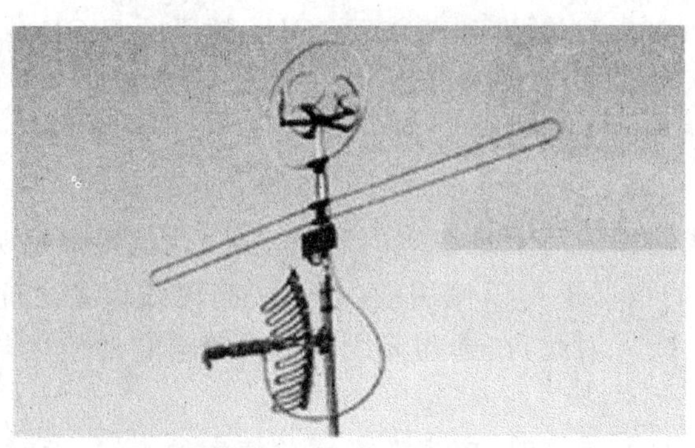

图 4.13　组合天线

4.2.3　双天线和单天线

较早的 AP 产品有使用单根天线的，目前大部分的 AP 都采用双天线设计。

双天线 AP 能提高有效覆盖面，专业的 AP 都会提供两个高频插头，分别接到两支同类型天线上，两支天线的安装位置距离并不严格，大约一米多便可。当发射信号时，无线组件只会通过其中一个插头（主插头)，但当接收信号时，无线组件会在两支天线之间去选择信噪比(signal noise ratio)较高的一个去接收信号。基于多途径反射，两个相隔一米多的天线会有不同的接收信噪比，如果无线客户端计算机发射无线信号到 AP 时，在复杂的使用环境中，一支天线的设计，同时会收到直接信号及反射信号，假若这两个信号出现某程度的"反相"，最终接收的信号便会因为能量抵消而令信噪比衰减。而采用双天线设计，一边的天线由于离开另一边天线有一米左右的距离，收到直接信号及反射信号可能会出现某程度的"同相"。从而令最终接收的信号有较好的信噪比。

由于无线客户端计算机在场中到处走动，其发出的信号基于多途径反射，到达 AP 的信号必定是不断变化的，因此在两个天线中，总会有不同接收信噪比，AP 便可以不断地去选择接收较好的天线去接收无线信号。双天线设置会平均带来约 3dB 的信噪比增益，从而令有效覆盖面提升。

总的来说，AP 上所使用的简单型双极天线的增益值约为 2.2 dBi。不过两组天线并不会得到总值 4.4 dBi 的增益，但却能够支持双天线自动选讯(antenna diversity)以通过一种特别技术来改善 WLAN 网络的性能。

4.2.4　天线的选购

从以上分析可知，无线天线相当于一个信号放大器，主要用来解决无线网络传输中因传输距离、环境影响等造成的信号衰减。

天线是无线通讯系统的关键组成部分之一。选择劣质的天线可能影响甚至使系统无法正常运行。反之，正确的选择可以使您的整个系统达到最佳的运行状态。

市场上无线天线的品种、品牌比较多，适应不同频率、不同场合的天线种类繁多。在选购天线时，主要应注意以下几个因素：

1. 无线标准

无线标准是无线设备最基本的参数，无线网络的标准主要有3个，即工作于2.4GHz频段的IEEE 802.11b，IEEE 802.11g标准和工作于5GHz频段的IEEE 802.11a标准。相应的无线标准对应相应的无线天线的频率范围，因此在选购无线天线时一定要注意应当购买与使用的无线设备相同的无线标准的无线天线。

2. 使用环境

使用环境也就是天线使用的环境是在室内还是室外，这就要根据实际情况而定，如果无线设备位于室内，相距不远的情况下可以使用室内天线；当无线设备之间距离较远，比如跨楼等情况下就需要使用室外天线。因此，在选购天线时必须分清它的使用环境。

3. 信号传输范围

当需要进行远距离的数据传输时，应当选择增益值大的天线，而对于传输距离较近的无线网络而言，可以选择增益值小的天线。通常情况下，大增益天线适合远距离传输，而小增益天线则适合于网络漫游等需要大覆盖范围的应用。增益的大小用dBi表示，室内天线大多为4～5dBi，室外天线大多为8.5～14dBi。

4. 连接设备

我们知道定向天线的方向性很强，可以将信号集中发送至一个方向或从一个方向接收，而全向天线能够全方位发送或接收无线信号，虽然信号覆盖范围较远，但是每个方向上的信号都比较弱。由于无线AP和无线路由器一般作为网络节点中心，所以无线AP和无线路由器应当选择全向天线，而无线网卡则可选用定向天线。

5. 网络类型

对于对等网络而言，所有无线网卡都应当采用全向天线。如果无线网络中只有两块无线网卡，那么，自然也应当全部采用定向天线。对于接入点网络而言，由于无线AP或无线路由器需要为无线网络内所有的无线网卡提供无线连接，因此，应当选择全向天线。而作为无线网卡，由于只是需要与无线AP或无线路由器进行通讯，所以，应当选择定向天线。对于无线漫游网络而言，无线AP和无线网卡都应当采用全向天线。对于点对点的无线网络而言，无线AP都应当使用定向天线。对于点对多点无线网络而言，除了中心无线AP应当采用全向天线外，其他无线AP都应当采用定向天线。

6. 安装位置

尽管有些室内天线既可以安装于桌面，也可以安装于墙壁。但是，有些产品只适合置于桌面。因此，应当根据无线AP和无线路由器的安装位置来确定采用哪种适当类型的室内天线。

7. 品牌选择

尽管无线产品都遵循同一国际标准，但是，不同产品往往拥有不同的接口、使用不同的电缆，所以，不同品牌的无线天线往往不能通用。因此，应当尽量选择与无线产品同一品牌的无线天线来保证匹配使用。

为了方便以后增强信号，在选购无线设备初期应尽量选购天线可拆卸的AP或无线网卡。在安装天线时尽量缩短天线与设备之间的连接距离（也就是馈线的距离），以此来减少信号经过馈线造成的损失。

另外，在室外楼顶安装天线的时候要充分考虑到防雷，最好附近有避雷针，天线顶端不要超过避雷针的高度，现在有些室外天线已经自带防雷装置，如果不带就需要另外购买避雷器。

当然，在实际工程中，应该根据施工具体环境、用户具体需要以及成本等因素来综合考虑。

4.3 馈线与连接器、功分器和避雷器

馈线将天线与无线 AP 或无线网卡连接起来。在馈线的端接处，通常还需要使用连接器。

馈线一般用同轴电缆，电视用的同轴电缆一般是 75Ω 的同轴电缆，而无线局域网中用 50Ω 的同轴电缆。这一点特别要注意，一定要选用和无线局域网中其他设备组件具有同样阻抗的线缆，否则会产生不匹配。

在使用同轴电缆时，应使电缆尽可能短，以避免信号衰减。信号在馈线里传输，除了有导体的电阻损耗外，还有绝缘材料的介质损耗。这两种损耗随馈线的长度增加和工作频率的提高而增加，所以应合理布局尽量缩短馈线的长度。

必须考虑连接线缆的频率响应区间，比如，在 2.4GHz 的无线局域网中，应该使用速率为 2.5GHz 的连接线缆。在 5GHz 的无线局域网中，应该使用速率为 6GHz 的连接线缆。

连接器与同轴电缆是配套使用的。与同轴电缆一样，连接器也有信号损失，不过连接器的信号损失比同轴电缆要小得多。最常使用的连接器有 SMA，TNC 和 N 连接器。

有时为了扩大无线局域网的覆盖范围，可以把几个天线组合起来使用。这就要用到功率分配器（简称功分器）和耦合器。功分器有四功分器、三功分器，二功分器等。使用时应依据天线的个数加以选择。

避雷器在天馈系统受到连接雷击时，能及时放掉浪涌电压来保障系统设备的安全。避雷器安装在馈线和设备之间，安装时避雷器引出接地线接至地极。地极接地电阻要求 4Ω 以下，安装时一定要连接牢固，以确保受雷击时可以可靠放电。然后再将避雷器标有 ANTNENNA（天线）字样的一端连接到天线，将标有 EQUIPMENT（设备）字样的一端通过馈线连接到设备。

4.4 无线接入点（AP）

4.4.1 一般介绍

AP 为 access point 的简称，一般翻译为“无线接入点”。无线 AP（又称会话点或存取桥接器）是一个包含很广的名称，它不仅包含单纯性无线接入点（无线 AP），也同样是无线路由器（含无线网关、无线网桥）等类设备的统称。各种文章或厂家在面对无线 AP 时都称呼无线路由器，但随着无线路由器的普及，在目前的情况下如果没有特别说明，我们一般还是只将称呼的无线 AP 理解为单纯性无线 AP，以示和无线路由器区分。

AP 主要是提供无线工作站对有线局域网和从有线局域网对无线工作站的访问，在访问接入点覆盖范围内的无线工作站可以通过 AP 进行相互通信。在无线网络中，AP 就相当于有线网络的集线器，它能够把各个无线客户端连接起来，无线客户端所使用的网卡是无线网卡，传输介质是空气。在逻辑上，它是一个无线单元的中心点，该单元内的所有无线信号都要通过它才能进行交换。AP 是无线局域网基本模式中必不可少的设备，虽然只使用无线网卡而不使用 AP 也能组成一个点对点模式的无线局域网，但这样的无线局域网多少有些特殊，它只适用

于临时性的无线连接。使用 AP 后不仅可以得到永久性的无线连接服务，而且能集中管理用户并大大提高无线网的安全性。

通俗地讲，无线 AP 是无线网和有线网之间沟通的桥梁。由于无线 AP 的覆盖范围是一个向外扩散的圆形区域，因此，应当尽量把无线 AP 放置在无线网络的中心位置，而且各无线客户端与无线 AP 的直线距离最好不要超过 30m，以避免因通信信号衰减过多而导致通信失败。

但 AP 没有控制的作用，不能直接跟 ADSL MODEM 相连，所以在使用时必须再添加一台交换机或者集线器，如图 4.14 所示。

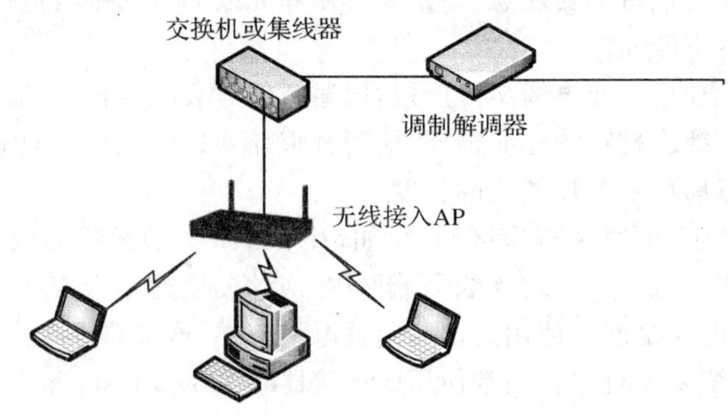

图 4.14 无线 AP 要经过交换机或集线器才能和 MODEM 相连

按照协议标准本身来说，IEEE 802.11b 和 IEEE 802.11g 的 AP 覆盖范围是室内 100m、室外 300m。这个数值仅是理论值，在实际应用中，会碰到各种障碍物，其中以玻璃、木板、石膏墙对无线信号的影响最小，而混凝土墙壁和铁对无线信号的屏蔽最大，所以通常实际使用范围是室内 30m、室外 100m（没有障碍物）。

4.4.2 "胖"AP 和"瘦"AP

都是 AP 何来"胖"、"瘦"之分？AP 本来是提供无线工作站对有线局域网和从有线局域网对无线工作站的访问，也就是前面所说的相当于有线局域网的集线器的作用，这就是所谓的"瘦"AP。在无线局域网中不停地接收和传送数据，任何一台装有无线网卡的 PC 均可通过 AP 来分享有线局域网络甚至广域网络的资源。理论上，当网络中增加一个无线 AP 之后，即可成倍地扩展网络覆盖直径，还可使网络中容纳更多的网络设备。每个无线 AP 基本上都拥有一个以太网接口，用于实现无线与有线的连接。

这个设备不是很好吗？问题是，因为任何机器都可以通过 AP 上网，网络黑客可以方便地攻击你的网络，未经授权的用户也可随便共享资源，这给网络安全带来了很大的威胁。后来考虑到无线局域网的安全和管理，在 AP 中实现诸如安全、QoS、接入控制和负载均衡等功能。致使 AP 的功能越来越多，AP 就显得越来越"胖"。为了区别单纯型 AP 和扩展型 AP，所以出现了"瘦"AP 和"胖"AP 之说。

"胖"AP 既起连接作用又具有管理功能，不是很好吗？但任何事情都要一分为二。"胖"AP 很复杂，安装困难，而且价格昂贵。同时由于每个 AP 平均能够支持的用户数只有 10～20 个，大型企业如果要部署无线网络可能需要几百个 AP 来让无线网络覆盖所有的用户。因此，这种方案对于大部分人来说，耗费巨大。AP 的日常维护也是问题，一个 AP 坏了必须要有非常专业的技术人员才能进行更换，而且必须重新配置。如果是"瘦"AP 坏了就像更换一个电灯泡那么简单，任何人都会操作。所以“瘦”AP 的模式越来越流行，与“胖”AP 相比，“瘦”AP 安装更简单而且便宜，管理也非常容易。

“瘦”AP 有如此多的优点，那么网络安全和管理怎么办呢？可以把这些工作交给一种称为无线交换机的设备来完成。

由此可知，所谓的“瘦”AP 概念，就是将原先的“胖”AP 诸如安全、QoS、接入控制和负载均衡等功能集成到交换机中，将 AP 只充当天线的功能。另外，无线交换机可以动态智能地调整“瘦”AP 的信道和功率。例如，当某个“瘦”AP 发生故障时，无线交换机会自动探测到发生故障的 AP，指导附近的“瘦”AP 调整功率和信道设置来进行补偿。因此避免了发生故障的 AP 所覆盖网络出现网络通信中断的情况。如今无线交换机对 AP 进行集中管理的变革就像 20 世纪 90 年代企业 IT 人员用交换机替代以太网 Hub 一样，其意义重大，使 AP 的管理更加趋于智能化和自动化，减少了人工的投入，相应地也可使总成本下降。

“瘦”AP 已成为了一种可以信任的技术。近几年已开始稳步增长，而且分析人员预测，一旦出现了所谓的“杀手”级应用，“瘦”AP 将会有更大的增长。

4.4.3　双频多模 AP

IEEE 802.11 工作组先后推出了 802.11a，802.11b 和 802.11g 物理层标准。丰富多样的标准提升了无线局域网的性能，同时带来了新的问题。如前文所述，802.11a 和 802.11b 分别工作在不同频段(802.11a 工作在 5GHz，而 802.11b 工作在 2.4GHz)，采用不同的调制方式(802.11a 采用 OFDM，而 802.11b 采用 CCK 方式)。一个采用 802.11b 标准设备工作站进入一个 802.11a 标准的小区中(其 AP 节点采用 802.11a 的标准设备)，将无法与 AP 节点进行联系。因此，必须更换为同类标准的网络设备后，才能正常工作。这就是由不同物理层标准引起的网络兼容性问题。

为了解决上述问题，使不同标准的网络设备可以更为自由的移动，出现了一种无线局域网的优化方式:“双频多模”工作方式。如同有线网的发展进程，现在有线网络主要工作在多模方式下，例如 10Mbps/100Mbps 混合的局域网加速了有线网络的发展，成为有线局域网的主要工作方式。WLAN 也开始走向“多模”发展趋势。其网络结构如图 4.15 所示。

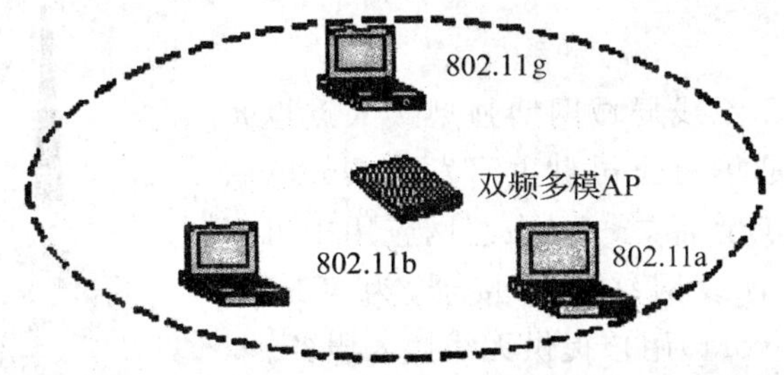

图 4.15　双频多模无线局域网结构示意图

所谓“双频”产品，是指可以工作在 2.4GHz 和 5GHz 的自适应产品。也就是说，可支持 802.11a与 802.11b 两个标准的产品。由于 802.11b 和 802.11a 两种标准的设备互不兼容，用户在接入支持 802.11a 和 802.11b 的公共无线接入网络时，必须随地点不同更换无线网卡，这给用户带来了很大的不便。而采用支持 802.11a/b 双频自适应的无线局域网产品就可以很好地解决这一问题。双频产品可以自动辨认 802.11a 和 802.11b 信号并支持漫游连接，使用户在任何一种网络环境下都能保持连接状态。54Mbps 的 802.11a 标准和 11Mbps 的 802.11b 标准各有优劣，但从用户的角度出发，这种双频自适应无线网络产品，无疑是一种将两种无线网络标准有机融合的解决方案，其需要的投资也很大。

随着 802.11g 标准的诞生，双频产品随后也将该标准融入其中，成为全方位的无线网络解决方案。而这种可与三个标准互联的产品叫做“双频三模”产品，也称为双频多模(dual band and multimode WLAN)。“双频三模”顾名思义，就是运行在两个频段、支持三种模式(标准)的产品，即同时支持 802.11a/b/g 三个标准自适应的无线产品。通过该产品，可实现目前大多无线局域网标准的互联与兼容，可使用户顺畅地高速漫游于 802.11a，b，g 标准的无线网络中，横跨于三种标准之上，这类产品目前市面上还比较少见，但却是“双频”产品的发展方向，具有良好的前景。图 4.16 所示为该产品接收发送端组成框图。

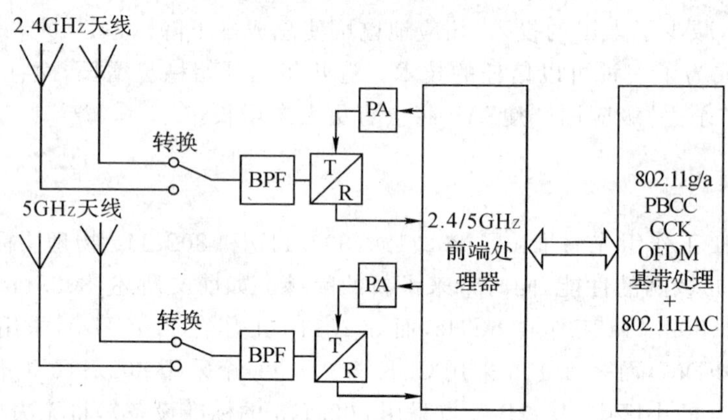

图 4.16 双频多模 WLAN 接收发送端组成框图

随着 802.11b，a，g 标准不断融合，双频多模无线局域网越来越显示出其优越性。首先，如前文所述 b，a 和 g 标准有其各自的优势和特点，以及适合它们的工作环境。双频多模方式根据不同的环境，使用不同的标准，最大限度地发挥 802.11 标准的各自优势和特点。其次，在热点地区如车站、飞机场、仓库、超市等，无线局域网的密度大，小区间的切换频繁。双频多模的工作方式也是解决小区间无缝切换问题的好思路。

4.4.4 产品实例

Quidway WA1208E 无线局域网增强型接入点设备(以下简称 WA1208E)是华为公司自主研发的 Quidway WA1200 系列无线接入点产品之一。在组网应用中可以作为连接无线网络与有线网络的桥接器，为 WLAN (wireless local area network)用户提供无线接入服务。

图 4.17 所示是 WA1208E 设备外观图，WA1208E 设备通过选配不同的射频插卡和功放模块，提供三种基本形态。硬件配置情况如表 4.1 所示。

图 4.17 WA1208E 设备外观图

表 4.1　硬件配置说明

使用环境	产品型号	配置说明
室内	WA1208E-DG	IEEE 802.11g 模块＋IEEE 802.11g 模块
	WA1208E-AGP	IEEE 802.11a 模块＋IEEE 802.11g 模块(大功率)
	WA1208E-AG	IEEE 802.11a 模块＋IEEE 802.11g 模块
室外	WA1208E-DG	室外机箱＋IEEE 802.11g 模块＋IEEE 802.11g 模块
	WA1208E-AGP	室外机箱＋IEEE 802.11a 模块＋IEEE 802.11g 模块(大功率)
	WA1208E-AG	室外机箱＋IEEE 802.11a 模块＋IEEE 802.11g 模块

WA1208E 射频指标优异，业务功能完善；在配套使用防水、防雷器件后，还可以与室外机箱配合应用于室外建网。

在 WA1208E 的前面板上有 3 个 LED(light emitting diode)指示灯。不同型号的产品，面板上的指示灯标识不同，详细说明如表 4.2 和表 4.3 所示。

表 4.2　WA1208E-DG 指示灯说明

指示灯类型及标识	颜色	数量	状态说明
系统/电源灯(power)	绿、红	1 个	显示电源及设备工作状态，兼作运行指示灯、告警指示灯 绿灯慢闪：设备正常上电和运转 绿灯灭：电源未接好，或设备不工作 绿灯快速闪烁：内存自检不通过 绿灯常亮或常灭：出现故障 红灯亮：设备告警
无线状态灯(11g-1)	绿	1 个	显示无线链路的状态 常亮：无线链路正常 灭：无线链路未初始化或故障 慢速闪烁：有 STA 接入 快速闪烁：正在进行数据收发
无线状态灯(11g-2)	绿	1 个	显示无线链路的状态 常亮：无线链路正常 灭：无线链路未初始化或故障 慢速闪烁：有 STA 接入 快速闪烁：正在进行数据收发

后面板上从左至右分别有天馈口(2.4G)、串口、以太网接口、复位孔、电源接口和天馈口(2.4G/5G)。不同型号的产品所对应的接口说明如表 4.4 所示。

表 4.3 WA1208E-AGP 及 WA1208E-AG 指示灯说明

指示灯类型及标识	颜色	数量	状态说明
系统/电源灯 (power)	绿、红	1个	显示电源及设备工作状态,兼作运行指示灯、告警指示灯 绿灯慢闪 :设备正常上电和运转 绿 灯 灭 :电源未接好,或设备不工作 绿灯快速闪烁:内存自检不通过 绿灯常亮或常灭:出现故障 红灯亮:设备告警
无线状态灯 (11a)	绿	1个	显示无线链路的状态 常亮:无线链路正常 灭:无线链路未初始化或故障 慢速闪烁:有 STA 接入 快速闪烁:正在进行数据收发
无线状态灯 (11g)	绿	1个	显示无线链路的状态 常亮:无线链路正常 灭:无线链路未初始化或故障 慢速闪烁:有 STA 接入 快速闪烁:正在进行数据收发

表 4.4 WA1208E 后面板接口说明

产品型号	接口类型	数量	遵循的规范和协议	能满足的组网类型
WA1208E-DG	以太网口	1个	IEEE 802.3 IEEE 802.3af	作为系统的上行接口,接入 Internet 或城域网,或作为 POE 供电接口
	天馈口	2个	IEEE 802.11g	作为无线端口
	POWER	1个	无	电源接口,用于给 AP 进行本地供电(+48V)
	RESET	1个	无	系统硬件复位接口和恢复系统缺省配置接口
	CONSOLE	1个	无	串口,用于系统配置和加载
	接地端口	1个	无	用于接地
WA1208E-AGP 和 WA1208E-AG	以太网口	1个	IEEE 802.3 IEEE 802.3af	作为系统的上行接口,接入 Internet 或城域网,或作为 POE 供电接口
	天馈口	1个	IEEE 802.11g	作为无线端口
	天馈口	1个	IEEE 802.11a	作为无线端口
	POWER	1个	无	电源接口,用于给 AP 进行本地供电(+48V)
	RESET	1个	无	系统硬件复位接口和恢复系统缺省配置接口
	CONSOLE	1个	无	串口,用于系统配置和加载
	接地端口	1个	无	用于接地

在 WA1208E 后面板的网口连接器上，有两个指示灯用来指示网络连接状况。相关说明如表 4.5 所示。

表 4.5　网口状态指示灯说明

指示灯	工作说明
黄灯	亮:网络连通 灭:网络未通 快闪:正在进行数据收发
绿灯	亮:指示当前数据传输速率为 100Mbps 灭:指示当前数据传输速率为 10Mbps

4.5　无线网桥

4.5.1　什么是无线网桥

接触无线网络，时常会接触到一些平时少用的联网设备，无线网桥就是其中一类。那么，无线网桥是怎样的一种设备？它在实际组网中有些什么作用呢？要了解什么是无线网桥我们可以先来看看什么是有线网桥？

大家知道，网桥(bridge)又叫桥接器，它是一种在链路层实现局域网互联的存储转发设备。网桥有在不同网段之间再生信号的功能，它可以有效地连接两个 LAN(局域网)，使本地通信限制在本网段内，并转发相应的信号至另一网段。网桥通常用于连接数量不多、类型相同的网段。

网桥工作在数据链路层，将两个 LAN 连起来，根据 MAC 地址来转发帧，可以看作一个“低层的路由器”(而路由器工作在网络层，根据网络地址如 IP 地址进行转发)。网桥从一个局域网接收 MAC 帧，拆封、校对、校验之后，按另一个局域网的格式重新组装，发往它的物理层。由于网桥是数据链路层设备，因此不处理数据链路层以上层次协议所加的报头。远程网桥通过一个通常较慢的链路(如电话线)连接两个远程 LAN。对本地网桥而言，性能比较重要，而对远程网桥或远程无线网桥而言，在长距离上可正常运行比性能更重要。

网桥并不了解其转发帧中高层协议的信息，这使它可以同时处理 IP，IPX 等协议，它还提供了将无路由协议的网络(如 NetBEUI)分段的功能。由于路由器处理网络层的数据，因此它们更容易互联不同的数据链路层，如令牌环网段和以太网段。网桥通常比路由器难控制。像 IP 等协议有复杂的路由协议，使网管易于管理路由；IP 等协议还提供了较多的网络如何分段的信息(即使其地址也提供了此类信息)。而网桥则只用 MAC 地址和物理拓扑进行工作。因此，网桥一般适用于小型较简单的网络。

那么什么是无线网桥呢？无线网桥(wireless bridging)，顾名思义就是无线网络的桥接，它可在两个或多个网络之间搭起通信的桥梁(无线网桥亦是无线 AP 的一种分支)。无线网桥是为使用无线(微波)进行远距离点对点网间互联而设计的。它是一种在链路层实现局域网络互联的存储转发设备，可用于固定数字设备与其他固定数字设备之间的远距离(可达 20km)、高速(可达 11Mbps)无线组网。无线网桥除了具备上述有线网桥的基本特点之外，无线网桥还工作在 2.4G 或 5.8G 的非注册频段，因而比其他有线网络设备更方便部署。

无线网桥的传输标准常采用 802.11b，802.11g 或 802.11a 标准，802.11b 标准的数据速率是 11Mbps，在保持足够的数据传输带宽的前提下，802.11b 通常能够提供 4～6Mbps 的实际数据速率；而 802.11g，802.11a 标准的无线网桥都具备 54Mbps 的传输带宽，其实际数据速率可达 802.11b 的 5 倍左右。

在厂商的宣传描述中，虽然很多无线 AP 或无线路由器也具备网桥功能，亦被厂商称为无线网桥，但我们在本书中讲到的无线网桥，从严格意义上讲是指传输距离在 1～20km 以上的产品。

4.5.2 无线网桥的组成

在设备组成上，无线网桥主要由无线网桥主设备（无线收发器）和天线组成。无线收发器由发射机和接收机组成，发射机将从局域网获得的数据编码，变成特定的频率信号，再通过天线发送出去；接收机则相反，它将从天线获取的频率信号解码，还原成数据，再送到局域网中。

网桥设备中的无线收发器可以分为组合式和固装式两种。固装式无法升级换代，组合式收发器通过简单的新旧更换就能够进行升级换代，它们大多做成 CF 或 PCMCIA 标准接口的插入式无线网卡，有的产品还支持多块网卡（单点对多点型）。

4.5.3 无线网桥适用环境

无线网桥到底适用在哪些环境中呢？

（1）如果建筑物和建筑物之间的距离比较远，当超过 100m 时，一般都需要铺设光缆来进行连接，对于一些已经建成的网络环境来说，开挖道路或者铺设线路都是费钱费力的事情。如图 4.18 所示，如果采用无线网桥来实现网络互联既经济，实施起来又简单、方便。无线网桥使物理性的障碍不复存在，如公路、铁路、河流、沟壑，这些障碍对于有线网桥来说几乎是难以逾越的。而利用长距离天线选件，无线网桥还可大大降低布线安装费用，保证了在设备扩展或地点移动时能够快速地重新部署设备。总之，无线网桥可以为用户局域网远程部署提供一个好的选择。

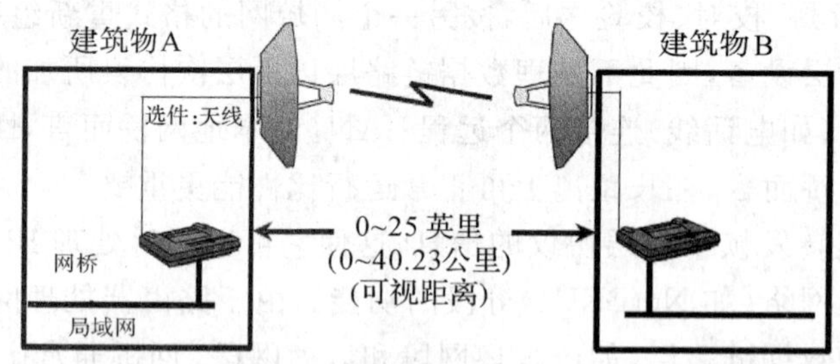

图 4.18 无线网桥的应用之一——点对点

（2）在一些临时场所进行的临时网络传输中也会用到无线网桥。比如常见的新闻网络直播，由于场所的临时性和不固定性，若采用传统的有线方式在直播现场布置网线，不仅布线、维护很困难，而且会给现场网络管理带来很多麻烦。这时无线网桥就起到了作用。

4.5.4 无线网桥的传输模式

无线网桥在传输上主要有点对点型和单点对多点型或同时具备这两种功能的无线网桥。

（1）点对点型（PTP）无线网桥设备可用来连接分别位于不同建筑物中两个固定的网络。它们一般由一对桥接器和一对天线组成。两个天线必须相对定向放置，室外的天线与室内的桥接器之间用电缆相连，而桥接器与网络之间则是物理连接(见图 4.18)。

(2)单点对多点型(PTMP)无线网桥设备能够把多个外围建筑物的网络连成一体，但结构更为复杂，需要使用全方位天线或多无线网卡和天线(见图 4.19)。

目前多数无线网桥设备能够兼具上述两种桥接功能。而在实际架设时，无线网桥主要可采用下面两种架设方案：

1. 点对点方式直接传输

如图 4.18 所示，建筑物 A，B 两点之间可视；没有障碍物阻挡；无电磁干扰，或电磁干扰小；A，B 两点之间距离符合网桥设备通讯距离的要求，便可采用点对点方式直接传输。A 大楼放置一台无线网桥，顶部放置一面定向天线；B 大楼同样放置一台无线网桥，顶部放置一面定向天线。两地的无线网桥分别通过馈线与本地天线连接后，两点的无线通信可迅速地搭建起来。无线网桥分别通过超五类双绞线连接各地的网络交换机。这样两处的网络即可连为一体。

2. 中继方式间接传输

如图 4.19 所示，建筑物 A，C 两点之间不直接可视，但两者之间可以通过一座 B 楼间接可视。并且 A，B 两点之间与 C，B 两点之间满足网桥设备通信的要求。可采用中继方式，B 楼作为中继点。A，C 各放置网桥和定向天线。B 点可选方式有：①放置一台网桥和一面全向天线，这种方式适合对传输带宽要求不高，距离较近的情况；②如果 B 点采用的是单点对多点型无线网桥，可在中心点 B 的无线网桥上插两块无线网卡，两块无线网卡分别通过馈线接两部天线，两部天线分别指向 A 网和 C 网；③放置两台网桥和两面定向天线。

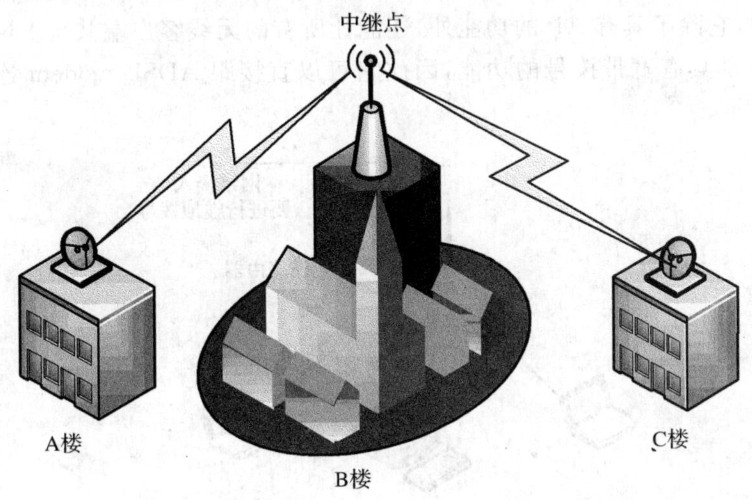

图 4.19　网桥的中继方式应用

因此，总结起来说，无线网桥应该可以支持点对点、点对多点(见图 4.20)等多种形式的桥接方式，可将那些难以接线的场所、办事处、学校、公司、经常变动的工作场所、临时局域网、医院和仓库、大型厂区内多个建筑连接起来。

另外，在室外或没有供电条件的地点安装无线网桥时，不需要再单独安装供电线路，产品本身会自带电能。从而打破了无线局域网的空间限制，为室外工作环境中的互联网接入带来了方便。

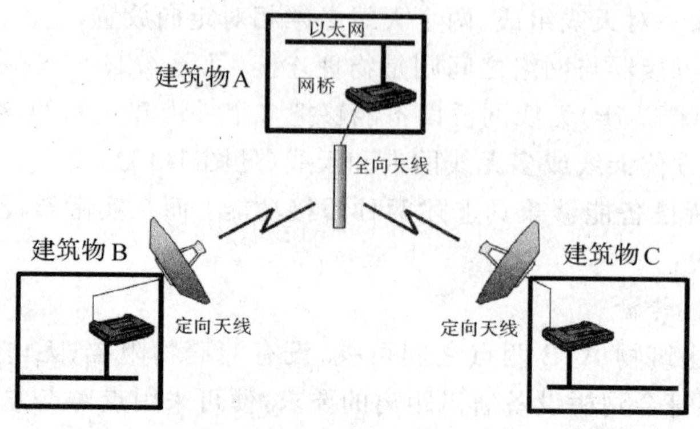

图 4.20 无线网桥应用之二——点对多点

4.6 无线路由器

无线网络改变了有线的束缚，无线网络里起主导地位的就是无线路由器（wireless router），那么什么是无线路由器呢？它跟无线 AP 的区别何在？在实际组网中无线路由器的功能又是什么呢？

它是单纯型 AP 与宽带路由器的一种结合体；它借助于路由器功能，可实现家庭无线网络中的 Internet 连接共享，实现 ADSL 和小区宽带的无线共享接入。另外，无线路由器可以把通过它进行无线和有线连接的终端都分配到一个子网，这样子网内的各种设备交换数据就非常方便。换句话说，它除了具有 AP 的功能外，还能让所有的无线客户端共享上网。

无线路由器都具有宽带拨号的功能，因此它可以直接跟 ADSL modem 连接进行宽带共享，如图 4.21 所示。

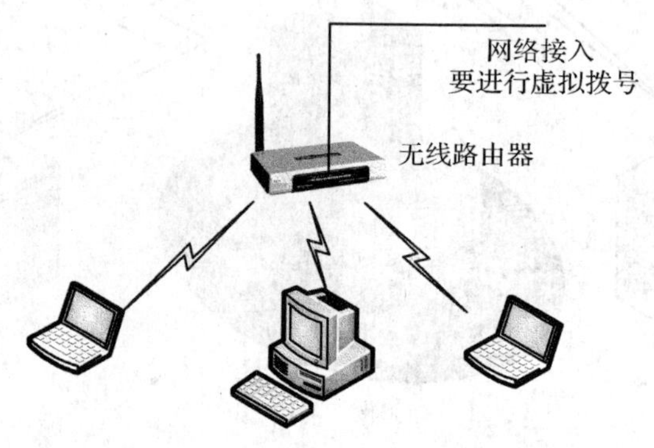

图 4.21 无线路由器拓扑图

无线路由器的传输速度是指在某种网络协议标准下的数据发送和接收的能力。这个数值取决于设备依赖于何种标准支持和环境等因素。常见无线协议标准的设备数据传输速率如表 4.6 所示。

表 4.6　无线路由器的传输速度

标准	802.11	802.11b	802.11a	Bluetooth(蓝牙)
频率	2.4GHz	2.4GHz	5GHz	2.4GHz
速率	1～2Mbps	可达 11Mbps	可达 54Mbps	1Mbps

4.6.1　无线路由器端口认识

1. WAN 口

WAN(wide area network)也就是广域网(又称为公网、外网等),WAN 是一种跨地区的数据通讯网络,通常包含一个或数个国家或地区。广域网通常由两个或多个局域网组成。计算机常常使用电信运营商提供的设备作为信息传输平台,例如通过公用网,如电话网,连接到广域网,也可以通过专线或卫星连接。

国际互联网(Internet)是目前最大的 WAN。无线路由器上的 WAN 接口就是连接 Internet 设备、直接接入 Internet 的接口,广域网上的每一台电脑(或其他网络设备)都有一个或多个广域网 IP 地址(或者说公网、外网 IP 地址),广域网 IP 地址一般要到 ISP 处交费之后才能申请到,广域网 IP 地址不能重复。WAN 与局域网(LAN)电脑交换数据要通过路由器或网关的 NAT(网络地址转换)进行。目前无线路由器所提供的 WAN 口一般可连接 xDSL/cable modem 等设备。

2. LAN 口

LAN(local area network)也就是局域网(又称为私网、内网等等),LAN 是在一个相对有限的地理范围内,由一组电脑、服务器、打印机和类似的设备连接组成的网络,我们目前应用的各种多机网络都属于此范畴。

LAN 上的每一台电脑(或其他网络设备)都有一个或多个局域网 IP 地址,局域网 IP 地址是局域网内部分配的,不同局域网的 IP 地址可以重复,而不会相互影响。目前,无线路由器上所带的 LAN 口一般是 10/100Mbps 自适应 RJ-45 端口,可连接网卡、交换机/集线器等设备。

图 4.22　无线路由器的端口

绝大多数无线路由器的端口配备都如图 4.22所示的产品一样,左边 4 个连接局域网内计算机,标有“WAN”的端口用于连接电话线或 ADSL modem。也就是说,普遍的无线路由器端口都是“4+1”配置。其中 4 个局域网端口都带有交换功能,完全可以当作交换机使用。

因此,无线路由器就是 AP、路由功能和交换机的集合体,支持有线无线组成同一子网,并且可以直接接上 modem。

无线路由器不仅具备单纯性无线 AP 所有功能,如支持 DHCP 客户端、支持 VPN、防火墙、支持 WEP 加密等,而且还包括了网络地址转换(NAT)功能,可支持局域网用户的网络连接共享,可实现家庭无线网络中的 Internet 连接共享,实现 ADSL 和小区宽带的无线共享接入。

无线路由器可以与所有以太网接的 ADSL modem 或 cable modem 直接相连,也可以在使用时通过交换机/集线器、宽带路由器等局域网方式再接入。

4.6.2 无线路由器的 NAT 网络地址转换

网络地址转换(network address translation ,NAT)是一个 Internet 工程任务组 IETF 标准,用于允许 LAN 网络上的多台 PC(使用 LAN IP 地址段,例如 10.0.x.x,192.168.x.x,172.x.x.x)共享单个、全局路由的 WAN 地址(即 IPv4),将 LAN 网络地址(如企业内部网)转换为 WAN 地址(如互联网 Internet),从而对外隐藏了内部管理的 IP 地址。图4.23所示为 NAT 转换的原理拓扑图。

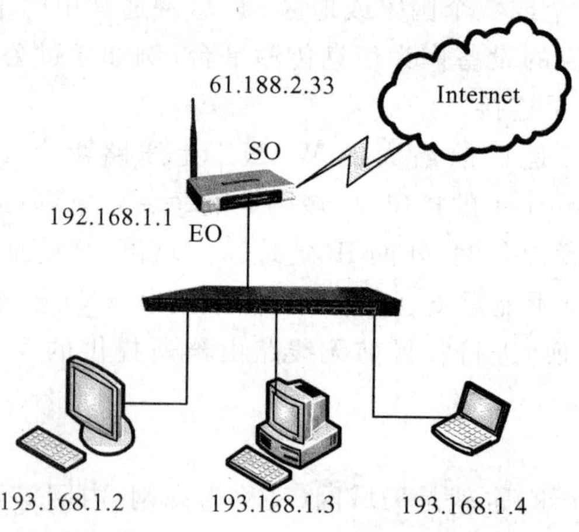

图 4.23 NAT 原理图

NAT 设备(或软件)维护一个状态表,用来把内部网络的私有 IP 地址映射到外部网络的合法 IP 地址上去。每个包在 NAT 设备(或软件)中都被翻译成正确的 IP 地址发往下一级。与普通路由器不同的是,NAT 设备实际上对包头进行修改,将内部网络的源地址变为 NAT 设备自己的外部网络地址,而普通路由器仅在将数据包转发到目的地前读取源地址和目的地址。

这样,通过在内部使用非注册的 IP 地址,并将它们转换为一小部分外部注册的 IP 地址,从而减少了 IP 地址注册的费用以及节省了目前越来越缺乏的地址空间(即 IPv4)。同时,这也隐藏了内部网络结构,从而降低了内部网络受到攻击的风险。

NAT 功能通常被集成到各种路由器、防火墙或单独的 NAT 设备中,目前 Windows 中的"Internet 连接共享(ICS)",Winroute 等网关/代理服务器软件大多也有着 NAT 的功能,尤其是在通过 xDSL 或电缆调制解调器连接宽带的情况下。

NAT 分为三种类型:静态 NAT(static NAT)、NAT 池(pooled NAT)和端口 NAT(PAT)。

(1)静态 NAT

静态 NAT 将内部网络中的每个主机都被永久映射成外部网络中的某个合法的地址,适用于个人用户或企业内部服务器向企业网外部提供服务(如 Web,FTP 等),需要建立服务器内部地址到固定合法地址的静态映射。

(2)NAT 池

NAT 池是在外部网络中定义了一系列的合法地址,采用动态分配的方法映射到内部网络,建立一种内外部地址的动态转换机制,常适用于租用的地址数量较多的情况。个人用户或企业可以根据访问需求,建立多个地址池,绑定到不同的部门,这样既增强了管理的力度,又简化了排错的过程。

(3)端口 NAT

端口 NAT 是把内部地址映射到外部网络的一个 IP 地址的不同端口上，适用于地址数量很少、多个用户需要同时访问互联网的情况。

4.6.3　无线路由器的 DHCP 服务

DHCP(dynamic host configuration protocol)是动态的主机配置协议的缩写，它承担着 IP 地址和相应信息的动态地址的自动配置任务。DHCP 提供安全、可靠而且简单的 TCP/IP 网络设置，避免地址冲突，并且通过地址分配的集中管理帮助保存对 IP 地址的使用。

固定 IP 对管理者而言必须随时掌握网络中每一个空出来的 IP 地址，以便再分配给别人使用，但这种方式很容易造成 IP 地址的重复使用。另外的缺点是固定的 IP 必须在每一台机器上设定，对管理者来说加重了工作的繁杂程度和工作量。而 DHCP 的服务则是由 DHCP 服务器来集中管理且以动态分配 IP 地址的方式，让使用者能自动取得 IP 地址，而不必另外费时费力地去一一设定。

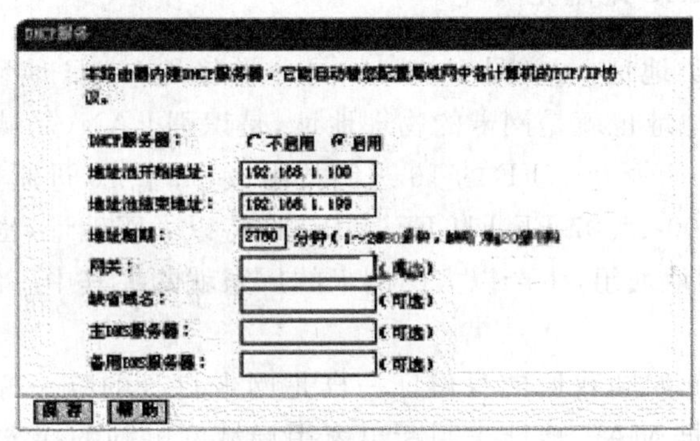

图 4.24　DHCP 服务

图 4.24 所示是 DHCP 配置界面图。DHCP 提供了以下三种 IP 地址分配机制。

(1)自动分配：给客户机分配永久的地址；

(2)动态分配：给客户机分配有一定租用期限的地址；

(3)手工分配：由网络管理员给客户机分配地址，并通过 DHCP 传达给客户机。

家用/办公无线网络或网吧等用户，一般情况下建议使用动态分配(启用"DHCP 服务器"功能)，以减轻网络管理的难度。

DHCP 除了能动态地设定 IP 地址以外，还可以将一些 IP 地址保留下来给一些特殊用途的机器使用，它可以按照硬件地址来固定地分配 IP 地址，这样可以带来更大的设计空间。同时，DHCP 还可以帮客户端指定 router，netmask，DNS Server，WINS Server 等项目，而你在客户端上面，除了将 DHCP 选项打上勾之外，几乎无需作任何的 IP 环境设定就可使用共享上网或使用这些功能。

4.6.4　无线路由器的 DNS 功能

DNS 就是域名服务器(domain name server)的简称，什么是域名(domain name)呢？虽然我们可以直接通过 IP 地址来访问 www 上的每一台主机，但是由 32 比特的二进制代码组成的 IP 地址非常难记，为了便于记忆，按照一定的规则给 Internet 上的计算机起的名字就叫做域名。域名前加上传输协议信息及主机类型信息就构成了网址(url)。

比如 www.zju.eud.cn 网址就是一个域名，它对应的 IP 地址是 211.147.3.80。而域名服务就是把域名转换成计算机能够理解的 IP 地址，用户只要使用域名地址，该系统就会自动把域名地址转为 IP 地址，如想访问 www.zju.edu.cn 网站，DNS 便可将 www.zju.edu.cn 转换成 IP 地址 211.147.3.80，这样你就可以不用记难记的公网 IP 地址了，只需在 IE 地址栏输入 www.zju.edu.cn 便可很方便地找到存放 www.zju.edu.cn 网站内容的网络服务器。

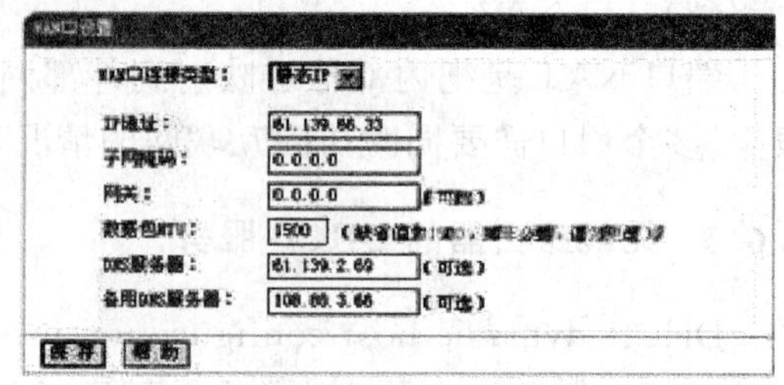

图 4.25 DNS 服务器

而在日常应用中我们需要填入的 DNS 服务器 IP 地址，一般是指 ISP(网络运营商，如电信、网通等)服务器或本地路由器的 IP 地址。一般可以设置多个 DNS 服务器 IP 地址，DNS 会依次访问较近的 DNS 服务器(见图 4.25)。

4.6.5 无线路由器的 MAC 地址克隆

网卡在使用中有两类地址，一类是 IP 地址，另一类就是 MAC 地址。MAC(media access control，介质访问控制)地址也就是网卡的物理地址，是识别 LAN(局域网)电脑的标识。其长度为 48 位二进制数，由 12 个 00～FF 的 16 进制数组成，每个 16 进制数之间用“-”隔开，如一块网卡的 MAC 地址为“00-00-07-FF-FH-FF”。IEEE 将以太网地址，也就是 48 比特的不同组合，分为若干独立的连续地址组，生产以太网网卡的厂家就购买其中一组，具体生产时，逐个将“唯一地址”赋予网卡。

正是由于 MAC 地址如同我们的身份证一样是网卡自身的唯一标识，所以近几年来 ISP 宽带接入商常常可以根据 MAC 地址来判断出家用局域网电脑的接入数量，从而封杀家庭中更多的接入电脑。

目前无线路由器普遍具备的 MAC 地址克隆功能，通俗地说就是使用 MAC 地址欺骗功能，将你所在 ISP 端绑定的某一台电脑的网卡 MAC 地址故意暴露给 ISP 服务器看，让 ISP 服务器认准你只使用了单台电脑，而实际上多台电脑在共享上网。

如图 4.26 所示，要实现 MAC 地址克隆功能很简单，只需进入无线路由器的 Web 设置页面，找到“广域网 MAC 地址”或“clone MAC(MAC 地址克隆)”栏，在下面的文本框中将被绑定的网卡 MAC 地址填入，然后选择“clone MAC(克隆 MAC 地址)”便可，保存后重新启动无线路由器即可。

图 4.26 MAC 地址克隆

值得指出，网关(gateway)就是一个网络连接到另一个网络的“关口”，在早期网络中网关就是指路由器，现在很多路由设备也这样称呼，如无线网关(无线路由器)、电力网关(电力路由器)等。虽然一些厂商也将单纯性无线 AP 称为无线网关,但多数情况下在无线 AP 类称呼中若无特别说明,无线网关就是指无线路由器或其他具备无线路由功能的无线设备。

4.7 POE 交换机和以太网供电模块

所有网络设备都同时要求数据连接和电源,才能正常运行。举一个大家熟悉的例子,早期的电话机都要配备一个电池,而现在通过本地交换机将 48V 的额定电压传送到用户的电话上,称为"POTs"技术,而这种传送会随着我们拿起电话一并进行。电话通过承载语音的同一条双绞线从电话局供电。那么在计算机网络中或无线局域网中是否也可以实现在线供电呢?由此产生了 POE 技术。

POE (power over ethernet)是指在现有的以太网 Cat.5 布线基础架构不作任何改动的情况下,在为一些基于 IP 的终端(如 IP 电话机、无线局域网接入点 AP、网络摄像机等)传输数据信号的同时,还能为此类设备提供直流供电的技术。POE 技术能在确保现有结构化布线安全的同时保证现有网络的正常运作,最大限度地降低成本。

POE 也被称为基于局域网的供电系统(power over LAN, POL)或有源以太网(active ethernet),有时也被简称为以太网供电,这是利用现存标准以太网传输电缆的同时传送数据和电功率的最新标准规范,并保持了与现存以太网系统和用户的兼容性。IEEE 802.3af 标准是基于以太网供电系统 POE 的新标准,它在 IEEE 802.3 的基础上增加了通过网线直接供电的相关标准,是现有以太网标准的扩展,也是第一个关于电源分配的国际标准。

IEEE 在 1999 年开始制定该标准,最早参与的厂商有 3Com,Intel,Power Dsine,Nortel,Mitel 和 National Semiconductor。但是,该标准的缺点一直制约着市场的扩大。直到 2003 年 6 月,IEEE 批准了 802. 3af 标准,它明确规定了远程系统中的电力检测和控制事项,并对路由器、交换机和集线器通过以太网电缆向 IP 电话、安全系统以及无线 LAN 接入点等设备供电的方式进行了规定。IEEE 802.3af 的发展包含了许多公司专家的努力,这也使得该标准可以在各方面得到检验。

无线交换机及时地将 POE 技术应用于自身及 AP 等无线设备中,无线设备告别了需要电源和信号两根线缆的历史。此外,无线交换机以太网供电技术还提供了基于 Web 和 SNMP 简单网络管理协议的远程访问与管理功能,可以简化网络管理,降低维护成本。

以太网在线供电完全兼容现有的以太网交换机和网络设备。POE 技术不会降低网络数据通信性能或网络范围,不需在所有地方都提供交流电源。

POE 功能降低了许多新型网络生产效率设备的安装成本。POE 使无线接入点和以太网摄像机等设备部署不会由于电源插座位置而受到限制。POE 适配器可以简便地扩展无线局域网的范围。它们提供了理想的方式,把接入点放在大楼天花板或阁楼中,优化无线覆盖范围,使其更接近天线,而不要求附近的交流电源插座。

4.7.1 POE 的关键技术

1. POE 的系统构成及供电特性参数

一个完整的 POE 系统包括供电端设备(power sourcing equipment,PSE)和受电端设备(power device,PD)两部分。PSE 设备是为以太网客户端设备供电的设备,同时也是整个 POE

以太网供电过程的管理者。而PD设备是接受供电的PSE负载，即POE系统的客户端设备，如IP电话、网络摄像机、AP及掌上电脑(PDA)或移动电话充电器等许多其他以太网设备(实际上，任何功率不超过13W的设备都可以从RJ-45插座获取相应的电力)。两者基于IEEE 802.3af标准建立有关受电端设备PD的连接情况、设备类型、功耗级别等方面的信息联系，并以此为根据PSE通过以太网向PD供电。

POE标准供电系统的主要供电特性参数如下：

(1)电压在44～57V，典型值为48V。

(2)允许最大电流为550mA，最大启动电流为500mA。

(3)典型工作电流为10～350mA，超载检测电流为350～500mA。

(4)在空载条件下，最大需要电流为5mA。

为PD设备提供3.84～12.95W五个等级的电功率请求，最大不超过13W。但新标准POE^+已整装待发，它能将传输水平提升到30～50W。

2. POE供电的工作过程

当在一个网络中布置PSE供电端设备时，POE以太网供电工作过程如下。

(1) 检测：一开始，PSE设备在端口输出很小的电压，直到其检测到线缆终端的连接为一个支持IEEE 802.3af标准的受电端设备。

(2) PD端设备分类：当检测到受电端设备PD之后，PSE设备可能会为PD设备进行分类，并且评估此PD设备所需的功率损耗。

(3) 开始供电：在一个可配置时间(一般小于15μs)的启动期内，PSE设备开始从低电压向PD设备供电，直至提供48V的直流电源。

(4) 供电：为PD设备提供稳定可靠的48V直流电，满足PD设备不越过12.95W的功率消耗。

(5) 断电：当PD设备从网络上断开时，PSE就会快速地(一般在300～400ms)停止为PD设备供电，并重复检测过程以检测线缆的终端是否连接PD设备。

在把任何网络设备连接到PSE时，PSE必须先检测设备是不是PD，以保证不给不符合POE标准的以太网设备提供电流，因为这可能会造成损坏。这种检查是通过给电缆提供一个电流受限的小电压来检查远端是否具有符合要求的特性电阻来实现的。只有检测到该电阻时才会提供全部的48V电压，但是电流仍然受限，以免终端设备处在错误的状态。作为发现过程的一个扩展，PD还可以对要求PSE的供电方式进行分类，有助于使PSE以高效的方式提供电源。一旦PSE开始提供电源，它会连续监测PD电流输入，当PD电流消耗下降到最低值以下时(如在拔下设备时或遇到PD设备功率消耗过载、短路、超过PSE的供电负荷等)，PSE会断开电源并再次启动检测过程。

电源提供设备也可以被提供一种系统管理的能力，例如应用简单的网络管理协议(SNMP)。这个功能可以提供诸如夜晚关机、远端重启之类的功能。

研究POE的供电方式可以看出，在供电的过程中有两个关键的问题需要考虑，一个是对于PD设备的识别，另一个是系统中UPS的容量。

3. POE通过电缆供电的原理

标准的五类网线有四对双绞线，但是在10M Base-T和100M Base-T中只用到其中的两对。IEEE 802.3af允许两种用法，如图4.27和图4.28所示。

应用空闲脚供电时，4,5脚连接为正极，7,8脚连接为负极。

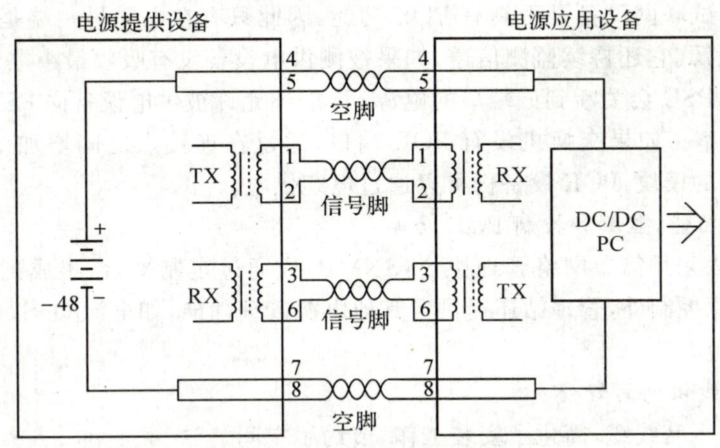

图 4.27　通过空闲脚供电

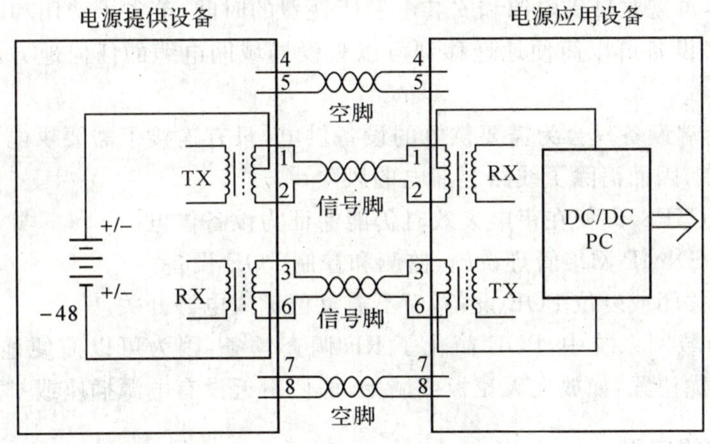

图 4.28　通过数据脚供电

应用数据脚供电时，将 DC 电源加在传输变压器的中点，不影响数据的传输。在这种方式下线对 1,2 和线对 3,6 可以为任意极性。

标准不允许同时应用以上两种情况。电源提供设备 PSE 只能提供一种用法，但是电源应用设备 PD 必须能够同时适应两种情况。该标准规定供电电源通常是 48V,13W。PD 设备提供 48V 到低电压的转换是较容易的，但同时应有 1500V 的绝缘安全电压。

POE 标准还规范了传送电功率应使用的非屏蔽双绞线对电缆，即 3,5,5e 或 6 类电缆。明确了与其一起工作的现存电缆设施不需要任何改动，这其中包括 3,5,5e 或 6 类电缆、各种短接线与接线板、电源插座引线和连接的硬件等。POE 标准与 IEEE 802.3 标准系列兼容。

4.7.2　POE 技术的优势

POE 技术有很多优势，具体如下：

1. 在网络中引入以太网在线供电非常简便

所有设备都进入配线间，在这里，边缘交换机连接联网的设备。如果要扩展或升级网络设备，可以购买把 POE 集成到 10/100 或 10/100/1000 端口中的以太网交换机或模块。这些端口声称具有在线供电功能。它使用连接供电设备(PSE)的网络电缆供电，供电设备一般包括在交换机内部。

由于PSE测试联网设备是否具有POE功能，因此只有在电缆另一端是兼容的被供电设备时，才会传输电源。它还持续监测信道，如果被测供电设备没有吸收最小电流，可能是由于设备被拔下或关机，PSE会关断到该端口的电源。标准还允许被供电设备向PSE发送信号，指明它们需要多少功率。如果交换机没有POE端口，通过在连接点之间增加中间跨接模块，如power dsine提供的模块，POE设备仍可以通过电缆供电。

2. 增加管理功能，监测和控制POE功率

管理功能可以采用简单网络管理协议(SNMP)或通过定制平台，集成到标准网络管理平台中。除基本电源控制外，管理站还提供了其他电源管理功能，如电源QoS，在掉电后，关键用户将优先获得供电。

3. 以太网在线供电的好处

(1)设备只有一套线缆，简化了安装工作，节约了空间。

(2)节约成本。许多带电设备，例如视频监视摄像机等，都需要安装在难以部署AC电源的地方，POE使其不再需要昂贵电源和安装电源所耗费的时间，节省了费用和时间。

(3)POE网络设备可以简便地迁移到可以敷设局域网电缆的任何地方，对工作空间的影响达到最小。

(4)POE供电端设备只会为需要供电的设备供电，只有连接了需要供电的设备，以太网电缆才会有电压存在，因而消除了线路上漏电的风险。

(5)通用电源(UPS)即使在市电失效时仍能保证为设备供电。

(6)可以使用SNMP网络管理设施，监测和控制POE设备。

(7)可以远程关闭或复位POE设备，而不需复位键或电源开关。

(8)在无线局域网系统中，POE简化了RF调查任务，因为可以简便地移动和布线接入点，它可以放在最优位置，如放在天花板或墙上，即使附近没有电源插座或扩展线。

4.7.3 POE技术的应用

当然POE交换机不仅仅是可以给AP供电。如图4.29所示，POE可以应用的地方很多，分别叙述如下。

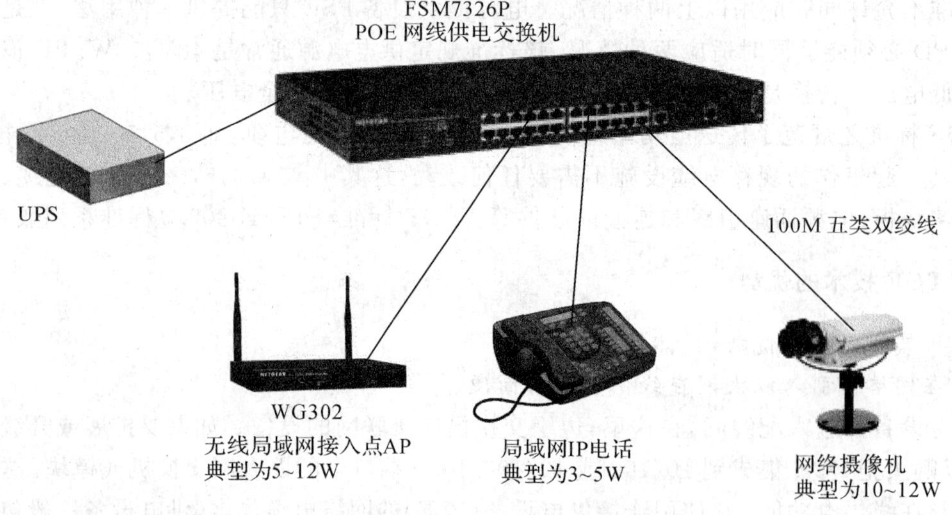

图4.29　POE交换机的应用

1. 安装 VoIP 电话

通过 POE,IP 电话变得更加可靠,安装成本更低,使企业公司能够节约数千美元的通信设施费用。POE 可以安装 IP 电话手机,不需单独的以太网链路和专用交流电源插座。IP 电话插入以太网交换机中,以太网交换机提供数据和电源,PC 连接到话机上的以太网端口。由于简化了安装工作,同时由于可以迅速简便地计算这些技术的投资回报,预计 POE 和 VoIP 的采纳速度将加快。

2. 安装无线局域网 AP

POE 技术不需要在不平常的地点提供电源插座,可以通过网络布线设施为 WLAN 接入点供电。这就不再需要单独的电源和数据电缆设施及在接入点附近有昂贵的交流插座,也不再需要电器人员。由于接入点可以安装在最有效的地方,而不是安装在交流插座所在的地方,还可以减少昂贵的接入点的实际数量,从而进一步降低了无线局域网的实现成本。

3. 安装网络摄像机

以太网在线供电技术允许通过网络布线设施为支持局域网的设备供电,而不需要单独的电源和数据电缆设施及在摄像机附近有昂贵的交流电源插座。

在传统上,网络摄像机一直安装在开放的很高的地方,如走廊天花板、机场、会议中心、走廊、礼堂、建筑物屋顶等地方。由于能够把网络摄像机安装在最有效的地方,而不是交流插座所在的地方,还可以减少摄像机的实际数量,进一步降低了监控的实现成本。

4.7.4　单口 POE 模块

单口 POE 模块,也有人叫做以太网供电器。它是为一个无线接入点 AP 供电而设计的。如图 4.30 所示,该模块只有一个 RJ-45 输入端口和一个 RJ-45 输出端口。当然还有一个交流电输入端口。

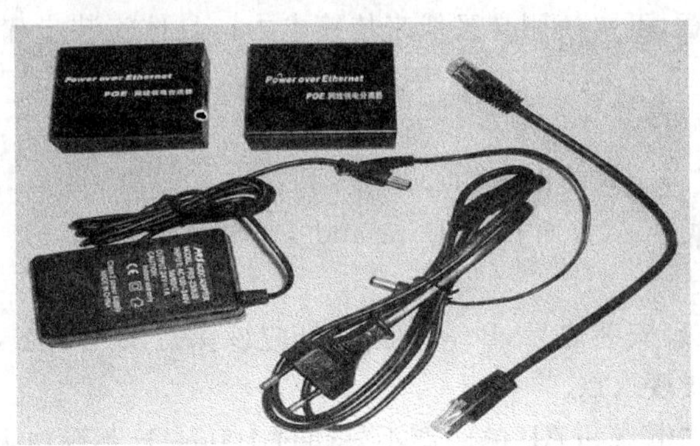

图 4.30　单口 POE 模块

以太网供电器是向无线接入点 AP 输送直流电源的一种方法,AP 通过双绞线实现电源供电的目的。当安装 AP 地方没有可用的电源插座时,可使用以太网供电器,此时双绞线被用于同时传输电源和数据的单元。

在 POE 模块中加入了“电源状态指示”功能,并在前面板上设置了一个“AP active” LED,可以同时指示该 AP 是否在使用 POE 设备供给的电能,这个功能大大方便了技术人员在安装设置网络时可以比较容易地判断 POE 与 AP 是否工作正常。

在每个 POE 模块内加入了限流功能,又在电压方面有吸收电网浪涌的功能,能够为电源质量提供可靠的保证,可以尽量为客户减少投资,最大限度地保证 AP 设备的安全。

可定制的POE模块中采用大容量电容及各种优质器件,保证了模块工作的稳定性及高耐压,并可以视AP规格的不同,提供±5V,±12V,±24V,±48V的电压。本产品基于IEEE 802.3af标准。与Intel PRO 2011,CISCO 350/1200,AGERE AP-2000,Colubris CN3000/300以及其他主流AP兼容。

本系列POE网线供电模块是一套基于UTP(unshielded twisted pair)网线为无线接入点AP(access point)提供电力供应的设备。产品安装简单方便,不需要操作者对无线接入点及POE模块有专业的知识即可快速地安装使用。

AP附近无需电源插座,提高了布网的灵活性,大大简化了无线网络的安装和配置,可以直接通过网线为无线接入点供电,解决了在没有电源的地方难以安置AP的问题。产品采用了优质元器件及多处稳流电路,保证了设备工作的稳定可靠。可为不同规格的AP量身订制,支持±5V,±12V,±24V,±48V的输入电压。

以太网供电器给需要安装AP或其他基于IP的受电设备(如IP监控摄像机等)但又没有电源的地方,带来了极大的方便。

安装以太网供电器的时候,要了解下面注意事项:

首先,尽管IEEE和其他工业组织都在努力创建POE的标准,但仍然没有定义出一个统一的标准。当前,不同厂家的产品使用不同的POE电压和不同的线号配置提供直流电源。这意味着各厂家的产品在接口上还没有达成一致。所以不同厂家的产品可能无法一起协同工作。推荐使用同一个厂家的以太网供电器为同一厂家的无线AP供电为好。

特别指出,以太网供电器被用于提供直流电源的引脚号并不统一。一个厂家可能在4或5针传输电力,然而另一个厂家产品是在7,8两针上传输电力,如果将不统一的厂家产品连接起来不但不能供电,可能还会导致设备损坏。

POE供电模块是为无线接入点供电的设备,需配合无线接入点或其他基于IP受电设备PD使用。使用时应注意,不要使用交叉线来传输电力。具体安装步骤如下:

第一步将相应的无线接入点的电源接头插入POE的Power In口,此时前面板的Power LED处于发光状态。

第二步将数据线接口插入前面板的Data In口。

第三步用一根网线插入后面板的Data and Power Out口,另一端接AP的Data and Power In口。

第四步在产品被正确安装之后,Power指示灯应该保持发光状态,此时POE的安装已经完成,可以开始配置无线接入点。

值得指出,以太网供电器和AP的距离不好超过100m。这不是电源的限制,而是以太网技术标准的要求,结构化综合布线标准规定双绞线信道长度极限值为100m。

单口POE模块可以给AP供电,但其性能和POE交换机有所不同。正像光电收发器和交换机的光口一样虽然能达到同样的功能,但两者的性能是不一样的。表4.7所示为POE交换机和单口供电模块的性能比较。

表 4.7　采用 POE 交换机的优势

	POE 交换机	单口供电模块
1	基于 802.3af 标准	大多是非 802.3af 标准
2	载波的方式，在五类双绞线上同时传输数据和电力，可支持未来千兆传输	①使用以太网 1,2,3,6 传数据，4,5,7,8 传电力，只能支持百兆传输 ②一旦错误连接到非 POE 设备上，将直接导致远端设备烧坏
3	自动检测远端连接是否是 POE 的设备，并能判别受电设备的电力功率和输入电压 如果是非 POE 设备，自动不供电	不支持
4	渐进式供电，避免了受电设备一接电源时的冲击电流和高频信号干扰	不支持
5	可适时识别受电设备发生的故障，比如设备短路、过载或损坏，POE 交换机可立即切断此连接供电，一般在 100ms～200ms 内	做不到，受电设备短路，供电模块组件仍会持续供电，从而导致交换机端口损坏
6	受电设备供电功率超载（不同受电设备，POE 功率不同），POE 状态灯显示红色，让用户直观了解	不支持

4.8　无线交换机

随着无线浪潮的不断升温，越来越多的机关、企业开始实施无线局域网。在无线网络市场发展的过程中，也暗藏着一些危机，令人不容忽视。首先，当某个 AP 发生故障时，AP 所负责的网络通信就会发生中断，管理人员需要逐一进行排查。其次，无线网络的安全问题也受到无线网络反对者的屡次抨击。确实，无线网络的安全问题也很值得人们关注，它存在着多种安全漏洞可以使无线网络的秘密暴露无遗。第三，无线网卡在与 AP 进行通信时，其通信机制类似于以太网传输介质的共享机制，当某个无线网卡与 AP 进行通信时，要独占信道，其他计算机则处于等待状态，无法进行通信。上面所述的缺陷虽然对无线网络的发展谈不上致命，但也造成了很大的麻烦。由此带来的问题是，管理多个接入点，对于可能涉及几百或几千个接入点的网络来说是一种无法应付的局面。在这种情况下，一种新的产品——无线交换机应运而生。许多资深研究以太网技术及交换机技术的网络公司正投入大量研究力量从事无线交换机的研发。

无线交换机的诞生，才引入了“瘦”AP 的概念。如前所述，所谓的“瘦”AP 概念就是无线交换机将原先的“胖”AP 中诸如安全、QoS、接入控制和负载均衡等功能集成到交换机中。取消了上述功能的 AP“瘦”得只充当天线的功能。把 AP 中存放的 IP 地址、密码、安全认证、ACL、QoS 等集成到交换机中，在一定程度上解决了无线安全设置问题。另外，无线交换机可以动态智能地调整“瘦”AP 的信道和功率。例如当某个“瘦”AP 发生故障时，无线交换机会自动探测到发生故障的 AP，指导附近的“瘦”AP 调整功率和信道设置来进行补偿。因此避免了发生故障的 AP 所覆盖网络出现网络通信中断情况的发生。如今无线交换机对 AP 进行集中管理的变革就像 20 世纪 90 年代企业 IT 人员用交换机替代以太网 Hub 一样，其意义重大，使 AP 的管理更加趋于智能化和自动化，减少了人工的投入，相应地也可使总成本下降。

用一句话来概括无线交换机引人注目的基本原因就是:集中控制与管理。

无线交换机是一个新产品,以至于人们对于无线交换机的定义与功能还在喋喋不休的争论着。也许人们太过于注重无线交换这个术语了,而忽略了其实质的网络管理功能。尽管无线交换机提供与有线交换机类似的管理和控制功能,但它不是在逐端口的基础上提供这些功能的,并且它没有向某一位最终用户提供专用的带宽。因此,严格来讲,“交换机”的说法有点用词不当。要是从功能角度来看这个产品,也许用无线网络管理器或控制器这个词语则更加贴切。所以有些厂家把它称为无线网络管理器或控制器。

笔者认为只要完成了集中控制与管理工作的设备,就可以叫做无线交换机,我们不要理会无线交换机多了一个功能还是少了一个功能。这就好比电视生产厂家生产的电视机一样,各种产品也许功能有所不同,但是它只要完成了我们收看电视节目的功能,我们就叫它电视机。纵然各个厂家生产的无线交换机功能不同、技术不同,但是技术的先进与否并不占市场的主导地位。说到底还是要市场需求决定产品走向,无线交换机到底会朝哪个方向发展,还是要看用户对于无线网络有哪些具体的需求。

4.8.1 无线交换机的工作机理

AP 接入点作为一台转发器向 WLAN 交换机转发 802.11 连接请求,WLAN 交换机反过来应答这个请求。WLAN 交换机通过 802.1x 协议认证无线用户,并通过 Radius 检证用户证书。认证阶段一旦完成后,一台 Radius 服务器将加密密钥传送给 WLAN 交换机。客户机自己独立地获得密钥,并开始发送加密的数据。

通过无线交换机,网络管理人员具有不必升级或重新配置接入点就可混合搭配客户机安全功能的能力,混合搭配的安全功能从第三层 VPN 到第二层认证和加密方案,如 802.1x、WEP、时间密钥完整性协议(TKIP)和高级加密标准(AES)。

当用户在企业中漫游时,无线交换机不断监测空中信号和用户身份,并动态地调整带宽、接入控制、服务质量和其他参数,由此发挥 WLAN 系统的大脑作用。

控制每个接入点的功率和信道设置、保存配置数据的能力是无线交换技术所特有的。例如,当接入点发生故障时,WLAN 交换机自动地检测这个故障并指示附近的接入点调整功能和信道设置来弥补发生故障的接入点留下的空缺。当安装一部新接入点时,WLAN 交换机会自动发现新接入点并为其加载功率和进行信道设置。

无线交换技术还可以防止非法接入点造成的安全威胁。当一台非法接入点被插入到网络中时,WLAN 交换机利用罗列所允许的设备、用户和用户策略的可信的清单验证这台设备。如果交换机确定这台设备是非法设备,就主动地关闭这台非法接入点并自动向网络管理员发出警报。

在 WLAN 环境中,网络管理员还面临将安全性与移动性整合在一起的挑战。WLAN 交换技术集成了移动 IP。移动 IP 是一项标准,当用户移动到另一个接入点时,移动 IP 在保持用户认证状态并透明地重新认证这个用户的同时,解决了跨 IP 子网漫游的问题。

状态性策略引擎在每个用户的基础上执行预定义的规则。当用户移动时,他们的策略也跟着移动。利用这些功能,网络管理员可以为一些用户(如来宾)提供唯一的 HTTP 接入,同时向雇员提供访问范围更广的 TCP 端口和服务的接入。

由于无线交换技术起源于过去的结构化有线架构,因此它为用户提供了类似的控制模型,带来了一种企业无线网络管理的新方法。

传统的企业级无线局域网采用的是以太网交换机+“胖”AP 的二级模式(见图 4.31),由 AP 来实现无线局域网和有线网络之间的桥接工作。整个网络的无线部分,是以 AP 为中心的一片片覆盖区域组合而成的。这些区域各自独立工作,AP 作为该区域的中心节点,承担着数据的接收、转发、过滤、加密、客户端的接入、断开、认证等任务。所有的管理工作,比如信道(Channel)管理和安全性设置,都必须针对每一台 AP 单独进行。当企业的无线局域网规模较大时,这就成为网络管理员相当繁重的负担。

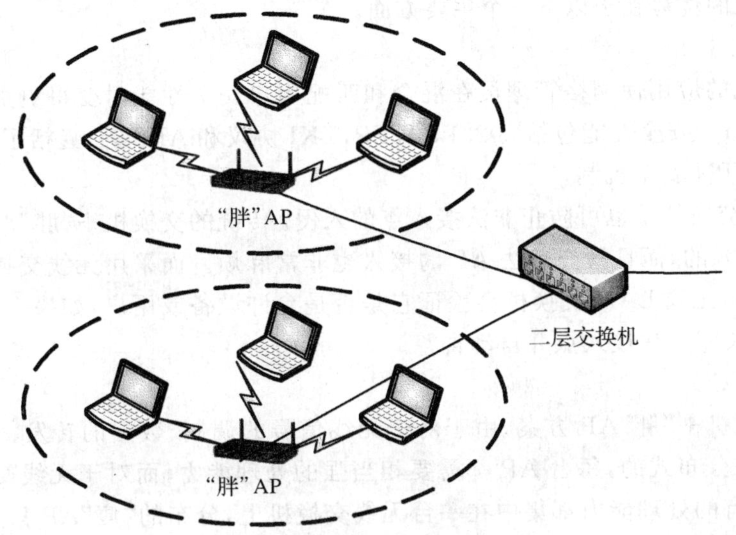

图 4.31　无线局域网的二级模型

新出现的无线交换机通过集中管理“瘦”AP 来解决这个问题。在这种构架中,无线交换机替代了原来二层交换机的位置,“瘦”AP (或称 light-weight AP)(也称智能天线 intelligent antenna)取代了原有的“胖”AP。如图 4.32 所示,通过这种方式,就可以在整个企业范围内把安全性、移动性、QoS 和其他特性集中起来管理。

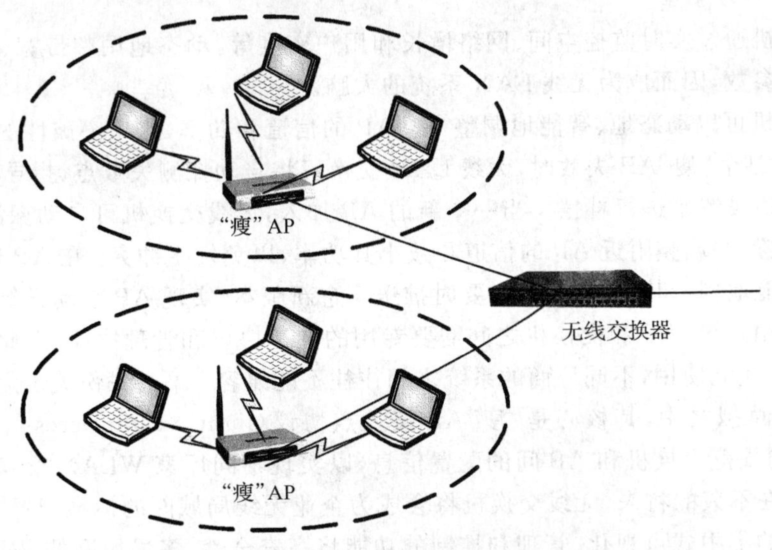

图 4.32　用无线交换机替代原来的二层交换机

虽然无线交换机采用和普通交换机类似的方式与AP实现连接。但在802.11帧处理上与传统方式不同:它不将802.11帧转换为以太帧,而是将其封装进802.3帧当中,然后通过专用隧道传输到无线交换机上。从有线网的角度看,无线交换机+“瘦”AP更像是一台伸展出很多外接天线的增强型AP。

4.8.2 采用无线交换机的优势

无线交换机的优势在于以下三个主要方面。

1. 更高的安全性

无线交换机的应用使网络管理员在混合和匹配用户安全性能时变得更加灵活,无需再升级或重新配置AP。安全性能包括802.1x,WEP,TKI协议和AES等,囊括了从第二层验证和加密到第三层VPN安全机制。

无线LAN交换技术也可防止非法接入点的入侵。传统的交换机+“胖”AP的做法是无法控制非法AP接入的,而且检查非法AP的接入也非常麻烦。而采用无线交换机时,当非法接入点连接到网络,无线LAN交换机会验证它是否是允许设备或用户,如果交换机确定该设备是非法的,它将关闭非法接入点并自动告警。

2. 更低的TCO

传统的交换机+“胖”AP方案,由于对于无线信号的调制、数据的转发、安全性控制和远程管理处理都是分布式的,每台AP都需要相当强的处理能力;而对于无线交换机+“瘦”AP的方案,由于所有的处理能力都集中在一台无线交换机上,分布的“瘦”AP只是非常简单的受控设备,只负责发送与接收无线信号,因此无需很强的处理能力,也就大幅地降低了成本。这样,整个无线局域网的成本就大大降低了。

另一方面,无线交换机可以在“瘦”AP开启时候,自动给“瘦”AP升级固件或更新配置,而不像普通的AP那样,需要由管理员来一台台地进行固件升级或更新配置,大大减小了管理的重复劳动强度,减小了管理开支。

3. 更有效率的管理

无线交换机通过实时监控空间、网络增长和用户密度等,动态地调整带宽、接入控制、QoS和移动用户等参数,因而成为无线LAN系统的大脑。

无线交换机可以动态地、智能地调整“瘦”AP的信道和功率,这项突破性的技术是独一无二的。例如,当某个“瘦”AP失效时,无线LAN交换机将自动探测失败点,指导附近的“瘦”AP调整功率和信道设置来进行补偿。当一个新的AP加入,无线交换机可自动探测,上载适当的功率和信道设置,并调整附近AP的信道和减小其功率,以免发生冲突。在AP启动时,无线交换机也可以智能地判断其固件版本,必要时推送一个新版本,实现AP自动升级。由于无线交换机是一种专用系统,AP和交换机之间需要专用的隧道协议和管理协议,因此需要配备同一厂商的“瘦”AP才能使用,不同厂商的系统之间往往不能兼容。不过一份关于无线交换机的标准化协议正在草拟之中,其核心是“瘦”AP接入点协议(light-weight access point protocol, LWAPP),专门规范交换机和AP间的配置信息,以实现不同厂家WLAN交换机和AP之间的互联。相信在不久的将来,无线交换机将会成为企业无线局域网的标准配置。

无线环境的集中式可视化、管理和控制的功能将高安全性、多局域网的WLAN无线网络部署工作简化;通过软件Wireless LAN Switch Manager管理无线局域网控制器和交换机来控制MAP配置并优化射频(RF)覆盖和性能,同时实现集群管理,从而节省了单独配置每个设备的耗时。

增强的无缝安全性和移动性控制。由于无线客户端是移动的，因此，使用创新的基于身份的组网来提供网络服务。这种方法基于用户身份而非端口或设备。群组与移动域中的多个控制器和交换机共享用户数据库，以便跨越整个网络(包括远端局)实现移动性和安全性。当用户漫游网络时，通过这种 WLAN 范围内的信息交换，以实现在网络范围内执行一致的访问和安全策略。用户位置、安全性以及访问详细信息迅速地在交换机或控制器之间传输，而不再依靠连接，这可在保持无缝安全性和会话完整性的情况下快速漫游，而无需再次认证，在保持会话完整性的情况下快速漫游还可与 Wi-Fi 语音电话进行交互。

通过集中式安全管理显著增强了无线安全性。在移动域内进行基于用户的信息交换增加了一个全新的控制级别，用于控制用户和组对网络资源的访问权。此外，当用户漫游时，在 WLAN 控制器与交换机之间共享用户特定的安全策略将能够在整个 WLAN 范围内一致地控制用户属性和组属性。

无线局域网控制器或交换机以及随路 MAP 可以位于网络中的任何位置(通过 2 层/3 层设备隔开)，并可作为集成的基础设施执行操作，从而易于按照业务需求的指示进行调整或更改。

4.8.3　产品实例

1. Symbol WS 5000 无线交换机

图 4.33 所示为 WS 5000 无线交换机，对它的主要技术指标说明如下。

图 4.33　WS 5000 无线交换机

安全机制：L2-4 接入控制列表、身份验证、预分配密钥 (Pre-shared key)、802.1x 可扩展身份验证协议 (EAP)、Kerberos、基于公共密钥基础架构 (PKI) 的证书、Wired Equivalent Privacy (WEP) 加密传输、WPA-时域密钥完整性协议 (TKIP)、KeyGuard-MCM、WTLS 高级加密标准 (AES)虚拟专用网络 (VPN)。

频率范围：900 MHz，2.4 GHz 和 5 GHz 频率对扩谱跳频、直序扩频和 OFDM 编码技术以及 802.11a/b/g，FH 和 DS 无线电操作提供支持。

尺寸：1.71 英寸(43.5mm)×16.89 英寸(429mm)×15.75 英寸(400.2mm)(高×宽×深)。

机架：1U。

物理接口：RS232 串行控制台接口；10/100Mbps 以太网接口。

AC 输入电压：100～240V。

AC 最大输入电流：6A@115VAC，3A@230VAC。

该交换机的主要特性：

(1) 集中式智能化的功能

WS 5000 无线交换机为企业级无线网络重新定义了新的标准，它可以为用户提供广泛的功能和可扩展性，集成的安全性和管理功能，而其总体拥有成本却远比基于接入点的第一代网络低。通过对以前通过接入点跨整个无线网络进行智能化的集中式管理，第二代无线交换架构所提供的无线局域网控制和性能有了进一步的提高，而且管理简便之极。结合使用 Symbol 的接入端口，WS 5000 建立了 Symbol Technologies 无线交换系统的核心。WS 5000 借助独立于介质的可扩展接入点架构可以在接入点无线网络之外进行移动。这种接入点架构既支持 802.11a，802.11b 和 802.11g 标准，也支持传统的接入点。Symbol Technologies 接入端口揭示了从网络节点到接入点的演变过程。对于无线交换机，网络节点要扩展为简单的 RF 介质接入设备有一定的难度。接入端口是真正“零配制”的即插即用设备，开箱即可使用，几乎可以安装到任何位置，甚至安装到天花板上的吊顶内。有了 WS 5000 的强大功能以及接入端口的灵活性，无线局域网(Symbol Technologies 的无线交换系统)的性能也就十分的优越了。

(2) 端到端的分层式安全性

安全机制由访问控制、身份验证和加密等一整套完整的体系组成，可以在下列企业网络内的各个位置进行部署：外围、网络、服务器和客户端设备。这样就形成了分层式的安全模式，提供非常强健的端到端的安全性。WS 5000 不但支持当今的无线安全标准，而且可以轻松地升级至将来的新标准，因此 WS 5000 是你的企业无线网络的较好之选。

(3) 集中式管理

WS 5000 对于硬件、软件配置和网络策略进行统一管理，可以简化日常工作。通过集中式的管理，也可以向所有接入端口自动分发配置，这样就不需要分别配置和管理每个接入点并降低与之相关的成本。

(4) 可轻松扩展并升级

与基于接入点的无线局域网相比，增加容量和新功能更为方便，而且成本更低。使用 WS 5000，你的无线网络可以随着公司的发展不断进行扩展，轻巧的 1U 外形使得它可以很轻松地安装到任何标准的网络设备机架上。每个 WS 5000 可支持高达 30 个接入端口和 32 个 WLAN。

(5) 总体拥有成本更低以及杰出的投资保护

WS 5000 没有了基于接入点的第一代无线局域网的系统开销和复杂性，无线网络的实现和管理费用更低。其广泛的功能、可扩展性和集中式管理可以减少与基于接入点的解决方案相关的时间和管理成本，总体拥有成本更低。此外，WS 5000 不但支持现在及将来的标准，而且还支持过去的传统无线网络，这种灵活性可以使你的投资物有所值，非常有保障。

(6) 全面的 WLAN 功能

WS 5000 功能全面，它可以对无线局域网流量进行完全控制，提供非凡性能。有了全面的无线局域网功能，在当今竞争非常激烈的无线环境中，你可以将带宽和吞吐量最大化、让关键流量优先通过、节约移动设备的电源并为用户提供值得信赖的连接速度。

(7) 可扩展的无线电架构

每个 WS 5000 可支持高达 30 个单带宽或双带宽的接入端口物理层无线电，轻松适应新的覆盖、无线电类型、频道和频谱，为业界提供最广阔的无线电技术支持。WS 5000 可以在 900 MHz，2.4GHz 和 5GHz 频率对扩谱跳频、直序扩频和 OFDM 编码技术以及 802.11a/b/g，FH 和 DS 无线电操作提供支持。

(8) 接入端口为下一代接入点

接入端口使得无线网络的实现和管理更加简单化，而其升级能力空前强大。这种极具创新性的设计取消了新旧标准融合过程中对设备和管理的双重需求。与跨整个无线局域网使用接入点相关的双重计算组件和管理需求。你可以通过 WS 5000 的新功能对接入端口进行轻松升级，投资非常有保障。各种 802.11a 和 802.11b 外置天线选件使得覆盖模式的设计可以适用于各种最具挑战性的环境。

(9) 通过带宽加权公平排队控制每个设备的服务质量

通过在网络拥塞时期保证特定类型流量的带宽，WS 5000 可以控制每个移动设备的服务质量 (QoS)。通过支持 2/3/4 层分类、DiffServ 和 802.1p，数据包被分配给带宽加权公平排队任务计划程序，然后由任务计划程序为每类队列分配可用带宽。此外，电源节省协议 (PSP)可为每个设备提供设备睡眠时期队列，维护设备在睡眠模式下的应用程序性能。

电源节省协议 (PSP) 轮询功能提供了假睡和睡眠两种模式，这样设备可以最大化电池使用寿命并维护应用程序的性能。假睡模式使得设备可以在无线传输过程中节省电源，而在睡眠模式下可以存储数据包，并在唤醒设备后继续传递数据包。

(10) 一个接入端口内的 4 个接入点的功能

没有虚拟 AP 的接入点：需要 4 个设备来支持 4 个虚拟局域网。

带有虚拟 AP 的接入点：一个接入点支持 4 个虚拟局域网。

虚拟 AP 使得接入端口可以支持最多 4 个虚拟局域网，这样可以对无线网络进行更细分段，以便更好地满足企业需求。其结果是控制更多、功能更多、资产和管理成本更少。

(11) 虚拟 AP 可实现真正的虚拟局域网 (VLAN)

使用虚拟 AP，可以将无线局域网分成真正的多个广播域(Ethernet VLAN 的无线对等)，提供将多个 ESSID(扩展服务集标识符)映射为多个 BSSID(基本服务集标识符)的功能。无线流量设计功能可以控制客户端到客户端的可见性、广播/组多播/单播数据包的转发行为以及安全性策略。

虚拟 AP 对与 BSSID 有关的广播流量提供完全控制。对于包括网络级消息的广播流量的控制非常重要，因为它会对性能带来潜在的负面影响。通过代理 ARP 和其他机制对广播转发的智能控制可以确保只有目标收件人才会收到广播流量。流量的减少使得带宽和网络吞吐量达到最大；由于不需要处理发给其他收件人的消息，设备电池的使用寿命和整体性能得到提高；由于广播消息不再会传递给错误的收件人，不再出现降低消息机密性和安全性的可能。

(12) 虚拟 AP 实现真正的虚拟局域网

在典型的接入点架构中，VLAN 是使用多个 ESSID 进行定义的。由于接入点仅支持一个 BSSID，仅针对学院与行政管理部门 (ESSID1) 的广播流量对于所有 VLAN 将为 snet、学生 (ESSID2)、设备与安全性 (ESSID3) 以及过客与访问者 (ESSID4)。对不必要消息的处理会降低电池的使用寿命和网络吞吐量，而且传递消息也会降低电池使用寿命和吞吐量，此外，为非目标收件人传递消息会带来安全性和机密性问题。

(13) 负载平衡和强制性漫游

只有在设备连接速度达到最小为 1 Mbps 的情况下才会发生常规漫游，通常会超出一个蜂窝的边界并几乎到达另一个临近蜂窝的半程。客户端负载平衡和强制性漫游这两个功能同时进行工作，可以在连接质量变差之前确保设备进行漫游，为用户提供更为一致的连接速度以保证应用程序的性能。

(14) 常规漫游与强制性漫游

常规漫游:经常会导致负载平衡不均匀、连接质量差,移动设备通过无线网络按 11,5.5,2,1Mbps 的速度进行通信。由于只有在设备速度达到 1 Mbps 的情况下才会发生常规漫游,因此在连接速度变为 1Mbps 之前很多设备可以再进入其他蜂窝,并发生到下一个接入点的实际漫游。其结果是负载平衡不均匀,Cell 1 接入点由于支持过多设备而导致连接质量下降,而 Cell 2 接入点所支持的设备则太少,虽然这些设备在技术上可以漫游到 Cell 2。

强制性漫游:导致负载平衡均匀,连接速度更高强制性漫游发生在接近蜂窝"边缘"的位置,这样可以确保任何给定接入点上的负载仅限于实际蜂窝内的那些设备。用户会体验到更高、更一致的连接速度,因而应用程序的运行更加顺利。

(15) 自动选择信道

由于自动选择信道(ACS)消除了环境的影响,因此改善了无线信号的质量,退化了 RF 的干扰特性。ACS 可以优化无线信道的规划和安装,扫描每个接入端口,并根据噪音和信号特性为其选择最佳信道。一组完整的配置控制将提供运行时间、运行方式及接入端口排斥列表。

(16) 传输功率控制

对于那些需要高密度无线方式(接入端口)来支持带宽要求的环境,使用传输功率控制(transmit power control)可以将无线干扰降到最低。在 WS 5000 内部进行配置,这也是组策略的一个组成部分。

(17) 端到端的分层式安全性

无论是有线网络还是无线网络,没有哪个因素比安全性更重要。作为无线局域网行业的先驱和领导者,Symbol 已实现了一套完整的端到端分层式安全模式,它不仅支持当前使用的所有无线安全标准,并能够轻松升级至将来的新标准。

基于策略的分级方式将组织的各种安全要求分成不同的组,例如公共的、低、中、高等组。然后再配置策略,为这些组内的用户、应用程序和设备指定正确的控制级别。

(18) 接入控制列表(ACL)

2/3/4 层接入控制列表为进行网络流量高级控制提供过滤功能,使管理员可以根据应用程序类型、协议、IP 地址、MAC 地址等来转发、阻止或重定向数据包。

(19) 身份验证

身份验证将确保只有授权用户和设备才可以访问你的网络。WS 5000 提供了一整套完整的身份验证机制,以支持各种安全要求。

(20) 预分配密钥(Pre-shared key)

通过非无线方式分发的身份验证密钥可以确保密钥的安全管理。

(21) 802.1x/可扩展身份验证协议(EAP)

802.1X 与可扩展身份验证协议(EAP)协同作用,为强大的身份验证机制和动态密钥旋转及分发提供基础架构。EAP 还提供了进行双向身份验证的一种方式。授权用户向无线网络标识自己的身份,无线网络也向该用户标识自己的身份,以确保只有授权用户才能够访问你的网络,也保证授权用户不会无意中进入不健康的网络。

可应用的身份验证类型非常广泛,例如用户名及密码、语音签名、公共密钥以及生物鉴定等,而且可以进行升级,以便支持将来出现的新的身份验证类型。动态密钥旋转和分发提供了一种针对每个用户、每个会话的新的加密密钥,极大地提高了所选的用于编码数据的加密算法(WEP 或 TKIP)的强度。WS 5000 支持多种 EAP 方法,包括 Microsoft-TLS,Funk Software-

TTLS 以及 WPA-PEAP。

(22) Kerberos

行业标准的 Kerberos v5 协议满足移动环境中对可扩展性、有效的安全性方面提出的所有要求。Kerberos 具有双向身份验证及端到端加密特性。所有流量都得到加密，并在每个客户端基础上生成安全密钥，从不将密钥共享或重复使用，而且使用一种安全的方式自动分发密钥。即使在最高级别的安全性要求下，Kerberos 基于安全机制的通行证也能够进行快速漫游。

(23) 基于公共密钥基础架构 (PKI) 的证书

与基于 AES 的 VPN 传输结合在一起使用的 PKI 通过安全数字证书，为进行网络接入提供了强大的身份验证功能，其中包括身份及数据完整性确认(确保不致出现篡改数据或破坏数据)，以及授权确认。

(24) 加密特性

加密特性确保数据在传输过程中维护其私密性。一般情况下，加密性越强，部署及管理方面的复杂性和成本也就越高。WS 5000 支持一组加密选项，为增强加密技术提供基础，并具有一定灵活性，有助于为你的数据选择合适的级别。

(25) Wired Equivalent Privacy (WEP) 加密传输

802.11 Wired Equivalent Privacy (WEP) 加密传输提供静态密钥加密算法，它是向所有用户分发单独的密钥进行加密和解密数据。WEP 利用被广泛使用的 RC-4 加密算法生成一个 40 位或 128 位的密钥。WEP 可以实现与旧式客户端的完全互操作性，并提供非关键环境中的基本无线安全性(例如，在开放的公共访问应用程序中)。

(26) WPA-时域密钥完整性协议 (TKIP)

采用 WPA-时域密钥完整性协议 (TKIP)。

(27) KeyGuard-MCM

该 TKIP 的执行标准是基于 e IEEE 802.11i 安全标准草案。与 TKIP 的 WECA 版相同，KeyGuard 为每个数据包提供一个不同的密钥，但却使用另一种版本的消息完整性检查(MIC)，以确定数据在传输过程中是否被篡改或破坏。

(28) WTLS 高级加密标准 (AES) 虚拟专用网络 (VPN)

Symbol 的 AirBEAM? Safe VPN 服务器提供一个全面的端到端 VPN，确保您的无线通信具有私密性、完整性以及身份验证等特性。AES 加密算法(美国政府使用的标准加密算法)为在客户端和 VPN 服务器之间传输数据提供了极高的安全性。它支持持续会话及恢复会话功能，以确保进行连续通信，防止中断事务，而且无需重新登录。它所具有的对 DOS，WIN CE，Pocket PC/Window Mobile 2003 及 Windows PC 平台广泛的客户端支持特性，为你的所有移动设备提供了集成性和安全性。

Symbol 已实现了一套完整的端到端分层式的安全模式，它不仅支持当前使用的所有无线安全标准，并能够轻松升级至将来的新标准。

(29) 易于管理

该产品便于进行安全、直观的管理，并通过命令行接口(telnet、串行端口)、嵌入的基于 Web 的 Java Applet，以及标准的 Simple Network Management Protocol (SNMP) 协议来使用系统管理功能。

(30) 基于策略的管理

基于策略的管理将创建用户、应用程序及设备组，根据特定的资源及网络接入配置(其中包括物理层属性、WLAN 拓扑、转发规则及安全性组件)来进行创建。还可以为多达 32 个 WLAN 的各组配置大量的参数,可以进行手动配置,也可以通过简单易用的向导来配置参数,例如,你可以配置无线设置、服务定义、服务质量 (QoS)、虚拟 LANs、ESS/BSSID 域、2/3 层过滤、DHCP 以及 NAT 等参数。

(31) 管理接口

以下四个管理接口使 WS 5000 的管理更具灵活性。

命令行接口 (CLI) 的设计主要考虑众所周知的行业术语,并通过 Telnet 或串行接口提供全面的基础管理。

基于 Web 的管理通过直观的、基于 Web 的 GUI 提供安全的、随时随地的管理功能,它支持分步操作的和基于软件的向导,从而方便配置众多功能。

SNMP 支持我们已扩展的管理信息库 (MIB),使你可以通过常见的网络管理工作站 (NMS) 工具集,例如 Symbol 的 Enterprise Mobility Manager (SEMM) 和 Wavelink 的 Mobile Manager 等软件,来共同管理无线功能,Trivial File Transfer Protocol (TFTP) 旨在支持图像和下载配置。

(32) 自动管理接入端口

WS 5000 在安装时为接入端口自动提供最新的防火墙,确保无线局域网中的所有组件始终保持最新。由于无需对每个接入端口进行进一步的配置和加载防火墙,因此简化了管理工作。

(33) 可扩展性

WS 5000 无线交换系统的设计便于您扩充和改进网络结构,从而满足企业需求的不断变化。扩充网络容量要比传统的 WLAN 解决方案更加简单、更节省费用。每个 WS 5000 可添加多达 30 个接入端口和 32 个 WLAN。即插即用的接入端口开箱即可进行安装,只需使用标准的以太网供电连接到您的 2 层 交换机,网络即可投入使用。WS 5000 与有线网络的集成是完全透明的。高度扩展的无线网络架构消除了管理基于接入点的传统基础设施所带来的复杂性。

(34) 系统冗余性

WS 5000 支持冗余热备份交换机配置。旨在与现行的 WS 5000 并行使用,WS 5000-RS 设备提供了完备的冗余性。与 WS 5000 相比,更节省费用,而且新一代设备可以与目前主要采用的 WS 5000 交换机交换系统配置和简单的"心跳消息"(heartbeat message)。在出现硬件或软件故障的情况下,冗余交换机对无线架构进行控制,确保操作的一致性及连续的服务。

(35) 以太网供电附件

为了节省安装成本,Symbol 的无线交换系统系列产品包含一套完整的组件系列,以满足企业无线网络的需要,此外,还包括一套完整的以太网供电 (POE) 设备系列。POE 设备可以为接入端口提供电力,无需再部署昂贵的电源线和安装插座,简化了安装过程,降低了成本。

2. Extreme Summit300-48 交换机

作为 Hi-Fi 联盟成员之一的 Extreme Networks(美国极进网络)公司日前宣布,为最新的有线网络和无线网络一体化接入结构推出第一个产品:Summit 300-48,这是业内唯一的有线网络和无线网络一体化、第二层/第三层堆叠式交换机,它提供了以太网处理能力和 Altitude 300™无线端口。目前,许多制造商在研发 WLAN 产品的时候,采取在第二层或第三层交换机前面放一台无线交换机的 WLAN 方法。尽管这种方法在方向上是正确的,即集中控制无线网络的管理,但这种方法有很多弊端,同时并存的两个系统需要更多的成本去维护,IT 部门仍不得不部署、管理和升级两个网络孤岛,一个用于无线设备,另一个用于有线以太网。许多企业推迟采用无线网络进行市场观望，因为他们一直面临处理部署、保护、运行孤立的两个有线接入网和无线接入网的负担。

图 4.34　Summit 300-48 无线交换机

与市场上的其他产品不同，Summit 300-48 交换机（如图 4.34 所示）远不只是一种无线控制器、安全交换机或以太网交换机，更是一种一体化第三层交换设备，它把支持有线应用和无线应用的智能融合到一台接入设备中。这些新产品与 Altitude 300 无线端口相结合，使企业能够为有线用户和无线用户无缝、经济地部署和管理一体化网络。Summit 300-48 交换机是一种 48 端口（及四个铜缆和迷您型 GBIC 端口）第二层/第三层 WLAN 交换机。它带有一个扩展槽，用于未来升级和新兴移动应用；冗余的 600W 电源，为无线端口提供了广泛的加密和安全服务，如 AES，WES 和 WPA。ExtremeWare 操作系统为支持这一解决方案提供了多种增强功能，包括增强的安全性、扩充能力和透明管理能力等。Summit 300-48 与 Extreme 的 Altitude 300 无线端口一起使用，但也可以作为基本交换机与符合标准的其他无线接入点一起使用。

Altitude 300 无线端口消除了无线通信网络中的扩充能力和管理能力障碍。该端口采用 Extreme 的 AccessAdapt 技术，可以在联网时采集"个性化"信息。AccessAdapt 技术根据各个端口上应用的模板，获得软件和配置信息。此外，Altitude 300 无线端口升级简便，因为升级只发生在 Summit 交换机上。在标准方面，无线端口同时支持 802.11a/b/g 标准，采用 IEEE 802.3af 标准实现以太网的强大处理能力。

Summit 300-48 交换机成为第一个能够在全集成式企业设施中提供有线应用和无线应用的交换机。Summit 300-48 交换机和 Altitude 300 无线端口确立了无线交换的标准，提供了无可比拟的安全性、扩充能力和管理能力；而那些性能单一的现有有线网络的交换机不久将退出市场。

3. Foundry 无线交换机

Foundry 无线交换机（如图 4.35 所示）为有线和无线网络一体化结构，由三个部分组成：基于 IEEE 802.11a/b/g标准的 IronPoint 200 多模式全功能接入点，基于 SNMP 的 IronPoint Wi-Fi 管理应用套件，以及为 Foundry FastIron JetCore 模块化交换机、FastIron 边缘交换机和 FastIron 边缘网线供电交换机提供的无线局域网软件升级选项。

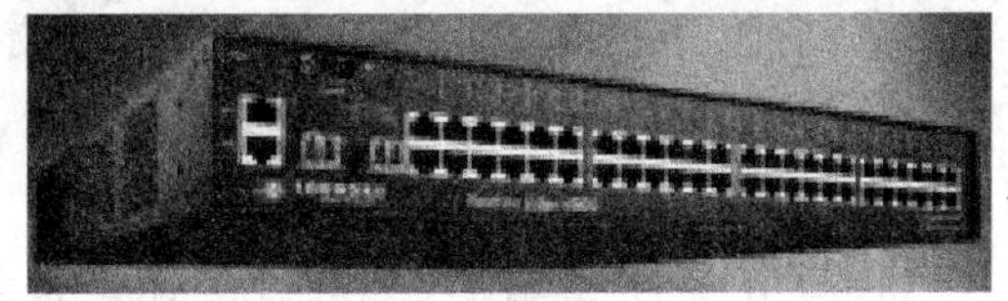

图 4.35　Foundry 无线交换机

Foundry 高性能 FastIron 边缘第二/三层交换机可通过软件升级支持集成无线局域网，包括第二/三层移动性、使用 sFlow 实现增强的监控和报告功能、安全的 Web 客户机身份验证、基于现有 VPN 支持的 IPSec/VPN 功能、增强的身份验证、安全性和用户策略控制以及增强的接入点管理功能。Foundry IronPoint 200 接入点，是提供 802.11a/b/g 和 802.11a-Turbo 支持的双频企业级接入点，既可用作一个独立接入点，也可在进行简单的软件升级以后实现与一个具有无线支持能力的交换机的集成。Foundry IronView 网络管理器（INM）软件可以提供中央无线接入点管理功能，通过将有线和无线管理功能与可扩展的安全性紧密集成在一起，Foundry 提供了一种完整的集成基础设施管理应用集。

4.9 无线网关

广义上的“网关”指一个网络连接到另一个网络的“接口”，比如一个企业的内部网与外部互联网相联结，就需要一个网关加以管理和控制。它是一种复杂的网络连接设备，可以支持不同协议之间的转换，实现不同协议网络之间的互联。

而所谓的无线网关，是指集成有简单路由功能的无线 AP。从某种意义上来说，无线网关方案与宽带路由器方案完全相同；即是说无线网关通过不同设置可完成无线网桥和无线路由器的功能，也可以直接连接外部网络，如 WAN，同时实现 AP 功能。

其实，所谓的无线网关、无线路由器与传统的网关路由器的区别就在于是否有无线接受发送设备，至于网络功能上它们毫无差别！那么无线网关和无线路由器的区别其实就是网关和路由器的区别。

网关曾经是很容易理解的概念。在早期的因特网中，网关即指路由器；而人们对路由器的定义是指网络中超越本地网络的标记，这个走向未知的“大门”现在仍然是把分组数据转发到原始网络之外的部分，因此它被认为是通向因特网的大门。随着时间的推移，路由器不再神奇，而公共的基于 IP 的广域网的出现和成熟促进了路由器的成长。

现在的路由器功能大多由主机和交换集线器来行使，而路由器变成了多功能的网络设备。它能将局域网分割成若干网段、互联私有广域网中相关的局域网以及将各广域网互联而形成了因特网，这样路由器就失去了原有的网关概念。然而，术语网关仍然沿用了下来，它继承了原来路由的功能。

◆ 无线路由器　这个应该很好理解，无线路由器就是带有无线覆盖功能的路由器，它主要应用于用户上网和无线覆盖。市场上流行的无线路由器一般都支持专线 xDSL/cable，动态 xDSL，PPTP 四种接入方式，它还具有其他一些网络管理的功能，如 DHCP 服务、NAT、防火墙、MAC 地址过滤等等功能。

◆ 无线网关(Wireless Gateway)　无线网关也叫无线协议转换器，它在传输层实现网络互联，是最复杂的网间互联设备，仅用于两个高层协议不同的网络互联。这里所说的无线网关也使用 2.4GHz ISM 频段，物理层数字传输带宽同样可达 11Mbps。

另外，现在市场上很多路由器都集成了一些过去只有网关才具有的功能，例如防火墙、VPN 等功能。这也是现在市场上无线宽带路由器和无线网关路由器混用的原因之一。

4.9.1 无线网关的选择

目前市面上无线网关产品种类还是很多的。总的说来，市场中的产品都具有小巧、便携、多功能、实用等特点，而且有些产品在设计上也充分考虑了用户的需要。

有的产品背后设有挂孔，可以很方便地挂在墙上。作为接收端设备操作，可以将 xBOX、PS2、机顶盒、笔记本电脑和网络打印机等设备连接到已有的无线网络上。有些产品有接口连接打印机，可以变成打印机无线服务器。还有些产品支持摄像头，可以成为无线监控设备。具体采购的时候，就要根据自己的需求来选择。

下面通过一款具体的产品来详细认识无线网关。

产品名称：SMC 无线网关 SMCWTVG。

产品简介：拥有无线AP，VoIP功能，支持无线AP、无线客户端或者无线桥接三种模式，内置一个WAN端口、一个LAN端口、两个RJ-11的电话界面接孔，并且支持802.11b/g无线网络连接功能。在无线网络的收讯能力方面，因为SMCWTVG没有外接天线，采用的是隐藏式无线天线，所以收讯范围并不广。

提示：VoIP，Voice over Internet Protocol，俗称IP电话，或者网络IP电话，是利用互联网实现语音通信的一种先进通信手段，是基于IP网络的语音传输技术。

4.9.2　无线网关的配置

通过前面的介绍，其实大家应该明白，无线网关本身就是一台IP共享器，内置PPPOE自动拨号及DHCP功能，可提供无线及有线连接功能；因此其配置与无线路由器并无太大区别，配置无线网关，其主要的配置点在于打开自动拨号功能。这里仅以Intel WLGW2011BAK无线网关为例，给大家介绍一下配置与调试过程。

步骤1：连接好计算机与无线网关后，在浏览器地址栏内输入此无线网关的默认IP地址"192.168.0.10"(有些无线AP或无线网关的默认IP地址不尽相同，请参看产品说明书)，回车后再输入登录账号即可进入管理界面。

步骤2：依次单击两次右下角的"Save / Next"按钮后，再单击"Cable / DSL Settings"按钮，进入无线网关自动拨号配置页面。

步骤3：在配置页面中，勾选"PPPOE Username / Password"选项，并在下方的"User Name(PPPOE)"后面输入ADSL拨号的用户名，然后在"Password(PPPOE)"和"Retype Password"后面两次输入密码，最后按页面右下角的"Apply"即可保存设置。

提示：在设置完成后，最好再通过管理界面提供的检查选项来检查设备连线状态，无线及有线功能是否连线正常等。另外，有时可能会遇到一些常见问题，可从用户手册及光盘中附带的简易故障排除手册中寻找解决办法，如有线可以连，但无线却不可连等情况。

步骤4：设置进阶。

一般在无线AP或无线网关设置界面中，还会出现一个"Hide AP Access"的设置(意为隐藏AP的访问)；如果选中此选项，那么无线终端即使位于无线AP的信号覆盖范围内，也无法扫描和发现这个AP。只有确切知道在无线AP中设置的SSID值，才能正常连接和访问AP。这种功能最大地保护了AP的安全并且屏蔽了非法用户的访问。

当然，不同的产品设置界面肯定不尽相同，但设置的参数却都大同小异，只要明白了需要设置的参数及其含义，任何产品都可轻松上手。

4.9.3　配置中常见术语解释

在无线网关配置界面中，我们往往可以看到许多配置术语，了解这些术语的含义，可以让我们的配置过程更加轻松；并且在另外的产品中，也能够轻易进行配置。

(1)Channel

解释：指信道，相当于电视机的频道。一般无线网卡附带的配置程序中会有一个功能就是扫描当前连接的AP哪个信道信号最好。对于一般家庭环境，选择"CH1"就可以了。

(2)AP name

解释：当网络中有多个AP工作时，为了便于管理，每个AP都必须有自己的名字。可以根据需要任意填写。由于一般家庭只有一个AP，因此这里它与SSID的识别作用一样。

(3)Mode

解释:AP 可以工作在三种模式下,AP 指连接有线和无线网络,起到透明的桥接作用;Repeater 指中继模式,可延伸无线信号的覆盖范围,连接两个或两个以上分散的网络;AP+Repeater 指允许 AP 同时工作在 AP 和 Repeater 模式下。显然对于家庭用户来说,肯定是选择"AP 模式"。

(4)SNMP

解释:这是网络设备管理和监控的一个标准协议,这一项选择"允许(enable)"即可。

第5章

无线局域网拓扑结构

无论采用哪种传输技术，无线局域网的网络拓扑结构基本上是一样的，即拓扑结构仅可归结为两个基本类：无中心拓扑和有中心拓扑。根据无线接入点(access point，AP)的不同功用，WLAN 可以实现不同的组网方式。目前有点对点模式、基础结构模式、多 AP 模式、无线网桥模式、无线中继器模式和 AP Client 客户端模式等组网方式。

5.1 无线局域网拓扑结构

5.1.1 点对点模式 Ad-hoc (peer-to-peer)

点对点模式 Ad-hoc (peer-to-peer)又称为基于对等结构模式或称为自组织网络，它是 WLAN 的一种特殊结构体系，属无中心拓扑结构。它由无线工作站组成，用于一台无线工作站和另一台或多台其他无线工作站的直接通讯，没有中心基站，在有限的范围内实现了多个移动工作站互联。这种网络也被称为移动自组网，它为移动通信网络提供了一种灵活的组网方式。该网络无法接入到有线网络中，只能独立使用。无需 AP，安全由各个客户端自行维护。

点对点模式组网灵活、快捷，可广泛应用于临时移动的通信环境，如发生自然灾害、事故后的应急移动通信、军事通信等。

采用这种无中心拓扑结构的缺点是当网中用户数(站点数)过多时，信道竞争会严重影响网络性能。另外，这种网络中传送的路由信息随着用户数的增加而快速上升，严重时路由信息可能占有效通信信号的大部分。因此，对高服务质量(QoS)业务的传输，必须采用特别的路由控制技术。点对点模式中的一个节点必须能同时“看”到网络中的其他节点，否则就认为网络中断，因此对等网络只能用于少数用户的组网环境，比如 4～8 个用户。

这些无线工作站以相同的工作组名、扩展服务集标识号(extended service set identifier，ESSID)和密码等对等方式相互直连，在 WLAN 的覆盖范围之内，进行点对点，或点对多点之间的通信，如图 5.1 所示。

组建这种无线网络很简单，只要在无线工作站上安装无线网卡，并将其工作模式配置成 Ad-hoc 即可。

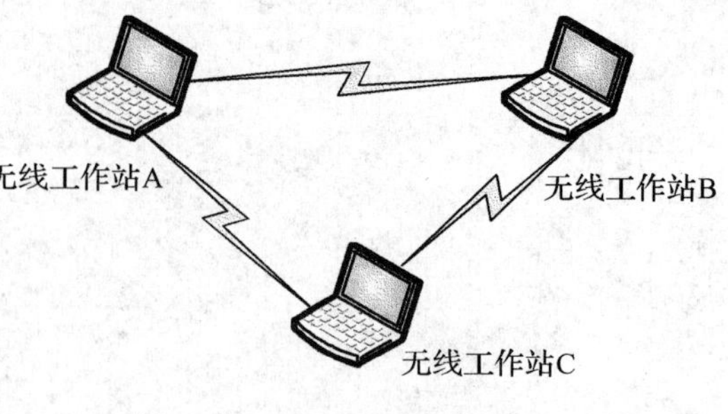

图 5.1 点对点模式

组建自组织网络不需要增添任何网络基础设施，仅需要移动节点及配置一种普通的协议。在这种拓扑结构中，不需要有中央控制器的协调。因此，自组织网络使用非集中式的 MAC 协议，例如 CSMA/CA。在这种结构的局域网中，一个基站会自动设置为初始站，对网络进行初始化，使所有同域(SSID 相同)的基站成为一个局域网，并且设定基站协作功能，允许有多个基站同时发送信息。这样在 MAC 帧中，就同时有有源地址、目的地址和初始站地址。在目前，这种模式采用了 NetBEUI 协议，不支持 TCP/IP。

自组织 WLAN 另一个重要方面，在于它不能采用全连接的拓扑结构。原因是对于两个移动节点而言，某一个节点可能会暂时处于另一个节点传输范围之外，它接收不到另一个节点的传输信号，因此无法在这两个节点之间直接建立通信。

5.1.2 基础结构模式(Infrastructure)

基础结构模式(Infrastructure)由无线接入点(AP)、无线工作站(station ,STA)以及分布式系统(distribution system services, DSS)构成，覆盖的区域称为基本服务集(basic service set ,BSS)。无线接入点也称为无线 AP，用于在无线工作站(STA)和有线网络之间接收、缓存和转发数据，所有的无线通讯都经过 AP 完成，所以也称为有中心拓扑结构。无线接入点 AP 通常能够覆盖几十至几百个用户，覆盖半径达上百米。AP 可以连接到有线网络，实现无线网络和有线网络的互联。无线工作站与无线接入点关联采用 AP 的基本服务区标识符(basic service set identifier ,BSSID)，在 802.11 中，BSSID 是 AP 的 MAC 地址。

基础结构网络虽然也会使用非集中式 MAC 协议，如基于竞争的 802.11 协议可以用于基础结构的拓扑结构中，但大多数基础结构网络都使用集中式 MAC 协议，如轮询机制。由于大多数的协议过程都由接入点执行，移动节点只需要执行一小部分的功能，所以其复杂性大大降低。但有中心网络拓扑结构的弱点是抗摧毁性差，接入点 AP 的故障容易导致整个网络瘫痪。

基础结构模式的组网形式如图 5.2 所示。

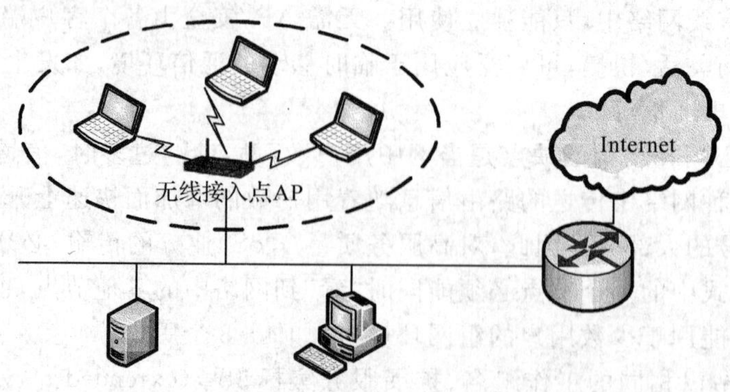

图 5.2 基础结构模式

AP 通常被安装在固定的位置上，能永久性地为靠近它的无线工作站提供服务。AP 不仅能帮助用户更容易地共享 Internet、文件和打印，还便于集中管理无线工作站，使无线网络更安全。

5.1.3　多 AP 模式

多 AP 模式是指由多个 AP 以及连接它们的分布式系统(DSS)组成的基础结构模式网络，可以看成是由多个中心构成，每个 AP 都是一个独立的无线网络基本服务集，多个 BSS 组成一个扩展服务集(extended service set，ESS)。扩展服务集内的所有 AP 共享同一个扩展服务集标示符(extended service set identifier ，ESSID)。分布式系统 (DSS)在 802.11 标准中并没有定义，但是目前大都是指以太网。相同 ESSID 的无线网络间可以进行漫游，不同 ESSID 的无线网络形成逻辑子网。

多 AP 模式的组网方式如图 5.3 所示。

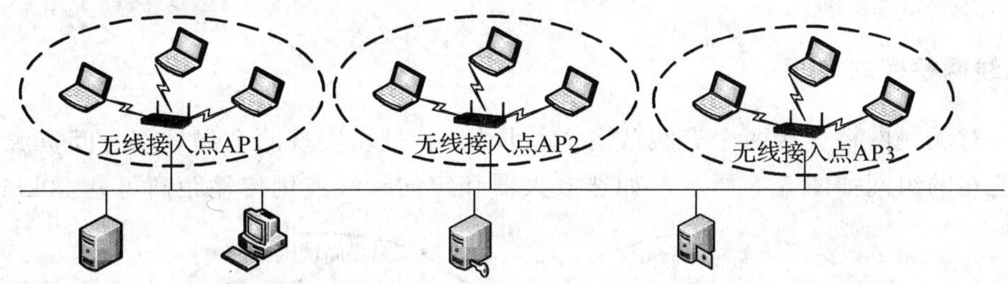

图 5.3　多 AP 模式

多 AP 模式有时也称为“多蜂窝结构”。蜂窝之间建议有 15%的重叠范围(见图 5.4)，便于无线工作站在不同的蜂窝之间做无缝漫游。所谓“漫游”就是一个用户从一个地点移动到另一个地点，应该被认定为离开一个接入点，进入另一个接入点。漫游功能要求小区之间必须有合理的重叠，以便用户不会中断正在通信的链路连接。接入点之间也需要相互协调，以便用户透明地从一个小区漫游到另一个小区。发生漫游时，必须执行切换操作。切换既可以通过交换局，以集中的方式来控制，也可以通过移动节点、监测节点的信号强度来实现控制，也就是非集中式切换。

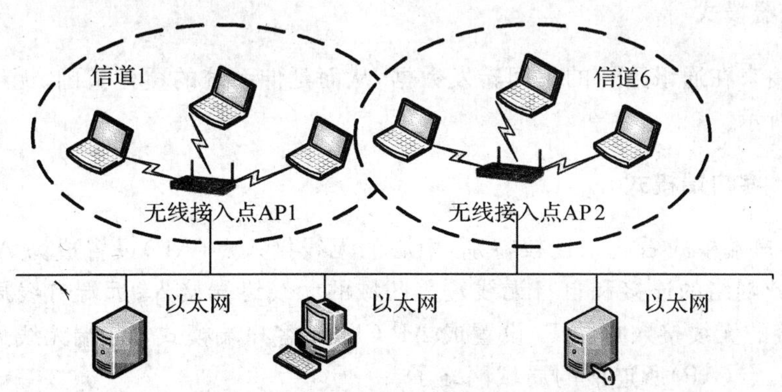

图 5.4　多蜂窝结构有 15%的重叠范围

在有线不能到达的情况下，可采用多蜂窝无线中继结构，如图 5.5 所示。

注意，多蜂窝无线中继结构可以提供有线不能到达情况下的网络连接功能；但要求中继蜂

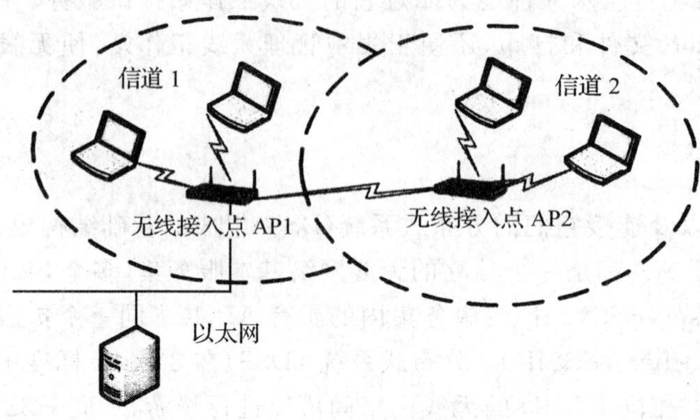

图 5.5 多蜂窝无线中继结构

窝之间需要约 50%的信号重叠，同时需要说明的是中继蜂窝内的客户端使用效率会下降 50%。

5.1.4 无线网桥模式

利用一对无线网桥连接两个有线或者无线局域网网段，实现两个局域网之间资源的共享。无线网桥模式的组网如图 5.6 所示。如选放大器和定向天线连用传输距离可达 50km。

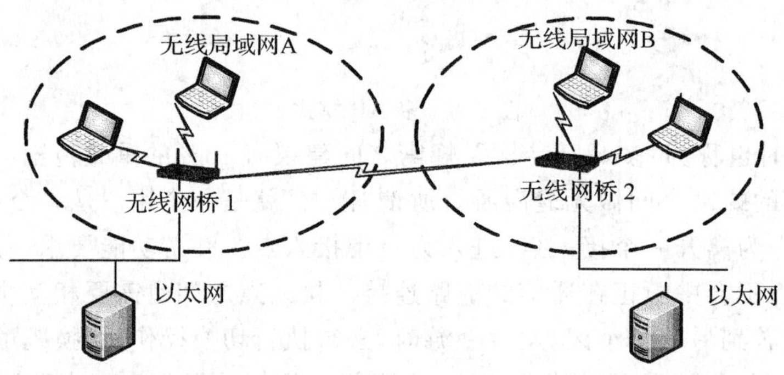

图 5.6 无线网桥模式

5.1.5 无线中继器模式

无线中继器用来在通讯路径的中间转发数据，从而延伸系统的覆盖范围。无线中继器模式的组网如图 5.7 所示。

5.1.6 AP Client 客户端模式

AP Client 客户端模式看起来比较特别，中心的无线接入点(AP)设置成为 AP 模式，可以提供中心有线局域网络的连接和自身无线覆盖区域的无线终端接入；远端有线局域网络或单台 PC 电脑所连接的无线接入点(AP)设置成 AP Client 客户端模式，远端无线局域网络便可访问中心无线接入点(AP)所连接的局域网络了。

AP Client 客户端模式应用在室外的话，物理结构上像点对多点的连接方式。但区别在于，中心接入节点把远端局域网络看成像一个无线终端的接入，它不限制接入远端 AP Client 模式的无线接入点连接的局域网络数量和网络连接方式。所以在设计时，需要充分考虑远端局域网络内部 PC 的数量和网络使用情况，如图 5.8 所示。

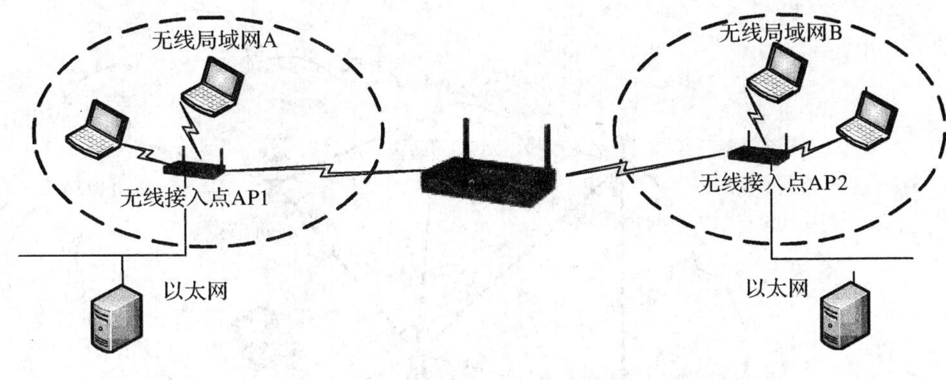

图 5.7　无线中继器模式

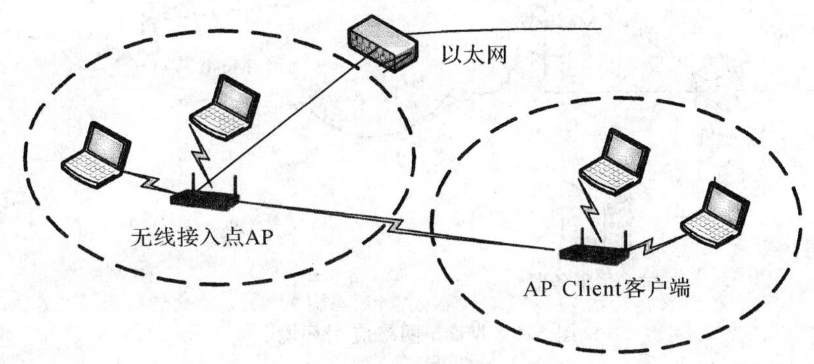

图 5.8　AP Client 客户端模式

5.2　Mesh 结构

无线网络技术的发展日新月异，各种 802.11x 标准不断被更新，新的无线网络结构和技术也不断被提出。正当无线局域网(WLAN)的发展方兴未艾时，一种新的无线 Mesh 网络(无线网状网络)又出现了。由 Mesh 结构构成的无线网络叫做无线网状网络(wireless mesh network，WMN)。"Mesh"这个词原来的意思就是指所有的节点都互相连接，无线 Mesh 网络是一种与传统的无线网络完全不同的网络。传统的无线网络必须首先访问集中的接入点 AP 才能进行无线连接。这样，即使两个 802.11b 的节点互相挨着，也必须通过接入点才能进行通信，这种网络结构被称为"单跳"网络。无线 Mesh 网络的核心指导思想是让网络中的每个节点都可以发送和接收信号，传统的 WLAN 一直存在的可伸缩性低和健壮性差等诸多问题也就迎刃而解了。无线 Mesh 网络(无线网状网络)也称为"多跳(Multi-hop)"网络，Mesh 网络技术原是一项军方技术，随着人们对 802.11a，802.11b 和 802.11g 等 WLAN 技术了解的深入，Mesh 网络才逐步成为企业界和消费者瞩目的焦点。无线 Mesh 技术的出现，代表着无线网络技术的又一大跨越，有极为广阔的应用前景，图 5.9 所示为较典型的 Mesh 网络应用环境。

无线 Mesh 是一种非常适合于覆盖大面积开放区域(包括室外和室内)的无线城域网(WMAN)解决方案。无线 Mesh 网的特点是：由包括一组呈网状分布的无线 AP 构成，AP 均采用点对点方式通过无线中继链路互联，将传统 WLAN 中的无线"热点"扩展为真正大面积覆盖的无线"热区"。

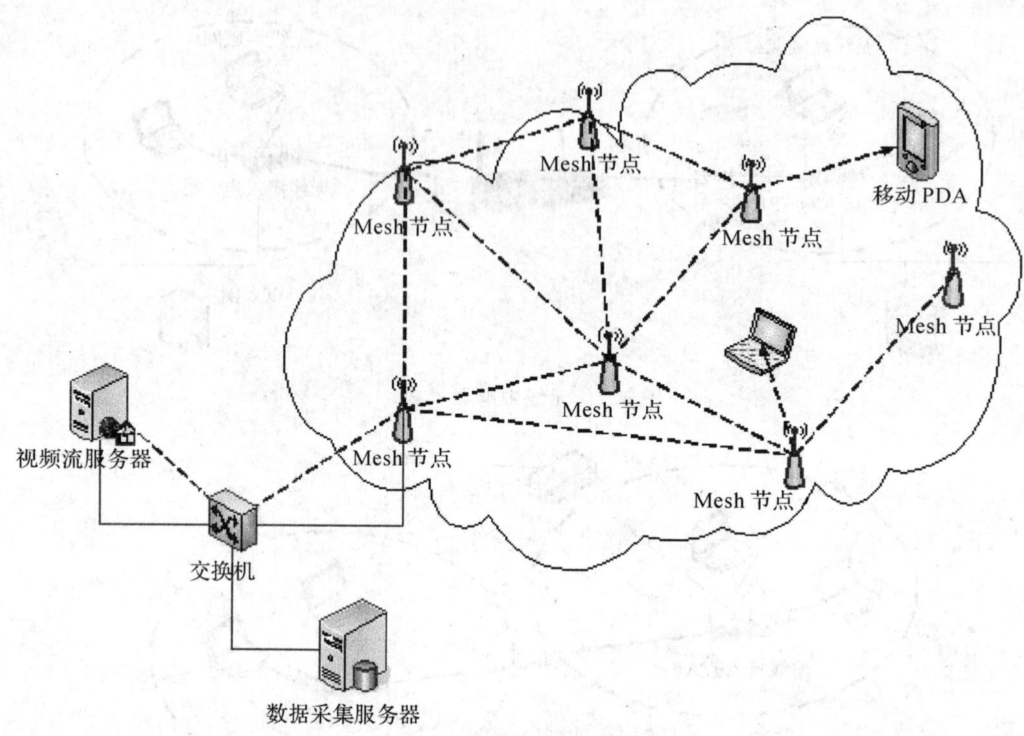

图 5.9　Mesh 网络应用环境

看清 WMAN AP 与 AP 之间通过无线方式“直达”，无需有线“中转”，这是 WMAN 同传统无线网络方式之间最大的区别。从网络构成来看，WMAN 不再是以往的星状网络连接，即一个中心点，而是 AP 间以完全对等的方式连接。因此，这大大增加了网络部署中的延展性。如果说传统 WLAN 仅仅是一种适合室内应用、相对封闭式的网络，则 WMAN 可以使其更加开放。WMAN 因其具有宽带无线汇聚连接功能，有效的路由及故障发现特性，无需有线局域网资源等独特的优势，正受到越来越多的关注。值得一提的是，由于具有自动发现拓扑及网络错误路径重路由等特性，WMAN 更加适合大面积开放区域的覆盖，为那些临时场所及无法铺设有线局域网的地区找到一种有效的替代型技术。比如在一个大的园区网络中，对于新增区域，只需要增加几个网元，整个网络就能自动生成新的网络拓扑结构，而自动发现错误并重新路由功能也避免了很多繁琐的配置工作。通过 WMAN，不再是“小打小闹”，而是可以将 WLAN 扩展为更大的社区网络。此外，借助 WMAN 组网，能够为企业节省大量的 EI 线路，从而降低了运营维护成本。

这种结构的最大好处在于：如果最近的 AP 由于流量过大而导致拥塞的话，那么数据可以自动重新路由到一个通信流量较小的邻近节点进行传输。依此类推，数据包还可以根据网络的情况，继续路由到与之最近的下一个节点进行传输，直到到达最终目的地为止。这样的访问方式就是多跳访问。

假如你还想象不出 Mesh 网络是什么样子，大可不必为此绞尽脑汁，其实你所熟知的因特网的构架就是一个 Mesh 网络的结构。例如，当我们发送一份 E-mail 时，电子邮件并不是直接到达收件人的信箱中，而是通过路由器从一个服务器转发到另外一个服务器，最后经过多次路由与转发才到达用户的信箱。在转发的过程中，路由器一般会选择效率最高的传输路径，以便使电子邮件能够尽快到达用户的信箱。

与传统的交换式网络相比，无线 Mesh 网络去掉了节点之间的布线需求，但仍具有分布式网络所提供的冗余机制和重新路由功能。在无线 Mesh 网络里，如果要添加新的设备，只需要简单地接上电源就可以了，它可以自动进行自我配置，并确定最佳的多跳传输路径。添加或移动设备时，网络能够自动发现拓扑变化，并自动调整通信路由，以获取最有效的传输路径。

众所周知，接入因特网的用户位于网络的边缘，他们通过网络内部的路由器和节点相互联接，而这些路由器和节点的连接方式是：当任意两个节点之间的一条链路失效后，路由器会经由一个或多个别的路由器找到一条另外的替代路径。这其实就体现了 Mesh 网络的思想。

Mesh 网络的作用不仅仅体现在能提供冗余的链接方面，最重要的是它能使数据经由多个节点进行传输，从而使付出的功率代价最小。想象一下使用电池供电的便携式电脑的情况，假如通过 GPRS 卡与几公里外的蜂窝塔站进行连接的话，电池可能没有足够的电量来维持连续的工作；但如果是 Mesh 网络，这些电量就足够使电脑通过仅几步远的蓝牙节点与其他站点进行通信。

5.2.1　无线网状网与同类技术的比较

1. Mesh Vs Wi-Fi

Wi-Fi 是基于 IEEE 802.11x 标准的技术。目前，Wi-Fi 包括 IEEE 802.11b，802.11a 和 802.11g。Wi-Fi 发射采用的是低功率无线电信号，穿透能力差，不能穿过金属、水或其他密度高的材料。通常情况下，在一般典型的居家或办公室里，Wi-Fi 网络的传输距离大约为 25～50m。在户外开放的环境里，Wi-Fi 网络的传输距离也只有 300m 左右。

由于 Wi-Fi 网络的特点是带宽较高但通信范围较小，并且不具有移动性，但价格便宜，因此，它主要用于小范围的无线通信，被定义为无线局域网。

目前，Wi-Fi 网络迅速向人群聚集的地点或楼宇内发展，如咖啡店、酒店、机场候机大厅、写字楼等地为用户接入互联网的服务。

无线网状网（无线 Mesh 网络）是一种基于多跳路由、对等网络技术的新型网络结构，具有移动宽带的特性，同时它本身可以动态地不断扩展，自组网、自管理、自动修复、自我平衡。相对于 Wi-Fi，无线 Mesh 在组网方式、传输距离以及移动性上都有很大的改进，特别是它具有兼容 Wi-Fi 的特性，因此无线 Mesh 网络会对 Wi-Fi 在增加传输距离和移动性，扩展 Wi-Fi 应用上提供很大的帮助。同时，终端目前的普及应用又会为无线 Mesh 的迅速推广带来好处。因此，Wi-Fi 和无线 Mesh 网络可以相互补充、相互融合。

2. Mesh Vs 3G

众所周知，3G 已经酝酿很久，而且得到世界著名的各大通信公司的支持和拥护，我们国内也有 TD-SCDMA 专有技术，可谓众望所归。无需质疑，3G 肯定会到来，只是一个时间问题，但由于 2.5G 和 WLAN 的加强运作，延长了 2G 的寿命，再加上无线 IP 城域网的出现以及 3G 标准和技术上存在的一些问题，使得 3G 处于非常被动的局面。到目前为止，数字移动电话在一些基本应用上已经做得很完美，如语音通信、短信、简单的新闻服务以及股市行情等。下一步移动通信所要解决的就是实现移动电话之间更加直接的视频通信，但是目前实际运行当中的 3G 的数据传输速率还不理想。巨额的牌照费、技术问题、终端问题使 3G 的发展任重而道远，运营商需要投入大量的资金、人力来建设和完善，这些因素都会给 3G 的发展带来巨大的挑战。

无线 Mesh 网络也具有移动、宽带的特性，与 3G 提供的业务有些相近。但是两者的定位有所不同。3G 定位在广域网，与 2G，2.5G 一样，将继续为公众移动通信服务，3G 发展必须依赖大规模布网，时间会比较长。而无线 Mesh 是基于 IP 的，定位在城域网，组网灵活，可以先在小范围使用，然后逐渐发展起来，更适合于各垂直行业的专网应用。它先于 3G 进入市场，同时它又具有很强的兼容性，便于将来与 3G 兼容，解决 3G 末端接入的问题。“移动走向 IP”和“IP 走向移动”是通信发展的趋势，相信在未来的通信市场，3G 与 Mesh 的结合存在很大的可能性。

3. Mesh Vs WiMAX

WiMAX 是当前市场比较看好的技术，定位在无线 IP 城域网，包含 802.16a，802.16e。802.16a 的标准已经制定，只支持视线范围传输，固定点接入，支持点对点或点对多点组网；802.16e 标准尚处在开发阶段，将会支持非视线传输和具有一定的移动性。目前市场上 WiMAX 成熟的商用化产品还没有推出。非常有意思的是，Mesh 先有了商用化产品，标准刚刚开始制定，而 WiMAX 却是有了标准，还没有商用化产品。从市场角度讲，无线 Mesh 与 802.16a虽然都是城域网应用，但是不会产生任何竞争，无线 Mesh 是移动城域网，目标是为专网中的个体提供移动宽带服务；而 802.11a 解决的是点对点或点对多点的固定接入。待 802.16e 产品（加入了移动性能）出来，可能会与无线网状网有竞争关系，但因目前标准还未出来，所以还存在着一些不确定的因素。

总体来说，在占有市场空间方面，无线网状网已经先于 WiMAX，3G 进入市场了。同时，无线网状网也可以依靠已被市场接受的 Wi-Fi 终端迅速发展起来。从技术上分析，Mesh，Wi-Fi，WiMAX 彼此可以相互补充，共同组成无线城域网。Wi-Fi 以低廉的成本、普及的应用占据末端局域网接入市场，WiMAX 则可以作为城域范围的固定点接入，无线网状网能够实现城域范围内的移动宽带专用通信网。当然，随着技术和市场的不断发展，无线网状网与将来的 802.16e 和 3G 在业务层面上的确存在着重叠的地方，由此也会带来一定的竞争，但我们目前所能得出的结论则是：它们之间的互补性要大于竞争性。

5.2.2 Mesh 的优势

与传统的 WLAN 相比，无线 Mesh 网络具有以下几个无可比拟的优势：

(1) 快速部署和易于安装。安装 Mesh 节点非常简单，将设备从包装盒里取出来，接上电源就行了。由于极大地简化了安装，用户可以很容易增加新的节点来扩大无线网络的覆盖范围和网络容量。在无线 Mesh 网络中，不是每个 Mesh 节点都需要有线电缆连接，这是它与有线 AP 最大的不同。Mesh 的设计目标就是将有线设备和有线 AP 的数量降至最低，因而大大降低了总拥有成本和安装时间，仅这一点带来的成本节省就是非常可观的。无线 Mesh 网络的配置和其他网管功能与传统的 WLAN 相同，用户使用 WLAN 的经验可以很容易应用到 Mesh 网络上。

(2) 非视距传输（NLOS）。利用无线 Mesh 技术可以很容易实现 NLOS 配置，因此在室外和公共场所有着广泛的应用前景。与发射台有直接视距的用户先接收无线信号，然后再将接收到的信号转发给非直接视距的用户。按照这种方式，信号能够自动选择最佳路径不断从一个用户跳转到另一个用户，并最终到达无直接视距的目标用户。这样，具有直接视距的用户实际上为没有直接视距的邻近用户提供了无线宽带访问功能。无线 Mesh 网络能够非视距传输的特性大大扩展了无线宽带的应用领域和覆盖范围。

(3) 健壮性。实现网络健壮性通常的方法是使用多路由器来传输数据。如果某个路由器发生故障，信息由其他路由器通过备用路径传送。E-mail 就是这样一个例子，邮件信息被分成若干个数据包，然后经多个路由器通过 Internet 发送，最后再组装成到达用户收件箱里的信息。Mesh 网络比单跳网络更加健壮，因为它不依赖于某一个单一节点的性能。在单跳网络中，如果某一个节点出现故障，整个网络也就随之瘫痪。而在 Mesh 网络结构中，由于每个节点都有一条或几条传送数据的路径。如果最近的节点出现故障或者受到干扰，数据包将自动路由到备用路径继续进行传输，因而整个网络的运行不会受到影响。

（4）结构灵活。在单跳网络中，设备必须共享 AP。如果几个设备要同时访问网络，就可能产生通信拥塞并导致系统的运行速度降低。而在多跳网络中，设备可以通过不同的节点同时连接到网络，因此不会导致系统性能的降低。

（5）更大的冗余机制和通信负载平衡功能。在无线 Mesh 网络中，每个设备都有多个传输路径可用，网络可以根据每个节点的通信负载情况动态地分配通信路由，从而有效地避免了节点的通信拥塞。而目前的单跳网络并不能动态地处理通信干扰和接入点的超载问题。

（6）高带宽。无线通信的物理特性决定了通信传输的距离越短就越容易获得高带宽，因为随着无线传输距离的增加，各种干扰和其他导致数据丢失的因素随之增加。因此选择经多个短跳来传输数据将是获得更高网络带宽的一种有效方法，而这正是 Mesh 网络的优势所在。

（7）在 Mesh 网络中，一个节点不仅能传送和接收信息，还能充当路由器对其附近节点转发信息，随着更多节点的相互连接和可能的路径数量的增加，总的带宽也大大增加了。

（8）此外，因为每个短跳的传输距离短，传输数据所需要的功率也较小。由于多跳网络通常使用较低功率将数据传输到邻近的节点，节点之间的无线信号干扰也较小，网络的信道质量和信道利用效率大大提高，因而能够实现更高的网络容量。比如在高密度的城市网络环境中，Mesh 网络能够减少使用无线网络的相邻用户的相互干扰，大大提高了信道的利用效率。

5.2.3　Mesh 的不足

尽管无线 Mesh 联网技术有着广阔的应用前景，但也存在一些影响它广泛部署的问题。

（1）互操作性

目前影响无线 Mesh 技术迅速普及的一个重要障碍就是互操作性。正如任何一种新兴的网络技术刚出现时一样，无线 Mesh 网络现在还没有一个统一的技术标准，用户现在要么就只能使用某一个厂商的无线 Mesh 产品，要么面临如何与各种不同类型的嵌入式无线设备接口的问题，这个问题是目前影响无线 Mesh 技术推广使用最重要的原因。鉴于此，目前一些公司正在开发能够适应不同无线环境的可配置的无线网络设备，互操作性有望得到一定程度的解决。但要想彻底解决互操作性问题，最终还需要业界制定统一的无线 Mesh 技术标准。

（2）通信延迟

由于在 Mesh 网络中数据通过中间节点进行多跳转发，因此每一跳至少都会带来一些延迟，随着无线 Mesh 网络规模的扩大，跳接越多，积累的总延迟就会越大。一些对通信延迟要求高的应用，如话音或流媒体应用等，可能面临无法接受的延迟过长的问题。目前解决这一问题主要是通过增加 Mesh 节点以及合适的网络协议。随着多无线 Mesh 节点技术的出现，这一问题将得到最终解决。

（3）安全

与 WLAN 的单跳机制相比，无线 Mesh 网络的多跳机制决定了用户通信要经过更多的节点。而数据通信经过的节点越多，安全问题就越变得不容忽视。Internet 本身是使用 Mesh 方式进行通信的典型，它的安全隐患是众所周知的。尽管有线网络中使用的各种端到端安全技术，如虚拟专用网(VPN)同样可以用来解决无线 Mesh 的安全问题。但正如 Internet 一样，无线 Mesh 网络的安全是一个不容忽视的问题。

5.2.4 关于 Mesh 的组织与标准

世界上也成立了类似于 Wi-Fi 和 WiMAX 联盟组织叫 Wi-Mesh。在 2005 年 5 月的 IEEE 802.11 Task Group S (TGs)会议上，Wi-Mesh 联盟发表了一项网状 WLAN(无线 LAN)标准的提议，并由多方提议对无线网状网络进行标准化。依照该组织表示，Wi-Mesh 联盟建议此标准能利用任何网络设备覆盖户内与户外区域。

IEEE 802.11 TGs 是由 IEEE 802.11s 发展而来的升级版本，它更强大、更容易依靠 802.11技术来配置网状网设备。目前该组织把眼光放在了适配器和自适应系统，其中包括多段式网状技术的无线广播、多点传送和单播传输。

目前关于该标准共有 15 个提案，该标准被称为 IEEE 802.11s。这些标准的提案尚属首次，各方需要磋商、妥协与合并，到最终要形成一个草案。

网状网络降低了无线局域网对有线的依赖，可以让多个接入点相互传送彼此的流量。传统的无线接入点需要独自接入有线网络，而无线网状网络只需一条线就可以为多个接入点提供服务。通信流量可以从一个接入点跳到另一个接入点上，直至找到有线联结点为止。尽管每个点还需要电源供应，但是由于降低了有线网络线路的租赁费用，整个网络的成本也被降了下来。

当一个新接入点加入进来时，它可以自动完成安全和服务质量方面的设置。整个网状网络的数据包会自动避开繁忙的接入点，找到最好的路由线路。生产商已经开始生产无线网状网络产品，但是由于没有标准，各家的接入点相互不兼容。

另外，一个比较突出的提案是由 SEE Mesh 组织提出的，该机构的成员包括一些业内重量级企业，如英特尔、德州仪器、诺基亚和摩托罗拉，此外还包括日本移动运营商 NTT DoCoMo。

第6章

无线局域网规划与设计

在了解了WLAN种种好处以及相关标准之后，您可能迫不及待地想了解该如何构建一个WLAN网络。不过首先要说明的是，大干快上要不得，您需要全面了解所安装设备的要求和特性，这对于最大限度地提高WLAN部署的性能，以及提供最佳用户体验都非常重要。WLAN的部署具体地讲就是根据自身需求和网络容量，因地制宜、精确地定位AP的装配位置。同有线网络的建设一样，这项工作同样有一整套严格的工程要求，在某种意义上，也强调“结构化”设计。

本章主要讲解无线局域网的设计过程。无线局域网设计是一项复杂的工作，许多网络工程师和设计者都想寻求一个设计捷径，但是很难。因为大家都很清楚，周详的网络设计价值是无法估量的，而一个好的设计方案，必定有一定的步骤。无线局域网的设计方法很多，到目前为止，每一种设计方法都必须依据所要设计的网络进行一些修改，也就是说还没有一种固定的设计格式。但是可以断言，随着无线局域网的日益普及，专门针对无线局域网的设计方法也会应运而生。

6.1 设计目标

首先要确定设计目标。实现移动办公的呼声越来越高，通过自带笔记本可方便地接入Internet共享网络资源，同时无线局域网(WLAN)还拥有传统有线网络所不能比拟的扩容性和移动性。

前期规划与设计主要解决目标区域的无线网络覆盖，如何增强无线网络安全性和不同等级用户可以访问网络资源的权限控制，以及在无线平台上推广增值业务，如无线语音等，使得人们可以使用Wi-Fi手机与外界实现语音通信。

无线网络的建设目标如下：

(1)可实现数据业务和语音业务的同时运行，并要确保语音业务的实时性。

(2)可方便地集中管理，有线和无线网络采用统一的认证和计费系统无缝互联，实现运营。

(3)该系统具有方便、成熟的扩展性。

(4)架设无线网不要更改原有网络的规划和配置。

(5)无线系统具有较高的安全性,可以对无线的入侵和威胁作出有效的反映和防护。

(6)采用国际统一标准,以拥有广泛的支持厂商,最大限度地采用同一厂家的产品。

6.2 设计原则

在整体规划设计无线局域网时,需要考虑以下几个基本原则。

6.2.1 实用性

实用性遵循面向应用、注重实效、急用先上、逐步完善的原则;充分保护已有的投资,不设计成华而不实的网络,也不设计成利用率低下的网络,要以实用性的原则要求为依据,建设具有最低 TCO(拥有的总成本最低)、最高性价比的 WLAN。

6.2.2 安全性

必须具有高度的保密机制、灵活方便的权限设定和控制机制,以使系统具有多种手段来防备各种形式的非法侵入和机密信息的泄露。

很多企业用户对无线局域网安全都抱有戒心,他们直觉认为,与有线接入相比无线接入是不安全和不可靠的。但其实近年无线局域网安全标准发展迅速,特别在 802.11 标准这个领域上,无线局域网的安全比有线以太网的接入实际上更为安全可靠。一个最简单的例子就是在有线网接入时大多企业都不要求用户作认证,通常用户只需把计算机插入网络端口,然后透过 DHCP 就可以获得 IP 地址接入局域网内。但无线局域网发展到今天,基本上用户是必须要通过网络认证才可入网,且数据传输是必须加密,所以从根本上讲无线网络协议本身就已经有很好的安全保护机制。反而在企业内网的有线接入,连一般最基本的日常生活都经常使用的用户认证,如身份核实(安检、登机牌、车票检查等),都没有实行。

新一代的无线局域网一般都带有无线电波监控能力,有些甚至能提供无线入侵侦测、无线终端位置追踪。由于无线用户没有固定的接入点或物理位置,所以使用了这些功能后就可大大提高无线局域网的安全接入管理和保护。

解决安全性问题需制定统一的网络安全策略和过滤机制,充分使用各种不同的网络技术,如虚拟局域网络(VLAN)、代理、防火墙等。从数据安全的角度来讲,还应将重要的数据服务器集中放置,构成服务器群,以方便采取措施集中保护,并对重要数据进行备份。

6.2.3 可管理性

系统具有良好的网络管理、网络监控、故障分析和处理能力,使系统具有极高的可维护性。

企业网络作为一种地理范围,分布着较大的园区网(甚至是一种多个园区网连接而成的广域网),日常管理及维护的工作量较大。为了尽可能提高工作效率,减少网络停顿时间,同时为未来网络的发展打下基础,必须使园区网具有良好的可管理性。

企业面对无线局域网的另一难题是怎样有效管理分散在园区内的众多 AP。第一代无线局域网的所有网络配置都必须在 AP 上设定。试想要设置几百个分散在园区网内 AP 的频率和功率并要确保它们之间互不干扰，这是一种极之费时和复杂的工作。又如要实现最基本的 802.11 安全就必须在所有的 AP 内设置密钥，例如 64/128 位的 Static WEP 密钥。只要其中有一个 AP 的密钥设置不对，无线终端就不能漫游到这个 AP 的覆盖范围。当无线局域网持续发展，规模递增时，这种单纯以更改每个 AP 配置来调整无线局域网的功能从根本上已经是不管用了。由于网络架构上出现缺陷，很多企业无线网的功能都变得很难实现或根本无法实行，这使得无线网管理更复杂甚至于无法管理，对企业 IT 运营无线局域网构成重大压力。

过去很多企业会把无线电波或无线接入和其他网络层单独分开管理。实际上这样做不但会弄得无线网络管理更复杂，而且会造成无线局域网的安全漏洞。由于无线用户是没有固定接入点的，所以单纯依靠物理位置来实施安全访问策略控制是有一定难度的。但 802.11 只是针对链路层的协议，所以对于无线用户或终端通过 802.11 接入后的网络访问是没有限制的。

为了使组建的无线局域网具有可管理性，选择方案时应考虑以下几个方面：

(1)对网络实行集中监测，分权管理，并统一分配资源；

(2)选用先进的网络管理平台，可以集中对全网设备(路由器、以太网交换机等)实施具体到端口的管理能力，并可提供及时的故障报警和日志；

(3)选用的网络设备及其连接在网络上的重要设备都应支持远程管理；

(4)设计时需充分考虑运行维护的问题，特别在工程结束时，应要求建设方提供足够的设计及实施文档。

6.2.4　可靠性

系统必须可靠运行，主要的、关键的设备应有冗余，一旦系统某些部分出现故障，便能很快恢复工作，并且不能造成任何损失。

网络系统的稳定可靠是应用系统正常运行的关键保证。在网络设计时，应选用高可靠性的网络产品、合理的网络架构，制订可靠的网络备份策略，保证网络具有较好的故障自愈能力，以减少网络中断时间。

在网络投入运营后，企业和用户会对网络产生依赖性，一旦网络中断，将造成巨大的影响和损失。从企业应用的角度来看，此时再考虑网络的可靠性问题，无疑是一种投资浪费。所以，在规划设计初期就应考虑无线网络的可靠性。而今天大多数的企业用户对无线局域网仍只着眼于无线信号的强弱，覆盖范围面积等，却忽视了网络的可靠性。

网络的可靠性通过网络结构和设备两点来实现。即在保证物理、逻辑线路冗余的同时，设备也要采用双电源，无单点故障级联等方式。新一代的无线局域网、无线交换技术，除了提供智能化的无线电波自动调控可确保单个 AP 接入点发生故障时不致影响无线接入服务，亦兼备了热备份无线交换机保护机制，可串联多台无线交换机作备份，以确保无线局域网的实施没有单点失误。

通常 AP 都会与无线交换机通过某种协议互联，但当无线交换机发生故障时，它连接的所有 AP 都会透过某种保护机制自动切换到网络上另一台无线交换机上。当然要成功切换，AP 则必须有另一条链路连接到备份的无线交换机上。

6.2.5　可扩展性

系统是一个逐步发展的应用环境，在系统结构、产品系统、系统容量与处理能力等方面必须具有升级换代的可能，这种扩充不仅能充分保护原有资源，而且具有较高的性能价格比。

当用户习惯了使用无线局域网后,企业内无线用户的数量便会越来越多,不但无线覆盖面需扩展且 AP 数量也需相应增多以确保无线用户的平均带宽不受影响(或增多)。但这只是单纯考虑 AP 用来做无线接入之用,实质上新一代的无线局域网,AP 已经变为多功能的无线网节点,它除了可提供无线接入外,亦可设置为无线入侵监控、无线终端追踪定位、无线电波传输分析。这些都是企业用户期盼能拥有的无线增值服务,但要控管这么多的无线格点且同时能提供多样化的服务,无线局域网就绝不可能采用过往的方式来组网,而且必须要透过一个集中式的高效交换平台来实现无线节点的架构。这种交换平台应具备智能控管无线电波能力和可随时灵活地让企业 IT 增加无线节点。

6.2.6 标准化

采用的技术支持国际标准,不应该是某个厂家专用技术和协议,应保证和其他厂商设备的互通,便于网络的投资保护。

定义客户要求后,你将需要选择正确的无线技术。就大多数企业而言,选择都停留在 IEEE 标准 802.11b 与 802.11a 之间。供应商及客户已广泛部署 802.11b 标准,他们发现其 11Mbps 的数据传输速率足以满足应用需要。市场上许多产品间的互操作性都可通过以太网兼容联盟(WECA) Wi-Fi 认证项目得到保证。因此,如果你的网络需求包括来自不同供应商的大量设备,802.11b 可能是您的最佳选择。

802.11a 标准具备更高的数据传输速率(最快为 54 Mbps),可在共享媒介正确设置的情况下提供更高的单位用户吞吐量。然而,截止到撰写本书时,WECA 对 802.11a 设备的互操作性测试尚未开始。目前只有少数几家公司正在生产 802.11a 产品(主要是接入点与 CardBus 客户机适配器)。因此,802.11a 系统应把目标指向某些最终用户,即他们的应用需要这个全新标准来提供更大的带宽。

6.2.7 技术先进性

采用先进成熟的网络概念、技术、方法与设备,既反映当今的先进水平,又给未来的发展留有余地。

如前所述,规划无线局域网时尽量采用标准化,但正如第 2 章所说的无线技术标准很多,所以要考虑到先进合理的技术是投资保护的重要方面。网络核心设备应考虑使用国内外主流厂家生产的设备,同时要把先进的技术与国际公认的标准结合起来,使网络支持国际上通用的标准网络协议。

另外,我们还应当注意以下几点:①注意多倾听第三方专家的意见,对由厂商自己介绍的先进技术必须加以确认;②注意从使用的角度倾听集成公司或其他用户的意见;③各主流厂商都有其优秀产品,关键看是否符合自己的实际需求,售价比是否合理等。

6.2.8 高性能

网络作为企业信息运行的承载平台,涉及众多不同的应用及众多用户。众多的用户不同类型的应用,包括一些实时性强的交互业务应用(如语音、图像等),势必对网络的性能提出更高的要求。因此,设计时首先要考虑有足够的骨干带宽、合理的网络拓扑结构、先进适用的技术,同时还要努力实现网络的无阻塞性,而不能使网络成为业务应用的瓶颈。

6.3 需求分析

确定了目标和有了基本原则后，要做的第一步工作是，对现有系统和未来的需求进行深入调查。

在WLAN的设计中，进行无线环境的勘查是非常重要的一个环节，其中有三个重要的因素：覆盖的范围、用户数量和使用的目的。

6.3.1 环境勘查

无线局域网更容易受到各种环境因素的影响，因此对于周围环境的调查是必不可少的。有时要画楼层草图，步行检验其准确性，楼层为复杂结构需拍照，作为RF站址勘测。现场的周围环境包括空间环境和网络环境两个部分。

对于空间环境，可以从室内环境和室外环境两种不同的情况进行描述。在室内环境中一般实现的是区域覆盖的功能，而在室外环境中一般实现的是数据链路的功能。

空间环境包括在构建无线局域网的空间内需要考虑的所有地理因素和位置因素。在空间环境中可能存在着阻碍微波传输的障碍物，比如墙壁、高山、树木等，也可能存在着未知的干扰源，比如同类微波发射设备、电磁场等，或能够对微波传播造成影响的障碍物，比如突出的建筑物和高发射的遮挡物等。

无线电波传输、接受数据的能力以及传输速度受到周围环境中各种物体的影响。因为无线信号是直线传播的，每遇到一个障碍物，无线信号就会被削弱一部分，尤其是浇注的钢筋混凝土墙体。实验表明，在10m的距离内，无线信号穿过两堵砖墙后，仍然可以达到标称的最高传输速率，但再穿过一层楼板后，传输速率将只有标称速率的一半了。可见，钢筋混凝土墙体会极大地削弱无线信号。另外其他一些建筑物材质，也是无线信号或大或小的杀手。表6.1所示为一些建筑物材质对无线电波的衰减程度。

表6.1 建筑物材质对无线电波的衰减程度

建筑物	衰减程度	举例
开阔地	无	食堂、庭院、会馆
木制品	小	内墙、房间隔断、门、地板
石膏	小	内墙（新的石膏比老的石膏对无线信号影响大）
合成材料	小	房间隔断
煤渣砖块	小	内墙、外墙
石棉	小	天花板
玻璃	小	没有色彩的玻璃窗户
玻璃中的金属网	中等	门、隔断
金属色彩的玻璃	小	带有色彩的玻璃窗户
人的身体	中等	大群的人
水	中等	潮湿的木头、玻璃缸、有机体
砖块	中等	内墙、外墙、地面

续表

建筑物	衰减程度	举 例
大理石	中等	内墙、外墙、地面
陶瓷制品	大	陶瓷瓦片、天花板、地面
纸	大	一卷或者一堆纸
混凝土	大	地面、外墙、承重墙
防弹玻璃	大	安全棚
镀银	非常大	镜子
金属	非常大	电梯、文件柜、通风设备

在 WLAN 工程中，需要通过现场勘查的方式了解建筑物和周围各种物质的材质，从而来确定 WLAN 设备的安装位置。例如将 AP 置于相对较高的位置，可以有效地消除 AP 与无线终端之间的固定的或移动的遮挡物，从而能够保证 WLAN 的覆盖范围，保障 WLAN 的畅通。

减少无线干扰问题从下面几个步骤着手：

第一，分析 WLAN 射频干扰的可能性。

第二，移除 WLAN 射频干扰的来源。

第三，调整 AP 的频谱波段。

第四，采用 802.11a 标准。802.11a 采用 5GHz 频谱，这段频谱的干扰将远较 802.11b 所采用的 2.4GHz 为小。

室外环境中无线局域网面对的环境更加复杂。室外环境可以根据空间的环境特点的不同划分为开阔环境和阻隔环境。

在开阔环境中，情况类似室内环境中的全开放环境，是没有障碍物存在的。这种情况下，构建无线局域网是一件简单的事情，只需要考虑无线网桥和天线之间的距离就可以了。用于室外的无线网桥，可以在高增益和功率放大器的帮助下将信号发送到几千米以外，但是当传输的距离超过 20km 时，架设天线时需要考虑地球表面的弯曲度。

在阻隔环境中，在室外的空间环境中存在的阻隔物都比较大，比如树木、山丘或高楼大夏等。在这种情况下，无线信号的传播链路一定要高过阻隔物体或避开障碍物。

不同于室内环境，在室外环境中还需要考虑气候的影响。如果经常有严酷的天气，例如频繁有台风、冰冻或大雨等出现，那么在构建无线局域网时必须考虑如何对暴露设备和室外设备进行保护。在天线选择上，考虑栅格天线并进行适当的加固。如果无线 AP 也需要放置在室外，则需要一个保护的柜子。由于室外的环境复杂，所以必须考虑接地，所有的无线局域网设备必须正确地接地，以防止闪电袭击或电涌产生的电流。

通过对现场的无线 RF 环境进行勘测，了解当前无线网络环境是否能够符合用户目前和未来的无线应用需求，检测是否存在对无线网络的干扰，能否满足无线网络的部署条件。

此外，通过勘测来验证无线网部署方案的可行性。如了解所部署 AP 的信号覆盖和信号强度的范围、部署 AP 数量及安放位置的合理性，信道及 SSID 划分，是否存在信道冲突等情况。

具备良好的无线网络环境，是部署无线网络的首要要素，用户往往在部署无线网络之前对当前所处无线网络环境并不了解，只有在部署完之后，才发现所部署的无线网络可能很不适合使用，或是效果不佳，浪费用户大量的时间和资源。用户往往在部署之前希望了解无线部署后的实施效果，但是没有相应量化的手段是无法验证的。我们通过对用户的无线部署方案进行验证，获得在无线网络部署方案实施之前的模拟效果，有利于用户调整自己的部署方案，从而最终达到最佳的效果，节省用户的时间和资源，减少不必要的投资，降低部署成本。

无线环境检测，查找是否存在影响无线网络应用的干扰，识别、定位干扰源，并提出相应的解决办法。出据独立的无线网络环境检测报告。

验证无线部署方案：根据用户的部署方案进行实地勘测，了解信号强度及信号覆盖情况，通道及 SSID 分布状况，噪声水平及信噪比分布；AP 的传输速率、重传率、丢包率等分布情况；检测是否存在多径干扰，确定合理的 AP 位置和数量。最好是最后能形成独立的测试报告，报告包括：信道、AP、SSID 信号覆盖效果图、信道及 SSID 分布效果图、信道及 AP 冲突分布图。

6.3.2　覆盖范围

环境勘查的下一步就是确定覆盖范围，由此确定需要部署 AP 的个数。无线信号的重叠是非常重要的，它保证漫游的顺利实现，但是它们必须工作在不同的信道上，减少干扰的发生。WLAN 的应用场合主要是在大楼内或大楼间，因此，建筑物的体积、布局、建材以及办公环境内各式各样的干扰源都是影响信号传输质量的因素。同样的一套 WLAN 设备在一个地方信号有效传输距离可能是 100 多米，换个地方可能连 50 米都不到。所以，在确定 AP 位置时，设备的标称值只能作为一个大致的参考，精确的位置必须要通过场地信号强度测试仪和比较试验来确定。许多网络厂商都有面向企业的场地信号强度测试产品，效果都不错。

场地信号强度测试工具的种类很多，有基于笔记本、袖珍 PC 的，也有基于 PDA 的。基于袖珍 PC 的测试工具用起来比笔记本灵活，但功能和适应性稍差。如果选用基于 PDA 的测试工具，最好选用能接标准 PC 卡的型号，因为在标准 PC 卡上附加无线收发功能已是时下非常流行的做法。场地信号强度测试工具比较知名的品牌和型号有：思科的 Aironet NIC，Symbol Spectrum24 以及 Agere Orinoco。

6.3.3　用户数量

所谓用户数量，是指在所给的网络需要覆盖的区域中有多少用户。对于在所给区域中定位多少用户的目的，主要是为计算每一用户将拥有多少吞吐量。这个信息也用于决定使用哪种技术。一个典型 6M 带宽的 802.11b 无线频道可以支持 30～50 个或更多的用户。对于某些特别重要的应用或用户，可以考虑配置带流量优先级管理功能的 AP，也可以选配第三方厂商具有同类功能的独立的产品，但成本要高一些。

除了要确定用户的数量外，实际上分析用户应用也很重要，用户主要是上网浏览，发 E-mail等文件传输类型的应用还是传送流媒体等，这样才能较正确地计算吞吐量及数据速率。

估算用户数并要确定用户是固定的还是移动的，是否包括漫游。作为移动用户跨 IP 域移动，还需考虑用动态 IP。

6.3.4　了解现有网络

了解现有网络的目的是为了绘制出一张精确的关于当前网络环境的拓扑结构图。这类信息对以后确定新设计与现有网络的合并/接合方式非常有用。

随着调查项目的逐步深入，就能对现有网络有一个充分的认识。只有对这些信息高度重视才能设计出最优的方案，也只有通过对现有网络运行状况的精确评估，才能消除或校正新设计的无线局域网中的潜在风险。

得到以下问题的答案是成功部署的第一步:①为何考虑部署无线解决方案?②是否能够清晰地定义您的无线网络的要求?③是否能够制定既能节约网络成本,又能提高工作效率及用户满意度的部署方案?④有多少用户需要移动性、他们需要利用移动性来做什么?⑤哪些用户应用在无线局域网上运行?⑥列出用户所需要的应用将帮助您决定最低的带宽需求并确定无线局域网的候选方案。然而切记无线是共享媒介而并非交换媒介。虽然可将大多数主流网络应用移植到共享 WLAN 上,但它并不适合于所有应用。

了解客户及其应用的要求将帮助你准确定义覆盖范围,从而不至于因错误地扩展信号发送范围而造成资金浪费或降低安全性。

6.4 设计无线局域网首要考虑的几个问题

移动、无线、网络的结合可以说是一个非常动听的构想。但随着无线局域网设备的日益普及,在企业网内使用 Wi-Fi 已经不再是少数人的专利,而是每个用户都可能有机会接触到或使用到的工具。

今天企业 IT 都面临着一个非常头痛的问题,那就是怎样管理无线局域网?由于无线局域网已被广泛应用于家庭的宽带接入,且今天绝大部分新的电子终端都内置有 Wi-Fi 这项功能,所以企业 IT 已经很难再回避在企业内不支持无线局域网这个问题。

面对这样的挑战,企业 IT 唯有尽量找出一个完善的无线解决方案。由于很多企业 IT 都缺乏无线电方面的经验,所以它们一般都比较关注无线电波干扰、信号强弱、覆盖率这些问题。除此以外,无线漫游、接入的安全、无线网络管理和维护、无线网的扩展性都是企业所关心的问题。这些问题很多都是由于无线接入在企业广泛使用或较大规模实施才衍生出来,亦是传统无线局域网不能解决的。

无线局域网交换是一种新的网络架构和技术来解决现行企业无线局域网所面对的问题。它是基于一个集中管理模式来控管所有无线接入点,传统无线功能只单纯依赖于 AP 来实现,其分为两层架构。AP 只单纯做无线电波接收(即网络的物理层),其他无线功能包括链路层、网络层、应用层,则通过专门的无线交换平台处理(即网络的链路层、网络层、应用层)。

这种网络架构是基于无线局域网发展的趋势,越来越普及和无线芯片的标准化。无线局域网越普及,则企业无线带宽和覆盖面会越广,AP 数量也必须增多,对无线接入的安全控管要求也更高更严紧。无线接入再不单纯是无线电波和无线链路或移动 IP 的实现,而是从电波以致到应用层的统一结合,只有这种方式才可以真正能满足企业无线局域网的需求。

当只有一个接入点时,漫游不是问题,选择无线频道也可以随意,只要连接不中断,其性能如何大家也不会在意。然而一旦扩充到企业级,就会出现诸多问题,如多个 AP 在信号重叠处会相互干扰。在设计时就要考虑到毗邻的信道间隔和主动将信道分离。所以在部署时,必须采用一种结构更为合理而且具备良好扩展性的方法,并采用有线网络基础设施中应用的结构和扩展性方法来构建无线网络。

6.4.1　拓扑结构的选择

WLAN 的优化设计第一要从覆盖范围的角度来考虑，第二要从其负载能力来考虑，以保证服务质量。以布置 WLAN 教室为例，假设实际的需求是要保证 30 个学生同时点播多媒体课件，一个 AP 不能满足要求，需要在同一教室里面布置两个 AP。由于用户需求是动态变化的，AP 的实际负载可能会加重或减轻，这些变化可以通过监视 WLAN 得知。网络管理员应根据实际变化对 AP 的数量和分布作出调整。

第三要考虑用户使用 WLAN 的目的，不同的应用采用不同的 WLAN 设计方案。举例来说，校园的 WLAN 使用者可能是学生，而旅馆更多是商务人士。学生上网喜欢聊天、网络游戏和语音对话，而商务人士更可能的是连接到企业的企业网、收发电子邮件和处理商务。

在进行环境勘查时需要了解用户在 WLAN 上将运行哪些应用，因为这也将决定网络的带宽。网络应用需要的带宽与同时在线的用户数量的积，就是网络需要最少出口带宽。例如，如果网络应用需要 200kbps 的带宽，而同时最多有 5 个在线用户，那么就需要 1Mbps 的互联网带宽。

总之，良好的 WLAN 设计不仅可以保证较好的服务质量，也可以减少 AP 的使用数量，从而节约成本，但其前提是事先经过充分的实地测量和评估。

6.4.2　数据传输速率

由于数据传输的速率影响范围，因此在设计阶段选择数据传输速率极其重要。接入点为客户机就无线链路提供多个数据传输速率。对于 802.11b 来说，在 4 个增量中范围从 1～11Mbps 不等；而对于 802.11a 而言，范围在 7 个增量中从 6～54Mbps 不等。客户机的无线网卡将自动切换到最快的可能接入点速率，如何完成因供应商而异。由于每个数据传输速率都有其独特的小区覆盖范围（速率传输速率越高，小区覆盖范围越低），因此，任何给定小区的最低数据传输速率都必须在设计阶段作出决定。可将给定数据传输速率下的小区规模看做同轴圆，更高数据传输速率的圆镶嵌在数据传输速率更高的覆盖范围内。选择最高的数据传输速率需要更多接入点来覆盖给定区域，因此，在制订方案时必须谨慎考虑，确保所需的聚合数据速率与整体系统成本之间保持均衡。

6.4.3　接入点安装位置和供电

在选择 WLAN 设备的位置时，应当注意以下几个方面：

(1)WLAN 设备的位置应当相对较高。前面已经叙述过，无线信号是直线传播的，每遇到一个障碍物，无线信号就会被削弱一部分。将 WLAN 设备置于相对较高的位置，可以有效地消除 AP 与 WLAN 终端之间固定的或移动的遮挡物，从而保证 WLAN 的覆盖范围，保障 WLAN 的畅通。

(2)WLAN 设备应当尽量居于中央。由于 WLAN 设备的覆盖范围是一个圆形区域，所以，只有将 WLAN 设备置于中央，才能保障覆盖区内的每个位置都能接收到无线信号，从而可以有效地接入 WLAN。WLAN 能够自动调整传输速率，以适应复杂的网络环境。离 WLAN 设备越近，无线信号越强，抗干扰能力越大，传输速率也就越高。反之，离 WLAN 设备越远，无线信号就越弱，抗干扰能力越差，传输速率也就越低。

(3)不要穿过太多的墙壁，尤其是浇注的钢筋混凝土墙体。如果建筑物是两层或两层以上建筑,建议在每一层楼都单独设置一个 AP,以保证本楼层内能够覆盖无线信号。另外,如果建筑物的隔间比较多,那么,应当保证 AP 与 WLAN 终端之间不超过两道墙;否则,就应当考虑安装多个 AP,以保证无线信号的强度。

(4)多 WLAN 设备的覆盖范围应当重叠。随着距离的延长,无线信号将越来越弱,传输速率也将不断下降。因此,为了保证有足够的网络带宽,就必须使每个 WLAN 设备的覆盖区域有少量的重叠。只有覆盖范围少许重叠后,才能尽可能多地减少无线电波的盲区,使 WLAN 覆盖到整个空间。

(5)有些 AP 提供了以太网供电(符合 802.3af 标准)功能,这就省去了外接电源,为布放提供了便利条件。

(6)为了保护设备的完好、防雨和正常工作,室外 AP、网桥以及相关设备应放置在密封的配电盒内。由于天线布置在楼顶较高的位置,出于安全考虑,要加装避雷器。

在传统的办公、教育或医疗保健环境中,可将接入点安装在天花板上。对于净高很高的仓库及其他设施,应将接入点安装在 15～25 英尺之间。将接入点安装在这个高度,设备供电遇到的困难则更多。在这些情况下,你应考虑部署允许你通过 5 类以太网电缆供电的 POE 交换机。这种情况下的供电接入点可大幅度降低安装成本和复杂性。

在零售店等公共领域,将接入点安装在看不见的地方同样也有危险。如果必须将它安装在天花板上,你通常需要将天线置于天花板下方,以便能够适当地发送信号。这意味着你的接入点要具备遥控天线功能,而且许多地区的法律都要求:如果将此类设备安装在天花板上,则它必须达到压力通风要求,以便确保你选择的接入点具备满足所在地区特定防火法规要求的金属壳。

6.4.4 天线的选择

每个接入点都配有一种天线系统,其中一些(如被设计用于 802.11a U-NII 1 室内频带的接入点)是需要永久附带的天线,其他则需要可通过天线电缆远程安装的天线。然而,由于用于射频的同轴电缆信号丢失率很高,因此天线距离接入点不能超过几英尺。采用正确的天线,系统可很好地运转,而天线安装不当则只能使系统保持基本运行。正确的天线选择与安装可大幅度减少接入点的需求数量,从而降低系统的总成本。例如,如果设计时将 2.4GHz 外置天线考虑在内,则大型网络将从中大大受益。

分集式天线系统使用两个相互分离的天线,或者在某些情况下使用两个位于单一机箱中的天线。无线电设备随后便能够选择最佳天线来接收信号。使用分集式天线来克服多路干扰(当无线电波被物理反射回来并以多种路径发送到目的地时出现这种现象)可大幅度提高接收能力及覆盖范围。

虽然覆盖范围是天线选择和安装过程中最重要的决定因素,但不是唯一的标准。大楼建筑、天花板高度、楼内障碍物、可用的安装位置以及物理审美等都应在考虑之列。钢筋与混凝土结构具备不同的无线电传播特征,因此在决定天线方案时的考虑因素自然不同。产品库存及搁架式仓库环境等内部障碍也是考虑因素。例如,含水量高的任何产品都吸收 2.4GHz 射频的能量。在仓库中,用搁架存放纸质或纸板质产品可能会因产品含水量高而导致射频“盲区”或出现死点。

外部考虑因素(如禁止使用大型天线的公共场所)可能要求有创造性的天线安装方法,以便使其不再成为障碍并与周围环境相得益彰。

6.4.5　与有线 LAN 相连接

你的无线局域网采用哪种方式与有线网络相连接?切记客户要在办公室之间、楼层之间甚至是大楼之间移动。当用户在子网间移动时,你还需要考虑更多的因素。某些操作系统(如 Windows XP 及 Windows 2000)支持自动动态主机控制协议 (DHCP)的释放/更新,以便获得用于新子网的 IP 地址。然而,虚拟专用网络等某些 IP 应用在这些特性启动时无法发挥作用。这个问题可通过为你的无线局域网实施平面网络设计得到解决,在此,漫游区域中的所有接入点都位于相同分段内。

许多大型公司都使用多个平面网络。他们决定用户通常漫游的位置并试图基于覆盖范围将无线网络分成若干个网络段,每个网络段包括漫游其中的最少用户数量。如果不涉及到室外覆盖,则您将在大楼间移动时丧失 IP 连接,因此,良好的分段方案是为每幢大楼提供一个子网。

6.4.6　站点调查

对于大规模无线局域网而言,组网的主要技术难点在于:多种无线网络设备之间和无线网络设备与有线网络设备之间的互联互通;多个无线局域网的布局,即接入点定位技术。尽管目前大多数的无线局域网带有接入点定位软件,可以通过测试接入点(AP)的信号强弱来确定 AP 的最佳放置方案。然而针对大规模的、多个相邻的 AP 的定位方法,还没有成熟的理论和工具。但是,随着无线局域网络规模的扩大,接入点定位技术必然成为无线局域网设计和规划中的关键技术。

AP 的位置首先应根据实际的场景和需求进行初步选择,然后再通过实地测量进行调整。定位需要遵循以下原则:①AP 覆盖区域之间无间隙;②AP 之间重叠区域最小。第一条原则保证所有的区域都能覆盖到,第二条原则是要尽可能减少所需的 AP 数量。

AP 覆盖区域的确定需要根据接收到的信号强度来决定,做法是先设定一个信号强度阈值,例如为满足某个区域的 WLAN 终端点播流媒体课件的需求,通过测量得知信噪比 SNR=10dB,是能够保证点播流媒体课件质量稳定的最低信号强度,所以可将 10dB 作为阈值,凡是信号强度不低于这个阈值的区域就确定为 AP 的覆盖区域;然后进行实地测量,并记录产生 AP 的覆盖区域图,最后根据定位原则进行调整,直到满意为止。

由于各个区域的用户密度不同,一般情况下用户密度大的区域情况更复杂,所以应先在用户密度高的区域进行 AP 的布置,然后再布置用户密度低的区域。在空旷的户外可用对称圆形和球形来划定 AP 覆盖区域;而在规则的狭长或矩形建筑物内可用线形或矩形将 AP 对称分布。但是由于室内建筑结构的复杂性,例如金属防盗门、铝合金门窗等,应当在初步选择 AP 位置后进行仔细的测量,以确保所布置的 AP 能够覆盖所有区域。

如果要通过增加 AP 来提高覆盖能力和范围,则一定要在详细的规划和设计后再作出决定。在 WLAN 中,传送的数据是利用无线电波在空中辐射传播的,它可以被发射机覆盖范围内任何 WLAN 客户机所接收到。无线电波可以穿透天花板、地板和墙壁,发射的数据可能到达预期之外的、安装在不同楼层的、甚至是发射机所在的大楼之外的接收设备,这样就可能会有人非法使用你的 WLAN,更糟糕的是破坏或者攻击网络。所以必须从安全的角度出发,仔细考虑 AP 的布放位置。

另外,在布放 AP 时,必须详细考虑信道的安排和单元大小。为了实现完美的信道规划,必须仔细阅读AP的说明书或者厂商的支持网站,详尽了解该AP的无线信号覆盖范围。

总而言之,站点布放步骤如下:

(1)收集建筑物的设计图和公文,从而了解房间电源和结构基础(例如金属防火通道、墙、门口和通道);

(2)评估建筑物的环境,选择对无线信号影响最小的AP布放点;

(3)测试无线信道,确保没有干扰;

(4)选择全向或者定向天线的布放点;

(5)配置多样化的天线避免或者减少干扰。

全面的站点调查将帮助你定义覆盖范围及数据传输速率,并帮助决定最适当的接入点安装位置。调查的前提是获得尽量多的站点信息。调查同时涉及绘制覆盖区域图表以及测量信号强度。虽然信号强度调查可帮助你决定信号是否具备能被接收的强度,但信噪比(SNR)测量可帮助你将信号与固有噪音电平作对比。如果频带内的噪音很高,可能会引发接收问题,即使接入点发送的信号很强也于事无补。由于单凭信号强度来考虑问题远远不够,因此,同时使用信噪比及数据包重试测量、不得不重新发送数据包以便成功接收的次数是验证覆盖范围的最佳方法。

数据包重试次数测量(所有区域中都不得超过10%)是决定射频数据接收边界的最终方法。所在区域中的信号也许很强,但由于固有噪音电平或多路干扰问题,可能无法解码信号,从而造成数据包重试次数的增加。然而,如果不读取信噪比,将不会知道数据包重试的真正原因,是因为你不在覆盖范围之内、噪音太高,或因为信号过弱。

站点调查还必须决定射频干扰是否存在。802.11b无线局域网使用2.4GHz频段,而802.11a无线局域网使用U-NII 1及U-NII 25-GHz频段。它们都是共享的非许可频段。由于它们使用共享频谱,未考虑微波炉、无绳电话、卫星系统及其他射频设备(如射频照明系统及邻近无线局域网)等引发的干扰,因此可能对性能产生严重的负面影响。

在从物理上检查站点的同时,应标出大楼布局或绘制站点图以便显示所有覆盖范围。以大楼概观作为开端,标出需要覆盖的外部范围。为射频确定可能的障碍,如冷藏库、X光室、电梯以及微波等。由于金属对射频信号的反射能力很强,因此将金属书架及书柜等设备集中在一起也可能引发潜在的射频问题。应标出所有可能的障碍。

缺少适当的设计与安装,无线局域网就无法达到预期效果。在安装前应记录用户应用和带宽要求、选择适当的技术和产品并完成全面的站点调查,这样做将确保无线网络的成功交付,满足甚至超过你及用户的最大期望值。

6.4.7 站点调查核对清单

开展站点调查前,确定已具备下列:

(1)具体的大楼布局图(可被标记出来),包括大多数用户所处的位置。

(2)便携式电池组或其他接入点供电方式。

(3)对希望的覆盖范围及不需要覆盖的范围的具体说明。

(4)用户数量、应用说明、数据传输速率,以便决定如何通过接入点安装来适当地设置冲突区域。

(5)最终部署的无线局域网设备具备相同的品牌和型号。

(6)天线。应考虑部署多种天线,因为不同覆盖范围中的性能要求不同。

混杂供应：

(1)数码相机(为安装工作组提供照片)；

(2)固定绕线(用于临时安装接入点和天线)；

(3)传输带(也是临时安装设备的无价之宝)；

(4)小手电筒(查看天花板内的东西)。

首先,要权衡无线网络容量和覆盖之间的取舍问题。无线局域网本质上是共享网络,但用户希望应用在无线局域网上具有同在交换网络上一样的响应性,并且希望得到无线所提供的额外好处,如移动性。企业 IT 经理必须设计一种既保障用户需要的移动性,又提供他们所期待的应用响应性的共享无线网络。许多设计人员错误地只关注为用户提供足够的覆盖面,而不是将重点放在提供充足的带宽容量上。尽管你在为会议室或工作组设计基于一个 AP 的网络时,覆盖可能是设计的出发点,然而企业的应用需求使带宽容量成为真正的设计标准。道理十分简单,如果只为覆盖而设计的话,就不能提供足够的带宽。

在部署无线局域网时需要考虑的关键问题包括：确定单个接入点的 RF 覆盖,保证足够以支持所有用户的容量,以及考虑 RF 信号损耗因素。用户数量和他们的应用是推动带宽需求增长的主要因素,网络规划时必须考虑 AP 蜂窝直径内的用户数量。在一个大型办公室或用户密度很高的环境中,应当设计较小的蜂窝来取得更高的数据速率,因为墙和其他物品不会自然地限定这些蜂窝的范围。在使用较小的蜂窝时,需要更经常地重复使用频率,以保证信道不会重叠。

其次,出于对各种应用的支持,探究无线网络真正的性能非常必要。确定每位用户需要多少带宽是一项关键工作,因为你的计算将决定用户的使用感受和所需的接入点数量。一条适用于 802.11a 及 802.11g 网络的有效经验法则,是为每位用户分配 2Mbps 的下行带宽和上行带宽(总共 4Mbps),这种带宽提供了与用户在有线局域网上相同的使用感受。对于 802.11b 网络来说,经验法则是在每条方向上分配 500Kbps(总共 1Mbps),这可以提供类似于宽带 ADSL 连接类似的用户使用感受。还要考虑用户的应用对无线电活动的影响,无线电活动发生在用户发送和接收数据时。阅读网页不需要任何无线电活动,但是,一个大型企业资源规划或客户关系管理应用,会造成客户机与服务器之间很多的互动,并将造成比办公室应用多得多的无线电活动。

规划有线局域网与无线局域网之间的主要不同,在于来自建筑物中的墙体、门窗和其他固定物体的衰减造成的无线电信号损耗。如果企业要建设 802.11b/11g 无线网络的话,应当避免将接入点放置在距辐射频率也在 2.4GHz 频带设备的几英尺范围内,而 802.11a 是运行在 5GHz 之上,所以其面临的干扰问题要少很多。

在确定网络性能之后,下一步是通过无线局域网覆盖范围的宽度和长度来确定无线局域网覆盖区域的大小。一座办公楼宇可以被划分为多个部分进行设计。例如,可以单独为工程部门进行设计,因为工程部门比销售和营销人员的办公应用需要更多的带宽,可以独立于企业其他部分为热点区域(如会议室)进行设计,因为热点区域具有不同的接入和服务质量要求。

一旦确定了覆盖区域和这个区域中的客户机数量,就可以计算为这个区域提供服务所需的总带宽。根据容量计算得出所需要的 AP 数量后,必须计算提供足够的覆盖需要多少个 AP。对于高速企业部署来说,应将预期容量超过覆盖。可以利用接收设备的接收机灵敏度并辅之以电波传播分析来计算某一速率时的 AP 覆盖。

在为 AP 分配信道时,一定要保证相邻的 AP 使用非重叠的信道。802.11b 提供 3 条非重叠信道，而 802.11a 则根据不同的国家提供 8 条或更多的信道。如果在为多层楼宇设计无线局域网一定要考虑楼层之间的信道重叠。对于高速企业部署，由于获得适当容量所需要的 AP 数量可能多于只考虑覆盖时所需要的 AP 数量，因此需要降低 AP 发射功率或恰当地设置 AP 发射功率。这将使企业用户可以在重复使用频率的同时，减少信道干扰。要保证所选择的 AP 品牌可以使用户方便地修改缺省发射功率值（一般为最大值）。

6.4.8 AP 密度

不同的应用场景对 AP 密度的要求是不一样的。例如，在家庭这样小面积的应用环境中，单个 AP 基本就可以覆盖整个地方，所以 AP 的吞吐量不是限制应用的关键。而在宾馆、飞机场这样比较大的应用场所，为了接入更多的用户，AP 的密度就非常重要了。在一定的区域中，降低 AP 无线信号的发射功率，就可以放置更多的 AP，从而在保证吞吐量的基础上接入更多的用户。

网络的容量受到在线用户数量的影响，而为了增加容量，就需要更多的 AP，这才能保证用户能够访问网络。802.11b 标准的 AP 具有 11Mbps 吞吐量，一般情况下可以满足以下的应用：

(1)50 个大部分时间空闲、偶尔收发一下邮件的普通用户；

(2)25 个主流用户，这些用户使用邮件、下载或者上传中等大小的文件；

(3)10～20 个一直在网络上处理大文件的用户。

大规模无线网络设计与规划的主要指标是：无线网络的覆盖面积和系统的容量。由于在相同无线覆盖面积的情况下，所使用接入点的数量直接关系到用户的网络建设成本，同时注意到两个邻近接入点之间覆盖范围重叠会导致网络性能下降。因此在设计覆盖范围时，一方面尽可能分离各个接入点，以最大限度地降低成本；另一方面，又必须避免覆盖缝隙的存在，以保证用户的可用服务。由于目前无线局域网自身的局限，在室内，无线的传输与信号的质量受建筑物的影响比较明显，因此，在进行无线网络规划的时候，必须先对每个建筑物进行详细的信号强度测试，同时根据在接入点间无线覆盖缝隙最小的条件下，尽量扩大接入点间距的设计原则，定位各个接入点。大规模无线局域网的设计还必须考虑系统容量的问题。

6.4.9 频段与信道的选择

这两方面的选择需要综合考虑。当前市场上的很多 AP 都具有多频段传输能力，例如 802.11b/g 和 802.11a/g。根据使用模型决定采用哪种 WLAN 标准，公共休息室采用 802.11b 标准可以很好地满足邮件和浏览网页，采用 802.11a 标准的会议室能满足数据的传输和共享，而 SOHO 最好采用 802.11g 标准。

无论选择何种标准，信道选择的原则都是一致的。由于多个 AP 信号覆盖区域相互交叉重叠，因此，各个 AP 覆盖区域所占频道之间必须遵守一定的规范，邻近的相同频道之间不能相互覆盖。也就是说，相互覆盖区域的 AP 不能采用同一频道，否则会造成 AP 在信号传输时相互干扰，从而降低 AP 的工作效率。

例如，802.11b 工作频带的宽度约为 83.5M，被划分为 11 个频道。为了最大限度地利用频带资源，最常见的办法就是选取 3 个互不重合的频道作为整个系统的工作频段。3 个互不重合的频道在实际应用中一般有两种用法：第一种，也是最普遍的一种，就是 A,B,C 两两相邻，并部分重叠（见图 6.1），从而在获得最大的覆盖面积的情况下消除死角，杜绝同一频道的互相干扰。第二种，用得不太多，即在同一地点安装 3 个 AP，每个 AP 分别工作在 3 个互不重叠的频道，3 个频道聚合使用，以获得最大的传输带宽。利用这些完全不覆盖的频道作为多蜂窝覆盖是最合适的。另外还要注意一点，就是用于实现无线漫游网络的 AP 必须使用同一网络服务集标识符(SSID)、同一网段的 IP 地址，否则无线客户端将无法实现漫游功能。

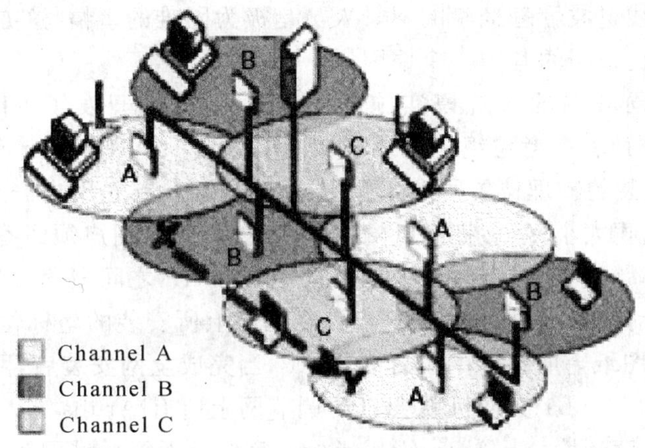

图 6.1　信道的选择

信号的完整覆盖与同一频道信号间的干扰是一对矛盾，弄不好就会顾此失彼。实际的网络环境是立体的而不是平面的，同一楼层的 AP 相安无事，但很可能对另一楼层的 AP 造成干扰。一般来说，工作频道越多，这对矛盾就越容易解决。比起工作在 2.4GHz 频段的 802.11b，工作在 5GHz 频段的 802.11a 有更多的互不重叠频道的优势(8 个)，AP 的定点工作能因此变得相对轻松一些，不过，每个 AP 的覆盖半径比较小。AP 的实际配置数目估算起来很简单，一般来说，30～50m 左右一个，但精确的数量和摆放位置则要通过实测来确定。大楼的结构、布局、办公室是开敞式的还是封闭式的等因素，都会使理论估算与实际情况有些出入。

综上，大规模无线局域网设计的原则是：在确保所有用户服务(容量导向)的前提下，最大限度地减少接入点的数目(覆盖导向)。覆盖导向设计最大限度地降低了无线网络建设的成本，但针对用户数量密集的高容量区域，就必须以容量导向为前提，使用多个接入点。

通常大规模无线局域网设计的主要步骤如下：首先根据用户的需求，确定无线网络的覆盖面积和系统的容量；其次根据建筑物的实际环境，进行接入点定位的初始规划，并根据初始规划在建筑物的实际环境里进行测量(如信号的强度)；再次利用测量的结果，调整最初的设计，接着重复测量和调整这两个步骤，直至找到理想的结果，并给出无线覆盖图；最后为相应的接入点设定信道，利用频率复用技术来降低邻近接入点间的信道干扰。

目前针对大规模的无线局域网的规划和设计，还没有成熟的理论和工具。然而，随着无线局域网络的规模扩大，接入点定位技术、信道的选择以及接入阈值的设置等必然成为无线局域网设计中的关键。

6.4.10　无线局域网规划与设计工具 RF Planning

在园区规划与设计无线局域网络时，规划设计者要考虑应在哪些位置安装 AP，安装后电波的覆盖范围，信号在不同位置的强弱等。要解决这些基本问题，过往的做法是在无线网的 AP 安装前先做现场测试，查看在现场环境下 AP 的覆盖情况。有了这些参考数据以后，规划设计者就可根据无线局域网所需覆盖面的范围来估算 AP 应该安装的位置，然后再在图纸上记录下具体的坐标。如果在这些位置上是没有接入点的话，则须重新布线把 AP 连接到配线间。当 AP 已安装好，网络施工人员须拿测试仪在现场再做无线电波的覆盖测试，并把所获取的信息记录下来。但这仅仅只是完成了网络第一层和第二层的接入测试，要真正确认应用层的性能表现则必须做相关的应用测试(第三层测试)。可以说要完成整个无线局域网是非常费时费事的工作，对于缺乏无线电波管理经验的网管人员是极为困难的事情。这亦是造成无线局域网在企业、园区内不被广泛采用的其中一个原因。

为了解决无线局域网的大规模实施问题，Aruba 首创开发了 RF Planning 工具。RF Planning 可让规划设计者在考虑组建无线局域网前先做一个规划设计预案，以估算在要求的覆盖面积上 AP 应安装的物理位置所在。使用这套工具时，首先用户需定义无线覆盖范围，如无线覆盖的楼层和面积大小，然后把图纸输入到系统内，同时用户须回答一系列有关无线覆盖和传输模型的相关问题，如无线终端的平均带宽，AP 和 AP 之间覆盖面积等。当用户输入了这些资料后，系统会自动计算，然后显示 AP 应该在图纸上所安装的坐标位置和无线电波的覆盖圆周。用户就可根据图纸上所显示的位置安装 AP，当完成全网安装后，网管人员可启动 Auto-Calibration 这项功能，Aruba 交换机就会自动调节网上所有 Aruba AP 的频道与功率以达到一个最优化的无线运营环境。当 Auto-Calibration 完成后无线局域网正式运作时，网管人员可通过 RF Planning 的图形界面查看范围内无线电波的状态，界面可动态显示每个 AP 的无线电波信号和距离对比，且这是按当时环境实时更新。

6.5 产品的选择

谈到 WLAN 产品的选购，不仅要对产品的特点有所了解(详细可以参考第 4 章)，而且要针对特定的安装要求进行特别挑选，我们应该主要从产品性能稳定、安全可靠性、使用方便、性价比等角度来考虑。

6.5.1 功率并非越大越好

WLAN 的有效覆盖直径在室内为 30～50m，室外可达到 100～300m。毫无疑问，覆盖范围越大，用户就可以离 AP 越远，移动空间也就越大。然而功率过大，则会对人体产生不利的影响。国际标准综合考虑了在对人体无害基础上信号最强的功率为 100mW，即 20 个 dBm，在满足需要的前提下 AP 的功率越接近这个数值越好。

6.5.2 选择知名产品

用户应该尽量选择知名品牌产品，因为规模较大的厂商提供的产品，会采用名牌正品无线芯片和电子元件，质量可靠、性能稳定。某些无名小厂大量采用低档甚至残次无线芯片，其结果就是 WLAN 设备的功率过大或过小。从品牌上看，WLAN 设备也大致分为三大阵营。第一阵营是美国产品，如思科、Avaya 等厂商，它们的产品品质优良、工作稳定、管理方便，具有强大的企业级全程全网的组网能力。第二阵营是台湾地区的产品，如 D-Link 等，作为美国企业的 OEM 厂商，它们的产品制作工艺及产品性能都不错，但由于缺乏系统性，因此更适合简便的小型网络环境。第三阵营是大陆产品，如清华比威、TP-LINK 等厂商的产品，主要特点是功能性能相对简单，价格也比较便宜。

6.5.3 数据传输速率

目前，几乎所有 WLAN 产品的数据传输速度都能达到 11Mbps 或者以上，随着 802.11g 产品的推出，54Mbps 的产品将会越来越多。但是有一点需要注意，那就是标称的速率和实际使用起来得到的速率可能会有差距，因为它除了受所处环境因素的影响外，还受产品质量的影响，产品质量不同，传输速度也会有一定的差距，这一点用户在选购时要注意。

6.5.4 安全性

安全可靠除了包含对人体无害、链路传输稳定之外，最主要的含义就是数据的安全性。但不同的厂商所提供的数据加密技术和安全解决方案不尽相同，现在常用的 WLAN 安全产品及其方案有很多，比如 SSID，WEP(wired equivalent privacy)，MAC 地址过滤和 802.1x/EAP 认证。此外，有的产品采用 WLAN 通信与 IP 路由相结合的方式：IP 的过滤、VPN 等。有的产品还采用先进的 Stateful Packet Inspection 防火墙技术，可以防护 DOS 攻击，还可以对可能会出现问题的 E-mail 发出警告通知。在这里要建议的是，用户在购买 WLAN 产品时最好不要单独购买而要整套购买，这样不但可以避免兼容性问题，而且设备的性能会发挥得更为出色，安全的解决方案也会更加完美。

6.5.5 管理与易用性

WLAN 产品作为一个网络设备，自然需要相应的设备设置。对有些 WLAN 产品的安装维护比较复杂，没有专业的技术人员就很难完成驱动及其他方面的安装，而有些 WLAN 产品的安装维护却比较简单，这一点用户在购买时要特别注意。对于一些易用性不好的产品，即使经销商答应帮你安装调试好，也尽量不要购买，因为这样会给以后的维护带来很多的麻烦。当然，对于有专业电脑技术人员的一些大型企业来说，易用性并不是很大的问题，但对于一些诸如只有十多个人的小型企业或家庭用户来说，就不得不认真考虑这个问题了。

6.6 网络方案的编写

网络方案的编写过程实际就是网络系统的详细设计和说明过程，这是网络规划和设计的重要组成部分。网络系统的设计说明主要用来说明网络是如何组织(网络拓扑结构)和工作的，包括组成网络的各种模块等；并说明用户接口，即用户使用网络时所看到的界面，这一部分将在设计工作完成之后成为网络方案的重要组成部分。网络拓扑结构设计主要是确定各种设备以什么方式相互连接起来。在设计时，应考虑网络的规模、网络的体系结构、所采用的协议、扩展和升级管理维护等各方面因素，拓扑结构的设计将直接影响网络的性能，要注意逻辑拓扑和物理拓扑的区别。

标准的一份网络方案说明书所包含的内容十分丰富，但并不是所有的网络工程都需要这样一份复杂的方案说明书，可能只要其中的几部分就可以了。以下是对标准方案包含的内容进行说明，仅供参考。

6.6.1 项目背景介绍

对于项目背景的介绍，目的在于让所有阅读方案的人能够很快地从整体上对将要实施工程的目的和背景基础进行了解。在这个部分的描述中，将说明无线局域网的主要用户是谁，为什么采用无线局域网作为项目的实施方案，同其他网络解决方案相比，无限局域网方案会有什么好处等。

在这里可以明确采用网络解决方案，并对方案进行适当的描述。

6.6.2 任务及需求

在对用户需求分析的基础上进行描述，说明用户的应用特点、功能要求和性能要求。要将用户为什么要构建无线局域网说明清楚，还应该将用户要求的网络性能和功能进行量化。

6.6.3 周围环境分析

无线局域网容易受到周围环境的影响，所以有必要对无线局域网的周围环境进行分析。在前面章节中，已经说明了如何获取周围环境的信息。这些内容包括已有的网络环境、周围的电磁环境、Internet 接入方式、电源位置、已有有线局域网的接口位置和类型等。

6.6.4 无线局域网系统设计

这是网络方案说明中最主要的部分，包括解决方案的描述、设备的类型、网络拓扑图、设备连接示意图、设备的管理策略和网络 IP 管理策略。节点的地理分布，即有多少个节点、分布在什么位置上、地理范围有多大等。扩展性要求包括网络扩展后增加了多少设备、多少用户，联网范围扩大了多少，要与哪些类型的网络互联等。

无线 AP 的安装位置及数量在没有进行测试之前，可能无法完全正确地确定，可以根据经验进行分析，初步地将设备进行定位。不仅如此，还包括无线 AP 的电源位置、楼层无线 AP 安放位置规划以及确定每个无线 AP 的频段设置。在无线局域网的系统设计中，当需要大区域覆盖时，应确保各蜂窝间有 15%的重叠，同时确保每一个无线 AP 的最大接入数不要超过 25～30 个。除非为了达到必要的覆盖范围，否则应该避免面积过大的覆盖而导致无线信号泄漏到无法控制的区域，在满足用户提出的范围要求下实现最低的无线信号泄漏。因此，仅在需要特别增强性能时，才使用特定的高增益天线，天线选择包括采用的增益数及每个无线 AP 对应的型号及数量，也根据经验进行初步的确定。

6.6.5 无线局域网的应用设计

网络的建立是为了解决应用上的问题，那么网络应提供哪些应用或服务?是否能满足用户应用的要求？是否能轻松地增加新的应用和服务？这一部分将会在无线局域网上实现的功能和应用中介绍。除了主要的数据传输功能以外，可能还包括语音、多介质等更高层次的功能应用。对应用设计的描述不仅包括对无线局域网功能实现的描述，还包括实现其他附加的功能需要使用的功能软硬件。硬件设备涉及服务器、台式机及其他无线终端设备。需要注意的是，无线局域网的通信负载量还是有一定限制的，所以在计算通信负载时要包括所有应用的通信要求。

6.6.6　无线局域网的安全设计

无线局域网的安全设计包括用户访问网络的合法性和数据传输的安全性两个方面。没有安全性显然是不可能的，即使对安全性没有太多的要求，但为了保护系统，也需要有一些安全性要求，采用用户账号、用户标识、用户口令等措施在大多数情况下就足够了，但如果网络应用所要处理的数据非常敏感，则必须采用其他安全措施，例如数据加密等。必须注意到，要保证网络系统的安全要花费一定的费用，同时系统使用的复杂程度可能会提高，性能可能会下降，在很多情况下，无线局域网可能需要比有线局域网更多的安全防护措施。对于这样一个无线环境数据的安全性要求有多高？哪一种安全解决方案是有意义的？又如何实施它？这包括安全性的要求、采用的安全方式（VPN、防火墙等）、采用的安全技术介绍及系统示意图和数据安全管理策略。

6.6.7　项目实施计划

在网络解决方案确定后，应制定执行该方案的进度计划。这个进度计划包括主要负责人员及联系方式、实施前准备工作说明、实施工作的流程说明、网络设备的安装与调试的过程、项目推进时间表、网络系统的测试、安装和验收的具体安排。细化图表和画出关于如何实施这个建议的解决方案。从时间上分析进度计划，小型的无线局域网可能只需要几天，复杂的大型无线局域网的构建可能需要分成不同的阶段，要用上几周的时间。从影响因素方面分析进度计划，在制订计划时一定要综合考虑各种因素，这样才能保证计划切实可行。比如对于现场环境的测试，需要制订严密的测试计划，以便快速、有效地测试网络环境，并保证网络设计达到设计要求。

项目的实施过程对于整个项目的成功是有十分重要的意义，实施计划中应包括详细的进程，并应对无线局域网开通运行所需要的特殊任务进行说明。在制订计划时，有几个关键的时间点需要考虑：设计计划、站点测量和设备安装调试。需要注意的是，即使是按最周密的计划安装，甚至在许多成功的执行之后还是可能出现的问题。例如，由于事前未知的干扰源，在一个新的区域里设置无线局域网可能会失败，所以，可能有必要制定一份网络备份方案。最简单的情况是某一有线局域网正在被无线局域网替代，用户可以很容易退回正在使用的网络，不至于应用过程的中断。

6.6.8　系统维护和培训

这一部分主要是向用户说明售后服务的，包括保修期，以及如何提供必要的技术文档、参考资料和可以提供的技术支持方式（电子邮件、网站、电话和联系人）。很多公司提供了 800 免费电话等服务，对于工程的实施，即使给用户安装的是新设备，也可能在安装测试过程中出现问题，储备一些备用无线元件资源，特别是无线客户端，是非常有用的，所以有的系统集成商也可能会提供必要的设备作为备件。

无线局域网是一个新兴的网络应用技术，在无线局域网构建完毕之后，有必要对网络管理人员和使用人员进行培训，这也是售后服务的一部分。培训的内容包括管理维护要求、使用操作要求和其他需要特殊提醒的问题。对于网络用户的培训可能要难于对网络管理人员的培训，主要是如何使用构建完成的无线局域网。幸运的是，许多无线局域网产品考虑易用性的问题，基本上“即插即用”。它们的使用过程十分简单，可能需要非常直观地演示一遍，还必须用通俗的语言说明演示过程，以达到让用户理解。如果用户已经知道如何使用有线局域网，那么使用无线局域网不需要特别培训，只需要介绍两者之间配置的区别就可以了。需要注意的是，无线连接技术的使用也会带来一些操作变化，这种变化可能需要根据不同的情况来确定。

6.6.9 设备选型

设备的选型包括设备选型的种类和数量。往往在网络方案确定之前就已经选定了设备品牌和型号，设备的数量则是在系统设计中确定的。在这部分中需要对每一个采用的设备型号进行详细介绍，细化到每一个参数。如果还没有确定产品提供商，可以充分地了解每一个产品提供商专攻的是什么，他们的长处和弱点是什么。哪一家产品提供商的产品适合于这个环境的应用和那些产品是什么，以及从产品提供商能够获得什么层次的支持和如何容易地获取替换的硬件等。

6.6.10 设备及工程报价

设备及工程的报价往往是用户最关心的，事实上，它的内容比较简单，主要包括此项目预估的设备、耗材、人工及其报价。很多情况下，系统集成商已经将人工费用均摊到设备的费用中了，依据无线局域网施工环境的不同和采用设备的不同，所选用的设备和造价有很大的差别。表 6.2 所示为一个工程报价的模板，是一个室外的应用环境。

表 6.2 设备清单及工程报价

设备名称	单　　位	数　　量	单价/元	合计/元
WG602				
14dB 定向天线(国产)				
馈线母接头(N 型)				
馈线公接头(N 型)				
1/2 馈线				
转接缆(SMA 转 N 型)				
避雷器				
接地件				
防水胶				
功率分配器				
合计				
备注	馈线的长度最好应根据现场实际情况而定。另外，增加设备成本的 15% 作为施工和维护费用。此方案为初步方案，最终方案需根据现场情况而定			

6.7 解决方案实例

6.7.1 “瘦”AP 解决方案

所谓“瘦”AP，就是无线交换机将原先的企业级 AP 诸如安全、QoS、接入控制和负载均衡等功能集成到交换机中，原先的企业级 AP 只能充当天线的功能。“瘦”AP 的解决方案因为其集中管理的便捷越来越被用户所接受。

1. 小型无线网的“瘦”AP 解决方案

网络拓扑图如图 6.2 所示，用户在网络中心放置集中式管理的无线交换机，AP 则可通过现有配线间的接入层交换机分别连接到企业的局域网内。如果用户忧虑设备出现单点故障，则可考虑使用两台无线交换机以 VRRP 形式来组网。

接入层交换机可以通过一个千兆或几个百兆捆绑在一起连接到网络中心的以太网骨干交换机端口上。接入层交换机不一定需要设置带路由功能，也可以是单纯的两层交换，接入层交换机与骨干交换机互联时，可以是通过单个 VLAN 或以 802.1q trunk 口的方式串联。

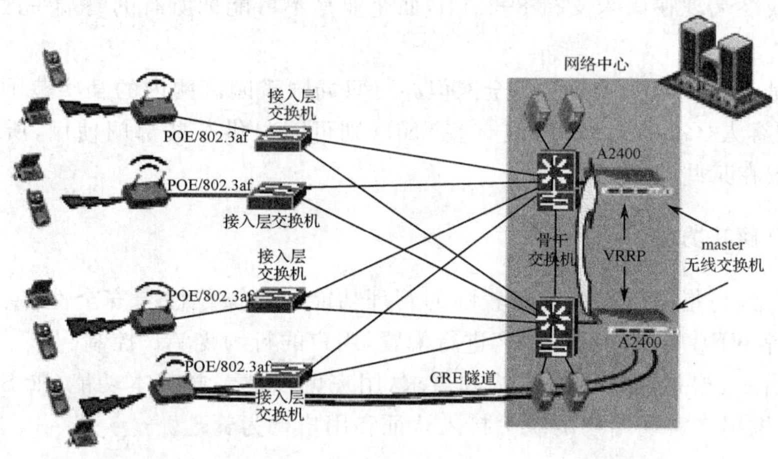

图 6.2　小型“瘦”AP 解决方案

2. 多业务区分的“瘦”AP 解决方案

在一个无线局域网内可以设置多个 SSID，例如一个 SSID 可给内部员工专用，另一个可给外来的客户所用。由于企业用户一般把 SSID 看成 VLAN，所以它们都会惯性地以 VLAN 概念来划分 SSID。其实在一个 AP 范围内，不管用户连接到哪一个 SSID，它们实际上都是在同一个 802.11 广播域内，因为无线电波的传输是共享的。一个最简单的例子就是 AP 把不同的 SSID 名字广播，所以当无线终端在这个 AP 覆盖范围内启动时，它就能同时看到多个 SSID。SSID 的最主要用途是可让无线终端以不同的安全认证和加密方式入网。

图 6.3 所示为多业务区分的“瘦”AP 解决方案，为什么要把不同的安全加密协议设置在

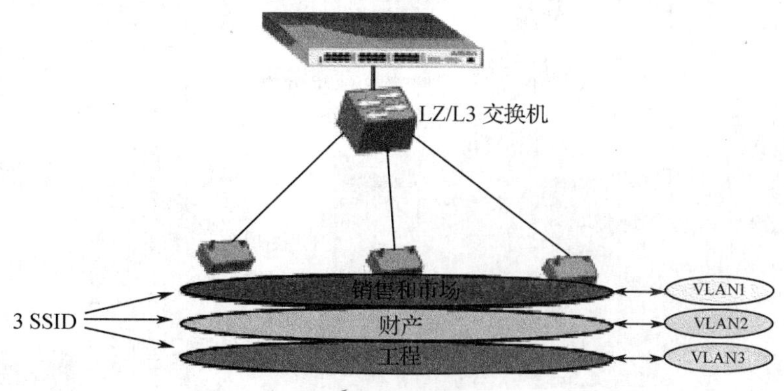

图 6.3　多业务区分的“瘦”AP 解决方案

不同的SSID呢？802.11的标准内定义了不同加密情况数据包的封装格式，所以在使用不同的加密程式时，如WEP，TKIP(WPA)，802.11i(WPA2)，它们是不可能在同一个SSID内同时存在的。

企业用户可根据实际情况和802.11发展来制定以怎样的方式来实现无线加密。最常见的做法是使用两个SSID，一个SSID定义为OPEN/Static WEP供企业客户用，另一个SSID则为TKIP(WPA)专为企业内部员工使用。未来的发展趋势是新增设一个802.11i SSID让企业员工以过渡的方式逐渐从转移到这个SSID上。企业不能一下子全部转到802.11i的主要原因在于很多的无线终端现在尚未支持802.11i，而企业是不可能把所有的终端一次更换成最新的软件程序。

要注意的是，SSID可以覆盖企业全网但亦可只局限于园区网内的某些范围。一般情况下是全网开通，如客人(Guest) SSID，但有些SSID则可能只供某些部门使用，所以它的覆盖范围通常只会局限在某些范围内。

6.7.2 “胖”AP解决方案

所谓“胖”AP，是指AP本身具备较强的管理功能和可操作性与安全性，系统管理员可以通过命令行或者WEB方式对每个AP进行配置，用户的行为受AP控制。

如图6.4所示，根据园区网络结构和需求，用户可以把一些基本功能(如SSID)让AP来完成，无线交换机用来实现用户的统一接入认证和用户行为管理。

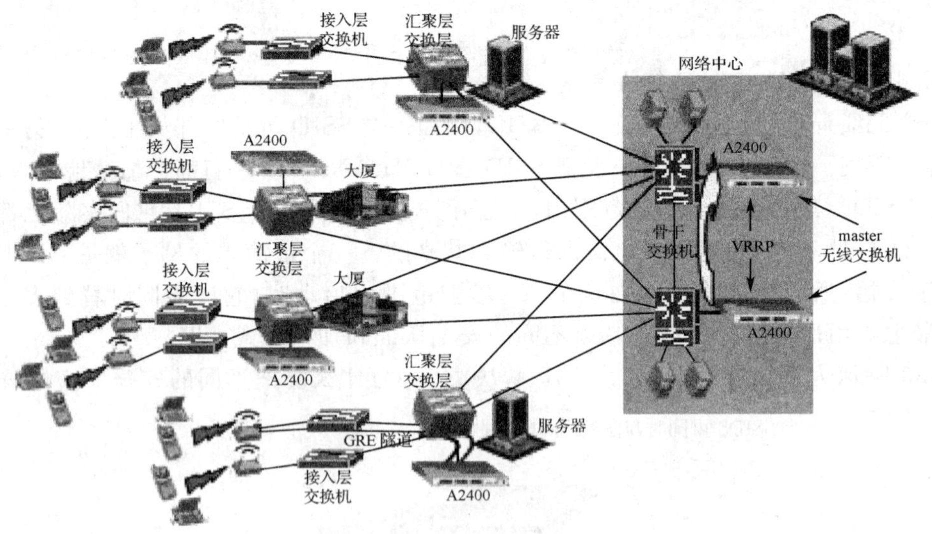

图6.4 “胖”AP解决方案

第7章

无线局域网安全与 QoS 设计

7.1 无线局域网安全的严峻挑战

随着无线技术运用的日益广泛,无线网络的安全问题越来越受到人们的关注。通常网络的安全性主要体现在访问控制和数据加密两个方面。对于有线网络来说,访问控制往往以物理端口接入方式进行监控,它的数据输出通过电缆传输到特定的目的地。一般情况下,只有在物理链路遭到破坏的情况下,数据才有可能被泄漏,而无线网络的数据传输则是利用微波在空气中进行辐射传播的,因此只要在无线接入点 (access point,AP)覆盖的范围内,所有的无线终端都可以接收到无线信号。AP 无法将无线信号定向到一个特定的接收设备,因此无线的安全保密问题就显得尤为突出。

相对于有线的连接方式来讲,无线的连接方式缺少了什么呢?应该是称职的"门卫"。所谓无线局域网的不安全性,在一定程度上可以理解为是由于无线连接方式促成了连接更加方便,导致了无线局域网的安全问题。如果设备已经连接到网上(有线或无线的),那么两种连接方式的安全性都是一样的。事实上,任何网络都易受到大量安全风险和安全问题的困扰。与有线局域网相比,无线局域网的安全问题的独特之处在于信道开放,用户不必与网络进行"可视"的连接。这使得攻击者伪装合法用户更为容易,同时微波信号在空气中的传播也会因多种原因(如障碍物、干扰源等)导致信号的损失。

值得指出,所有的网络用户,一定要有网络安全防范意识,安全意识往往比具体技术在定义上实现的措施更重要,无论是无线局域网还是有线局域网系统,都没有绝对安全的网络系统,只有相对的安全系统。绝对安全的网络就是一个无法使用的网络,一味地强调安全会进入误区。设计人员应该针对不同的用户需求,选择不同的安全等级,进行不同的设备搭配和软件设置。比如,对于家庭或小型的办公网络(SOHO)类型的用户,其拥有较少数量的无线客户端,可采用无线局域网自身的安全机制。我们后面会介绍 SSID 过滤、MAC 地址过滤和 WEP 加密可以提供一个足够安全的解决方案,因为很少会有一个智慧的黑客愿意花费数小时的时间去破坏一个低利用率的网络,也不会愿意为了能够进入家庭电脑而花费精力去欺骗一个MAC地址过滤器。但对于较大型的无线局域网来说,则应该有一个共同的安全策略,除了物理层的安全性能和基本的安全机制外,还应该提供更加安全的应用解决方案,包括强大的数据加密和更加缜密的用户认证体系。

在全面介绍安全机制之前,首先应该正确地认识到无线局域网可能存在的安全问题。一个网络用户(或者应该叫黑客)能够通过几种方式搜索或试图获取对于一个无线局域网进行访问。这些方法主要包括窃听(被动攻击)、非法登录、连接、侦测和配置网络(主动攻击)和人为干扰。

1. 窃听(Eavesdropping)

窃听可能是最简单的被动攻击方法,然而却是无线局域网被动攻击的有效类型。由于黑客不是主动连接到无线接入点AP上监听通过无线部分传输的数据包,所以像窃听这样的被动攻击不会在网上留下黑客的痕迹。无线局域网的扫描器或无线客户端应用程序可以被用来从一个远端获取无线局域网中正在传输的信息。由于无线局域网传送的数据是利用无线电波在空中传播,发射的数据可能到达预期之外的接收设备,因而无线局域网存在网络信息容易被窃取的问题。在网络上窃取数据的工作就叫"嗅探",它是利用计算机的网络接口截获网络中数据报文的一种技术。"嗅探"一般工作在网络的底层,可以在不易察觉的情况下将网络传输的全部数据记录下来,从而捕获账号和口令、专用的或机密的信息,甚至可以用来危害网络邻居的安全或者用来获取更高级别的访问权限、分析网络结构进行网络渗透等。

无线局域网中无线信道的开放性给网络嗅探带来了极大的方便。在无线局域网中网络嗅探对信息安全的威胁来自被动性和非干扰性,执行监听程序的窃听过程中只是被动的接收网络中传输的信息,它不会跟其他的主机交换信息,也不修改在网络中传输的信息包。这使得网络嗅探具有很强的隐蔽性,让网络信息失密变得不容易被发现。尽管其危害没有对网络进行主动攻击和破坏那样"明显",但由它造成的损失也是不可估量的。

2. 非法登录

无线局域网的非法登录过程是通过一个无线接入点(AP)连接到一个无线局域网上,一个用户可能为了更深入地穿透或进入一个网络,可能是为了获取对于服务器的访问,以得到有价值的数据,或为了恶意的目的使用公司的Internet访问,甚至改变网络的界面配置,改变无线局域网自身,这是一种主动攻击。例如,一个黑客如果能够通过我们设定的MAC地址过滤功能,就能够操作这个无线接入点及其连接的网络,可以对网络中的数据进行随意的获取,甚至修改并移除所有的MAC地址过滤,使他下一次获取访问更加容易。而我们在一段时间里可能不会注意到这些改变。

3. 干扰攻击

一个黑客可能使用被动或主动的攻击方式从我们的网络上获取有价值的信息或获得对我们网络的访问,但干扰攻击不是为了网络中的数据,而是为了使无线局域网瘫痪。这种做法,近似于从事破坏者对于一个WEB服务器进行压制性阻塞服务的攻击,一个无线局域网可能由于一个压制性的微波信号而瘫痪。这个压制信号可能是有目的或没有目的的,信号发生设备可能可以移除或不可移除的。当这个信号来源是无目的时,我们称之为干扰源,如果是有目的地破坏和影响当前网络,则称之为干扰攻击。当一个黑客筹备有目的地干扰攻击时,这个黑客可能使用无线局域网设备,而且黑客可能使用一个高功率的微波信号发送器或扫描发送器。图7.1所示是一个被干扰的无线局域网。移除这种类型攻击的前提是首先要求定位射频信号的源头。定位一个射频信号源头需要一个特定的射频频谱分析仪来完成。

若干扰是由一个不可移除和没有恶意的源头(如一个通信铁塔或其他合理的系统)引起时,我们可以考虑移动或使用不同频率的无线局域网系统。例如,如果一个射频干扰源是在这个区域里工作在 2.4GHz 的微波炉,那么我们可能不得不选择使用 5GHz UNII 微波的 IEEE 802.11a 设备,而不是与这些设备共享 2.4GHz 波段的 IEEE 802.11b 或 IEEE 802.11g 设备。

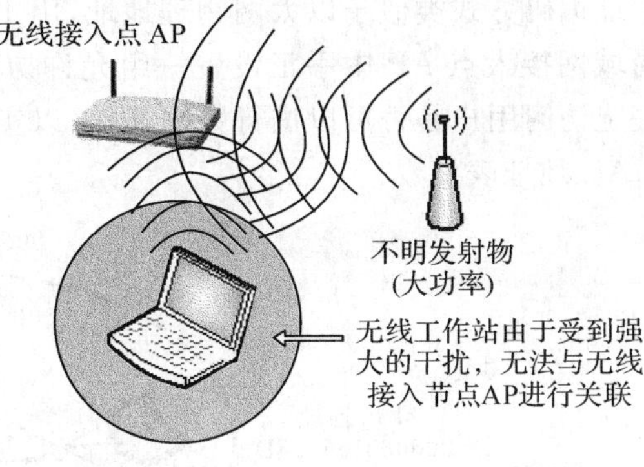

图 7.1　一个被干扰的无线局域网

还有一种情况,黑客使用另外的一个无线接入点 AP 构建无线局域网环境,通过发送比合法无线接入点所发给那些无线工作站更强的信号,有效地抢夺移动工作站。移动无线用户连入黑客的无线接入点,当发送可能是敏感的数据时,导致数据的丢失。

为了获得无线工作站对于黑客的无线接入点再次连接,黑客无线接入点的功率必须比这个区域的无线接入点高很多,主动使用户漫游到黑客的无线接入点上,作为漫游的一部分,失掉合理的无线接入点的无缝连接是经常发生的。当一些无线用户将连接到黑客的无线接入点上时,在合法的无线接入点附近引入全波段的干扰可能导致被迫漫游,这种攻击常常不被用户所察觉。

有的应用程序能够从那些发送明文的 HTTP 站点、电子邮件、即时信息、FTP 功能和 Telnet 功能中获取密码,还有的应用程序能够获取无线客户和服务器之间杂乱的密码信息转化成有用的信息部分,以达到登录的目的,使用这种方式通过无线部分获得的任何信息使得网络和个别的用户易于受到攻击。

7.2　无线网络的安全措施

无线局域网的安全措施主要体现在信息过滤、用户访问控制和数据加密三个方面。信息过滤时将不满足用户要求的信息屏蔽在网络之外,用户访问控制保证敏感数据只能由授权的用户进行访问,数据加密保证发射的数据只能被所期望的用户接收和理解。后两者往往集中在一个安全协议中,比如 IEEE 802.11 中的有线等效加密(WEP)和 GB 15629.11 中的无线局域网的鉴别与加密基础结构(WPAI)。

7.2.1　信息过滤措施

信息过滤是能够使用的基本的安全机制。常用的有 3 种信息过滤机制:MAC 地址过滤、SSID 过滤和协议端口过滤。其中,前两种一般用于简单的无线接入点 AP 中,第三种是建立在路由基础上的功能,一般只有功能较强的无线接入点 AP 中才有,比如无线路由器。

1. 物理地址(MAC)过滤

MAC 地址过滤可以将无线局域网只设定为给定的无线用户使用。我们知道每个无线工作站网卡都由唯一的物理地址标示,称为 MAC 地址。其由厂方出厂前设定,无法更改。该物理地址编码方式类似于以太网物理地址,用48位的十六进制代码表示。网络管理员可以在无线局域网接入点AP中手工设置一组允许访问或不允许访问的MAC地址列表,通过这个列表决定访问用户是否可以进行数据通信,以实现MAC地址的访问过滤。图7.2所示为AP中的MAC地址表。

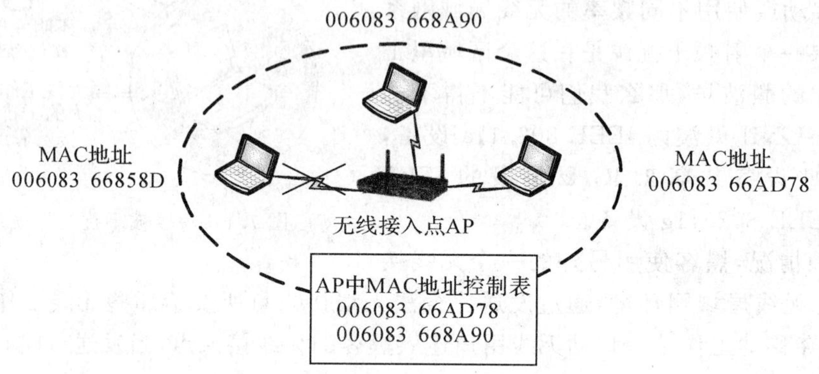

图7.2 AP中的MAC地址表

在图7.2中,AP内部建立了一张"MAC地址控制表",只有在表中列出的MAC地址才是合法的、可以连接的无线网卡,否则会被拒绝连接。相反,如果有无线客户端被盗取或发觉有存取行为异样,也可以将MAC地址输入,但禁止其再次使用。利用这种存取控制机制,如果有外来不速之客得知园区的无线局域网使用的服务集标识符(SSID)也一样会被拒绝。需要注意的是,这种方式比较麻烦,而且不能支持大量的移动客户端。另外,如果有人盗取合法的MAC地址信息,仍可以通过各种方法使用假冒的MAC地址登陆网络,一般小型的无线局域网可以采用该安全手段。

这个控制列表可以在无线接入点AP中手工生成,也可以在一个特定服务器中构建。后者适用于企业无线接入点数量较多的情况,主要是为了实现企业所有无线接入点统一的无线客户端MAC地址鉴别。因为在一个大规模的无线局域网中将每一个无线客户端的MAC地址输入到每一个无线接入点是不切实际的,这时MAC地址过滤可能被实施在一些RADIUS服务器上而不是每一个无线接入点上,这种配置是MAC地址过滤成为一个可升级的安全性解决方案。

当然,采用MAC地址过滤的安全机制存在安全隐患,当有效等效加密(WEP)被使用的时候,无线客户端的MAC地址通过无线接入点被广播。因此,一个能够监听到网络上通信的黑客能够很快地发现无线局域网允许的绝大部分MAC地址。另外,一些无线客户端通过软件或开放系统配置改变它们的MAC地址,一旦黑客拥有一个被允许的MAC地址列表,这个黑客能够把简单的无线客户端的MAC地址与网络上的某一个无线客户端匹配,直接获取对网络的访问权。由于在一个网络上具有相同MAC地址的两个无线客户端不能够同时存在,所以黑客必须在某一个特定的时间里,当无线客户端(笔记本电脑)不在无线局域网上时,才能够获得对网络的访问。当确实可行的时候,MAC地址的过滤应该被使用,但不能作为无线局域网上的单一的安全措施。

2. 服务集标识符(SSID)过滤

服务集标识符(service set identifier ,SSID)过滤使用户所使用的无线客户端服务集标识符必须与被访问的无线接入点AP相匹配,否则就无法通过此无线接入点AP进行数据通信。

前面我们已经介绍了什么叫基本服务集和扩展服务集，所以就有基本服务集标识符(SSID)和扩展服务集标识符(ESSID)。它们的标识符最多可以有 32 个字符，通俗地说，标识符就好比有线局域网中的"工作组"标识，或好比是无线客户端与 AP 之间的一道口令，只有在完全相同的前提下才能让无线网卡访问 AP，这也是保证无线网络安全的重要措施之一。如图 7.3 所示，为了能够鉴别和连接到服务器中，一个无线局域网的无线客户端 SSID 必须与无线接入点 AP 的 SSID 匹配。首先，在每个无线接入点 AP 的配置过程中，都会要求写入一个 SSID，很多情况下默认为公司的名称或"Default"。每当无线终端设备要连上 AP 时，会在发送的信标(Beacon)中包含有关 SSID 的信息，无线接入点 AP 获取这些信标后，AP 会检查其 SSID 是否与自己的 SSID 一致，只有当 AP 和无线终端的 SSID 相匹配时，AP 才能接受无线终端的访问并提供网络服务，如果不符合就拒绝给予服务，因此可以认为 SSID 是一个简单的口令，从而提供口令认证机制，实现一定的安全。利用 ESSID，可以很好地进行用户群体分组，避免任意漫游带来的安全和访问性能的问题。

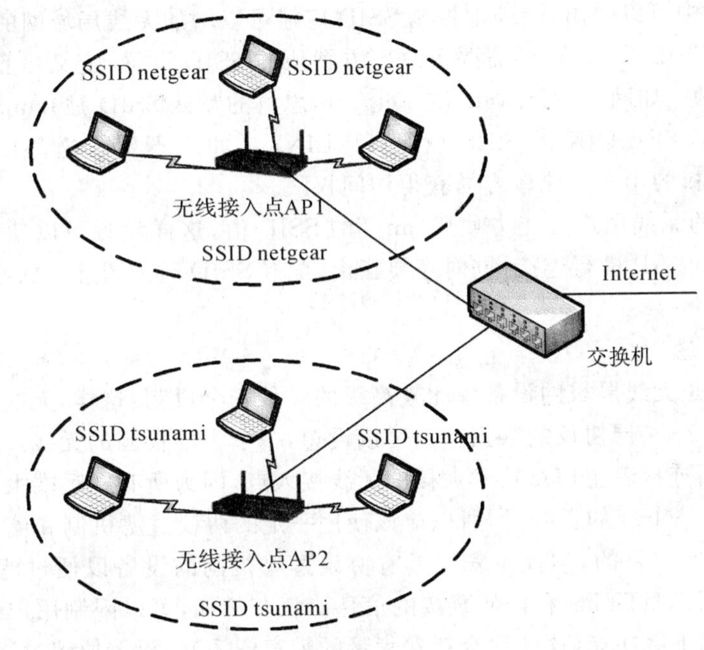

图 7.3　服务集标识符过滤

SSID 的安全问题主要来自两类用户群：一是初次接触无线网络的个人用户、办公用户以及对安全不太关心的此类用户，他们一般采用无线 AP 所默认使用 SSID 的允许广播方式；二是用于公共无线网络的无线热点(也就是无线接入点，亦由无线 AP 或 AC 组成，如宾馆、图书馆、酒吧、大中学校园等)，为了让服务区内所有公众或用户使用无线接入，其同样使用开启 SSID 广播方式。

在最近两年里，WLAN 无线局域网正普遍受到主流用户的青睐，从家庭、校园一直到咖啡店，各种无线接入点都可能会存在。无线局域网络设备本身具有的高性价比特点，也让任何人都可以建立一个无线接入点。对于一个需要任意广播其 SSID 的无线接入点来说，不怀好意的用户或黑客都可以使用相同 SSID 进入任意一个 802.11 接入点，并轻而易举地盗取用户有价值的资料。

此外，SSID 过滤是一个过滤的基本方法，仅仅用于最基本的访问控制。SSID 过滤不是一个使未鉴别用户排除在无线局域网之外的可靠方法。由于SSID在无线接入点AP发送出去的信标中没有遮拦地广播，只要懂一点技术的人使用一个扫描器就很容易发现网络的SSID，而且他们也知道使用同一个SSID便可以设置另一个802.11接入点，如果此信号比热点的信号强或者不比其弱的时候，一般用户都会很容易地选择强者并根据熟悉的SSID而进入，你在"免费"享用它服务的同时，你的一切就在该无线接入点的掌握之中。所以，对于一般用户来说，在通过无线接入点免费"服务"大众的同时，如果自己有较重要的资料需要安全保障(比如各种用户名和密码等)，还是在实际设置时将大多数无线AP或无线路由器在出厂时默认的"允许广播SSID"设为"不广播SSID"。当一个系统不广播SSID时，被称为"封闭系统"，无线客户端必须主动提供正确的SSID才能与AP关联，否则根本搜寻不到无线接入点AP的存在。这样其他用户要想自动进入你的无线接入点，就要先手工输入正确的"SSID"才能进入网络。这在一定程度上保证了WLAN的使用安全，防止不怀好意的用户在并不太安全或并不太懂安全的个人WLAN里随意乱逛。

从以上的分析中可以看出，合理地控制SSID广播可以增加无线局域网的安全性。但也要注意，我们在关闭SSID广播后，还需要更改厂方默认的SSID设置，定义一套复杂的SSID命名规则，并定期更改。如网件默认SSID是netgear，思科的默认SSID是tsunami，linksys的默认SSID是linksys，TP-LINK的SSID就是TP-LINK。如果不更改这些设置，就算关闭了SSID广播，没有授权的用户也比较容易获得访问权限。

需要注意，有的无线用户有能力使用"any"的SSID值，这样设置可以使无线客户端选择最恰当的无线接入点AP进行连接。同时还要指出，配置SSID时需要注意大小写，因为它对大小写是敏感的。

3. 协议端口过滤

协议端口过滤是无线局域网设备中比较高级的一种安全机制。这样，无线局域网能够过滤通过网络传输基于2～7层协议的数据包。可以设想，一个大学校园的无线局域网布置在一个远端的大楼里，背后连接着主信息技术大楼的无线接入点。因为所有在远端大楼中的用户和这些建筑之间共享了5Mbps的吞吐量，所以应该使用一定的协议过滤机制和流量控制机制。为了明确Internet访问的目的，学校将安装具有协议过滤机制的设备以便过滤出每一个协议，SMTP，POP3，HTTP，HTTPS和任何直接的信息协议。例如，可以限制用户访问公司内部文件服务器或FTP的下载功能(这往往会耗费大量的带宽资源)。设置协议过滤，在控制共享介质的使用方面是非常有用的。

7.2.2 IEEE 802.11安全机制

在IEEE 802.11标准中规定的无线局域网连接过程包括4个步骤：扫描(scan)、连接(join)、链路验证(authentication)和关联(association)。通常情况下，无线客户端会扫描整个周围环境寻找适合连接的无线接入点。实现数据传输时，无线局域网要求一定的安全机制作为保障。

IEEE 802.11标准规定的安全机制包括两部分：一是访问认证机制；二是数据加密机制，也就是我们常常提到的有线等效加密(WEP)。它们是现在常用的无线局域网系统中安全机制的主要形态和基础。

1. 访问认证机制

访问认证是无线局域网中一个工作站向另一个工作站或无线接入点AP证明其身份的机

制。一个相互关联必须经过成功的验证之后才能建立。验证过程可以在任何两个工作站之间进行。在基础结构(infrastructure)模式中,访问验证过程在无线客户端和无线接入点之间进行。在自组网结构(Ad Hoc)模式中,访问验证过程在无线工作站之间进行。

在 IEEE 802.11 标准中,定义了两种类型的用户访问认证机制:开放式验证(open system)和共享密钥验证(share key)。

(1)开放式验证

开放式验证是一种空的验证方法,它基本上没有任何验证过程。开放式系统验证被 IEEE 802.11 标准定义为无线局域网设备的默认状态。使用这个验证方法,一个无线客户端仅有一个正确的 SSID 就可以关联任何使用开放式系统验证的无线接入点 AP。在无线客户端被允许完成验证过程之前,无线接入点和无线客户端的 SSID 必须是匹配的。开放式系统验证是一个非常简单的过程,能够在开放式系统验证时使用 WEP。如果 WEP 在开放式系统验证过程中使用,在鉴别过程中,并没有查验连接的每一端的 WEP 密钥。WEP 密钥仅仅用于一旦无线客户端被鉴别和关联后才对传送的数据进行加密。

开放式系统验证的过程包含两个步骤。第一步是无线局域网的无线客户端请求到要关联的无线接入点;第二步是无线接入点对于无线客户端的鉴别响应。如果结果是成功的,那么无线接入点和无线客户端就实现相互的鉴别,使无线客户端开始关联。

(2)共享密钥验证

共享密钥验证是一种要求双方必须有一个公共密钥,这个过程只能在使用 WEP 机制的工作站之间进行,避免明文传输。WEP 在无线客户端和无线接入点上同时使用密钥,这些密钥必须正确地匹配两边工作的工作站才可以实现网络通信。

使用共享密钥验证的鉴别过程包含 4 个步骤:①无线客户端向无线接入点发送验证请求(这一步和开放式系统验证过程相同);②无线接入点发布一个随机产生的无格式的文本,从无线接入点清晰地发送到无线客户端;③无线客户端响应这个请求,并使用自身的密钥加密这个请求,然后将其发回无线接入点;④无线接入点解释明白无线客户端的加密响应,识别通过一个匹配的 WEP 的密钥加密请求文本。通过这个过程,无线接入点决定无线客户端是否有正确的 WEP 密钥。如果无线客户端的 WEP 密钥是正确的,无线接入点将进行响应,并标记无线客户端为关联。如果无线客户端的 WEP 密钥不正确,无线接入点将否定当前响应,并且不鉴别给无线客户端,标记无线客户端未鉴别或未关联。

可以看出,共享密钥验证过程要比开放式系统验证更具安全性。在共享密钥验证过程去识别无线客户端的标识期间,WEP 密钥可能被使用,但是也可能被用于无线客户端通过无线接入点发送的有效载荷数据的加密。所以,共享密钥验证也可能为黑客开了方便之门。

2. 访问认证的状态关系

在访问认证过程中,将出现不同的状态,图 7.4 所示为 WEP 访问验证过程中的各种状态及其相互关系。

(1)状态 1

状态 1 是未验证、未关联。在这个初始的状态,这个无线客户端完全没有连接到网络上,不能通过无线接入点发送帧。无线接入点拥有一个无线客户端的连接状态列表,作为一个关联列表。这个列表对于任何没有完成鉴别过程的或试图被鉴别的无线客户端都显示“未鉴别”。

(2)状态 2

状态 2 是已验证、未关联状态。无线客户端已经通过了鉴别过程,但是仍然没有关联无线

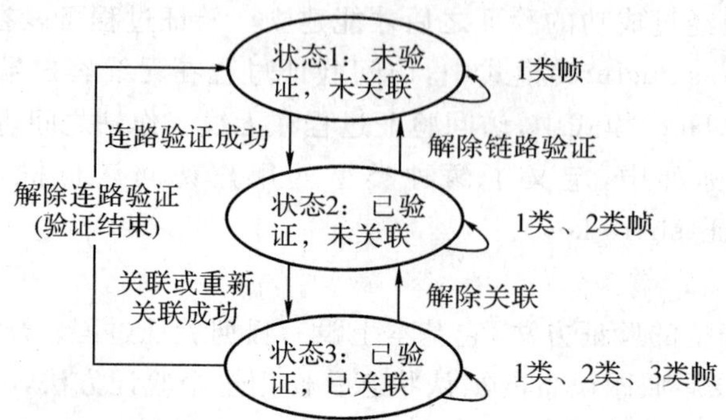

图 7.4　WEP 访问验证过程中的状态及关系

接入点，无线客户端仍然没有被允许通过无线接入点发送或接收数据。无线接入点的关联表格将显示“被鉴别”。因为经过无线客户端的鉴别阶段，立即非常迅速地进入关联阶段(毫秒级)，我们几乎不能体会到在无线接入点上“被鉴别”的步骤。

(3)状态 3

状态 3 是已验证、已关联状态。在最后的一个阶段，无线客户端完全连接到这个网络上，并且能够通过无线客户端连接(关联的)的无线接入点发送和接收数据。我们可能在无线接入点的关联列表中看到被关联，表示这个无线客户端已经完全连接并被鉴别通过这个无线接入点传送信标。

在每一个状态中，会采用不同的数据帧来实现不同的功能。如图 7.4 所示，将所有的帧划分为 3 类。

(1)第 1 类帧(状态 1,2,3 均允许使用)

控制帧：请求发送(RTS)、清除发送(CTS)、确认(ACK)、专用(CF)；

管理帧：探测请求/响应、信标、链路验证、解除链路验证、通知信息量指示信息(ATIM)；

数据帧。

(2)第 2 类帧(仅当已验证时，状态 2,3 允许使用)

管理帧：关联请求/响应、重新关联请求/响应、解除关联。

(3)第 3 类(仅当已关联时，状态 3 允许使用)

数据帧；

管理帧：只包含解除链路验证；

控制帧：只包含节能轮询(PS-POLL)。

3. *数据加密机制*

使用 MAC 地址过滤和 SSID 匹配来控制访问权限的方法，相当于在无线网络的入口增加了一把锁，提高了无线网络使用的安全性。在搭建小型无线局域网时，使用该方法最为简单、快捷，也是最为基本的安全措施。无线网络安全的另一个重要方面就是数据加密，可以通过有线等效加密算法 (wired equivalent privacy，WEP)来进行，有线等效加密(WEP)是一个简单的加密算法。一般情况下，WEP 有两种类型可用：64 位密钥和 128 位密钥。许多时候，我们看到它们是使用 40 位和 104 位加密。这种使用有点用词不当，原因是 WEP 对于这两个加密长度都以同样的方式执行。每一个使用 24 位初始化矢量(initialization vector，IV)连接与一个加密的密钥(端到端的连接)，这个加密密钥的长度是 40 位或 104 位生成的 64 位和 128 位加密密钥的 WEP 密钥长度。需要注意的是，在 IEEE 802.11 标准中只定义了 64 位密钥的情况，而且是我们常说的 Wi-Fi 认证。也就是说，无线以太网联盟(WECA)对于无线局域网设备的兼容性测试只包括 64 位加密，不包括 128 位加密。

如果选择了静态的密钥，需要将一个静态的密钥手工分配到一个无线接入点和它连接的无线客户端。由于这些密钥可能很长时间不改变，必须人为地手工改变，所以对于可能知道复杂密钥的黑客来说网络的这一部分易于受到影响。由于这个原因，静态的密钥对于简单的小无线局域网是一个合适的基本加密方法，但是不推荐作为企业级的无线局域网解决方案。

WEP 算法的另外一个弱点是使用 24 位的初始化矢量。这导致初始化矢量组合的范围很小，也就是说，在很短的时间内就可能重复用到同一组同一个初始化矢量值串。在一个资料流量普通的无线接入点上，大约只要 5 小时就可能会出现重复的同一个初始化矢量值。如果封包尺寸缩小，那么时间还会更短。

WEP 是对在两台设备间无线传输的数据进行加密的方式，用以防止非法用户窃听或侵入无线网络，它是由 802.11 标准定义的，用于在无线局域网中保护链路层数据。WEP 采用 RSA 数据安全公司开发的 RC4 对称加密算法，这种加密机制通过将一个短密钥扩展为任意长度的伪随机密钥流，发送端再用这个生成的伪随机密钥流与报文进行异或运算来产生密文。接收端用相同的密钥产生同样的密钥流，并用这个密钥流来对密文进行异或运算而得到原始的报文。

WEP 加密采用静态的保密密钥，各 WLAN 终端使用相同的密钥访问无线网络。WEP 也提供认证功能，当加密机制功能启用，客户端要尝试连接上 AP 时，AP 会发出一个 Challenge Packet 给客户端，客户端再利用共享密钥将此值加密后送回无线接入点以进行认证比对，只有正确无误，才能获准存取网络资源。40 位 WEP 具有很好的互操作性，所有通过 Wi-Fi 组织认证的产品都可以实现 WEP 互操作。现在的 WEP 一般也支持 128 位的钥匙，提供更高等级的安全加密，有效地防止数据被窃听盗用。如图 7.5 所示，利用 128 位 WEP 加密，使得数据在无线发射之前进行复杂的编码处理，在接受之后通过反向处理获取原数据。这种加密方式确保了数据万一泄漏，也不会暴露数据的原值。

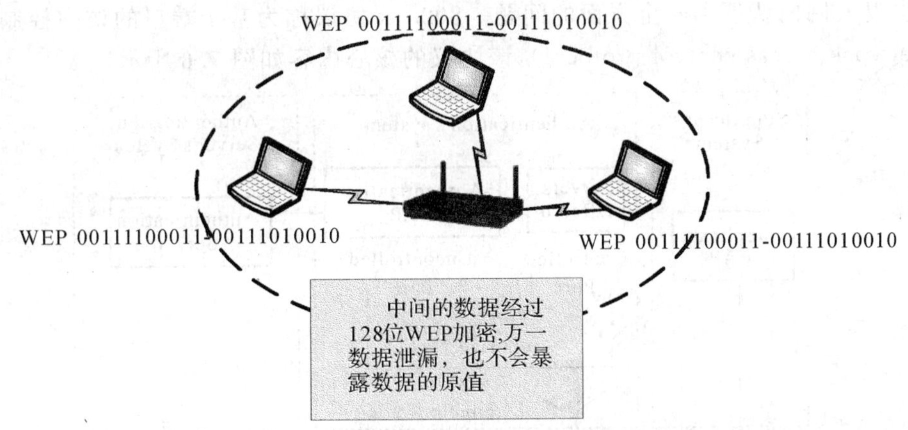

图 7.5　有线等效加密 WEP

由于 WEP 密钥必须通过人工手动设置，因此该技术在覆盖范围不是很大、终端用户数量不是很多，且对安全要求不是很高的应用环境下使用是最经济方便的。

当一个使用 WEP 的数据包被接收或发送时，那些数据包必须被解密或加密。这个过程消耗 CPU 时间并降低在无线局域网上吞吐量的效率。许多产品提供商用软件实施 WEP 的加密和解密，使用同样的 CPU 用于无线接入点的管理和数据包过滤等。

WEP对于减少无意中的窃听风险是一个有效的解决方案。一个没有恶意试图获取访问的人碰巧看到我们的网络，不会有一个匹配的WEP密钥，所以这个人将被阻止访问我们的网络。当使用WEP的时候，不要使WEP密钥和SSID密钥与公司的信息相关。确保WEP密钥难以记住和计算；否则，WEP密钥能够很容易被猜测出来，恰恰是通过看到SSID或公司的名字。我们也可以通过实施一个集中的密钥分布系统动态地为每一个时间段和数据包分配一个新的WEP密钥。然而，动态的密钥增加更多的开销而减低吞吐量，它们使通过无线部分攻击这个网络更加困难。黑客可能不得不预测密钥分配服务器使用密钥流，那是非常困难的。

注意，WEP仅仅保护3～7层的信息和负载数据，但是不能够加密MAC地址或无线信号。一个扫描器能够俘获如何从无线接入点重广播出来的无线信号中的任何信息或如何从无线客户端发送数据包的MAC地址信息。WEP具有很好的互操作性，所有通过Wi-Fi组织认证的产品都可以实现WEP互操作。

7.2.3　IEEE 802.1x 协议

IEEE 802.11标准所规定的WEP安全机制最明显的不足在于缺乏使用者身份认证机制（只是对无线客户端设备的认证）和动态的数据加密密钥配送机制（一般只是静态的密钥）。为了解决无线局域网中的WEP安全机制的缺陷，人们采用将基于端口访问控制技术的安全机制结合到IEEE 802.11中的方式。IEEE 802.1x协议起源于IEEE 802.11协议，主要目的是为了解决无线局域网用户的接入验证问题。IEEE 802.1x基于互联网工程任务组（internet engineering task force，IETF）制定的可扩展验证协议（extensible authentication protocol，EAP），采用对端口进行验证的方式。

1. IEEE 802.1x 协议结构和基本原理

20世纪90年代后期，IEEE 802 LAN/WAN委员会为解决无线局域网网络安全问题，提出了802.1x协议。后来，802.1x协议作为局域网端口的一个普通接入控制机制用在以太网中，主要解决以太网内认证和安全方面的问题。802.1x协议称为基于端口的访问控制协议（port based network access control protocol），该协议的核心内容如图7.6所示。

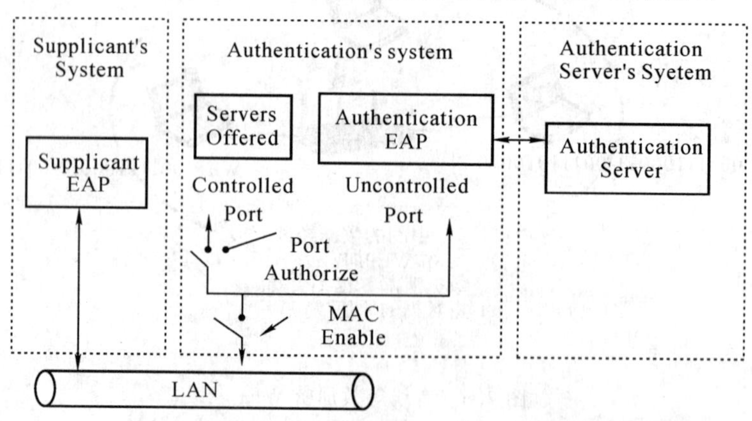

图7.6　IEEE 802.1x 协议体系结构

靠近用户一侧的以太网交换机上放置一个EAP（extensible authentication protocol）代理，用户PC机运行EAPOE（EA pover ethernet）的客户端软件与交换机通信。初始状态下，交换机上的所有端口处于关闭状态，只有802.1x数据流才能通过，而另外一些类型的网络数据流，如动态主机配置协议、超文本传输协议（HTTP）、文件传输协议（FTP）、简单邮件传输协议

(SMTP)和邮件协议(POP3)等都被禁止传输。

当用户通过 EAPOE 登录交换机时,交换机将用户同时提供的用户名口令传送到后台的 Radius 认证服务器上。如果用户名及口令通过了验证,则相应的以太网端口打开,允许用户访问。

在无线局域网的具体应用中,无线客户端和无线接入点之间的连接被看做一个逻辑端口,只有在端口验证通过的情况下,无线客户端才能与无线接入点进行通信。通过 IEEE 802.1x、远程接入拨号用户(remote authentication dail-in user service,RADIUS)服务器与使用者账号数据库的配合,可以有效管理用户对无线局域网的使用行为。使用者获得授权进入以 IEEE 802.1x 加以管制的无线局域网前,必须经由 EAPOL (extensible authentication protocol over ethernet, EAPOL)通过无线接入点来提供账号或数字凭证(digital certificate)给后端的 RADIUS 服务器。经过 RADIUS 服务器验证通过的合法使用者才能进入到无线局域网。RADIUS 服务器也可以记载使用者登录与注销的时间信息,作计费或网络使用者状态监控的用途。IEEE 802.1x 要求工作站安装相应的客户端软件。无线接入点要内嵌 IEEE 802.1x 验证代理,同时它还作为 RADIUS 客户端,将用户验证信息转发给 RADIUS 服务器。现在,主流的计算机操作系统 Windows XP 和 Windows 2000 都已经有 IEEE 802.1x 的客户端功能。功能比较全的无线接入点在支持 IEEE 802.1 x 和 RADIUS 的集中验证时,支持的可扩展验证协议类型有 EAP-MD5&TLS,TTLS 和 PEAP 等。

2. IEEE 802.1x 协议的体系结构

802.1x 协议的体系结构包括 3 个重要部分:

(1)服务请求者(supplicant):网络中要求其他主机服务的节点,需要验证程序来验证是否核准其所要求的服务。

(2)验证者(authenticator):也称为认证系统(authentication System)。验证者也是网络的节点,它需要使用网络上其他"验证服务者"所提供的验证服务来决定是否核准服务请求者所要求的服务。

(3)验证服务者(authentication server):此角色提供验证服务给验证者,依据服务请求者所提供的数据决定是否核准服务请求者要求的服务。

图 7.7 所示为三者之间的关系以及互相之间的通信。IEEE 802.1x 应用于 IEEE 802.11 时,无限客户端扮演服务请求者的角色,它安装一个客户端软件,用户通过启动客户端软件发起 801.1x 协议的认证过程。为支持基于端口的接入控制,客户端系统须支持 EAPOL (EA pover LAN)协议。

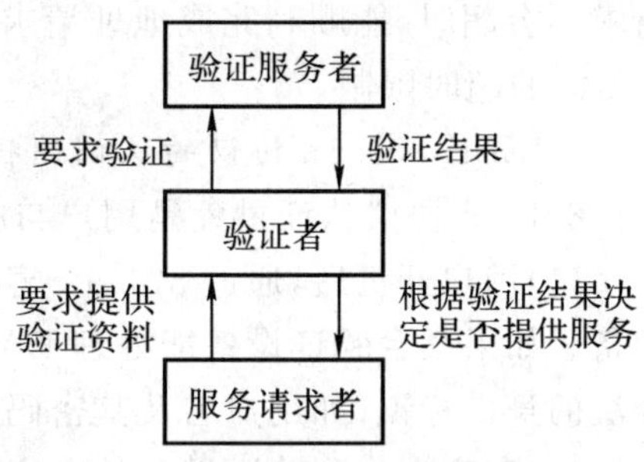

图 7.7　IEEE 802.1x 关系

验证者通常为支持 801.1x 协议的网络设备,如无线接入点 AP。该设备有 2 个逻辑端口:受控端口和不受控端口,它们分别对应于不同用户的端口。不受控端口始终处于双向连通状态,主要用来传递 EAPOL 协议帧,保证客户端始终可以发出或接受认证;受控端口只有在认证通过之后才打开,用于传递网络资源和服务。如果用户未通过认证,受控端口处于未认证状态,则用户无法访问验证服务者提供的服务。受控端口可配置为双向受控、仅输入受控两种方式,以适应不同的应用环境。

而验证服务者的角色则由远端的 RADIUS 服务器来担任。验证服务者的端口访问实体通过不受控端口与客户端端口访问实体进行通信，两者之间运行 EAPOL 协议。验证者的端口访问实体与验证服务者之间运行 EAP 协议。EAP 协议并不是验证者和验证服务器通信的唯一方式，其他的通信通道也可以使用。例如，如果验证者和验证服务器集成在一起，两个实体之间的通信就可以不采用 EAP 协议。

3. IEEE 802.1x 协议的工作机制

801.1x 协议的工作机制如图 7.7 所示。由图 7.7 可见，认证的发起可以由用户主动发起，也可以由验证者发起。当验证者探测到未经过认证的用户使用网络时，就会主动发起认证；用户端则可以通过客户端软件向认证系统发送 EAPOL－Start 开始报文发起认证。由客户端发送 EAPOL 退出报文，主动下线，退出已认证状态的直接结果就是导致用户下线，如果用户要继续上网则要再发起一个认证过程。

为了保证用户和认证系统之间的链路处于激活状态，而不因为用户端设备发生故障造成异常死机，从而影响对用户计费的准确性。认证系统可以定期发起重新认证过程，该过程对于用户是透明的，即用户无需再次输入用户名和密码。重新认证由认证系统发起，时间从最近一次成功认证后算起。重新认证时间默认值为 3600 s，而且默认重新认证是关闭的。

对于认证系统和客户端之间通信的 EAP 报文，如果发生丢失，由认证系统负责进行报文的重传。在设定重传时间时，考虑网络的实际环境，通常会认为认证系统和客户端之间报文丢失的概率比较低以及传送延迟短，因此一般通过一个超时计数器来设定，默认重传时间为 30s。

对于有些报文的丢失重传比较特殊，如 EAPOL－Start 报文的丢失，由客户端负责重传；而对于 EAP 失败和 EAP 成功报文，由于客户端无法识别，认证系统不会重传。由于对用户身份合法性的认证最终由认证服务器执行，认证系统和认证服务器之间的报文丢失重传也很重要。另外，对于用户的认证，在执行 801.1x 认证时，只有认证通过后，才有 DHCP 发起和 IP 分配的过程。由于客户终端配置了 DHCP 自动获取，则可能在未启动 801.1x 客户端之前，就发起了 DHCP 的请求，而此时认证系统处于禁止通行状态，这样认证系统会丢掉初始化的 DHCP 帧，同时会触发认证系统发起对用户的认证。

由于 DHCP 请求超时时间为 64s，所以如果 801.1x 认证过程能在 64s 内完成，则 DHCP 请求不会超时，能顺利完成地址请求；如果终端软件支持认证后再执行一次 DHCP，就不用考虑 64s 的超时限制。

4. IEEE 802.1x 协议的认证过程

801.1x 协议认证过程是用户与服务器交互的过程，其认证步骤如下：

(1)用户开机后，通过 801.1x 客户端软件发起请求，查询网络上能处理 EAPOL 数据包的设备。如果某台验证设备能处理 EAPOL 数据包，就会向客户端发送响应包，并要求用户提供合法的身份标识，如用户名及其密码。

(2)客户端收到验证设备的响应后，提供身份标识给验证设备。由于此时客户端还未经过验证，因此认证流只能从验证设备的未受控的逻辑端口经过。验证设备通过 EAP 协议将认证流转发到 AAA 服务器，进行认证。

(3)如果认证通过，则认证系统的受控逻辑端口打开。

(4)客户端软件发起 DHCP 请求，经认证设备转发到 DHCP Server。

(5)DHCP Server 为用户分配 IP 地址。

(6)DHCP Server 分配的地址信息返回给认证系统，认证系统记录用户的相关信息，如

MAC,IP地址等信息,并建立动态的ACL访问列表,以限制用户的权限。

(7)当认证设备检测到用户的上网流量时,就会向认证服务器发送计费信息,开始对用户计费。

(8)如果用户退出网络,可以通过客户端软件发起退出过程,认证设备检测到该数据包后,会通知AAA服务器停止计费,并删除用户的相关信息(如物理地址和IP地址),受控逻辑端口关闭,用户进入再认证状态。

(9)验证设备通过定期的检测保证链路的激活。如果用户异常死机,则验证设备在发起多次检测后,自动认为用户已经下线,于是向认证服务器发送终止计费的信息。

综上所述,验证过程中所交换的信息,是封装在可扩展验证协议(EAP)内。由于无线客户端的WEP密钥是由无线接入点透过IEEE 802.1x机制来给予的,为防止密钥被第三者在无线传输过程中窃取,密钥在传送过程也是被加密保护的。在此架构中,使用者账号、密码与其他信息存放在这个数据库中,RADIUS服务器则与数据库沟通以验证使用者的合法性。

IEEE 802.1x也可以应用于跨网域漫游,IEEE 802.1x与RADIUS的共同运作,可以解决注册在一个无线局域网的使用者,移动到另外一个无线局域网时漫游验证的问题。虽然IEEE 802.1x仍旧存在缺陷,但相比较WEP方式已经有了很大的改善。后面将要介绍的IEEE 802.11i和WPAI等最新的安全机制都参考了IEEE 802.1x机制。

7.2.4 IEEE 802.11i 安全标准

目前,以IEEE 802.11标准规定的有线等效加密(WEP)为主的安全机制存在的问题为产品提供商和用户所广为注意,MAC地址过滤、SSID匹配、WEP加密都是一种基本的安全措施,在很多情况下都不能满足安全需要。这使无线局域网技术受到很多批评,为了从这种被动的局面中解脱出来,国际电气和电子工程师联合会(IEEE)制订了被称为IEEE 802.11i的安全标准,图7.8所示为两个安全标准的对比图。

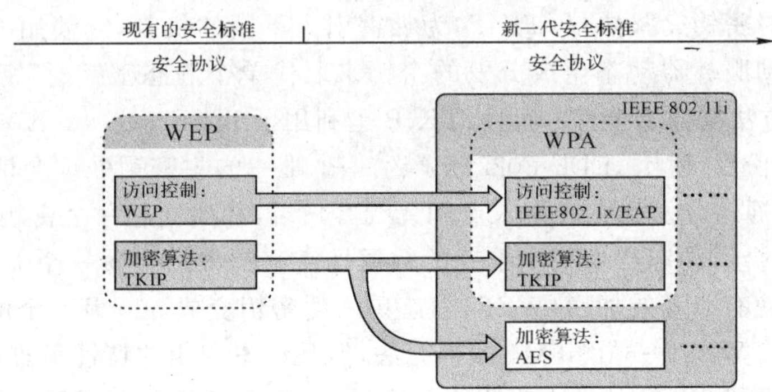

图7.8 两个安全标准的对比

这种标准针对WEP机制的各种缺陷做了多方面的改进,增强了无线局域网的鉴别性能和数据加密,IEEE 802.11i包括两项主要内容:Wi-Fi保护接入(Wi-Fi protected access,WPA)和强健的安全网络(robust security network,RSN)。

1. Wi-Fi保护接入(WPA)

Wi-Fi保护接入(Wi-Fi protected access,WPA)是IEEE 802.11i标准的一个早期版本,它弥补了WEP方案的许多缺陷。除此之外,WPA还支持IEEE 802.1x,但是WPA仍然使用流密码加密无线数据流。像WEP一样,WPA不仅是一种加密机制,还作为IEEE 802.11i标准的子集,WPA 包含了鉴别、加密和数据完整性校验三个部分,是一个完整的安全性措施,其核心是 IEEE 802.1x 和暂时密钥完整协议(temporal key integrity protocol,TKIP)。

WPA 的鉴别分为两种:第一种采用 IEEE 802.1x+EAP 的方式。用户提供鉴别所需要的凭证,如用户密码,通过特定的用户鉴别服务器(一般是 RADIUS 服务器)来实现。在大型企业网络中,通常采用这种方式。对于一些中小企业网络或者家庭用户,架设一台专用的鉴别服务器代价过于昂贵,维护也很复杂,因此 WPA 提供了一种简化的模式,它不需要专门的鉴别服务器。另一种模式叫做 WPA 预共享密钥(WPA-PSK,WPA-Pre-Shared key),仅要求每个在无线局域网中的工作站预先输入一个密钥即可实现,不用于加密过程。只要密钥吻合,用户就可以获得无线局域网的访问权。由于这个密钥仅用于鉴别过程,不用于加密过程,因而不会导致使用 WEP 密钥进行 IEEE 802.11 预共享鉴别那样严重的安全问题。

支持 WPA 的无线接入点工作需要在开放式系统验证方式下,无线客户端以 WPA 模式与无线接入点关联之后,如果网络中有 RADUIS 服务器作为鉴别服务器,那么无线客户端就使用 IEEE 802.1x 方式进行鉴别;如果网络中没有 RADIUS 服务器,无线客户端与无线接入点就会采用预共享密钥(PSK)的方式。

WPA 采用了 IEEE 802.1x 和 TKIP 来实现无线局域网的访问控制、密钥管理与数据加密。前面已介绍过,IEEE 802.1x 是一种基于端口的访问控制标准,用户必须通过了鉴别并获得授权之后,才能通过端口使用网络资源。虽然暂时密钥完整协议(TKIP)与有线等效加密(WEP)同样是基于 RC4 加密算法,但 TKIP 引入了 4 种新算法:

(1)扩展的 48 位初始化矢量(IV)和 IV 顺序规则(IV sequencing rules);

(2)每包密钥构建机制,每发一个包重新生成一个新的密钥(per-packet key construction);

(3)Michael (message integrity code , MIC)消息完整性代码;

(4)密钥重新获取和分发机制。

WPA 采用暂时密钥完整协议(TKIP)为加密引入了新的机制,它使用一种密钥架构和管理方法,通过由鉴别服务器动态生成分发的密钥来取代单个静态密钥、把密钥首部长度从 24 位增加到 48 位等方法增强安全性。而且,TKIP 也利用了 IEEE 802.1x/EAP 架构。鉴别服务器在接受了用户身份后,使用 IEEE 802.1x 产生一个唯一的主密钥处理会话。然后,TKIP 把这个密钥通过安全通道分发到无线接入点和无线客户端,并建立起一个密钥架构和管理系统,使用主密钥为用户会话动态产生一个唯一的数据加密密钥来加密每一个无线通信数据报文。TKIP 的密钥架构使有线等效加密(WEP)静态单一的密钥变成 500 万一个的可用密钥。虽然 WPA 采用的还是和 WEP 一样的 RC4 加密算法,但其动态密钥的特性很难被攻破。

虽然 WPA 对弥补 WEP 的缺点有很大的帮助,但是并不是所有的用户都能够利用它。这是由于 WPA 可能无法向后兼容某些遗留设备和操作系统。此外,除非无线局域网系统具有运行 WPA 和加快该协议处理速度的硬件,否则,TKIP/WPA 将降低网络性能。

WPA2 是 Wi-Fi 联盟发布的第二代 WPA 标准。WPA2 与后来发布的 802.11i 具有类似的特性,它们最重要的共性是预验证,即在用户对延迟毫无察觉的情况下实现安全快速漫游,同时采用 CCMP 加密包来替代 TKIP。

2. 强健的安全网络(RSN)

IEEE 802.11i 规定使用 IEEE 802.1x 鉴别和密钥管理方式,在数据加密方面,定义了 TKIP,CCMP(counter-mode/CBC-MAC protocol)和 WRAP (wireless robust authenticated protocol)等 3 种加密机制。其中 TKIP 采用 WEP 机制里的 RC4 作为核心加密算法,可以通过在现有的设备上升级固件和驱动程序的方法来达到提高无线局域网安全的目的。CCMP 机制基于 AES(advanced encryption standard)加密算法和 CCM(counter-mode/CBC-MAC)鉴别方式,使无线局域网的安全程度大大提高,是实现 RSN 的强制性要求。由于 AES 对硬件要求比较高,因此 CCMP 无法通过在现有设备的基础上进行升级来实现。WRAP 机制基于 AES 加密算法和 OCB(offset codebook),它是一种可选的加密机制。

消息完整性校验(MIC)是为了防止攻击者从中间截获数据报文、篡改后重发而设置的。除了和 IEEE 802.11 一样继续保留对每个数据分段(MPDU)、进行 CRC 校验外,WPA 为 IEEE 802.11 的每个数据分组(MSDU)都增加了一个 8 字节的消息完整性校验值,这和 IEEE 802.11 对每个数据分组(MSDU)进行 ICV 校验的目的不同。ICV 的目的是为了保证数据在传输途中不会因为噪声等物理因素的影响导致报文出错,因此采用相对简单高效的 CRC 算法,但是黑客可以通过修改 ICV 值来使之和被篡改过的报文相吻合,可以说 ICV 没有任何安全功能。而 WPA 中的 MIC 是为了防止黑客的篡改而定制的,它采用 Michael 算法,具有很高的安全特性。当 MIC 发生错误的时候,数据很可能已经被篡改,系统很可能正在受到攻击。此时,WPA 就会采取一系列的对策,比如立刻更换组密钥、暂停活动 60s 等,以阻止黑客的攻击。

RSN 是接入点与移动设备之间的动态协商鉴别和加密算法,IEEE 802.11i 草案标准中建议的鉴别方案是基于 IEEE 802.1x 和扩展鉴别协议 EAP 的,加密算法为高级加密标准(AES)动态协商鉴别,AES 是一种对称的块加密技术,提供比 WEP/TKIP 中 RC4 算法更高的加密性能,该加密算法还使 RSN 可以不断改进,与最新的安全水平保持同步,添加算法应付新的威胁,并不断提供保护无线局域网传送信息所需的安全性。

由于采用动态协商、IEEE 802.1x、EAP 和 AES,RSN 比 WEP 和 WPA 可靠得多。但是,RSN 不能很好地在遗留设备上运行,只有最新的设备采用又有加快算法在工作站和无线接入点中运行速度所需要的硬件,提供今天的无线局域网产品所期望的性能。

7.2.5　国家标准 GB15629.11

安全问题一直是笼罩在 WLAN 灵活便捷的优势之上的阴影,已成为 WLAN 进入信息化应用领域的最大障碍。国际标准为此采用了 WEP,WPA,802.1x,802.11i,VPN 等方式来保证 WLAN 的安全,但都没有从根本上解决 WLAN 的安全问题。我国在 2003 年 5 月份提出了无线局域网国家标准 GB 15629.11,引入一种全新的安全机制——WAPI,使 WLAN 的安全问题再次成为人们关注的焦点。WAPI 机制已由 ISO/IEC 授权的注册权威机构(IEEE Registration Authority)审查获得认可,并分配了用于该机制的以太类型号(IEEE Ether Type Field)0x88b4,这是我国在这一领域向 ISO/IEC 提出并获得批准的唯一的以太类型号。

1. WAPI 安全机制

无线局域网国家标准 GB 15629.11,其中最引人注目的就是由宽带无线 IP 标准工作组制定的新的安全机制 WAPI。WAPI 是无线局域网鉴别与保密基础结构(WLAN authentication and privacy infrastructure,WAPI)的缩写,它由无线局域网鉴别基础结构(WLAN authentication infrastructure,WAI)和无线局域网保密基础结构(WLAN privacy infrastructure,WPI)组成。其中,WAI 采用基于椭圆曲线的公钥证书体制,无线客户端 STA 和无线接入点 AP 通过鉴别服务器 AS 进行双向身份鉴别。而在对传输数据的保密方面,WPI 采用了国家商用密码管理委员会办公室提供的对称密码算法进行加密和解密,充分保障了数据传输的安全性。

WAPI 充分考虑了市场应用，根据无线局域网应用的不同情况，可以以单点式、集中式等不同的模式工作，同时也可以和现有的运营商系统结合起来，支持大规模的运营级服务。此外，用户的使用场景不同，WAPI 的实现和工作方式也略有差异。WAPI 的用户使用场景主要有以下几种。

①企业级用户应用场景：有 AP 和独立的 AS(鉴别服务器)，内部驻留 ASU(鉴别服务单元)，实现多个 AP 和 STA 证书的管理和用户身份的鉴别；

②小公司和家庭用户应用场景：有 AP，ASU 可驻留在 AP 中；

③公共热点用户应用场景：有 AP，ASU 驻留在接入控制服务器中；

④自组网用户应用场景：无 AP，各 STA 在应用上是对等的，采用共享密钥来实现鉴别和保密。

同 IEEE 802.11 标准一样，国家标准 GB 15629.11 规定的安全机制包括两个部分：一是无线局域网鉴别基础结构（WLAN authentication infrastructure，WAI)，相当于 IEEE 802.11 标准中的访问鉴别验证机制；二是无线局域网保密基础结构（WLAN privacy infrastructure，WPI)，相当于 IEEE 802.11 标准中的数据加密机制，也就是前面介绍的有线等效加密。下面分别进行描述。

(1)无线局域网鉴别基础结构(WAI)

国家标准 GB 15629.11 规定的无线局域网鉴别基础结构 WAI 采用公开密钥密码体制，利用证书来对无线局域网系统中的无线工作站和无线接入点进行鉴别。它定义了一种名为鉴别服务单元(authentication service unit ，ASU)的实体，用于管理参与信息交换各方所需要的证书(包括证书的产生、办法、吊销和更新)。证书里面包含有证书颁发者(ASU)的公钥和签名以及证书持有者的公钥和签名，是网络设备的数字身份凭证。当无线客户端关联或重新关联至无线接入点时，必须进行相互身份鉴别。若鉴别成功，则无线接入点允许无线客户端接入，否则解除其关联。整个鉴别过程包括证书鉴别与会话密钥协商。

图 7.9 所示为鉴别请求者、鉴别器和鉴别服务实体之间的关系及信息交换过程。这里首先介绍几个重要概念，有助于对鉴别系统结构的理解。

①鉴别请求者实体 ASUE：驻留在 STA 中，需通过鉴别服务单元 ASU 进行鉴别。

②鉴别器实体 AE：驻留在 AP 中，在接入服务前，提供鉴别操作。

③鉴别服务实体 ASE：驻留在 ASU 中，为鉴别器和鉴别请求者提供相互鉴别。

鉴别服务实体 ASE 的主要功能是负责证书的发放、验证和吊销等，鉴别请求者实体 ASUE 与鉴别器实体 AE 上都安装有鉴别服务实体 ASE 颁发的公钥证书，作为自己的数字身份凭证。当鉴别请求者实体(即无线工作站)登录至鉴别器实体(即无线接入点 AP)时，使用或访问网络之前必须通过鉴别服务实体(如 RADUIS 服务器)进行双向身份验证。只有持有合法证书的无线工作站才能接入持有合法证书的无线接入点。这样不仅可以防止非法无线客户端接入无线接入点 AP 访问网络，占用网络资源，还可以防止无线客户端登录至非法无线接入点 AP，造成信息泄露。采用基于公钥密码体系的证书机制，真正实现无线客户端与无线接入点之间的双向鉴别。

如图 7.9 所示，经过鉴别激活、接入鉴别请求、证书鉴别请求、证书鉴别响应、接入鉴别响应、密钥协商请求和密钥协商响应等 7 个步骤，完成无线客户端与无线接入点之间的证书鉴别过程。若鉴别成功，则无线接入点允许无线客户端接入，否则解除其登录。

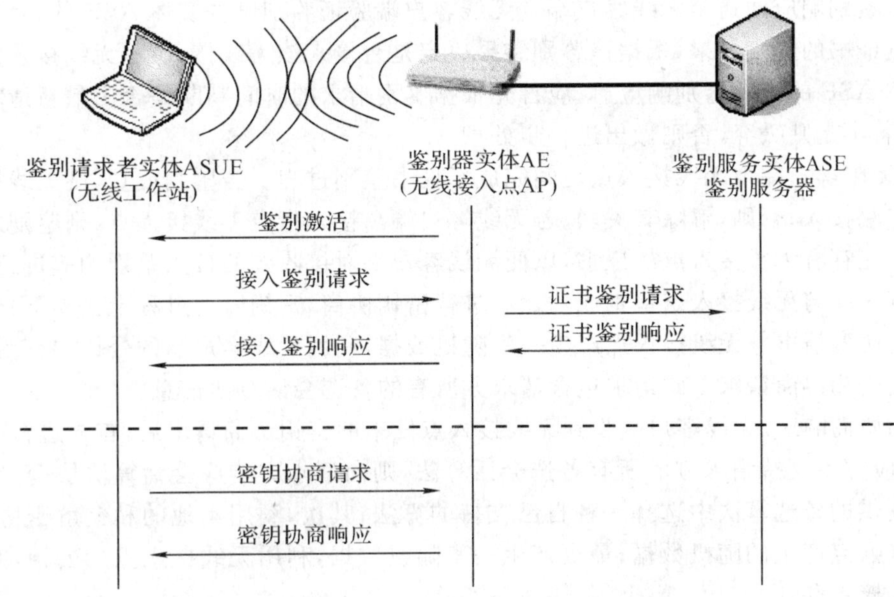

图 7.9　WAPI 的工作过程

图 7.9 中具体证书鉴别过程定义如下：

①鉴别激活。当无线客户端关联或重新关联至无线接入点时，由无线接入点向无线客户端发送鉴别激活以启动整个鉴别过程。由于鉴别激活信息可能在传输过程中丢失，在无线接入点发送鉴别激活后才收到无线客户端的鉴别请求，每次收到来自无线客户端的协议数据均应重发鉴别激活。

②接入鉴别请求。无线客户端向无线接入点发出接入鉴别请求，即将无线客户端证书与无线客户端的当前系统时间发往无线接入点，其中系统时间称为接入鉴别请求时间，无线客户端发送接入鉴别请求时，应合理设置超时时间。当超时时间已到，仍未接收到与最新发送的鉴别请求时间一致的接入鉴别响应时，无线客户端应重新构造接入鉴别请求并发送，重新进行鉴别过程。

③证书鉴别请求。无线接入点收到无线客户端接入鉴别请求后，首先记录鉴别请求时间，然后向鉴别服务实体 ASE 发出证书鉴别请求，即将无线客户端证书、接入鉴别请求时间、无线接入点证书及无线接入点的私钥对它们的签名构成证书鉴别请求发送给鉴别服务实体 ASE。

④证书鉴别响应。鉴别服务实体 ASE 收到无线接入点的证书鉴别请求后，验证无线接入点的签名和无线接入点证书的有效性，若不正确，则鉴别过程失败，否则进一步验证无线客户端证书。验证完毕后，鉴别服务实体 ASE 将无线客户端证书鉴别结果信息(包括无线客户端证书和鉴别结构)、无线接入点证书鉴别结构信息(包括无线接入点证书、鉴别结果及接入鉴别请求时间)和鉴别服务实体 ASE 对它们的签名构成证书鉴别响应发回给无线接入点。无线客户端接收到接入鉴别响应，如果其包含的鉴别请求时间与无须客户端最新发送的接入鉴别请求中该字段帧不同，则丢弃该响应，否则做进一步处理。无线接入点每次收到无线客户端发送的接入鉴别请求时，设置该无线客户端的状态为“已连路验证、已关联、未鉴别”，即鉴别过程重新开始。

⑤接入鉴别响应。无线接入点对鉴别服务实体 ASE 返回的证书鉴别响应应进行签名验证，得到无线客户端证书的鉴别结果，根据此结果对无线客户端进行接入控制。无线接入点将

收到的证书鉴别响应回送至无线客户端。无线客户端验证鉴别服务实体 ASE 的签名后，得到无线接入点证书的鉴别结果，根据该鉴别结果决定是否接入该无线接入点。无线接入点收到鉴别服务实体 ASE 的证书鉴别响应后，应首先根据鉴别请求的时间判断是否为最新请求的证书鉴别响应，若不是则丢弃，否则做出进一步处理。

至此，无限客户端与无线接入点之间完成了证书鉴别过程。若鉴别成功，则无线接入点允许无线客户端接入；否则，解除其关联。若无线客户端欲接入指定无线接入点，则鉴别之前无线客户端应预先存有无线接入点的证书，以便无线客户端对接收到的接入鉴别响应进行判断。

无线客户端与无线接入点鉴别成功之后进行密钥协商，密钥协商过程定义如下：

⑥密钥协商请求。无线接入点产生一串随机数据，利用无线客户端的公钥加密后，向无线客户端发出密钥协商请求。此请求包含请求方所有的备选会话算法信息。

⑦密钥协商响应。无线客户端收到无线接入点发来的密钥协商请求后，首先进行会话算法协商，若响应方不支持请求方的所有备选会话算法，则向请求方响应会话算法协商失败，否则在请求方提供的备选算法中选择一种自己支持的算法；其次，利用本地的私钥解密协商数据，得到无线接入点产生的随机数据；最后产生一串随机数据，利用无线接入点的公钥加密后，再发送给无线接入点。

密钥协商成功后，无限客户端与无线接入点将自己与对方分别产生的随机数据模 2 和运算生成会话密钥，利用协商的会话算法对通信数据进行加密、解密。为了进一步提高通信的保密性，在通信一段时间或交换一定数量的数据之后，无限客户端与无线接入点之间可重新进行会话密钥的协商，过程同上。注意，密钥协商请求可由无线接入点或无线客户端中的任何一方发起，另一方响应。

(2)验证的状态关系

与 WEP 的过程类似，在访问验证的过程中，将出现不同的状态，在访问验证过程中的各种状态及关系如图 7.10 所示。

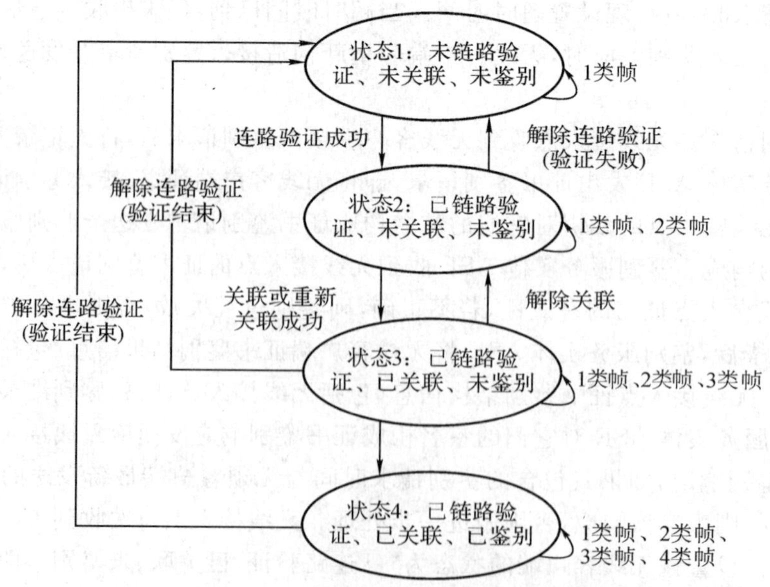

图 7.10 WAI 访问验证过程中的状态及关系

①状态 1

状态 1 是未链路验证、未关联、未鉴别状态。在这个初始的状态，这个无线客户端完全没有连接到网络上，不能通过无线接入点发送帧。无线接入点拥有一个无线客户端连接状态的列表，作为关联列表。这个列表对于任何没有完成链路验证过程的或试图被链路验证而失败的无线客户端都显示未验证。

②状态 2

状态 2 是已链路验证、未关联、未鉴别状态。无线客户端已经通过了链路验证过程，但是仍然没有关联到无线接入点上。无线客户端仍然没有被允许通过无线接入点发送或接收数据。无线接入点的关联列表将显示“被鉴别”。因为经过无线客户端的鉴别阶段，立即非常迅速地进入关联阶段(毫秒)，我们几乎不能体会到在无线接入点上“被鉴别”的步骤。

③状态 3

状态 3 是已链路验证、已关联、未鉴别状态。需要注意的是，如果是有线等效加密(WEP)的链路验证过程，这已经是最后一个状态了，但是对于无线局域网鉴别基础结构(WAI)来说，现在开始鉴别激活，无线客户端向无线接入点发送接入鉴别请求。当无线接入点每次收到无线客户端的接入鉴别请求时，都会将无线客户端的状态设置为“链路已验证、已关联、未鉴别”，这时鉴别的过程刚刚开始。

④状态 4

状态 4 是已链路验证、已关联、已鉴别状态。这是 WAI 的最后一个状态。无线接入点将接收到的接入鉴别请求发送给鉴别服务实体 ASE 进行鉴别，以验证无线接入点提供的证书的有效性。如果正确返回接入鉴别响应，无线接入点得到这个鉴别结果，根据此结果对无线客户端进行接入控制。鉴别状态成功，则标记为“链路已验证、已关联、已鉴别”。

每一个状态中，会采用不同的数据帧来实现不同的功能。如图 7.10 所示，将所有的帧划分为以下 4 类。

①第一类帧(状态 1,2,3 和 4 均允许)

控制帧：请求发送(RTS)、清除发送(CTS)、确认(ACK)、争用(CF)；

管理帧：探测请求/响应、信标、链路验证、解除链路验证、通知信息量指示信息(ATIM)；

数据帧。

②第二类帧(仅当链路已验证时，状态 2,3,4 允许)

管理帧：关联请求/响应、重新关联请求/响应、解除关联。

③第三类帧(仅当已关联时，状态 3,4 允许)

管理帧：接入鉴别请求/响应。

④第四类帧(仅当已鉴别时，状态 4 允许)

数据帧；

控制帧：只包含节能轮询(PS-POLL)。

(3)无线局域网保密基础结构 WPI

WPI 采用国家密码管理委员会办公室批准的用于 WLAN 的 SSF43 对称分组加密算法，实现对 MAC 子层的 MAC 服务数据单元(MSDU)进行加/解密处理，其有两种工作模式：用于数据保密的 OFB 模式和用于完整性校验的 CBC-MAC 模式。

①WPI 封装过程

数据发送时,WPI 的封装过程为:

a. 利用加密密钥和数据分组序号 PN,通过工作在 OFB 模式的加密算法对 MSDU(包括 SNAP)数据进行加密,得到 MSDU 密文;

b. 利用完整性校验密钥与数据分组序号 PN,通过工作在 CBC-MAC 模式的校验算法对完整性校验数据进行计算,得到完整性校验码 MIC;

c. 封装后再组帧发送。

②WPI 解封装过程

数据接收时,WPI 的解封装过程为:

a. 判断数据分组序号 PN 是否有效,若无效,则丢弃该数据;

b. 利用完整性校验密钥与数据分组序号 PN,通过工作在 CBC-MAC 模式的校验算法对完整性校验数据进行本地计算,若计算得到的值与分组中的完整性校验码 MIC 不同,则丢弃该数据;

c. 利用解密密钥与数据分组序号 PN,通过工作在 OFB 模式的解密算法对分组中的 MSDU 密文进行解密,恢复出 MSDU 明文;

d. 去封装后将 MSDU 明文递交至上层处理。

目前,已用软件实现了 STA 的 WAPI 机制,运行结果完全能够满足 GB 15629.11 标准的要求。此外,我们还使用硬件描述语言 Verilog HDL 对 WPI 的封装和解封装过程进行了 RTL 描述,并从数字电路设计的角度对其进行了优化。总体而言,WPI 硬件仿真结果较 WPI 软件运行在时间上体现了强大的优势,这对于保证无线局域网数据通信的高速性无疑是很重要的一点。当然,WPI 软件可以与驱动程序相结合,体现低成本和易维护的特点。对于 WAI,整个过程处在 AP 和 STA 之间网络协议数据通信之前,因此对时间的要求要略逊一些,而过程相对繁杂,我们认为更宜用软件实现。

7.2.6 VPN 安全解决方案

在 Wi-Fi 推出的初期,专家也建议用户通过 VPN 进行无线连接。VPN 采用 DES,3DES 等技术来保障数据传输的安全性。IPSec VPN 和 SSL VPN 是目前两种最具有代表意义的 VPN 技术。IPSec VPN 运行在网络层,保护站点之间的数据传输安全,要求远程接入者必须正确地安装和配置客户端软件或接入设备,将访问限制在特定的接入设备、客户端程序、用户认证机制和预定义的安全关系上,提供了较高水平的安全性。SSL 被预先安装在主机的浏览器中,是一种无客户机的解决方案,可以节省安装和维护成本。

对于安全性要求高的用户,将 VPN 安全技术与其他无线安全技术结合起来,是目前较为理想的无线局域网安全解决方案。

作为一种比较可靠的网络安全解决方案,VPN 自然而然地从有线网络扩展到无线网络,然而实际情况并非如此。标准工作组认为,无线网络的应用特点在很大程度上阻碍了 VPN 技术的应用,主要体现在以下几个方面。

(1)运行的脆弱性:因突发干扰或 AP 间越区切换等因素导致的无线链路质量波动或短时中断是无线应用的特点之一,因此用户通信链路出现短时中断就不足为奇了。这种情况对于普通的 TCP/IP 应用影响不敏感,但对于 VPN 链路影响巨大,一旦发生中断,用户将不得不手动设置以恢复 VPN 连接。这对于 WLAN 用户,尤其是需要移动或 QoS 保证(如 VoIP 业务)的用户是不能忍受的。

(2)吞吐量性能瓶颈：在一个 VPN 网络里进行的任何交换必须经过一个 VPN 服务器，一台典型的 VPN 服务器能够达到 30～50Mbps 的数据吞吐量。按照这个速度，只要有 8 个 802.11b AP，甚至 1～2 个 802.11a/g AP 就可以使一台 VPN 服务器过载。这使得那些为大公司提供无线接入的厂商，为了在多个 VPN 服务器之间达到负载平衡，要花费巨额费用。

(3)通用性问题：VPN 技术在国内，甚至在国际上没有统一的开发标准，各公司各自有专用产品，且不可通用，这与强调互通性的 WLAN 应用是相悖的。

(4)网络的扩展性问题：由于 VPN 网络架设的复杂性，大大限制了网络的可扩展性能。如果要改变一个 VPN 网络的拓扑结构或内容，用户往往不得不重新规划并进行网络配置，这不利于中型以上的网络使用。

(5)成本问题：上述的四个问题实际上在不同程度上直接导致了用户网络架设的成本攀升。而且，VPN 产品本身的价格就很高，对于中小型网络用户来讲，采购费用甚至会超过 WLAN 设备本身。

7.2.7　几种认证方式比较

目前，在接入网中的认证方式除 801.1x 之外，还有 PPPOE 和 Web+DHCP 两种方式，在此把这几种认证方式作一比较。

PPPOE 的本质就是在以太网上跑 PPP 协议。由于 PPP 协议认证过程的第一阶段是发现阶段，广播只能在二层网络，才能发现宽带接入服务器。因此，也就决定了在用户主机和服务器之间，不能有路由器或三层交换机。另外，由于 PPPOE 点对点的本质，在用户主机和服务器之间，限制了组播协议存在。这样，将会在一定程度上影响视频业务的开展。除此之外，PPP 协议需要再次封装到以太网中，所以效率很低。

Web+DHCP 采用旁路方式网络架构时，不能对用户进行类似带宽管理。另外，DHCP 是动态分配 IP 地址，但其本身的成熟度加上设备对这种方式支持力度还较小，故在防止用户盗用 IP 地址等方面，还需要额外的手段来控制。除此之外，用户连接性差，易用性不够好。

801.1x 协议为二层协议，不需要到达三层，而且接入交换机无须支持 802.1q 的 VLAN，对设备的整体性能要求不高，可以有效降低建网成本。业务报文直接承载在正常的二层报文上，用户通过认证后，业务流和认证流实现分离，对后续的数据包处理没有特殊要求。在认证过程中，801.1x 不用封装帧到以太网中，效率相对较高。

IEEE 802.1x 是一种基于端口的网络接入控制技术，在网络设备的物理接入级对接入设备进行认证和控制。IEEE 802.1x 可以提供一个可靠的用户认证和密钥分发的框架，可以控制用户只有在认证通过以后才能连接网络。IEEE 802.1x 本身并不提供实际的认证机制，需要和上层认证协议(EAP)配合来实现用户认证和密钥分发。EAP 允许无线终端可以支持不同的认证类型，能与后台不同的认证服务器进行通讯，如远程接入拨入用户服务(RADIUS)。

与上述安全机制相比，WAPI 可谓更胜一筹。它已由 ISO/IEC 授权的 IEEE Registration Authority 审查获得认可，分配了用于 WAPI 协议的以太类型字段。WAPI 采用国家密码管理委员会办公室批准的公开密钥体制的椭圆曲线密码算法和秘密密钥体制的分组密码算法，分别用于 WLAN 设备的数字证书、密钥协商和传输数据的加解密，从而实现设备的身份鉴别、链路验证、访问控制和用户信息在无线传输状态下的加密保护。

WAPI 具有几个重要特点：全新的高可靠性的安全认证与保密体制，更可靠的二层(链路层)以下安全系统，完整的“用户↔接入点”双向认证，集中式或分布集中式认证管理，证书↔密钥双认证,灵活多样的证书管理与分发体制,可控的会话协商动态密钥,高强度的加密算法,可扩展或升级的全嵌入式认证与算法模块,支持带安全的域区切换;支持 SNMP 网络管理,完全符合国家标准,通过国家商用密码管理部门安全审查,符合“国家商用密码管理条例”。

值得一提的是,WAPI 还充分考虑了市场应用。从应用模式上分为单点式和集中式两种:单点式主要用于家庭和小型公司的小范围应用;集中式主要用于热点地区和大型企业,可以和运营商的管理系统结合起来,共同搭建安全的无线应用平台。用户可以在家里、公司、热点地区应用 WLAN,互联互通尤为重要。采用 WAPI 可以彻底扭转目前 WLAN 采用多种安全机制并存且互不兼容的现状,从根本上解决安全问题和兼容性问题。

7.2.8 用户认证方式的选择

在无线用户接入认证选择上,主要是两种:802.1x 和 Web+DHCP。这两种方式对用户来说各有利弊。802.1x 的认证方式总的来说安全性较高,但它需要客户端程序,这往往约束了它的普及。Web+DHCP 的认证方式安全级别就比较低,但是用户使用它很方便。所以我们要根据实际情况来选择用户的认证方式。一般的原则是:在一些安全级别比较高的地方选择使用 802.1x 的用户认证方式;在一些休闲娱乐场所一般选择使用 Web+DHCP 的认证方式。

在很多情况下,无线网络是有线网络的一种补充和延伸。无线网络必须承载于现有的有线网络上,实现无线与有线的统一认证,从而达到无线网用户账号与原有账号统一的目的,实现用户在无线覆盖区域,甚至活动于多个区域之间可以使用统一的账号进行漫游登陆,实现随时、随地、随心所欲地接入到 Internet。

面对形形色色的无线安全方案,用户需要保持清醒:即使最新的 802.11i 也存在缺陷,没有一种方案能够解决所有的安全问题。这里我们建议要很好地解决无线局域网的安全问题采用如图 7.11 所示的多元化的无线网安全策略。例如,许多 Wi-Fi 解决方案当前所提供的 128 位加密技术,不可能阻止黑客蓄意发起的攻击活动。许多用户也常常会犯一些简单错误,如忘记启动 WEP 功能,从而使无线连接成为不设防的连接,用户没有在企业防火墙的外部设置 AP,结果使攻击者利用无线连接避开防火墙入侵局域网。对于用户来说,与其依赖一种安全技术,不如选择适合实际情况的无线安全方案,建立多层的安全保护机制,这样才能有助于避免无线技术带来的安全风险。

企业用户通常把无线连接视为一个系统的组成部分,这种系统必须能适应其网络基础架构的需要,提供更高水平的保护功能,以确保企业信息、用户身份和其他网络资源的安全性。企业用户需要对无线网络受到的威胁以及无线网络所需求的安全等级进行评估,尤其需要保护含有敏感数据的对外开放的网络服务器,它们需要的安全保护往往要超过网络中的其他服务器。同时,企业用户需要在 AP 和客户机之间建立多层次保护的无线连接,以加强安全性。

40 位的 WEP 和 128 位共享密钥加密技术能够提供基本的安全需求,并能抵御最低水平的危险。IT 管理员也可以在 AP 内部创建和维护无线客户机设备的 MAC 地址表,并在替换或增加无线设备时,以人工方式改变 MAC 地址表。由于 WEP 是一种共享密钥,如果用户密钥受到破坏,黑客就有可能获取专用信息和网络资源。随着网络规模的不断扩展,IT 管理员需要加强无线网络的管理工作。

为了增加无线网络的安全机制,企业可以使用“基于用户”,而不是“基于设备 MAC 地址”的验证机制。这样,即使用户的笔记本电脑被盗,盗贼如果没有笔记本电脑用户的用户名和口令,也无法访问网络。这种方法简单易行,同时还会减轻管理负担,因为不需要以人工方式管理

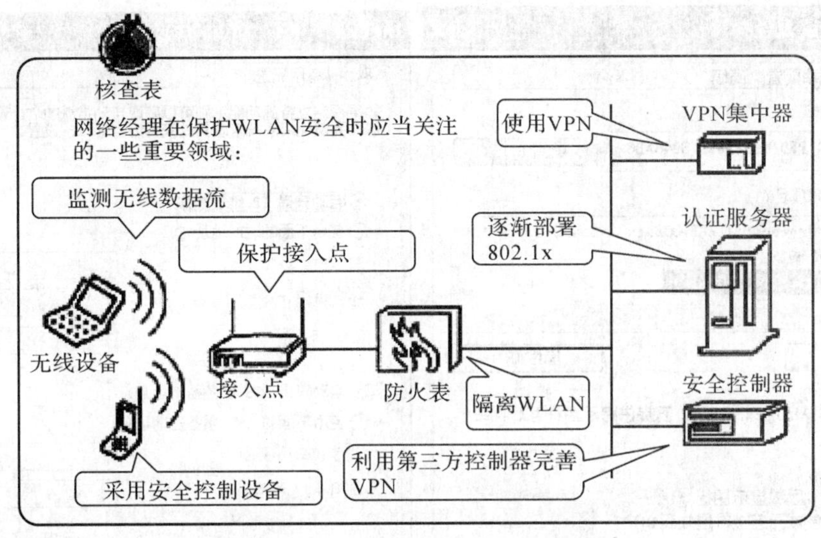

图7.11　多元化的无线安全策略

MAC地址表，但企业需要评估和部署AP，以支持基于用户的验证数据库。该验证数据库可以通过本地方式，在AP内部进行维护。

企业可以启动由AP执行的动态密钥管理功能。有些无线供应商提供这种管理功能，以此作为一个附加安全层。

这种多层次策略，使每个用户均拥有一个独特的密钥，该密钥可以经常改变。即使黑客破坏了加密机制，并获得网络访问权，但他获取的密钥的有效期也很短暂，从而限制了可能造成的破坏。这种方法因为具有在AP内部设计动态密钥管理的功能，从而简化了日益扩展的IT资源的管理负担。与128位共享密钥加密技术相比，动态密钥管理的功能更强劲，因为经常改变密钥进一步增加了黑客侵入系统的难度。

具体来说，用户只需采取以下措施，就可以将无线网络的安全风险大大降低。①控制无线客户机，实现WLAN网卡的标准化，防止WLAN网卡被任意改动；②像对待Internet那样对待WLAN，在WLAN和有线网络之间安装防火墙，阻止非授权的WLAN用户向有线网络发送二层数据包；③保护接入点，将接入点隐藏在不容易被发现的地方，防止被非法篡改；④防止无线电波"泄漏"到站点之外，用户可以利用各用措施"改变"无线电波的形态，在站点边缘尤其需要用户这么做；⑤不要仅依靠WPA，这是因为WPA仍然使用流密码加密无线数据流，而没有使用更安全的分组密码；⑥使用VPN，IPSec VPN或SSL VPN仍被视为是最佳的保护技术；⑦利用第三方无线安全控制器完善VPN；⑧选择合适的EAP方式；⑨监测网络，利用分析器和监测器分析WLAN无线数据流，发现未经授权的接入点，并且根据需要阻止或断开客户机，以及检测入侵者。

总之，只要结合企业实际，合理组合安全机制，用户就可以回避无线网络的风险而享受到无线接入的便捷。

7.2.9　用户认证方式的实现

1. Web+DHCP的用户实现

Web+DHCP的用户实现步骤如下：

(1)安装好无线网卡后，在任务栏上点击"无线网络连接"，选择"属性"按钮，如图7.12所示。

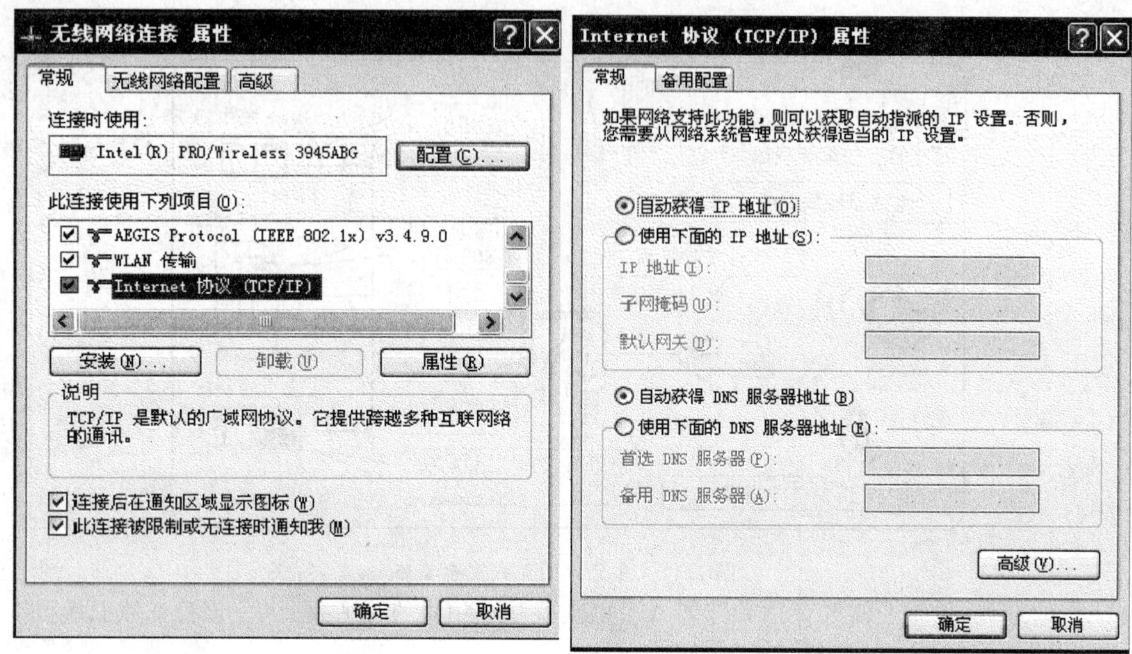

图 7.12 “无线网络连接属性”对话框　　图 7.13 “Internet 协议属性”对话框

(2)点击“Internet 协议(TCP/IP)”，如图 7.13 所示，选择“自动获得 IP 地址”。

(3)第一次无线登录需要安装数字证书，用于客户端的数据加密，打开 IE 浏览器，出现如图 7.14 所示的对话框。

(4)点击“查看证书”按钮，出现如图 7.15 所示的对话框。

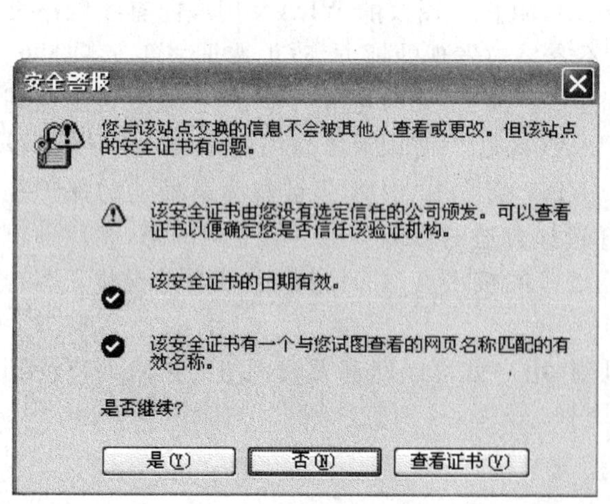

图 7.14 “安全警报”对话框

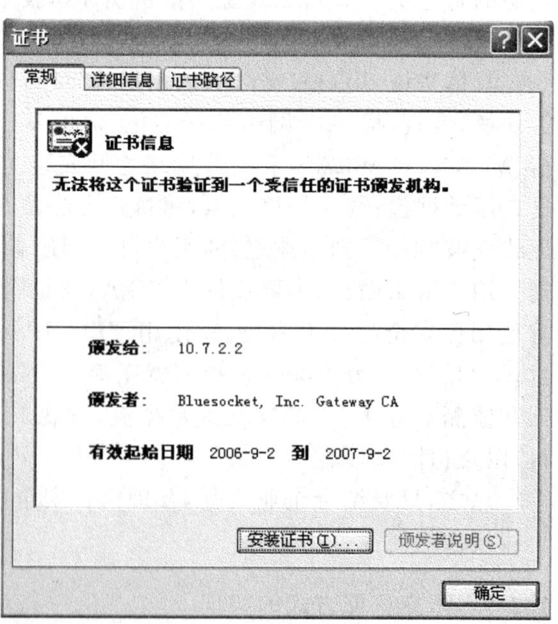

图 7.15 “证书”对话框

(5)点击“安装证书”按钮，出现如图 7.16 所示的对话框。

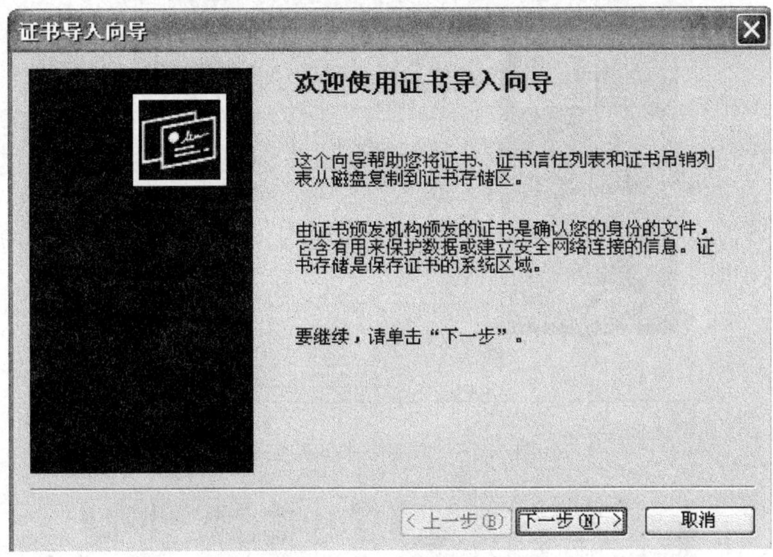

图 7.16　数字证书安装向导

(6)点击“下一步”，出现如图 7.17 所示的对话框。

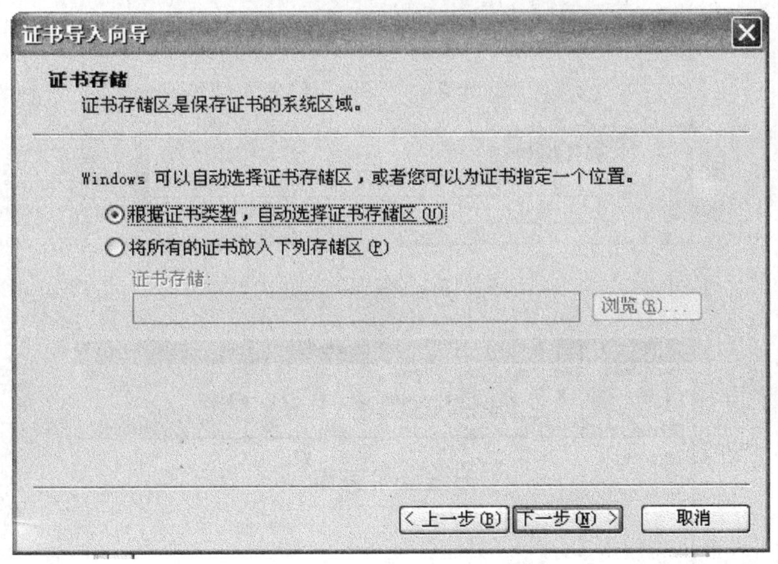

图 7.17　选择数字证书存储区域

(7)继续点击“下一步”，出现如图 7.18 所示的对话框。

(8)点击“完成”按钮，结束数字证书的安装，以后上网无需再安装数字证书了。

(9)无线上网用户需要账号，点击 IE 浏览，出现如图 7.19 所示的对话框。

(10)点击“是(Y)”按钮，出现如图 7.20 所示的对话框。

(11)在对话框中输入账号和密码进行无线用户登录。

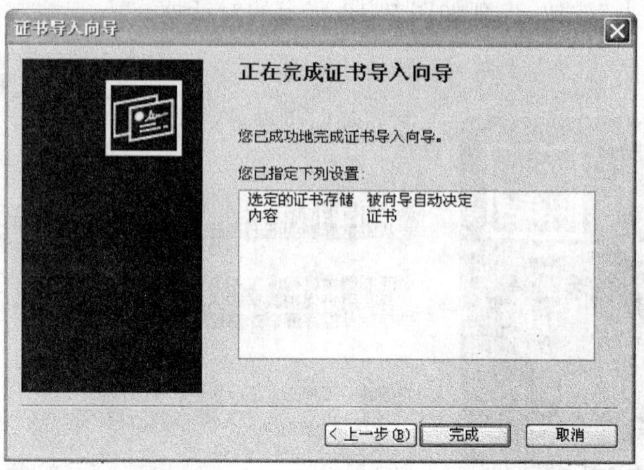

图 7.18 数字证书安装完成

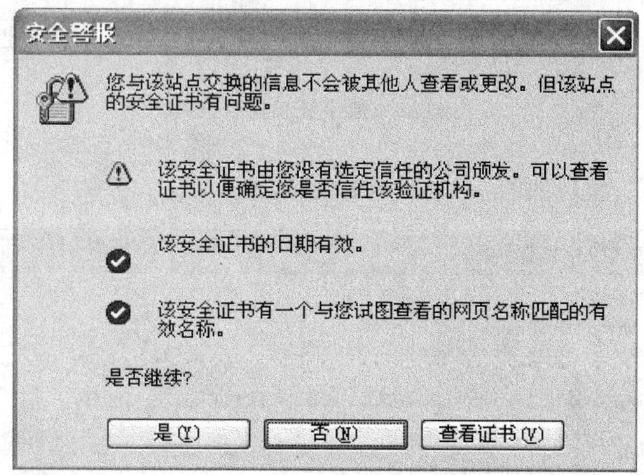

图 7.19 安全属性

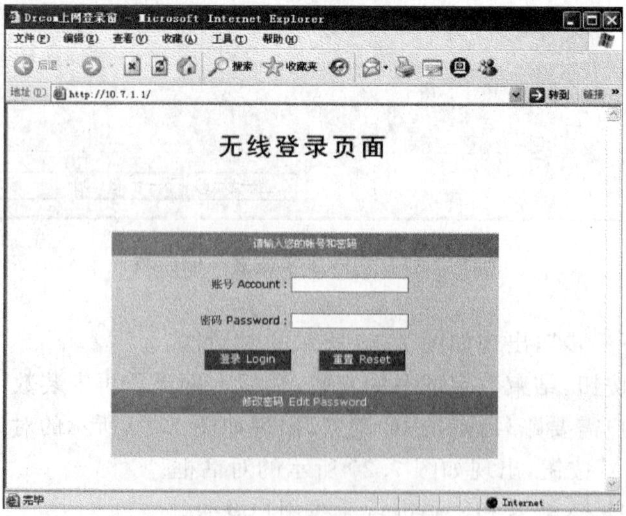

图 7.20 无线登录界面

2. 802.1x 的用户实现

由于 802.1x 的用户认证需要客户端，在 Windows XP 中自己带有 802.1x 的客户端。下面以 XP 为例进行说明：

(1)鼠标点“开始”菜单，从“控制面板”里找到“网络连接”，鼠标右键选中并单击“打开”，如图 7.21 所示。

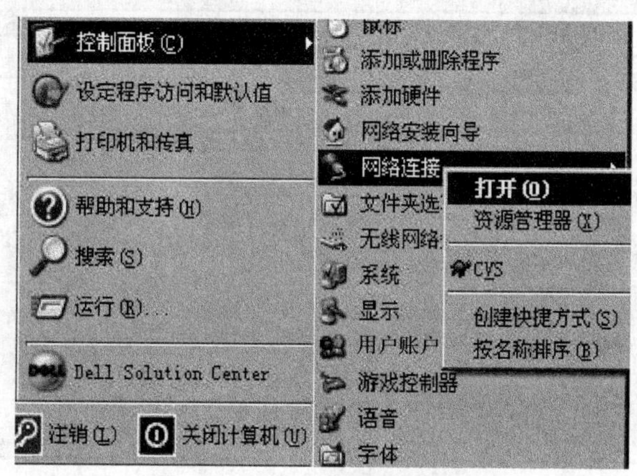

图 7.21　打开网络连接

(2)鼠标右键点中“无线网络连接”图标，并左键单击“属性”，如图 7.22 所示。

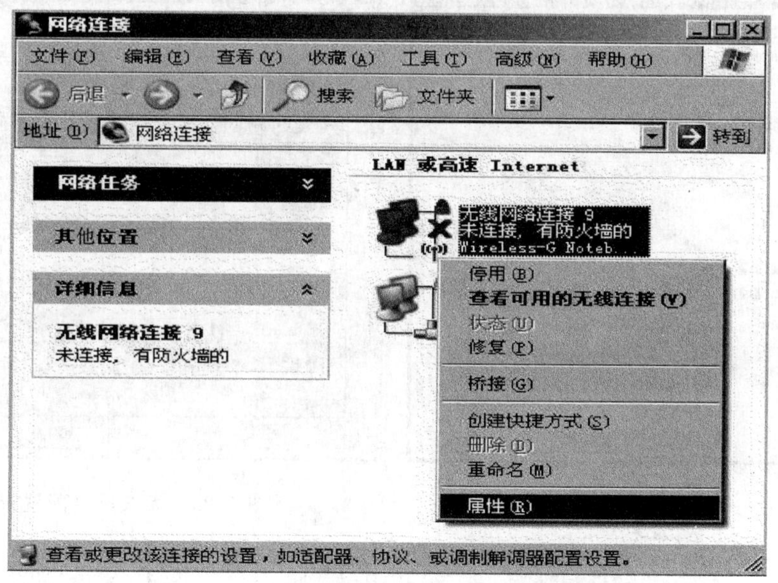

图 7.22　选中无线网络连接属性

(3)在打开的对话框(见图 7.23)中的“此连接使用下列项目”列表框中，勾上“Internet 协议 (TCP/IP)”；如果想要体验 IPv6，也可以勾上“Microsoft TCP/IP 版本 6”，其他项目建议不勾。“连接后在通知区域显示图标”和“此连接被限制或无连接时通知我”两选项建议勾上。点中“Internet 协议(TCP/IP)”使其如图中高亮，若单击“属性”得图 7.24，若单击“无线网络配置”得图 7.25。

(4)在图 7.24 中，选中“自动获得 IP 地址”和“自动获得 DNS 服务器地址”，你的 IP 地址便自动分配获取，不需要手工指定 IP 地址。然后按下“确定”回到图 7.23。

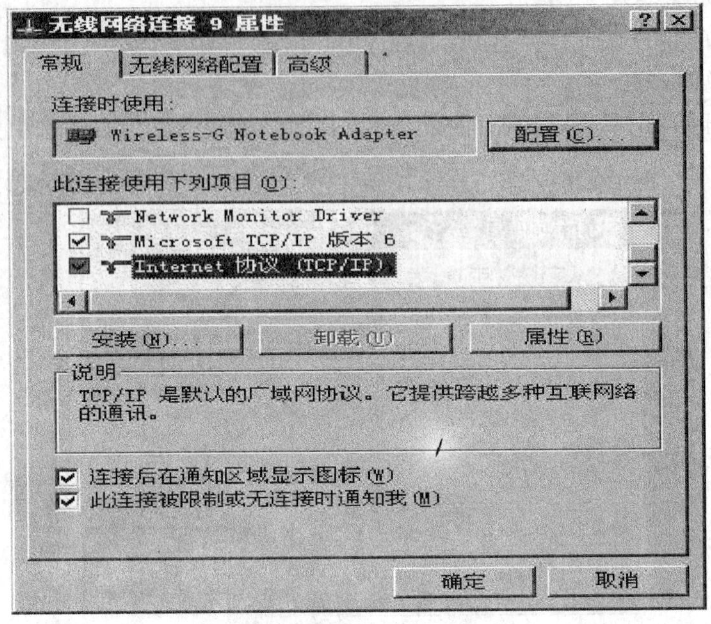

图 7.23 无线网络连接之常规选项卡

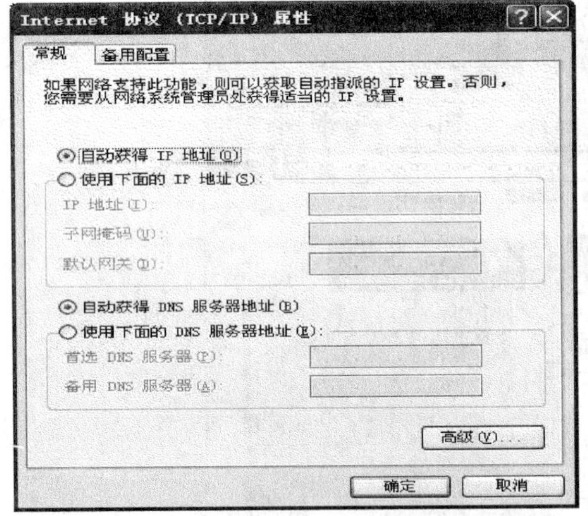

图 7.24 Internet 协议 (TCP/IP)属性

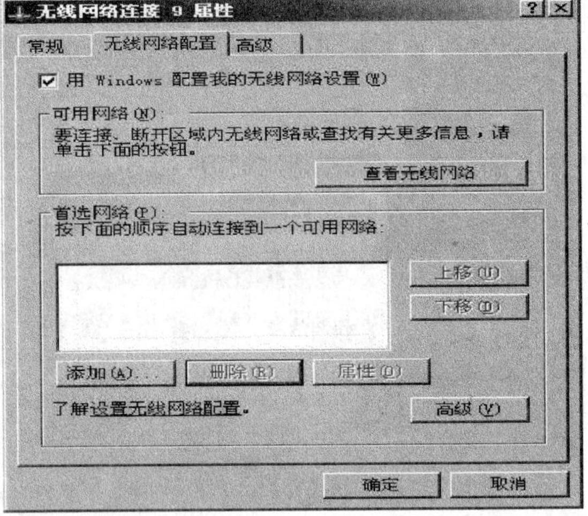

图 7.25 无线网络配置选项卡

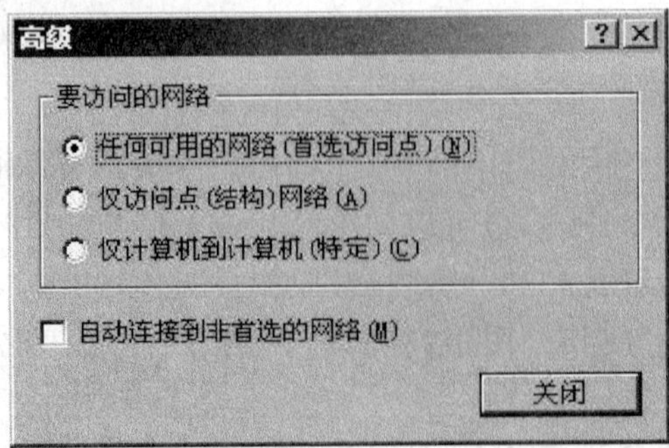

图 7.26 无线网络配置之高级对话框

(5)在图 7.25 中,勾上“用 Windows 配置我的无线网络设置”,并在“首选网络”框中选中并“删除”现有的网络配置。若单击“高级(V)”按钮得图 7.26;若单击“高级”选项卡得图 7.27;若单击“添加”得图7.28。

(6)在图 7.26 中,选中“任何可用的网络”,不勾选“自动连接到非首选的网络”。按“关闭”退回图 7.25。

(7)出于安全因素,在图 7.27 中不勾“允许其他网络用户通过此计算机的 Internet 连接来连接”。你还可以通过“设置”确保 Windows 防火墙已经打开。单击“无线网络配置”选项卡回到图 7.25。

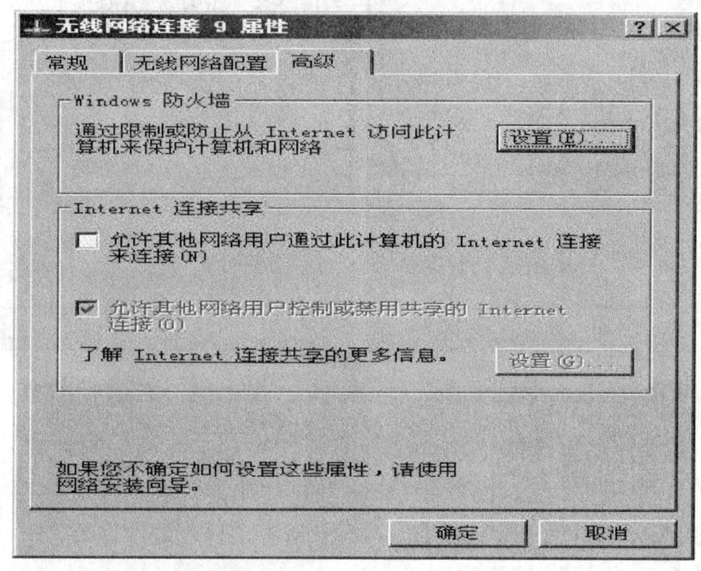

图 7.27　无线网络连接之高级选项卡

(8)如图 7.28 所示,在“网络名(SSID)”中输入“1x. net. zju”(数字 1);确保“网络验证”选中“开放式”,“数据加密”选中“WEP”,勾上“自动为我提供此密码”,不选“这是一个计算机到计算机(特定的)网络;没有使用无线访问点”。单击“验证”选项卡得图 7.29。

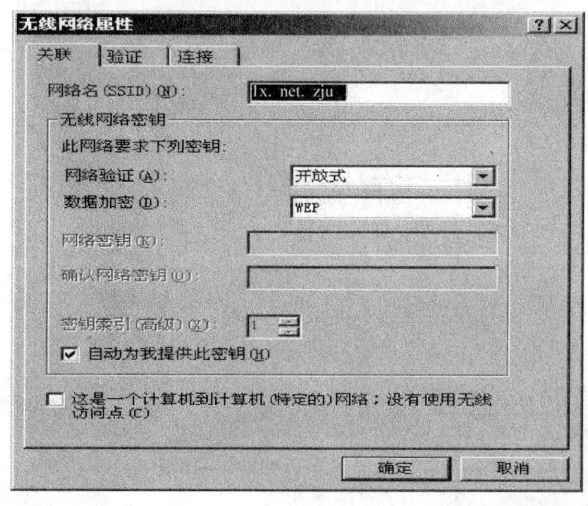

图 7.28　无线网络属性—关联选项卡

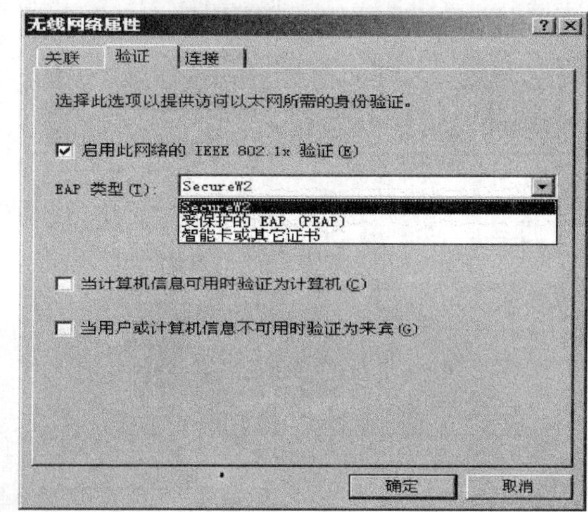

图 7.29　无线网络属性—验证选项卡

(9)在图 7.29 中勾上“启用此网络的 IEEE 802.1x 验证”,不勾“当计算机信息可用时验证为计算机”,不勾“当用户或计算机信息不可用时验证为来宾”。

用户安装 SecureW2 软件后才有 SecureW2 下拉提示。选中 SecureW2 如图 7.30 所示,选中受保护的 EAP(PEAP),单击“连接”选项卡得图 7.31。

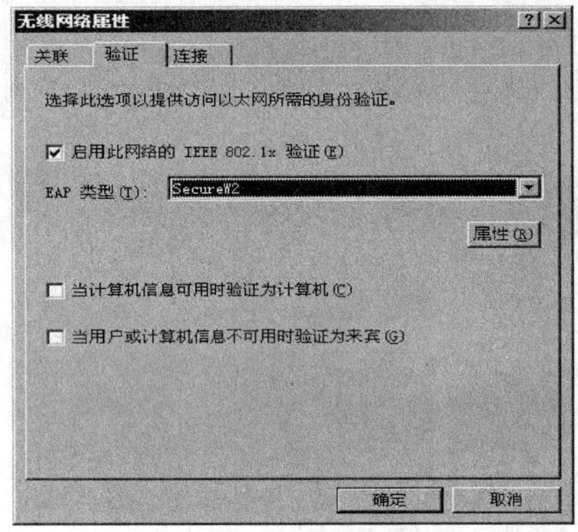

图 7.30 验证选项卡—SecureW2 选中

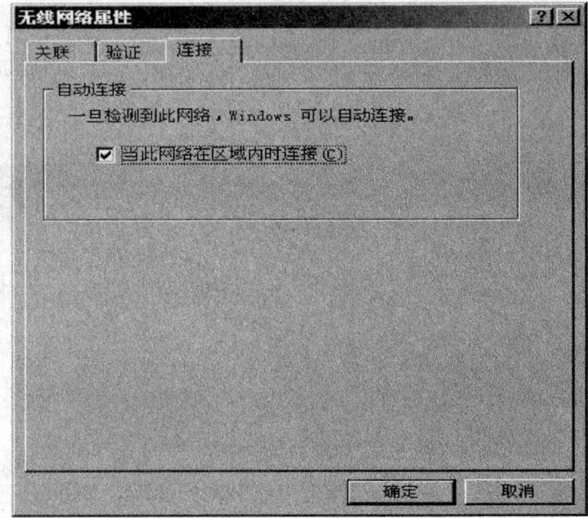

图 7.31 无线网络属性—连接选项卡

(10)在图 7.31 中勾上“当此网络在区域内时连接”,然后按“验证”选项卡回到图 7.30。

(11)在图 7.30 中单击“属性”,设置好“属性”后点“确定”得图 7.32。

(12)在图 7.32 中,用户一般不需用“New”新建配置文件。在“Profile”选项中选中“DEFAULT”,点击“Configure”按钮得图 7.33。

(13)在图 7.33 中勾上“Use alternate outer identity:”,选中“Use anonymous outer identity”。勾上“Enable session resumption”。若点击“OK”按钮返回图 7.32;若点“Advanced”按钮得图7.34。

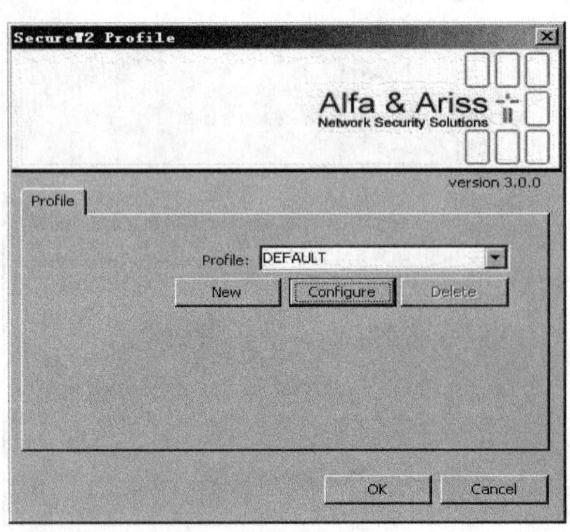

图 7.32 SecureW2 3.0 配置管理

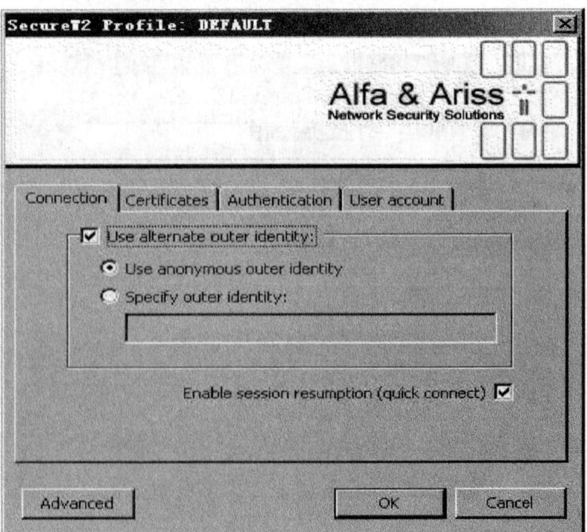

图 7.33 SecureW2 连接选项卡

(14)在图 7.34 中勾上“Verify server certificate”。点击“Add CA”按钮,添加浙大证书服务器至信任列表(见图 7.35)。在图 7.34 中可以不选“Verify server name”。

(15)在图 7.35 中的下拉滚动条选中“ZJU.EDU.CN CA Root Certificate”,然后单击“Add”按钮得图 7.36。如果列表里没有找到该证书,请参见安装网络中心数字根证书。

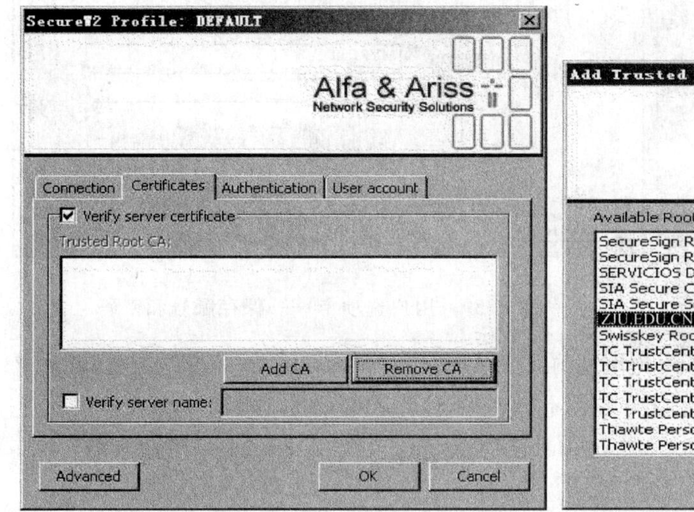

图 7.34　SecureW2 证书(空)

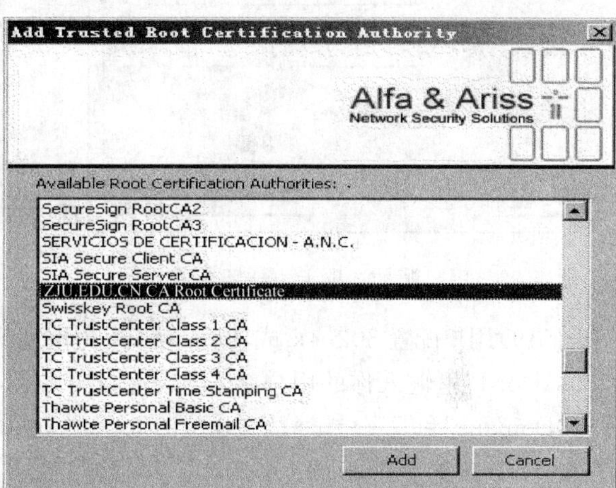

图 7.35　SecureW2 之 Add CA

(16)如图 7.36 所示,已经选定信任网络中心数字证书。点击“Authentication”选项卡得图 7.37。

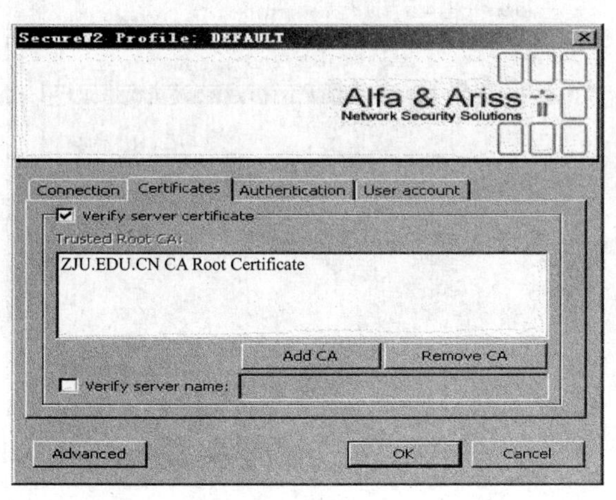

图 7.36　SecureW2——证书添加完毕

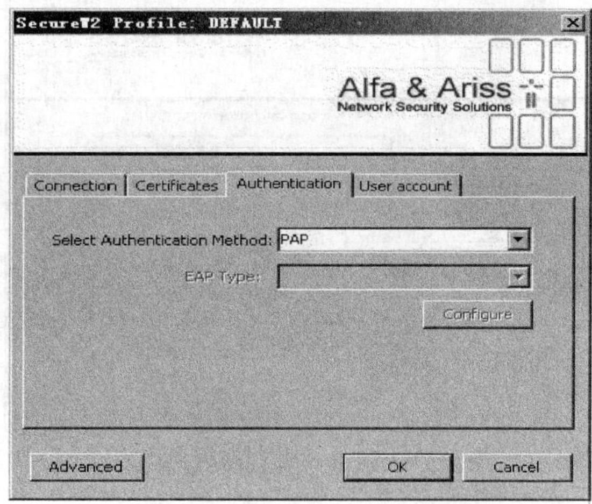

图 7.37　SecureW2——认证选项卡

(17)在图 7.37 的“Select Authentication Method”选项中选中“PAP”。然后单击“User account”选项卡得图7.38。

(18)如果用户希望每次联网认证时输入密码(比如在公用的计算机),在图 7.38 中应勾上“Prompt user for credentials”。第一次使用 802.1x 的用户建议勾上选项以利于查找配置错误。如果用户希望保存配置文件,则不勾该选项,见图 7.39。

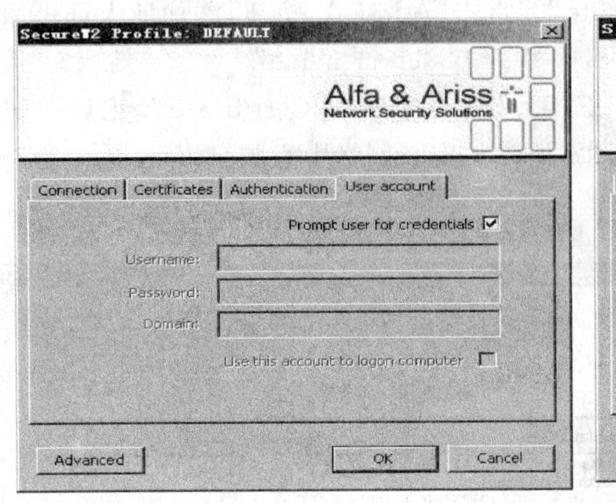

图 7.38　用户账号选项卡——不保存账号

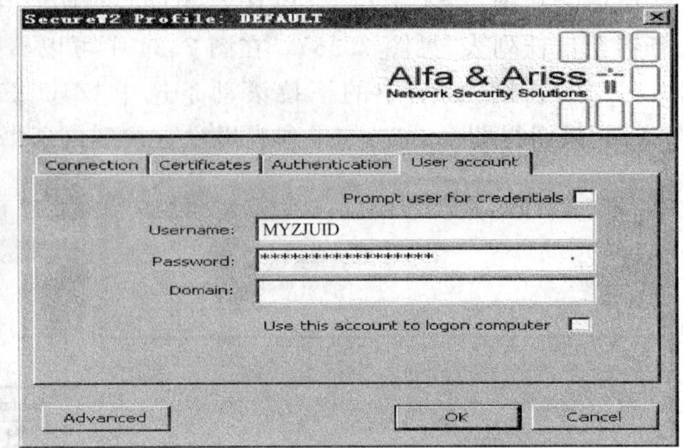

图 7.39　用户选项卡——保存账号和密码

(19)用户配置 802.1x 成功后,为了避免重复输入账号和密码,可以在图 7.39 的“Username”/“Password”里输入你的用户名和密码,用户名后不带有“@zju.edu.cn”,这点和 Web 认证不一样。“Domain”和“Use this account to logon computer”都不选。若点“Advanced”按钮得图7.40;若点“OK”按钮则返回图 7.35。

(20)图 7.40 中建议用户所有选项都不选。

SecureW2 的相关设置图片到此结束,用户按“OK”按钮一路确认后就设置完毕,见图 7.40。

以下是受保护的 EAP (PEAP)设置图示,如图 7.41 所示。

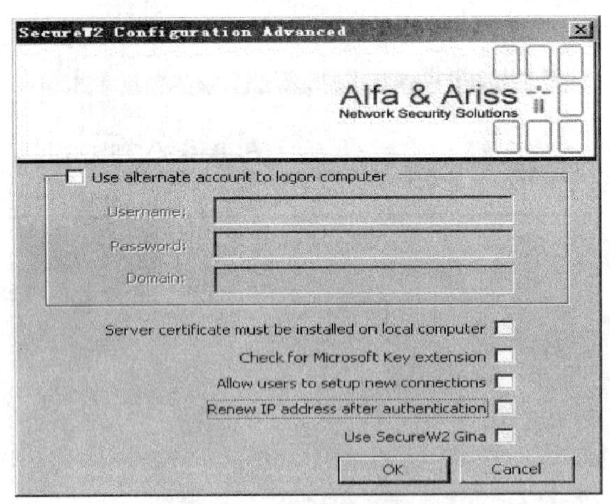

图 7.40　SecureW2 复杂选项

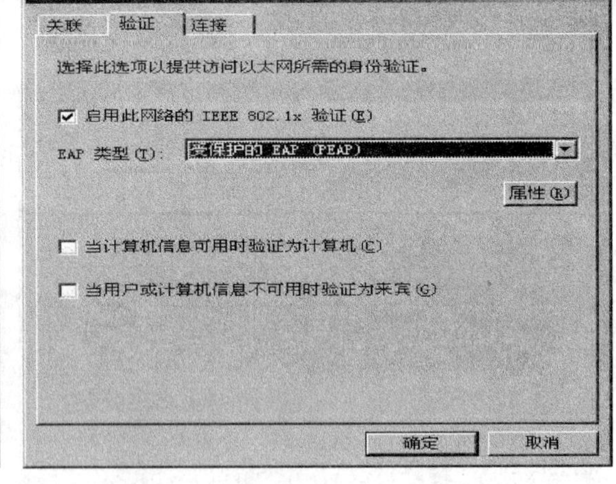

图 7.41　验证选项卡—PEAP 选中

(21)从图 7.23 开始,单击“属性”按钮得图 7.30。设置好“属性”后点“确定”按钮得图 7.42。

(22)在图 7.42 中勾上“验证服务器证书”,不选“连接到下列服务器”。下拉滚动条,勾上“ZJU.EDU.CN CA Root Certificate”,如果没有该选项,参见安装网络中心数字根证书。不选“不提示用户验证新服务器或受信任的证书授权机构”。在“选择验证方法”选项中选择“安全的密码(EAP-MSCHAP v2)”,勾上“启用快速重新连接”。单击“配置”按钮得图 7.43。

(23)图 7.43 中不选“自动使用 Windows 登录名和密码”,按“确定”按钮返回图 7.42。

受保护的 EAP(PEAP)相关设置图示到此。

配置好 SecureW2 或 PEAP 的用户一路按“确定”按钮后得到图 7.44。

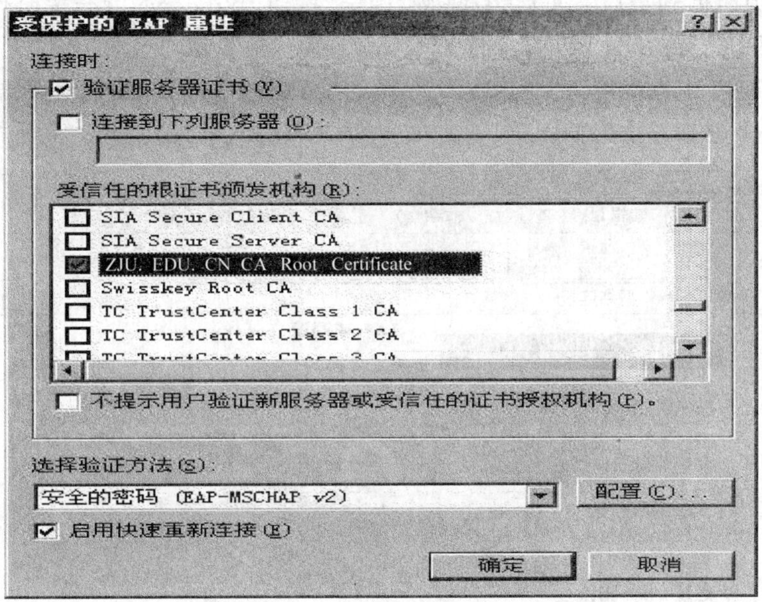

图 7.42　“受保护的 EAP 属性”对话框

图 7.43　“EAP MSCHAPv2 属性”对话框

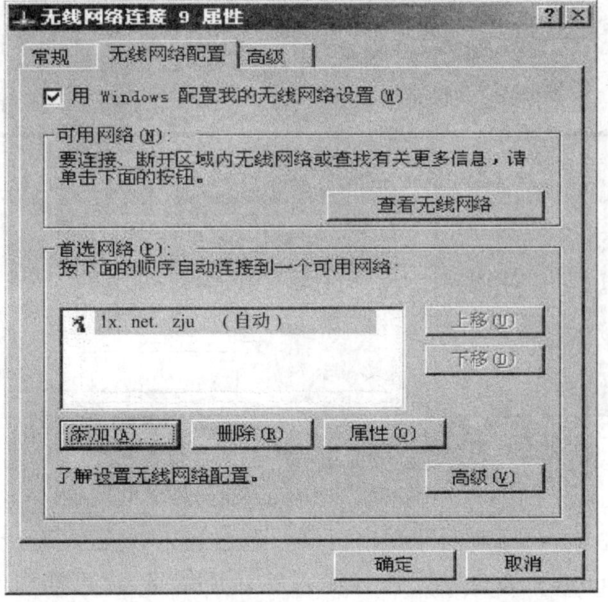

图 7.44　无线连接属性—设置 1x. net. zju 完毕

(24)按照说明做到最后一步后,只需按"确定"按钮,Windows 就会按照你的设置启用网络。如果你的网卡支持 802.1x,系统将很快弹出输入认证提示,见图 7.45。

(25)在图 7.45 中鼠标单击"单击此处选择连接到网络的证书或其他凭据 1x.net.zju"信息框。SecureW2 弹出对话框如图 7.46 所示,PEAP 弹出对话框如图 7.47 所示。

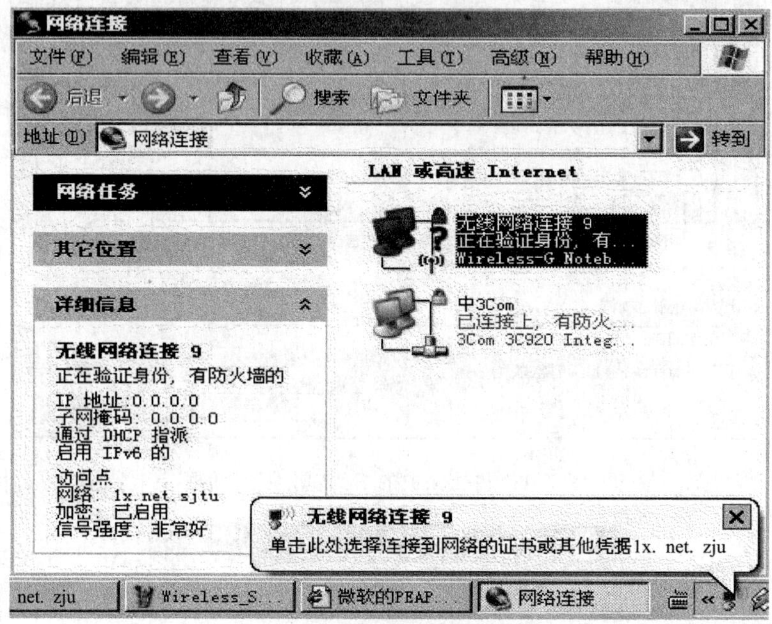

图 7.45 提示用户输入用户认证

(26)在图 7.46 中输入"Username"和"Password"的相关信息,"Damain"留空。希望避免重复输入注册信息的用户可以勾上"Save user credentials"。

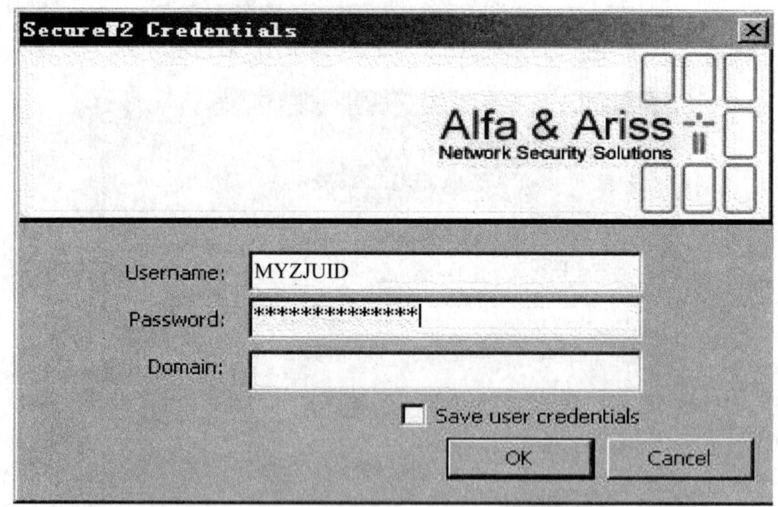

图 7.46 SecureW2 输入认证信息

(27)在图 7.47 中输入"用户名"和"密码"的相关信息,"登录域"留空。如果设置正确则得到图 7.48。同时 Windows 会自动记住你输入的认证信息,这可能引起安全问题,参见使用 802.1x 认证时注意密码泄漏问题,你可以下载这个注册表文件清除保存的账号信息。改用

SecureW2 可减少风险。

在图 7.47 中应注意“用户名”后不能带有“@zju.edu.cn”，这与 Web 认证不同。

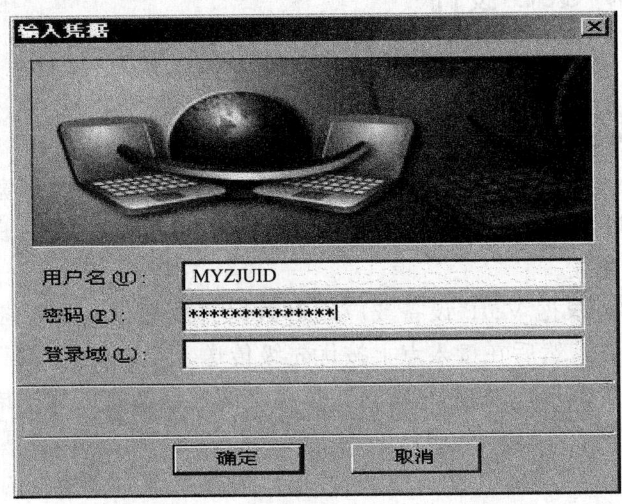

图 7.47　受保护的 EAP 注册信息设置

(28)如图 7.48 所示，提示认证成功，连接建立。点击“无线网络连接”可以看到“详细信息”，如 IP 地址等。

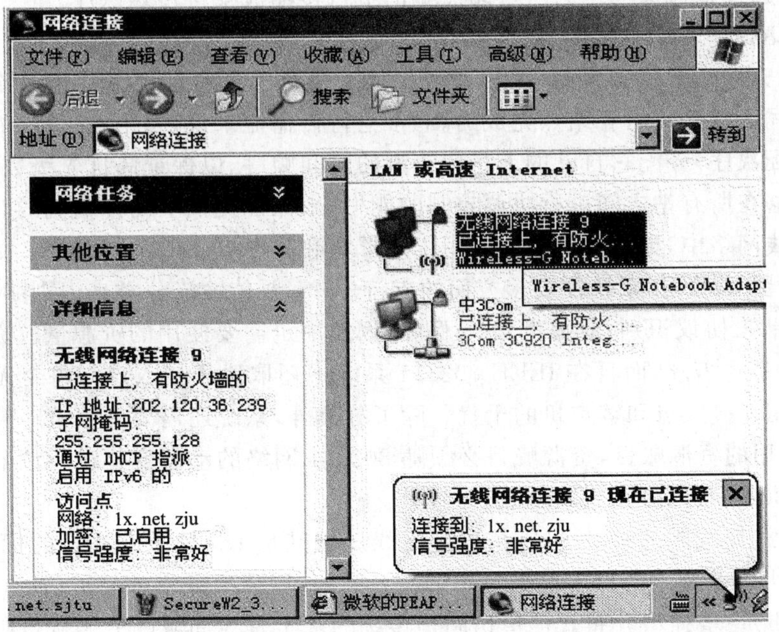

图 7.48　无线网络 802.1x 认证成功

7.3 无线局域网 QoS 设计

语音及视频应用需要低时延和 QoS 保障，利用共享媒介、CSMA/CA、OFDM RF 技术实现的 802.11 网络是否能提供真正的 QoS？

首先要了解服务类型与服务质量之间的区别。QoS 一般指的是带宽保证，而无线网络不能提供这类保证。不过，从本质上讲，为无线局域网上的 VoIP 应用提供良好的服务，所需要的机制是某种形式的优先级。

应当去寻找一种可根据 VoIP 设备或应用对数据流进行分类的系统(目前无线局域网交换机可以完成此项任务)，然后在接入点上按优先级传送数据流。为了取得良好的性能，系统必须为每个用户支持多个队列，并始终在传送数据包之前发送所有的用户语音包。

1. 帧/信元标记

帧/信元标记更接近于服务类型概念，即传输流根据类型而非预定的 QoS 确定先后次序。帧/信元标记使无线链路可为高类型服务分配高优先级。这样做有助于传输流分类，以便在传送数据包时，高优先级的数据包先于低优先级数据包传送。

但是在 802.11 无线网络中，由于有许多竞争设备试图同时传送数据包，因此这种方法并不足以提供 QoS。因此，帧/信元标记只保证为各端点与接入点之间的传输流分配优先级。这使接入点可根据传输流类型来为所有站点上的下行传输流安排传送次序。

2. 预留 QoS

由于上行方向上有许多发送者，因此缺少统一执行的策略来确保高传输流类型数据包先发送，而且时间安排是跨所有站点完成的。对于上行传输流来说，每个站可以(如果它对传输流进行分类/分配次序)分配它自己的上行传输流的时间顺序，以保证高优先级数据包先传送。但是，它缺少能够在所有站之间进行协调控制的能力，来保证提供全局传输流的时序安排。因此，在 802.11 无线网络中，更重要的是采用用于低带宽和共享媒介的预留 QoS。

在提供预留 QoS 时，系统需要多方面的支持。它需要传输流分类来识别哪些数据包(根据源/目的 IP、端口、协议识别)应提供 QoS 保障，以及决定需要使用的资源量。资源的使用不仅取决于应用的带宽需求，而且在 IEEE 802.11 系统中还取决于接入点与每个无线站之间的链路速度，以及相邻接入点和客户机的干扰。除了分类外，系统还需要一个策略管理器来管理可用资源和被使用的资源账目，资源账目必须随 802.11 网络的动态变化进行调节。

3. IEEE 802.11e

将基于有线局域网的 QoS 机制扩展到无线局域网是 IEEE 正在进行的标准工作。IEEE 802.11e 任务小组希望用两种解决方案来解决该问题：增强型分布式信道访问(EDCA)和混合协调功能(HCF)。增强型分布式信道访问是传统的基于有线局域网的排队机制的扩展。在传统的基于局域网的排队机制中，数据包被加上标记并利用区分优先次序的信道访问功能传输。混合协调功能是一种查询访问机制，在使用时，不同的传输流被分配给专用的通信时隙。这两种机制都是用来保持网络与无线用户之间的 QoS 控制的。

第 8 章

无线局域网安装

8.1 安装前准备

无线局域网的安装主要是无线接入点 AP 的安装，本章以 WA1208E 为例，介绍在工程安装前所要做的各项准备工作，以确保安装过程的顺利进行。其中包括技术文件和工具的准备、环境检查和货物的开箱与验收等内容。

8.1.1 验货

在打开包装盒前，请确认包装盒外观完好，无严重损坏和浸水现象。开箱过程中，不要过分用力或使包装盒中物品受到撞击，否则可能损坏盒中器件。

在产品的包装中，除了设备本身外，一般还包括变压器、用户手册(快速安装手册)、随机 CD 和保修卡，还有其他附件，比如配置的线缆和支架(摆放或固定)。这些部件在实际安装过程中并不见得都会用到，但还是非常有用的，比如随机配送的线缆和用来固定的支架，一定要注意电源适配器是否支持 220V 电压，否则可能会导致设备的过压损坏。

如果选购的设备是作室外使用，应该有配套的室外机箱，也应该把它列入货物的清点范围。不同配置下的配套物品会有区别，请以实物为准。

8.1.2 备齐技术文档

在进行 AP 安装前，应该备齐的技术文档如表 8.1 所示。

表 8.1 相关技术文档列表

文件类型	文件名称	说　明
安装指导文件	网络规划书	应由客户方委托的设计单位完成,并于供货前由客户向供货商提供文件副本
	施工详图、电缆走线图	应由客户方委托的设计单位完成
产品手册	设备安装手册	供货方在供货时向客户提供
其他工程相关文件	合同协议书	供货方在供货时向客户提供
	货物清单	

8.1.3 准备安装工具

在安装 AP 时,可能需要用到表 8.2 所列的工具。请根据室内型和室外型安装的不同,进行选择。

表 8.2 工具列表

室内型安装	通用工具	直尺(1m)、记号笔、小刀、冲击钻 1 个以及配套钻头若干
	专用工具	剥线钳、压线钳、水晶头压线钳
	辅助工具	梯子、橡胶锤
室外型安装	通用工具	挖掘工具、活动扳手、老虎钳
	专用工具	剥线钳、压线钳、水晶头压线钳、防水胶布
	辅助工具	梯子

注:此处的工具列表只作参考,如果在室内运用时采用直接放置桌面的形式使用,不需要进行以上工具的准备;如果在室外运用时采用将 AP(access point)安装在屋檐或楼顶的方式,不需要使用挖掘工具。

8.1.4 检查安装条件

在做好安装准备工作后,还应该对设备的安装条件进行检查,以保证设备长期处于良好的运行环境之中。可从以下方面对安装条件进行检查。

1. 环境

高温、多尘、有害气体、易燃、易爆、易受电磁干扰(大型雷达站、发射电台、变电站)的环境不利于 AP 的工作,设备不要安装在这样的环境中。安装地应该干燥,严禁出现渗水、滴漏、结露等现象。在进行环境检查时,请参考表 8.3 性能指标作判定。

表 8.3 环境指标表

项　目	单位	最小值	典型值	最大值	测试条件
标准工作环境温度(室内)	℃	0	25	40	无
标准工作环境温度(室外)	℃	-40	25	55	无
存储温度	℃	20	25	35	小于 1 年
		−20	25	45	小于 3 月
		−20	25	55	小于 1 月
相对湿度(非结露)	%	10	—	95	无

2. 供电

检查安装地的供电是否稳定。由市电、UPS和自备发电机组组成的交流供电系统宜采用集中供电方式，应做到接线简单、操作安全、调度灵活、检修方便。低压供电系统应采用三相五线制或单相三线制。低压交流电标称电压为220V、频率为50/60Hz。电源与AP的距离越近越好，如果不能满足电源位置的要求，可以在一定的范围（小于100m）之内采用POE交换机或以太网供电器进行供电。要注意的是，尽量采用原厂提供的变压器或以太网供电器；如果不是，就要注意变压器的电压、电流参数和以太网供电器的供电线顺序，以免造成设备损坏。将电源适配器连接到无线接入点AP上，电源接通之后，设备一般会进行自检，结束以后电源指示灯稳定显示。

安装准备工作完成后，可以进行设备安装。根据设备形态，分为室内型和室外型安装两种。具体描述请参见“8.2 室内型安装”和“8.3 室外型安装”。

8.2 室内型安装

AP在室内应用时，可以直接放在桌面上，其底部备有的橡胶垫脚将有助于其平稳放置；也可以通过固定支架将其固定到墙面上。下面对AP墙面安装的操作步骤进行介绍。

8.2.1 确定安装位置

AP备有防盗钥孔（位于设备前面板底部的突起处），可以用于将AP与固定支架锁定，起到一定的防盗作用。

确定安装位置时的原则如下：

(1)尽量减少AP和用户终端间的障碍物（如墙壁、天花板）数量。

(2)尽量使AP的射频信号能垂直穿过障碍物到达接收终端。

(3)使AP的安装位置远离可能产生射频噪声的电子设备或装置（如微波炉）。

(4)安装位置尽量隐蔽，不妨碍居民的日常工作和生活。

8.2.2 固定AP

下面介绍AP设备固定在墙壁上的操作过程。

(1) 在要安装AP的墙面钻孔，所钻的三个孔成倒三角形并与固定支架上的三个孔成对应关系，如图8.1所示。

(2) 在钻好的孔中插入膨胀螺钉，并使螺钉突出墙面约2.5mm。

(3) 将固定支架挂在螺栓上，如图8.2所示。

(4) 将AP挂在固定支架上，使其在自身重力的作用下被固定，如图8.3所示。确认固定支架被固定。

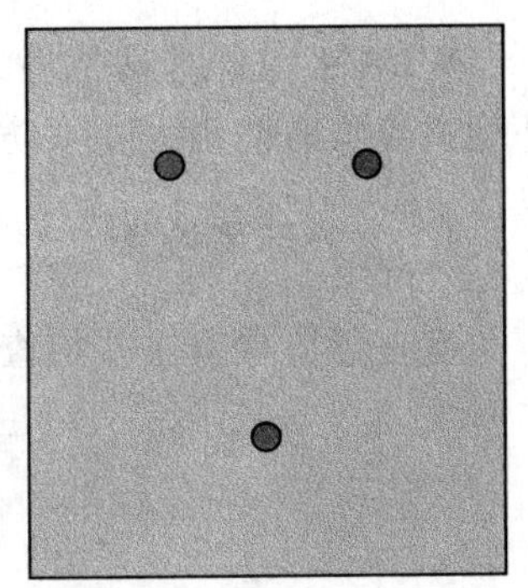

图8.1　钻孔方式

8.2.3 连接电源及网络

通过电源适配器将AP后面板上的电源接口（标识为PWR）与本地电源连接后便可实现本地供电，如图8.4所示。

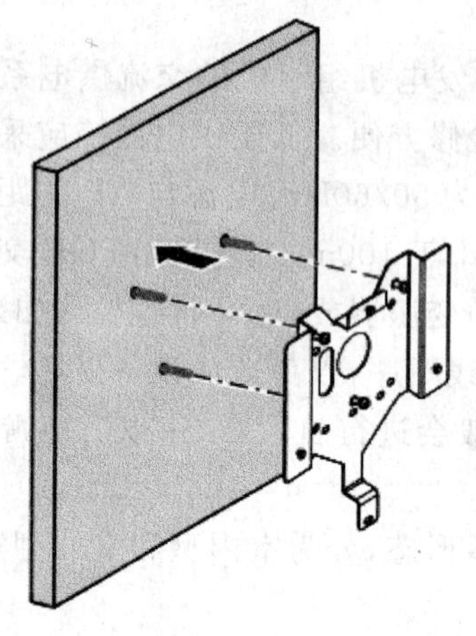

图 8.2　安装固定支架

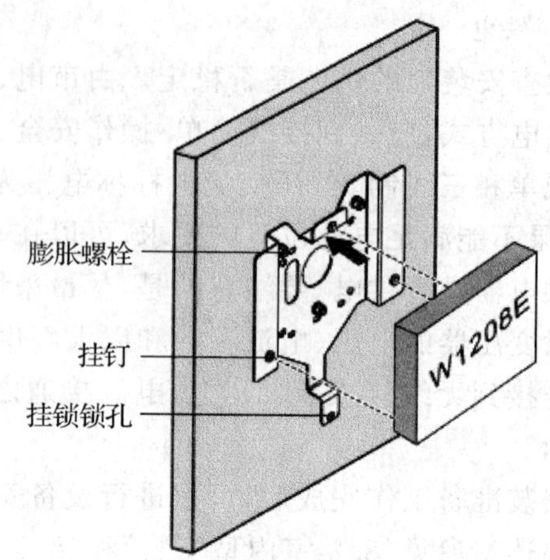

图 8.3　设备固定

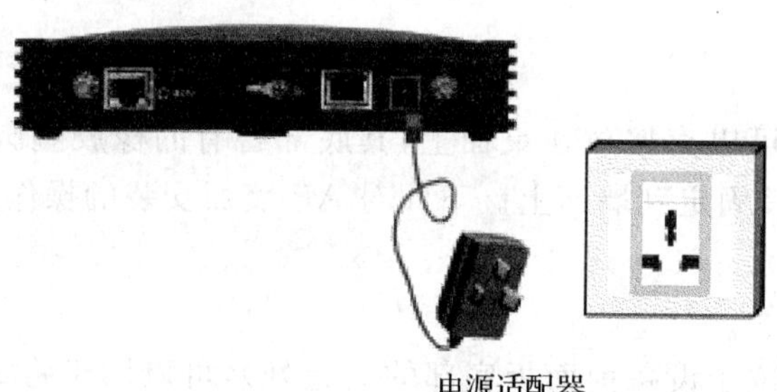

图 8.4　电源连接

当采用以太网随线供电时，可以不需要进行电源接口与本地电源的连接操作。此时需要将网线的一端连接到 AP 的网口，另一端连接到带 POE 供电功能的上行设备。

如果 AP 的以太网口直接与 PC 连接或者通过 HUB 与 PC 连接，则使用网线（直连网线或者交叉网线均可）。

8.3　室外型安装

WLAN 室外基站是将 AP 安装在 WLAN 室外型机箱中，外接室外天线构成。WLAN 室外型机箱具有防雨、防尘、防雷和抗老化性能，用于实现设备的室外应用。

8.3.1　室外环境检查

室外环境检查主要检查表 8.4 所示的内容。

表8.4　室外环境检查表

编号	项　目	检查要求
1	选址	①选址不宜在温度高，有有害气体、易燃、易爆、易受电磁干扰(大型雷达站、发射电台、变电站)及电压不稳的环境中；应避开经常有大震动或强噪声且远离各种污染源的地方。因此，在进行工程设计时，应根据通信网络规划和通信设备的技术要求，综合考虑水文、地质、地震、电力、交通等因素，选择符合通信设备工程环境设计要求的地址 ②不建议在距离海边很近的地方安装。机柜距离海边的距离要求大于500m，同时建议机柜的进风口不要正对海风吹来的方向 ③避免安装在易积水的地方。建议安装在水泥台阶上，地势较高的地方
2	环境	机柜外部的温度和湿度符合相应机柜的工作要求
3	接地电阻	①接地电阻值应小于5Ω；对于年雷暴日小于20天的地区，接地电阻可小于10Ω ②接地体的上端应该距地面不小于0.7m，在寒冷地区接地体应埋设在冻土层以下
4	接地引入线	接地引入线的长度不应该超过30m，其材料宜采用截面积40mm×4mm或者50mm×5mm的镀锌扁钢
5	交流电压	①机房交流电压应在160～240V AC(额定频率在47～63Hz)，交流配电开关和交流电源线安装到位 ②如果电压稳定性不能满足要求，应采用调压或稳压设备满足电压波动范围要求 ③如果设置了基站前级保护器件，则该保护器件的通流规格应大于或者等于室外型防雷箱或者一体化工作箱中总空气开关的规格 ④基站前级保护器件不宜安装漏电流保护装置 ⑤要求通信不间断时，应采用UPS供电系统
6	交流接地	电源线的中性线严禁在与其他各种通信设备的保护地连接
7	防止雷击	①在平原地区，天线的避雷针保护角应小于45°，在高山及多雷地区，天线的避雷针保护角应小于30°，且其防雷接地(避雷针等装置的接地)应与机房的保护接地共用一组接地体 ②机房交流电源系统应安装交流防雷箱，防雷箱的地线截面积应不小于25mm²，长度小于30m
8	中继电缆	产品中继电缆应避免架空布放。若无法避免，应采用双层屏蔽电缆或者具有金属外护套的电缆，电缆的外屏蔽层或者金属外护套应牢靠地连接到机房的保护接地排
9	传输系统	传输系统已调试完成，容量满足工程要求
10	天馈	①天线支架已按设计要求准备完毕 ②天馈避雷针应已按设计要求安装并接地

8.3.2　WLAN室外型机箱外形

华为公司生产的WLAN室外型机箱的外观如图8.5所示。

8.3.3　安装流程

WLAN室外基站的安装只能由专业人员来完成。安装流程如图8.6所示。

图 8.5 室外型机箱外形

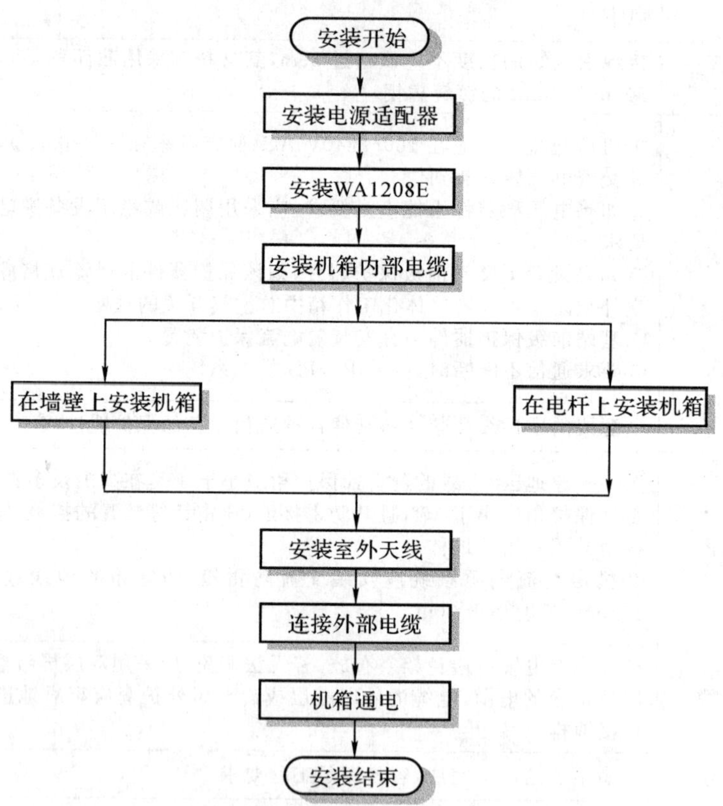

图 8.6 WLAN 室外基站安装流程

1. 安装电源适配器

在机箱内部的左边，有一个电源适配器放置区，用于放置电源适配器，如图 8.7 所示。具体安装步骤如下：

(1) 拆下图中位置(2)处的固定架，将电源适配器装入固定架。

(2) 用侧面的一枚螺钉将电源适配器固定在架子上。

(3) 将防雷器的电源线插头插入电源适配器的插座。

(4) 将电源开关放入机箱内相应位置，用两枚螺钉把电源开关和机箱固定。

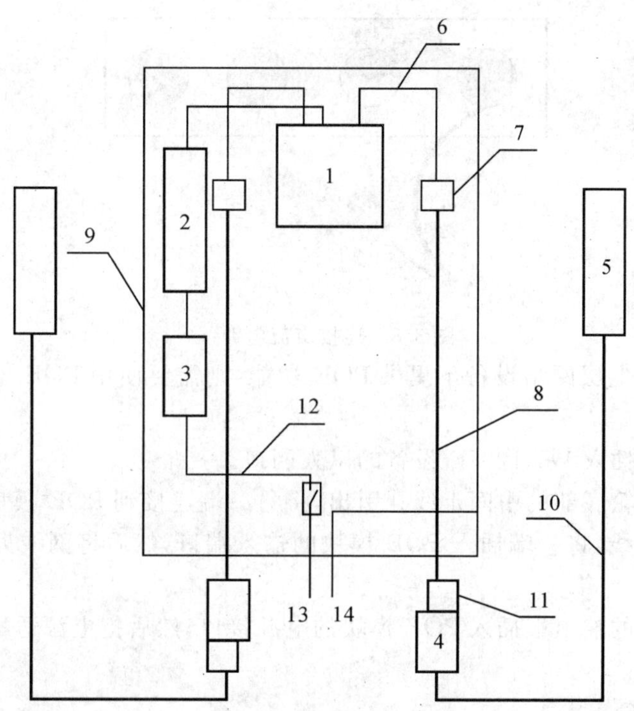

图 8.7　机箱的内部连接

值得指出，如果采用远端供电方式，并且不使用机箱内部的直流电源时，不需要安装此电源模块。

2. 安装 AP

如图 8.7 所示，位置 (1) 处用于放置 AP 设备。安装步骤如下：

(1) 将射频转接电缆(6)、电源 DC 插头分别与 AP 连接好。

(2) 将 AP 底部的挂孔对准机箱内部的三个固定挂钩，将设备挂在挂钩上。

(3) 通过 AP 防盗钥孔(前面板下底部突起处)，使用螺钉拧紧固定。

注意：要将 AP 与电缆连接好后再固定 AP，不然箱内位置狭小很难连接。

3. 安装机箱内部电缆

在将 WLAN 室外型机箱固定到墙壁或抱杆之前，需先安装机箱的内部电缆。内部电缆包括交流电源线、网线、射频电缆和接地线。这四种内部电缆均从室外机箱底部的走线孔引出。

(1)安装交流电源线

如果采用本地供电，需要安装交流电源线。机箱内电源接线端子从左到右按 1,2,3,4 标志顺序分别为火线、零线、地线和空闲。接线颜色分别为棕、蓝和黄绿。

将交流电源线的火线(棕色)、零线(蓝色)和地线(黄绿色)分别接到机箱底部的接线柱上，然后将电源线从机箱底部的中间走线孔引出。连接示意图如图 8.8 所示。

(2)安装网线

如果需要进行数据传输和远端 POE 供电时，则需要连接网线。安装步骤如下：

①将网线的一段插入 WA1208E 设备的以太网口。

②将网线从机箱底部的中间走线孔引出。

③将网线的另一端连接到上层网络接口(如交换机网口)。

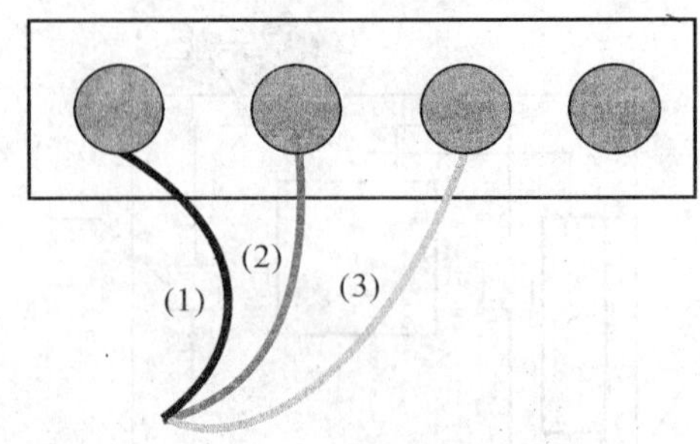

图 8.8 连接交流电源线

如果直接接入的上层网络设备不提供 POE 功能，则需要使用 POE 电源模块。安装方法如下：

①将网线的一段插入 WA1208E 设备的以太网口。

②将该网线从机箱底部的中间走线孔引出，将另一端连接到 POE 模块的输出端口。

③再使用一根网线，将一端插入 POE 模块的输入端口，然后将网线另一段与上行网络接口连接。

④将电源适配器的输出端插入 POE 模块的电源接口，然后把电源适配器的输入端插入电源插座。

(3)安装射频电缆

将射频转接电缆(6)连接到 AP 的天馈口处。外部电缆连接请参见“连接射频电缆”。

(4)安装接地线

从 WLAN 室外机箱内接地排引出一根 PE 线，接至局方 30m(越短越好)。如果进入 WLAN 室外机箱的供电线保护中性线(PEN 线)，也应将其接至 WLAN 室外机箱接地线从机箱底部的中间走线孔引出。

说明：机箱内部连接完毕后需要用线卡适当固定连接线，防止接电缆过度弯曲、拉伸，特别不能在两端接头处弯曲，机箱内部组件安装完成后，安装效果如图 8.9 所示。

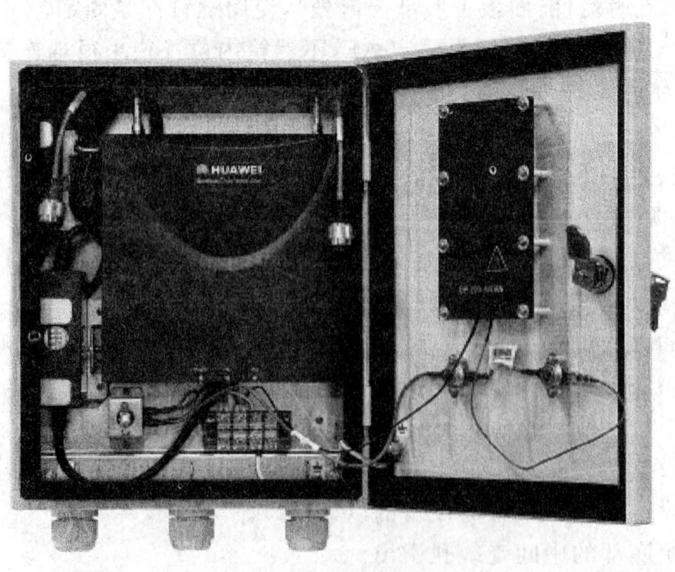

图 8.9 机箱内部组件的安装效果

4. 安装 WLAN 室外型机箱

以下分别介绍将 WLAN 室外机箱安装在墙壁和抱杆上的两种方式。

(1)在墙壁上安装机箱

WLAN 室外型机箱在墙壁上安装的流程图如图 8.10 所示。

1) 划线

①将 WLAN 室外型机箱放在需要安装的位置,并贴紧墙面。

②以机箱为划线模板,在墙面上画出 4 个膨胀螺栓孔的位置标记。

2) 钻孔

在墙面膨胀螺栓孔标记处,用冲击钻打孔,钻头选择 $\Phi10$。

钻孔过程中请注意以下事项:

①使用冲击钻打孔时须注意保持钻头与墙面垂直,双手紧握钻柄,把握好方向,不要摇晃,以免破坏墙面、使孔倾斜。

②打孔深度应为膨胀螺栓的膨胀管长度加上锥头长度。各孔孔深应一致,在测量孔时应除去孔内灰尘,量取净深度。钻孔时,可使用吸尘器,防止灰尘扩散。

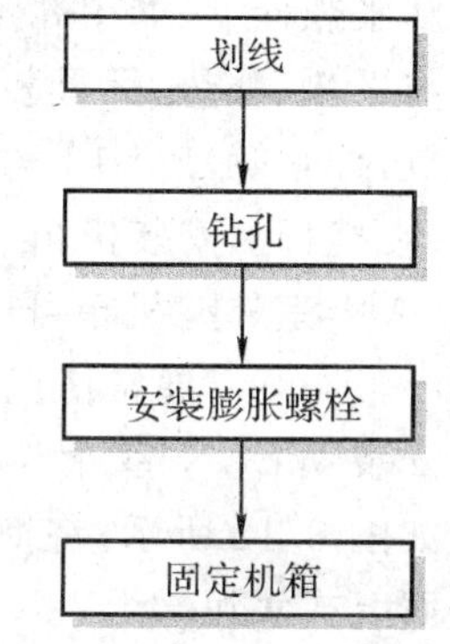

图 8.10　在墙壁上安装 WLAN 室外型机箱的流程

③如果墙面特别坚固平滑,钻头不宜定位,可先用样冲在孔位上凿一个凹坑,帮助钻头定位。

3) 安装膨胀螺栓

①取下 M8×80 膨胀螺栓上的垫圈、螺母,将膨胀螺栓杆和膨胀管垂直放入孔中。

②用橡胶锤直接敲打膨胀螺栓,直到将膨胀螺栓的膨胀管全部敲入墙面。

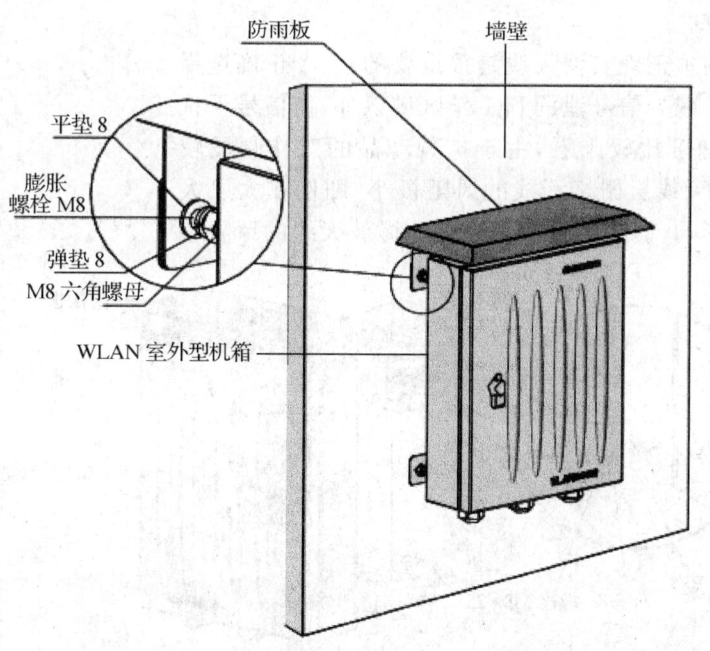

图 8.11　在墙壁上安装 WLAN 室外型机箱

4）固定机箱

①把 WLAN 室外型机箱的 4 个安装孔套在相应的膨胀螺栓上（让膨胀螺栓穿过相应的安装孔）。

②如果需要安装防雨板，将防雨板的安装孔对应套在上面的两个膨胀螺栓上，如图 8.11 所示。

③将平垫、弹垫、螺母装入膨胀螺栓，校正 WLAN 室外型机箱位置，拧紧螺母至 13.4N·m。

(2)在抱杆上安装机箱

WLAN 室外型机箱可固定在竖直的抱杆上，抱杆的外径应在 60～114mm。通常情况下，在建筑屋顶楼面上采用抱杆安装方式安装 WLAN 室外型机箱，操作步骤如下。

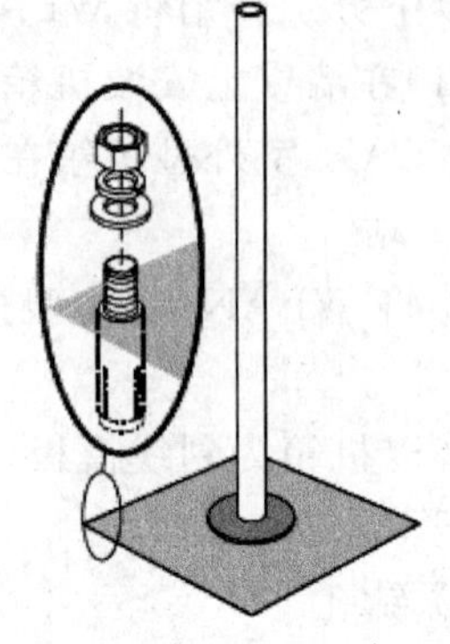

图 8.12 抱杆底座结构

①如图 8.12 所示，将抱杆底座用膨胀螺栓垂直固定在楼顶的楼面上或水泥墩上。

②将横梁固定在抱杆上，装上扣件，使抱杆位于横梁和扣件中央。

③用 M8 长螺栓穿过横梁和扣件，在长螺栓上装入平垫、弹垫和螺母，用扳手拧紧螺母至 26.5N·m，将横梁固定在抱杆上，如图 8.13 所示。

④用 M8×25 螺栓、弹垫和平垫将 WLAN 室外型机箱、防雨板和横梁固定在一起，如图 8.14 所示。

图 8.15 所示为 WLAN 室外型机箱在抱杆上固定的效果图。

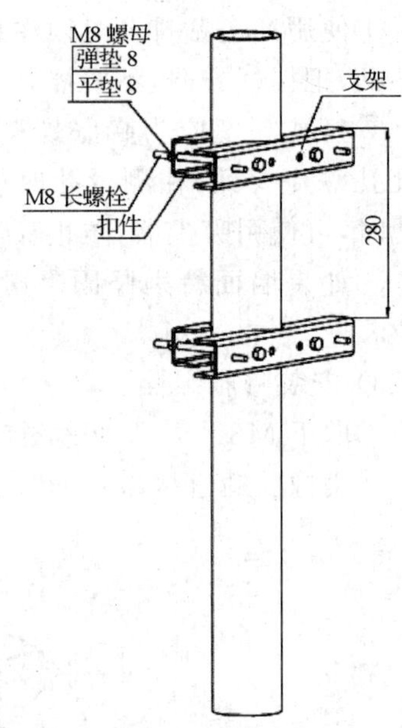

图 8.13 在抱杆上固定横梁

5. 天线的安装

在无线局域网中正确安装天线是很重要的，一个正确选择和放置的天线可以减少信号泄漏到工作区域以外，使信号干扰很小。从天线的角度比较来看，由于扩频产品的工作频段较低，可以使用栅格天线。栅格天线的风阻极小，即使在大风大雨天气也不会受影响，链路仍可正常通信。微波天线的风阻很

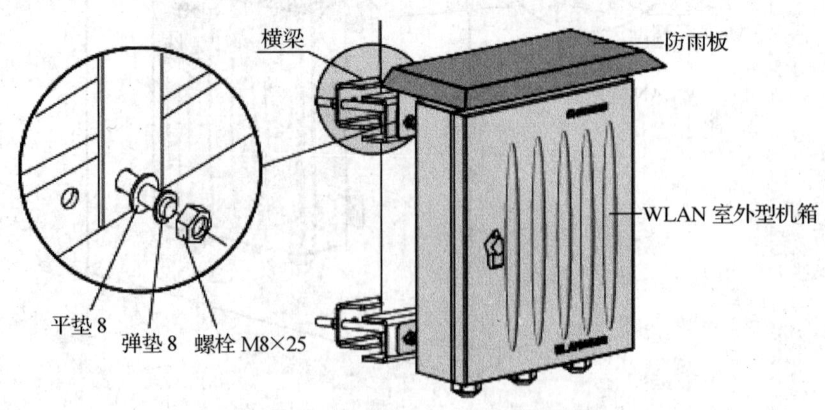

图 8.14 固定室外机箱

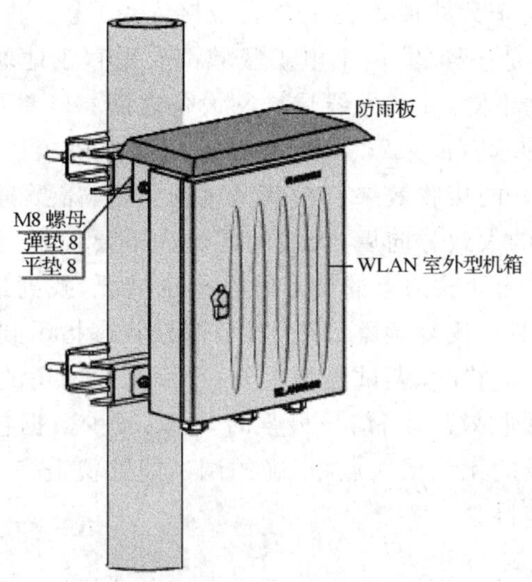

图 8.15　在抱杆上安装 WLAN 室外型机箱的效果

大，遇到大风天气会不断抖动，影响通信链路，时间一长天线方向会发生变化，严重时链路会中断，需要工程人员赶到现场重新调试安装。不正确的安装会导致设备损坏，也可能导致对人的伤害。无线局域网天线安装过程包括正确的放置、装配、方向和调试。

(1)正确放置

无论何时，尽可能将全向天线安装在覆盖区域的中间，以尽可能扩大覆盖范围。室外天线应该是安装在障碍物(如树或建筑物)的上方，主要目的是避开菲涅耳区的界限，防止障碍物影响信号的传送。

天线位置的选择因素主要包括：

①两点之间的距离最短处，需要的馈线最短；

②水平高度最高处，有效地扩大覆盖面积；

③最佳可视效果处，尽可能避开障碍物；

④安装维护设备方便处，调试天线，使设备的信号质量达到最佳；

⑤天线之间的分隔距离最大，避免相互之间的干扰；

⑥天线与设备最近处，所需使用馈线最短，以减少线缆引入的信号衰减。

每一类型的天线都有不同的变化，因为每一个产品提供商用他们自己的方式设计安装组件，而且，对于在何处安装特殊的天线，没有明确和完美的答案。需要通过使用各种类型的组件，学习如何安装无线局域网的天线，对于绝大部分被举高的天线安装，例如，天线被安装在一根柱子上、塔上或其他类似的建筑物上，需要经过专业训练的安装人员进行处理，保证安全，避免人员损伤，能够更好地安装和保护天线。保持天线远离金属障碍物，无线局域网的天线不要靠近电力系统，因为电力源和无线局域网之间产生的电力短路可能破坏无线局域网设备，甚至可能威胁到从事无线局域网的施工人员，所以架设天线支架(或天线塔)应该远离高架的电力线。

另外，在建筑物内使用室内天线，在建筑物外部使用室外天线。室外天线在进入天线元件的区域都做了防水处理，构成的塑料能够抵抗极端的热冷环境。室内天线不能用于室外，通常不能抵抗自然环境。

(2)方向调整

天线的方向决定于天线极化的方向，如前所述，如果一个天线的电子区域的方向平行于地球的表面，那么无线客户端(这个天线放置在一个无线接入点)为了获取最大的接收效果也应该是同样的极化方向。反之也是一样的，两个电子区域都要垂直于地球表面的方向。如果连接的对应的一对收发端天线方向不同，那么无线局域网设备之间吞吐量可能受到很大的影响。

一些天线有很大的水平和垂直波束宽度，允许在建筑物的桥接环境下以相互之间一般的方向瞄准两个天线，以获得较好的接收效果。在调试过程中，当需要确定室外点对点或点对多点天线时，在确定好两侧天线的大致方向后，天线的螺丝先不要拧紧，首先初步固定天线A，调节天线B，水平转动天线，根据配置软件上的信号状态指示情况，找到最佳接收位置，保持该最佳接收位置不动，再调节天线A。反复调整天线，直至信号状态指示到最佳为止。当使用高增益天线实施一个长距离桥接的链路时，调试更为重要。采用无线网桥的调试软件目的是使我们能够优化天线以获得最好的接收效果，当信号最强时，可以减少数据包的丢失和最大的再传。使用配有全向天线和定向天线的无线接入点，正确的调试能够覆盖一个适当区域，使无线客户端能够在被要求的地方获得连接。

(3)合理维护

像其他电子设备一样，射频天线在安装和操作过程中可能受到损坏。只有遵守所有天线使用手册中所提到的各种注意事项，才能够防止天线的损坏和人员的伤害。产品使用手册中提出的安全性提示都是很重要的。当天线正在传输时，不要让天线碰到我们的身体或指向我们的身体，特别是在使用增益比较高的天线时。如果把一个2.4GHz的正在高功率下传输的高增益天线放置在我们身体之前，就等于将我们的身体放在微波炉里面，其后果也就不难设想了。

室外天线分两种：定向室外天线和全向室外天线。以下将分别介绍如何在抱杆上安装定向室外天线和全向室外天线。

1)安装定向室外天线

室外天线抱杆的安装位置应根据实际情况来确定，由于定向天线对方向有严格要求，所以应保证安装位置不影响天线方向和倾角的调整。

定向天线用天线背架安装在抱杆上。

①将避雷针焊接在抱杆顶端，再将抱杆采用40mm×4mm的扁钢与防雷地网相连。定向室外天线的安装示意图如图8.16、图8.17所示。

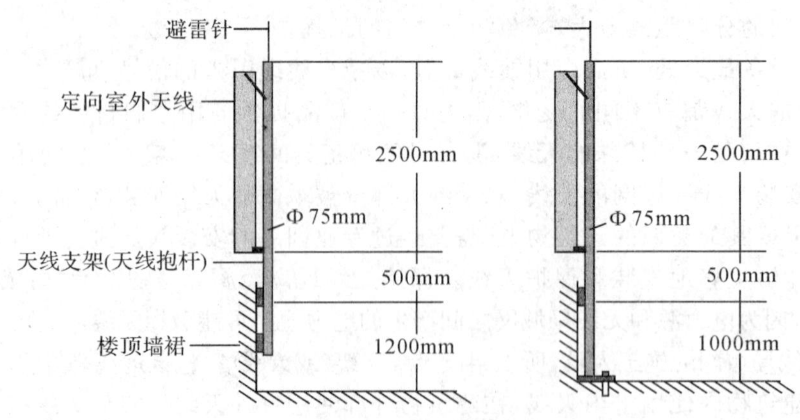

图8.16 在楼顶墙裙上安装定向室外天线

②根据图8.15所示，分别在以下环境进行安装，注意保证抱杆与楼面垂直。

a.楼顶四周有墙裙，将室外天线抱杆固定到墙上。

b.墙的高度不小于1200mm，将抱杆用膨胀螺栓固定在墙上。

c. 墙的高度小于 1200mm，将抱杆的一个固定点用膨胀螺栓固定在墙上，另一个固定点与楼面固定。

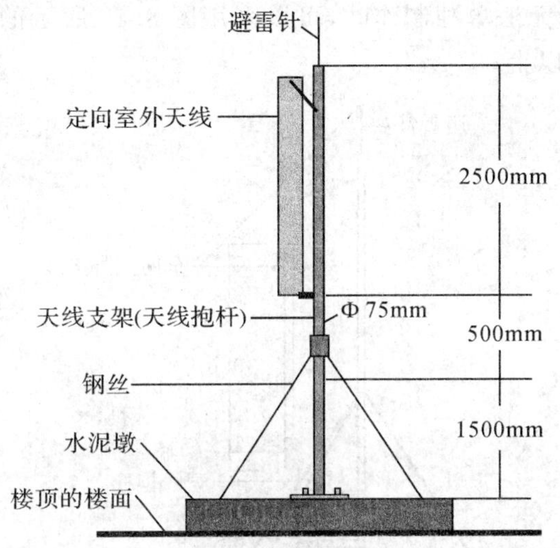

图 8.17　在楼顶的楼面(水泥墩)上安装定向室外天线

2)安装全向室外天线

安装全向室外天线需要注意以下事项：

①全向室外天线抱杆直径要求 60～110mm，一般采用直径为 75mm 的圆钢制作抱杆。

②在抱杆上安装全向室外天线后需保证抱杆顶端与天线下部的抱箍部分平齐，如图 8.18 所示。

③安装完成后天线高度需满足信号覆盖需求，并且天线顶端需处于避雷针 45°防雷保护角之内。

一般不允许直接在抱杆上焊接避雷针(全向天线体的水平方向 1m 范围内不允许有金属

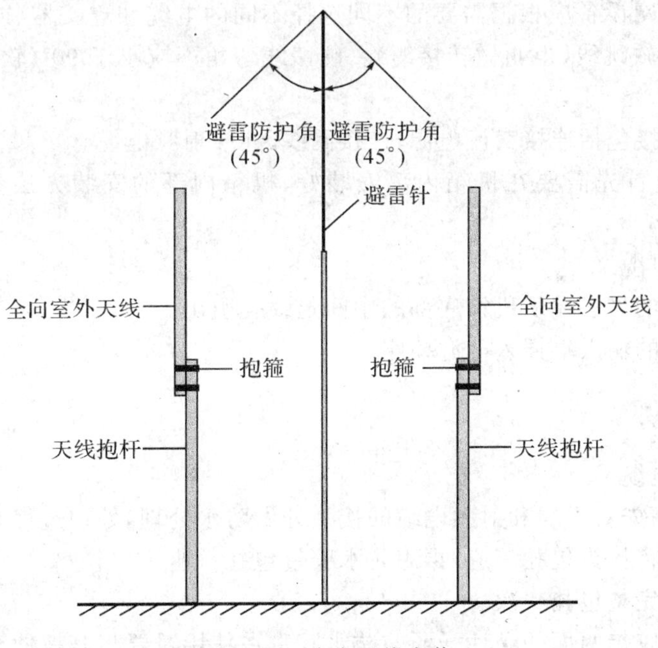

图 8.18　全向天线安装

体存在)，而是在两根全向天线抱杆中间位置单独设置一根避雷针，避雷针的高度要使全向天线顶端处在其防护角之内。

由于环境限制使避雷针无法单独制作时，可以采用图 8.19 所示的方法进行安装，但要求避雷针距离天线抱杆有 1m 以上。

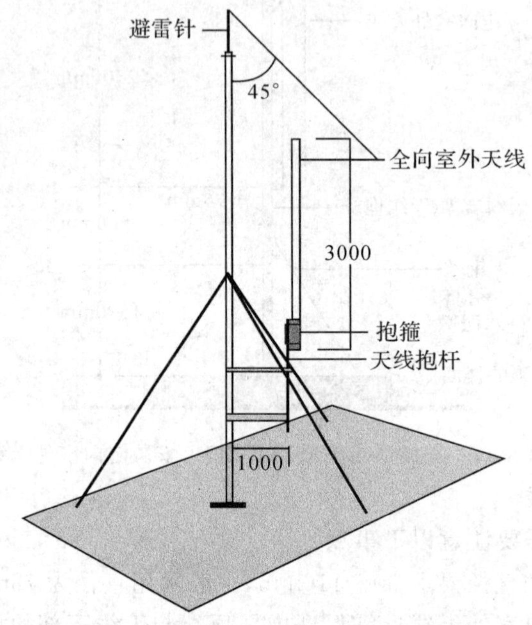

图 8.19 特殊情况下的全向天线安装

6. 外部电缆连接

在进行外部电缆连接前，请检查并确认所有动力线路已断电并被锁定，且必须确认零线(N)上无危险电压存在。

连接无线局域网设备应根据需要的不同选择不同的电缆和连接器(或叫做接头)，连接的线缆包括硬馈线和软跳线(也叫做转接缆)。硬馈线弯角不应小于 90°；软跳线可以盘起，半径应大于 20cm。

外部电缆的连接包括连接交流电源、连接网线、连接射频电缆。

这三部分线缆首先需要在机箱内部安装好，机箱内部的安装方法参见“安装机箱内部电缆”。

(1)连接交流电缆

①将交流电源的另一端从机箱底部的中间走线孔引出。

②将交流电源的输入端插入电源插座。

(2)连接网线

参见“安装网线”。

(3)连接射频电缆

在安装之前，请先对天线和射频电缆的接头处做防水处理，处理过程如下：

①用绝缘胶带将接头包扎一遍，再用防水胶带包扎一遍。

②用绝缘胶带完整包扎一次。

注意区分防水胶带两面的黏性强弱。防水胶带在使用时要将其拉伸至原来宽度的 3/4 后再缠绕，这样才能保证紧密性。

做好防水处理后，请根据以下步骤连接射频电缆，同时可以参考图 8.7 所示。

①将射频电缆(8)从机箱底部穿入。

②制作接头，通过双阴转接器(7)与射频转接电缆(6)相连。

③将电缆在机箱外部的一端连接天馈避雷器。

④再使用一根电缆，将电缆的一端接天馈避雷器，电缆的另一端连接室外天线。

电缆需要在现场使用随设备发放的 10m 线材进行制作。

从设备左边天馈口连接出的线缆从机箱底部左边的走线孔引出；设备右边天馈口连接出的线缆从机箱底部右边的走线孔引出。2.4G 天馈避雷器有方向性，保护端必须接天线；但是 5.8G 天馈避雷器没有方向性。

避雷器一律安装于机箱外部，在天线距离机箱较近的情况下可以把避雷器直接接在天线接口上。

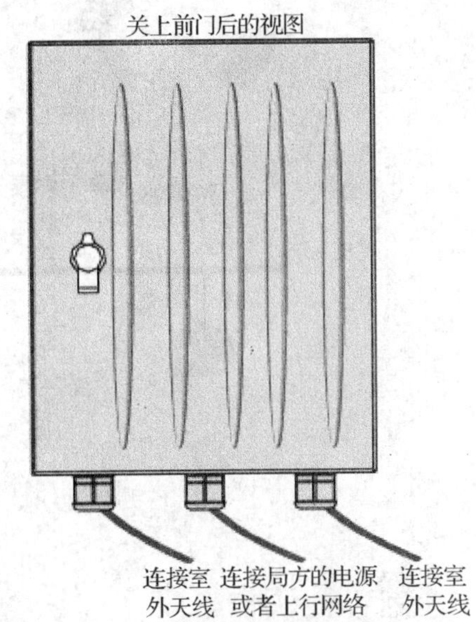

图 8.20　WLAN 室外型机箱外部接线

⑤WLAN 室外型机箱的外部接线示意如图 8.20 所示，确认所有接线连接正确。

7. 机箱通电

WLAN 室外基站安装完成后，需要接通 WLAN 室外型机箱外部的供电开关，检查设备电源指示灯是否显示正常。注意机箱内有一个按键式开关，当按下开关时，设备才能通电。

8.4　网络连接

AP 在实际使用中，可以通过以太网口上行到 Internet 或城域网，也可以通过以太网口与终端设备(如便携、台式机)连接。

1. AP 与终端直连

以 AP 与 PC 直连为例，通过网线将 WA1208E 的以太网口与 PC 的网卡接口连接，如图 8.21 所示。

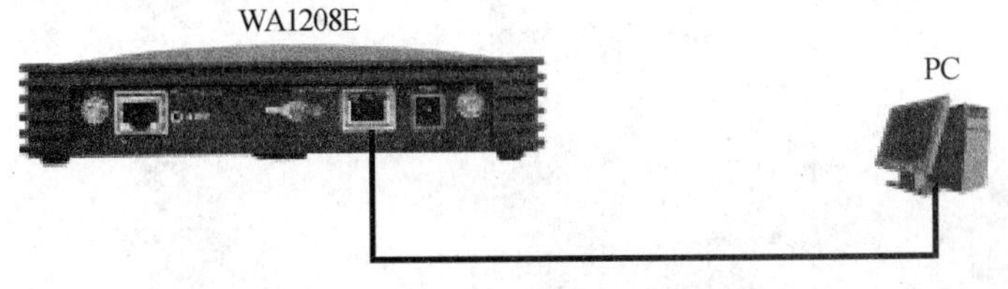

图 8.21　AP 与 PC 直连

2. AP 上行到 Internet

将 AP 的以太网口与 LSW(LanSwith)设备的端口连接，实现 AP 通过以太网口上行到 Internet，如图 8.22 所示。

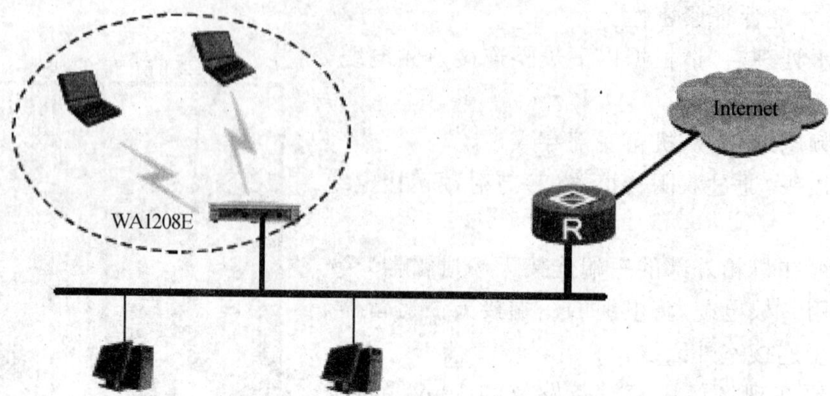

图 8.22　AP 上行到 Internet

第9章

无线局域网配置与调试

9.1 无线客户端的安装与配置

对于无线客户端的安装与配置来说，虽然不同厂家的无线网卡其配置区别较大，但是仍然能够从中总结出一般的安装与配置的过程和规律。下面以 Inter(R) PRO/Wireless 3945ABG 为例。介绍无线客户端的安装与配置过程，当遇到任何类型的无线网卡时，就可以举一反三。

无线网卡驱动程序安装和计算机上其他任何类型的硬件驱动程序的安装方式都是一样的。绝大部分设备(除 ISA 接口的设备)都是支持即插即用功能。当将网卡安装到计算机上，操作系统将提示插入包含驱动程序的光盘。对于特定的安装步骤根据制造厂家而有所不同。网卡的驱动程序可能在一个单独的目录下面，根据操作系统的不同进行划分。在操作系统提示安装无线网卡驱动程序后，按照网卡说明书中说明的驱动位置找到相关的文件，进行设备安装。有的厂家产品不仅单独提供了网卡的驱动程序，而且已经将驱动和管理程序融合到一起，当管理程序安装完成后，驱动程序也就自动安装好了。对于具体的安装过程可以参照安装说明书。有的厂家提供软件光盘，本身就有自动启动界面，我们只要将随机光盘插入计算机光驱，操作系统就会出现自动安装界面，通过界面的引导，可以顺利安装好驱动程序。

驱动程序安装完成后，可以检查网卡的驱动是否安装成功，进入操作系统中的“设备管理器”，查看设备的状态。在无线网卡选项中不出现黄色的警告或者红叉图标，驱动的安装就完成了。早期操作系统没有相关的组件来支持无线网络的应用，所以要借助一种专门的无线网络的管理和配置程序来设置网络参数。目前，许多无线网卡都会随机附带 client manager 这个程序，按照常规方法正确将程序安装在对应的操作系统中。

但近期操作系统，如 Windows XP 等都有无线配置管理模块。有些网卡自带管理软件，安装后也许会和操作系统中无线配置管理软件相冲突。例如在完成管理程序安装之后，如果采用 Windows XP 的情况下，管理程序会出现提问“是否禁止采用 Windows XP 的无线配置管理软件”，如果禁止则完全采用随机提供的管理软件。一般情况下，建议使用随机自带的管理软件来进行网络配置和管理。

9.1.1 连接到可用的无线网络

系统自带无线客户端的管理工具一般分为 5 个部分:无线链路状态、无线链路配置、安全机制配置、无线链路搜索和版本说明。首先我们从查看无线网络链路状态着手,选择可用的无线网络连接。

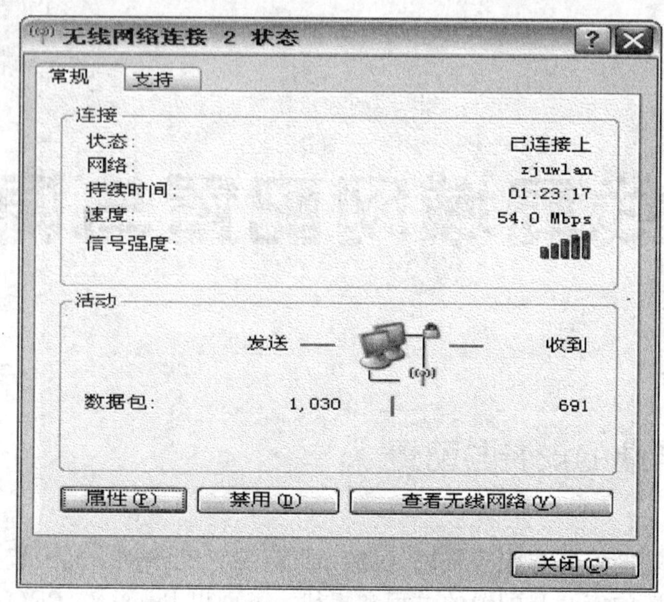

图 9.1 打开“无线网络连接 2”状态

(1)打开“无线网络连接 2”状态,如图 9.1 所示。

(2)点击“查看无线网络”按钮,出现如图 9.2 所示的对话框。

(3)从显示的列表中,可以选择“zjuwlan”或“default”无线网络连接。

9.1.2 将“无线网络”添加到“首选网络”

(1)如图 9.2 所示,在左侧的“相关任务”下,单击“更改首选网络的顺序”,出现图 9.3 所示的对话框。

(2)单击“添加”,出现如图 9.4 所示的对话框。

(3)在“网络名(SSID)”中,键入无线网络的名称。前面已提到 SSID 叫服务集标识符,分配给无线网卡的 SSID 用来匹配无线接入点 AP 的 SSID,以便进行通信。

为了防止未授权无线网卡通过网络访问传输数据,配置程序的安全部分提供多种数据加密选项。如果要启用 WEP 数据加密,则取消“自动为我提供此密钥”复选框,在“网络密钥”框中输入密钥,如图 9.5 所示。

(4)如果要启用 WPA 加密方式,在“网络验证”的下拉式菜单中选择,如图 9.6 所示。

9.1.3 笔记本电脑配置实例

(1)对于笔记本 PCMCIA 无线网卡,插入空槽计算机即可发现硬件(此时网卡“LINK”灯呈绿灯闪烁),用所配光盘安装驱动程序,完成后重新启动可以在网络属性中看到硬件信息

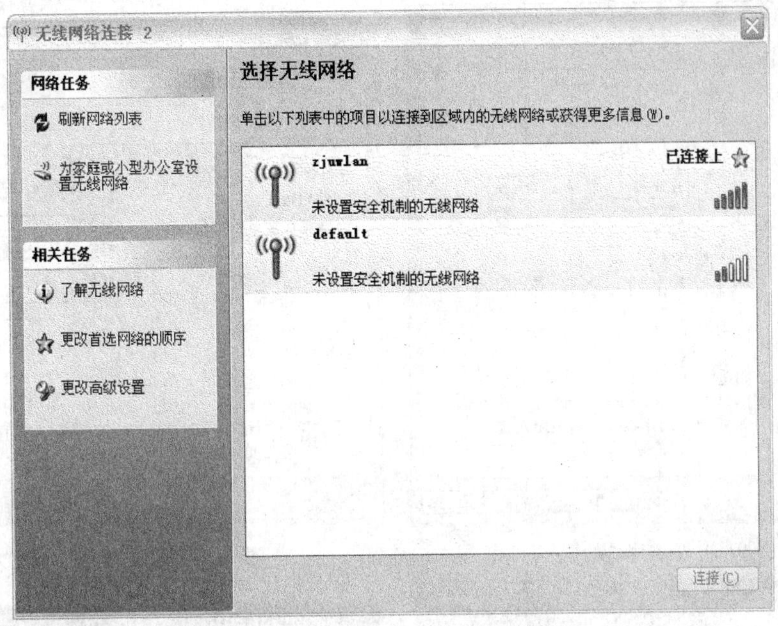

图 9.2　查看可用的无线网络

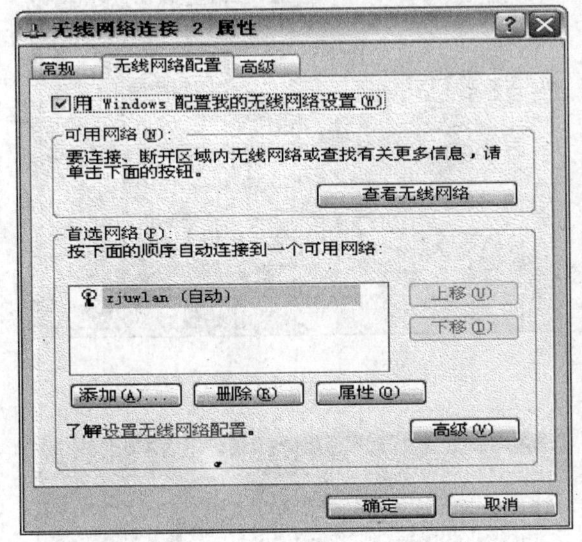

图 9.3　更改首选网络顺序

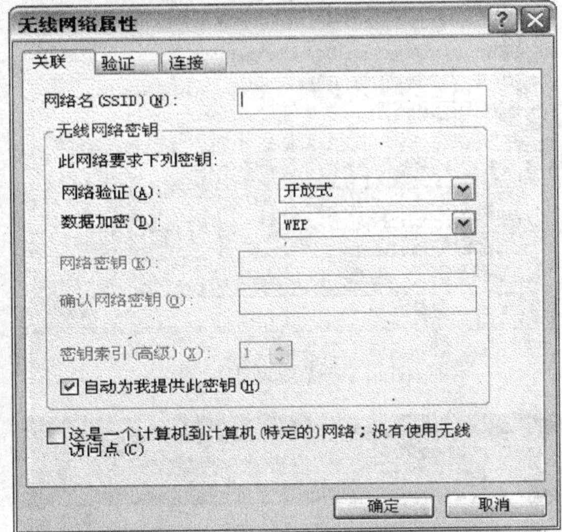

图 9.4　连接设置

(NETGEAR MA401 Wireless PC Card)，对无线网卡配置和普通网卡没有区别，如图 9.7 所示。

(2)选中“无线网卡”，点击“属性”按钮，出现如图 9.8 所示的对话框，我们为其分配 IP 地址133.56.9.96，并输入子网掩码 255.255.255.0，单击“确定”，完成无线网卡配置。

(3)发现右下角有个绿色标识在闪烁，表明无线网卡已经正常工作，但并不意味着就和 AP 设备以及其他同一网段上的机器网络已经联通，还需要进一步的配置。如图 9.9 所示，定义“Profile Name”为“HXJ1”，Network Mode 选取默认值(infrastr ucture access point)，SSID 一定要填写成“Lstelcom_2002”，和 AP 中 SSID 保持一致，否则网络不会联通。Tx Rate 选取“Fully Automatic”(自动适应)。

(4)上述配置后，还要设置加密项。选中“Encryption”，为了和 AP 设置保持一致，WEP 加

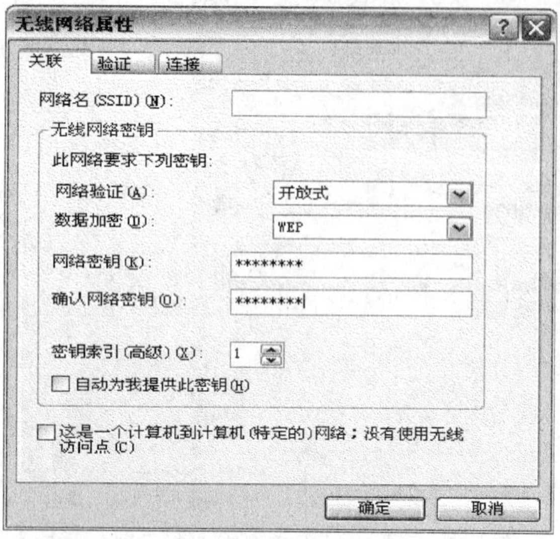

图 9.5　安全设置

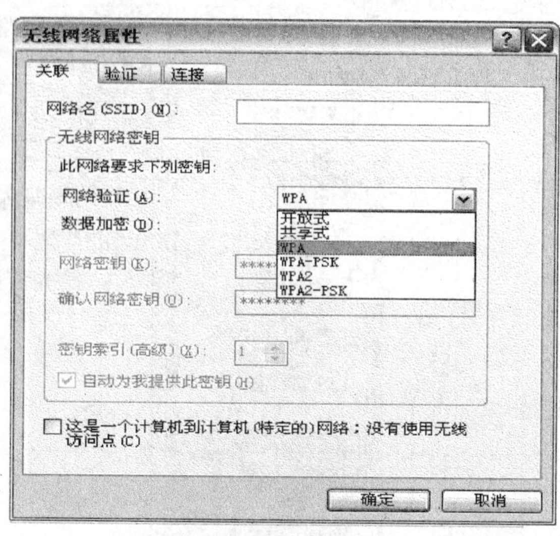

图 9.6　启用 WPA 加密方式

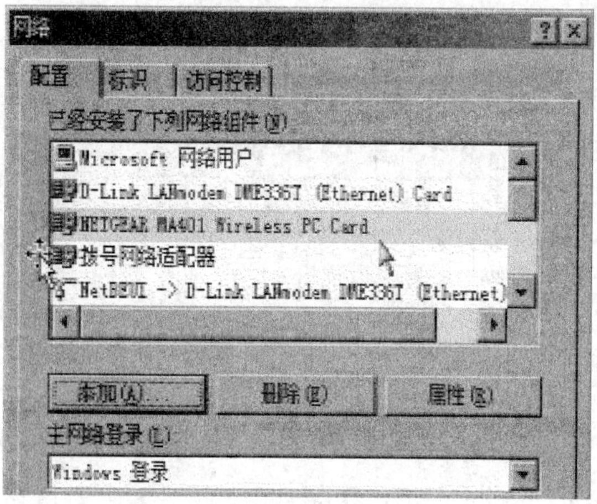

图 9.7　无线网卡配置

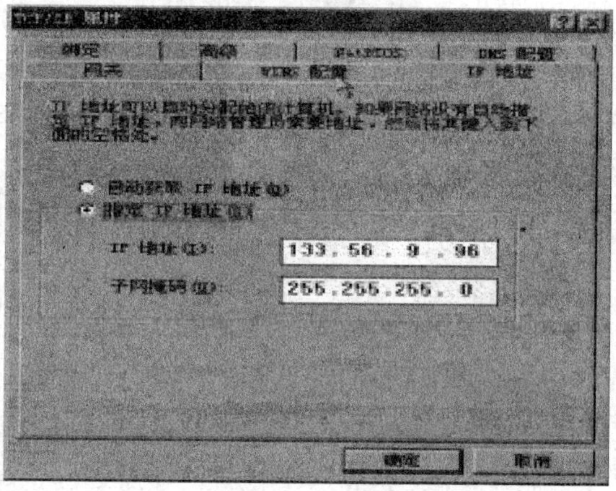

图 9.8　IP 地址配置

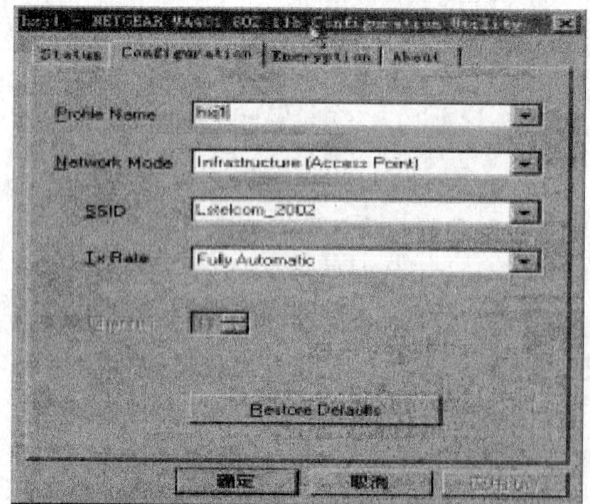

图 9.9　定义“Profile Name”为“HXJ1”，Network Mode

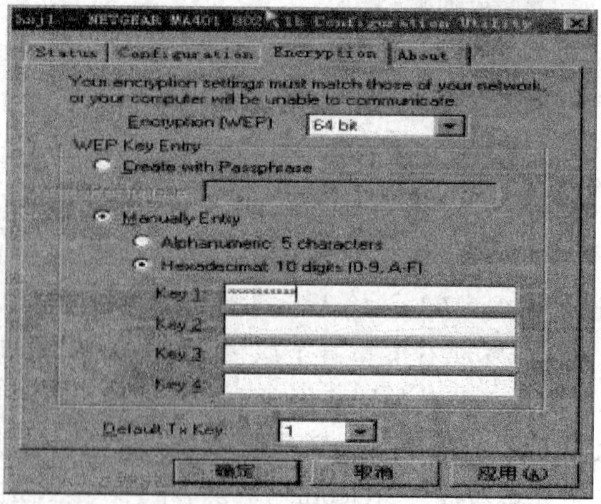

图 9.10　设置加密项

密的位数采用 64bit，并在 Key1 后面输入和 AP 设置同样的数字序列（见图 9.10）。配置完成后单击“确定”，完成配置。

(5)测试联通性，Ping 133.56.9.95，Reply 正常，表明组网成功。

用类似的步骤和方法，完成 DELL PC 机 USB 无线网卡的安装、测试和联通。

9.1.4　Windows XP 内置功能快速配置 WLAN

虽然专业工具配置功能较为强大，但对于很多初级用户来说，还是有一定难度的。如果你的机器采用的是 Windows XP 系统，一切问题就迎刃而解了。它内置的“无线网络配置”功能，能让用户快速地配置无线网络。

安装好无线网卡驱动程序后，右键点击系统托盘的无线网卡图标，选择“状态”选项，在弹出的对话框中点击“属性”按钮，切换到“无线网络配置”标签页（见图 9.11）。接着在“首选网络”框中点击“添加”按钮，弹出“无线网络属性”对话框（见图 9.12）。

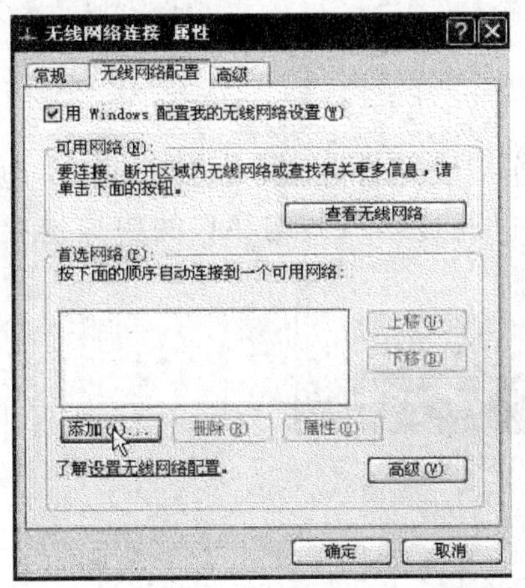

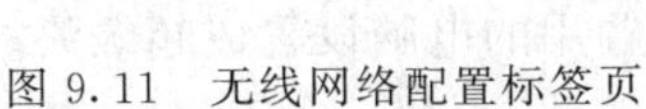
图 9.11　无线网络配置标签页

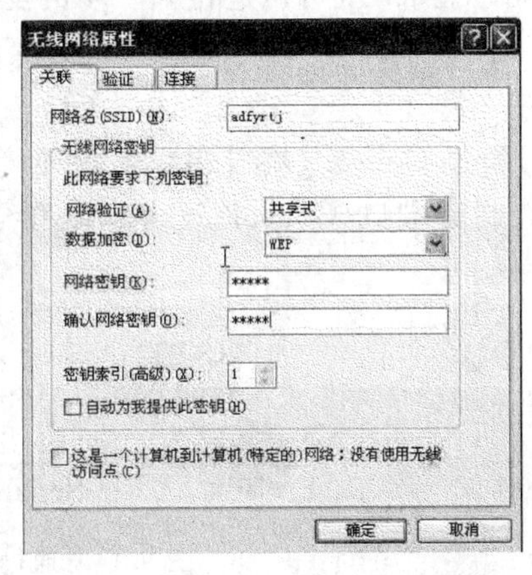

图 9.12　无线网络属性卡

在“网络名(SSID)”栏中输入你要接入的无线网络的 SSID，接着在“无线网络密钥”框中进行安全认证设置。这里还是以笔者的无线网络为例，在“网络验证”框中选择“共享式”，在“数据加密”框中选择“WEP”。这里应注意，一定要取消“自动为我提供此密钥”选项前面的勾，否则就无法填写网络密钥，接着在“网络密钥”栏中输入密钥，最后点击“确定”按钮。

返回到“无线网络配置”标签页后，选中刚才添加的无线网络项目，点击“高级”按钮，弹出“高级”配置对话框（见图 9.13）。如果你的无线网络是“Infrastructure”结构，建议选择默认的“任何可用的网络（首选访问点）”选项，但如果是“Ad-Hoc”结构，就要选择“仅计算机到计算机（特定）”选项，这里要根据用户的实际需要进行选择。最后在“无线网络配置”标签页中点击“确定”按钮后，稍等片刻，客户机就可以接入指定的无线局域网。

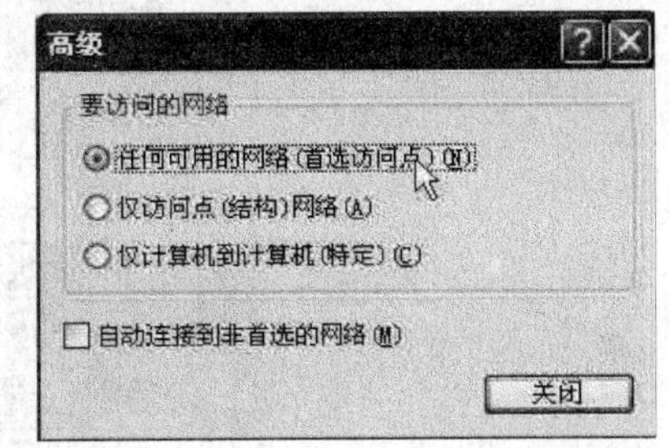

图 9.13　高级配置对话框

虽然 Windows XP 系统内置的“无线网络配置”功能配置无线网络非常简单，但毕竟功能比较弱，不能满足一些用户的需要。这时不妨在 Windows XP 系统中利用专业工具进行无线网络配置。但一定要注意，首先要禁用 Windows XP 系统的“无线网络配置”功能，禁用操作非常简单，在“无线网络配置”标签页中，点击取消“用 Windows 配置我的无线网络设置”选项前面的勾，最后点击“确定”按钮即可。

9.2 AP 的配置

和有线网对交换机或路由器的配置一样，首先要解决对无线接入点 AP 的连接问题。和有线网络不同的是，它既可以用有线的方式进行连接，也可以用无线的方式进行连接。如果采用无线的方式进行连接，虽然无需考虑线缆类型差别，但为了建立无线连接需要知道无线接入点 AP 的 SSID，WEP 密钥等信息。第一次配置还是采用有线连接为好。和 AP 建立连接后，设备指示灯显示正常，就可以进行下一步的配置了。

9.2.1 通过有线连接建立配置环境

（1）通过 Console 端口建立配置环境。首先通过连接线缆将电脑（大多用笔记本电脑）与 AP 的控制台端口（Console）连接，即将维护终端的串口通过串口线与 AP 的串口连接，如图 9.14所示。

RS-232
serial port
WA1208E
Console port
Serial cable

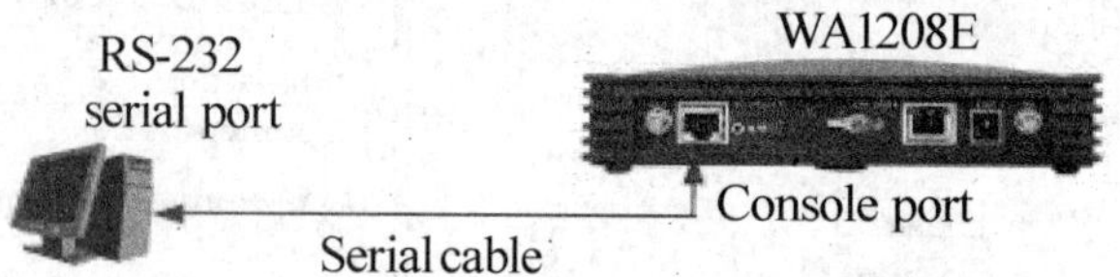

图 9.14　通过 Console 端口建立配置环境

和配置有线网络中的路由器和交换机一样，也要将配置用的电脑设置成超级终端模式，并设置终端通信参数，如图 9.15 所示。

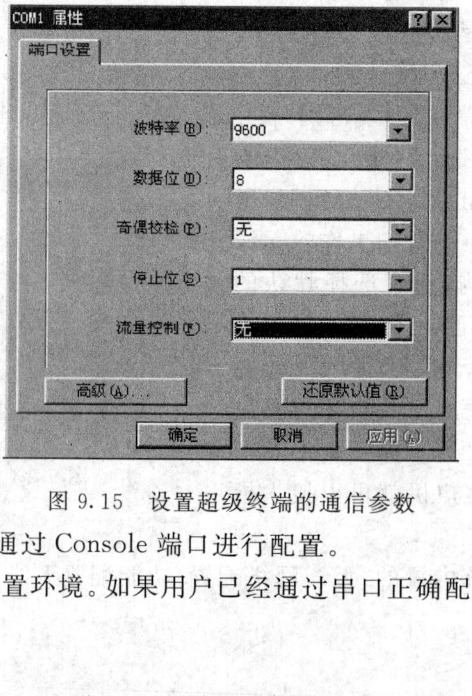

COM1 属性
端口设置
波特率(B):
9600
数据位(D):
8
奇偶校检(P):
无
停止位(S):
1
流量控制(F):
无
高级(A)...
还原默认值(R)
确定
取消
应用(A)

图 9.15　设置超级终端的通信参数

注意，第一次配置必须通过 Console 端口进行配置。

（2）通过 Telnet 建立配置环境。如果用户已经通过串口正确配置 AP 的 VLAN 接口的 IP

地址,并已指定与计算机相连的以太网端口属于该 VLAN,这时可以 Telnet 配置的 IP 地址登录到 AP,然后对 AP 进行配置。

将计算机以太网口通过局域网与 AP 的以太网口连接,如图 9.16 所示。

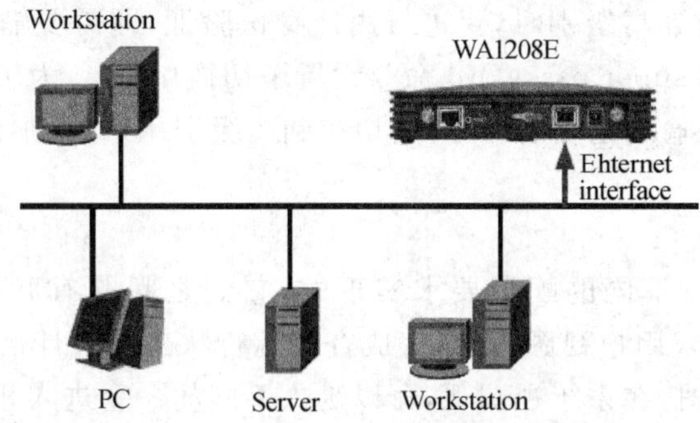

图 9.16　通过 Telnet 建立配置环境

在 PC 上运行 Telnet 程序,输入 AP 的 IP 地址,如图 9.17 所示。

图 9.17　运行 Telnet 程序

从 Telnet 到 AP 要提供 IP 地址、账号和密码。例如华为的 WA1208E 缺省 IP 地址是 192.168.0.50,Telnet 账号是 admin,密码是 wa1208。在终端上根据提示,输入已设置的登录用户名和口令,口令输入正确后出现命令行提示符。此时就可以使用相应命令配置 AP 或查看 AP 的运行状态了。

9.2.2　命令行级别

华为的增强型 AP——WA1208E 采用命令行形式进行配置,其命令行采用分级保护方式,防止未授权用户的非法使用。

命令行划分为参观级、监控级、系统级和管理级 4 个级别,分别对应 0 级、1 级、2 级和 3 级,简介如下。

(1)参观级:该级别包含的命令有网络诊断工具命令(ping,tracert)、用户界面的语言模式切换命令(language-mode)以及 telnet 命令等。该级别命令不允许进行配置文件保存的操作。

(2)监控级:用于系统维护、业务故障诊断等,包括 display,debugging 命令。该级别命令不允许进行配置文件保存的操作。

(3)系统级:业务配置命令,这些命令用于向用户提供直接网络服务。

(4)管理级:关系到系统基本运行,系统支撑模块的命令,这些命令对业务提供支撑作用,包括文件系统、FTP、TFTP(trivial file transfer protocol ,简单文件传输协议)、xModem 下载、用户管理命令和级别设置命令等。

系统对登录用户也划分为 4 个级别，分别与命令级别相对应，即不同级别的用户登录后，只能使用等于或低于自己级别的命令。为了防止未授权用户的非法侵入，用户在使用 super [level]命令从低级别切换到高级别时，要进行用户身份验证，即需要输入切换口令(前提是用户已经在系统视图下使用 super password 命令设置了切换口令)。为了保密，用户在屏幕上看不到所键入的口令。如果输入正确的口令，则切换到高级别用户，否则保持原用户级别不变。

9.2.3 命令行视图

各命令行视图是针对不同的配置要求实现的，它们之间既有联系又有区别。例如，与 WA1208E 建立连接即进入用户视图，它只完成查看运行状态和统计信息的简单功能；再键入 system-view 进入系统视图，在系统视图下，可以键入不同的命令进入相应的视图。

命令行提供如下视图：

①用户视图

②系统视图

③SSID 视图

④WDS-SSID 视图

⑤ACL 视图

⑥无线接入接口视图

⑦以太网端口视图

⑧VLAN 视图

⑨VLAN 接口视图

⑩本地用户视图

⑪用户界面视图

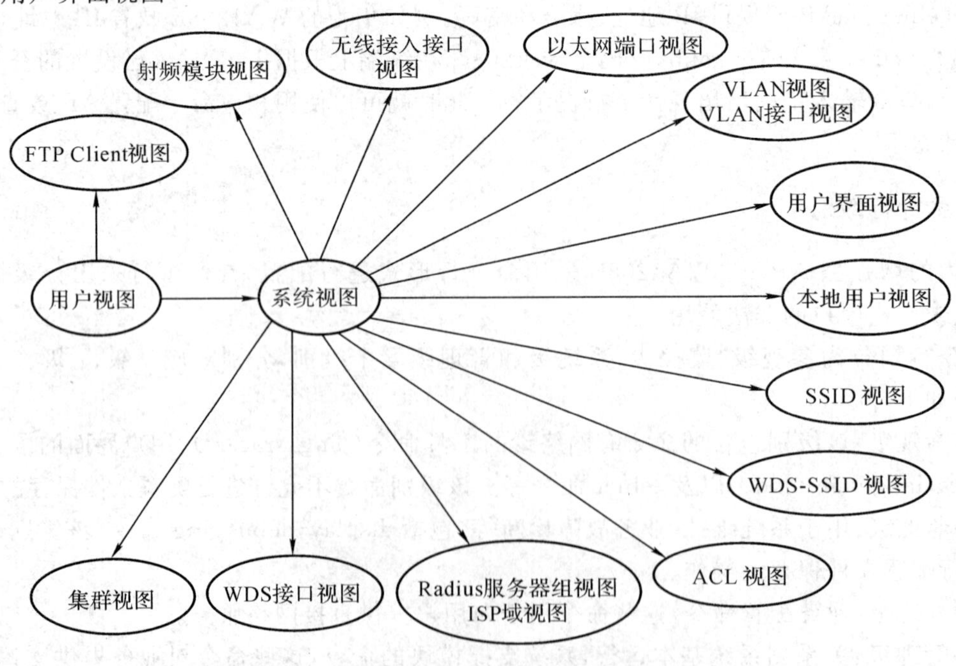

图 9.18 视图关系

⑫FTP Client 视图
⑬集群视图
⑭Radius 服务器组视图
⑮ISP 域视图
⑯WDS 接口视图
⑰射频模块视图

视图关系简图如图 9.18 所示。

各命令视图的功能特性、进入各视图的命令等细则如表 9.1 所示。

表 9.1　命令视图功能特性列表

视图	功能	提示符	进入命令	退出命令
用户视图	查看 WA1208E 的简单运行状态和统计信息	〈H3C〉	与 WA1208E 建立连接即进入	quit 断开与 WA1208E 的连接
系统视图	配置系统参数	[H3C]	在用户视图下键入 system-view	quit 或 return 返回用户视图
以太网端口视图	配置以太网端口参数	[H3C-Ethernet0/1]	在系统视图下键入 interface ethernet 0/1	quit 返回系统视图
VLAN 视图	配置 VLAN 参数	[H3C-vlan1]	在系统视图下键入 vlan 1	quit 返回系统视图
VLAN 接口视图	配置 VLAN 和 VLAN 汇聚对应的 IP 接口参数	[H3C-vlan-interface1]	在系统视图下键入 interface vlan-interface 1	quit 返回系统视图
SSID 视图	配置 SSID 参数	[H3C-ssid-wa1208e]	在系统视图下键入 ssid wa1208e	quit 返回系统视图
WDS-SSID 视图	配置 WDS-SSID 参数	[H3C-wssid-wa1208]	在系统视图下键入 wds-ssid wa1208e	quit 返回系统视图
ACL 视图	配置 ACL 子规则	[H3C-acl-mac-200]	在系统视图下键入 acl 200	quit 返回系统视图
WDS 接口视图	WDS 工作模式下的参数配置	[H3C-Wds1/5]	在系统视图下键入 interface wds 1/5	quit 返回系统视图
无线接入接口视图	配置无线接入数据	[H3C-Wireless-access1/1]	在系统视图下键入 interface Wireless-access 1/1	quit 返回系统视图
本地用户视图	配置本地用户参数	[H3C-user-user1]	在系统视图下键入 local-user user1	quit 返回系统视图
用户界面视图	配置用户界面参数	[H3C-ui0]	在系统视图下键入 user-interface 0	quit 返回系统视图
FTP Client 视图	配置 FTP Client 参数	[ftp]	在用户视图下键入 ftp	quit 返回用户视图
集群视图	配置集群参数	[H3C-cluster]	在系统视图下键入 cluster	quit 返回系统视图
射频模块视图	配置无线接口参数	[H3C-radio-module1]	在系统视图下键入 radio module 1	quit 返回系统视图
Radius 服务器组视图	配置 Radius 协议参数	[H3C-radius-1]	在系统视图下键入 radius scheme 1	quit 返回系统视图
ISP 域视图	配置 ISP 域的相关属性	[H3C-isp-Huawei-3COM163.net]	在系统视图下键入 domain Huawei-3COM163.net	quit 返回系统视图

9.2.4　操作准备

在进行各项配置之前，请确认以下准备工作：

(1) 所使用的计算机与设备已经接入同一网络；

(2) 使用 Telnet，Web 或者串口方式中的一种，与待配置的设备建立连接；

(3) 从网络管理员处获取设备的初始密码以及用户名进行登录。

9.2.5　基本配置

1. 配置 SSID

首先需要在 AP 上设置 SSID(service set ID)标识，并且在无线端口上绑定设置的 SSID，与之对接的设备(如无线网卡)才能收到无线端口广播的 SSID 标识，接入无线局域网络。

对一个 AP 可以设计多个 SSID，如华为的 WA1208E 支持多 SSID 特性，最多可以配置 8 个 SSID。

具体配置步骤如表 9.2 所示。

表 9.2　SSID 配置步骤

步骤	操作及说明
1	进入系统视图模式
2	键入命令 ssid string 创建 SSID
3	进入 SSID 配置模式，配置 SSID 的加密、认证信息等
4	进入无线接口视图，执行 bind ssid 命令，将 SSID 绑定到无线接口

例如：配置一个 SSID，标识为 WA1208E。

```
〈H3C〉system-view
Enter system view , return user view with Ctrl+Z.
[H3C]ssid WA1208E
[H3C-ssid-WA1208E]
```

例如：将 SSID 绑定到接口。

```
[H3C]interface Wireless-access 1/2
[H3C-Wireless-access1/2]bind ssid WA1208E
bind the ssid successfully!
```

2. 配置信道

有些 AP 可支持 11a 和 11g 两种射频卡。配置的插卡不同，AP 的工作信道也不同。根据 AP 配置的国家码的不同，在 11a 和 11g 模式下可配置的信道也会有所不同。

如 WA1208E 的国家码默认设置为中国，此时可配置信道如下：

①当使用 11a 射频卡时，支持 5 个工作信道；

②当使用 11g 射频卡时，支持 13 个工作信道。

用户可以通过命令改变工作的信道。具体操作步骤如表 9.3 所示。

表 9.3

步骤	操作及说明
1	进入无线射频模块模式
2	键入命令 channel integer,改变工作信道

例如:以 11g 为例,将工作信道改变到 2 号信道上。

```
[H3C]radio module 1
[H3C-radio-module1]
[H3C-radio-module1]channel 2
[H3C-radio-module1]
```

3. 配置 VLAN

VLAN 是一种通过将局域网内的设备逻辑地而不是物理地划分成一个个网段从而实现虚拟工作组的技术。VLAN 的优势在于 VLAN 内部的广播和单播流量不会被转发到其他 VLAN 中,从而有助于控制网络流量、减少设备投资、简化网络管理、提高网络安全性。

对 VLAN 进行配置时,首先应根据需求创建 VLAN,之后配置属于 VLAN 的接口参数等,如表 9.4 所示。

表 9.4

步骤	操作及说明
1	进入系统视图模式
2	键入命令:vlan ,创建新的 VLAN
3	在接口视图下,键入命令:port,配置属于该 VLAN 的端口
4	键入命令:display,查看配置的 VLAN 信息

缺省的 VLAN 是 1。在 WA1208E 中可以加入到 VLAN 中的端口有以下 3 种:

①以太网口;

②WDS 接口;

③无线接口。

例如:创建 VLAN 2,将以太网接口加入到该 VLAN 中。

```
<H3C>system-view
Enter system view, return user view with Ctrl+Z.
[H3C]vlan 2
[H3C-vlan2]quit
[H3C]interface ethernet 0/1
[H3C-Ethernet0/1]port access vlan 2
```

4. 配置系统 IP 地址

系统 IP 配置包括:

①给 VLAN 接口指定/删除 IP 地址;

②配置主机名和其对应的 IP 地址;

③配置静态路由。

(1)为 VLAN 接口指定 IP 地址

系统缺省对 VLAN 1 接口配置了 IP 地址:192.168.0.50。在 WA1208E 中只能配置一个 IP 地址。如果为 VLAN 2 接口配置 IP 地址,那么配置成功后 VLAN 1 接口将失去 IP 地址。为 VLAN 接口指定 IP 地址的操作步骤如表 9.5 所示。

表 9.5

步骤	操作及说明
1	键入命令 interface vlan-interface,进入 VLAN 接口视图
2	键入命令 ip address,配置该接口的 IP 地址
3	键入命令 display ip interface vlan-interface vlanid,查询 IP 地址配置信息

例如:为 VLAN 2 接口配置 IP 地址 192.168.5.68。

```
[H3C]interface vlan-interface 2
[H3C-Vlan-interface2]
[H3C-Vlan-interface2]ip address 192.168.5.68 255.255.255.0
Do you want it effect immediately ? [Y/N]('N' is default)y
configure will effect immediately!
```

(2)配置主机名对应的 IP 地址

用户可以使用本命令将主机名与主机 IP 地址相对应。当用户使用 Telnet 等应用时,可以直接使用主机名,由系统解析为 IP 地址,而不必使用难于记忆的 IP 地址,其操作步骤如表9.6所示。

表 9.6

步骤	操作及说明
1	进入系统视图模式
2	键入命令 ip host,配置主机名对应的 IP 地址
3	键入命令 display ip host,查询配置结果

缺省情况下,无主机名与主机 IP 地址对应。

例如:将 IP 地址 192.168.0.100 和主机名 H3C 对应。

```
[H3C]ip host H3C 192.168.0.100
```

(3)配置静态路由

静态路由是一种由网络管理员手工设置的路由。静态路由应用于组网结构比较简单的网络中。合理设置和使用静态路由可以改进网络的性能,并可为重要的应用保证带宽。

可以使用以下步骤配置一条静态路由,实现通过网络对 AP 进行访问,如表 9.7 所示。

表 9.7

步骤	操作及说明
1	进入系统视图
2	在系统视图下键入命令 ip route-static,配置静态路由
3	使用命令 display ip routing-table,查看路由配置信息

例如:设置到 10.10.10.1 这个地址的下一跳地址为 192.168.0.100。

[H3C]ip route-static 10.10.10.1 255.255.255.0 192.168.0.100

5. 设置系统名称

本操作可以设置命令行中的系统提示符,操作步骤如表 9.8 所示。

表 9.8

步骤	操作及说明
1	进入系统视图模式
2	键入命令 sysname,设置提示符

例如:设置命令行的系统提示符是 WA1208E。

[H3C]sysname WA1208E

[WA1208E]

6. 配置系统时钟

系统时钟的配置有以下两种方式:

①使用配置命令配置时间和日期;

②使用 NTP 协议设置时间。

(1)设置当前时间和日期

设置当前时间和日期的操作步骤如表 9.9 所示。

表 9.9

步骤	操作及说明
1	进入用户视图模式
2	键入命令 clock datetime 设置当前时间
3	使用命令 display clock,查看当前时间

例如:设置当前时间为 2007 年 4 月 17 日 15 时 22 分 30 秒。

〈H3C〉clock datetime 15:22:30 2007/04/17

〈H3C〉display clock

15:25:03 UTC Thu 2007/04/17

(2)使用 NTP 协议配置时间

网络时间协议(NTP)是用来在整个网络内发布精确时间的 TCP/IP 协议,其本身的传输基于 UDP。

在 WA1208E 设备上需要执行以下命令配置时间,如表 9.10 所示。

表 9.10

操作	命　令
启用 NTP 功能	ntp-service
设置 NTP 参数	ntp-service server ip [authentication-keyid keyid key-value key]

其中的参数说明如下:

ip:NTP 服务器的 IP 地址。WA1208E 只作为 NTP 的客户端。

keyid:MD5 身份验证密钥 ID 号(向 NTP 服务器发送消息时使用),取值范围为 1～4294967295。

key:MD5 身份验证密钥值。

例如:

①本地设备被配置成由服务器 128.108.22.44 提供同步时间,需要身份验证,密钥 ID 号为 2,密钥值为 Huawei-3COM。

[H3C]ntp-service

NTP function is enable

[H3C]ntp-service server 128.108.22.44 authentication-keyid 2 key-value Huawei-3COM

②本地设备被配置成由服务器 128.108.22.44 提供同步时间,不需要身份验证。

[H3C]ntp-service server 128.108.22.44

7. 配置 SNMP

通过配置 SNMP 协议,可以将 WA1208E 设备添加到上级网管中,实现对设备的管理和维护,操作步骤如表 9.11 所示。

表 9.11

步骤	操作及说明
1	进入系统视图模式
2	键入 snmp-agent community 命令,设置团体名和访问权限
3	使用 snmp-agent target-host 命令,设置接收 Trap 报文的主机
4	使用 snmp-agent mib-view 命令,设置组名、用户名和视图
5	在 NMS 网管中进行设备 SNMP 参数配置

8. 配置负载均衡功能

使用多个 AP 覆盖同一个区域时,可以配置在 AP 之间,交互负载信息实现负载均衡。启用 AP 的负载均衡功能以后,在接入工作站(STA)时,负载较小的 AP 允许 STA 接入,负载较大的 AP 不允许 STA 接入。

参与负载均衡的 AP 需要配置以下参数:

①相同的 SSID(该 SSID 参与负载均衡);

②相同的负载均衡模式;

③相同的阀值;

④对端的 IP 地址。

其中,阀值用来比较各 AP 间负载相差的程度。当 AP 间的负载相差程度大于阀值时,如果有用户要求接入参与负载均衡的 SSID,负载轻的 AP 将允许接入,而负载重的 AP 将不允许接入。

配置负载均衡操作步骤如表 9.12 所示。

表 9.12

步骤	操作及说明
1	进入系统视图模式
2	键入命令:load-balance ssid,配置参与负载均衡的 SSID
3	键入命令:load-balance mode,配置负载均衡模式
4	键入命令:load-balance threshold,配置负载均衡的阀值
5	键入命令:load-balance peer-ip,配置参与负载均衡的对端 AP 的 IP 地址
6	键入命令:load-balance,启用负载均衡功能

例如:配置在 WA1208E A(IP 地址:192.168.0.11)和 WA1208E B(IP 地址:192.168.0.22)之间实现负载均衡。负载均衡参数设置如下。

①参与负载均衡的 SSID:load;

②负载均衡模式:user-number(用户数模式);

③负载均衡的阀值:3。

配置操作如下。

在 WA1208E A(IP 地址:192.168.0.11)中配置:

```
[H3C]load-balance ssid load
Load balance SSID is changed to [load]
[H3C]load-balance mode user-number
[H3C]load-balance threshold user-number 3
[H3C]load-balance peer-ip 192.168.0.22
Add peer AP[192.168.0.22] successfully
[H3C]load-balance
load balance is enabled
[H3C]
```

在 WA1208E B(IP 地址:192.168.0.22)中配置:

```
[H3C]load-balance ssid load
Load balance SSID is changed to [load].
[H3C]load-balance mode user-number
[H3C]load-balance threshold user-number 3
[H3C]load-balance peer-ip 192.168.0.11
Add peer AP[192.168.0.11] successfully.
[H3C]load-balance
load balance is enabled.
[H3C]
```

9. 配置 IAPP 功能

IAPP 在 IEEE 802.11f 中规定,用于 AP 间访问通信。当一个 STA 从一个 AP 的工作范围移动到另一个 AP 的工作范围时,STA 新接入的 AP,需要从原接入 AP 中获得 STA 信息。通过 AP 的 IAPP 功能可以完成两个 AP 间的通信,实现 STA 在两台 AP 之间连接的无缝切换。通过采用Cache技术,可以加快切换速度。

IAPP切换只限在同一ESS内进行。IAPP配置原则如下:

①各AP上必须配置相同的SSID,包括相同的SSID名、密钥、认证方式等;

②各AP之间通过二层网络可以互通(可以通过以太网口或WDS口互联);

③各AP都要开启IAPP功能。

配置IAPP的相关命令如表9.13所示。

表9.13 配置IAPP的相关命令

命令	功能	视图
iapp	开启IAPP功能	SSID视图
undo iapp	关闭IAPP功能	SSID视图
iapp cache age	设置STA上下文Cache老化时间	SSID视图
iapp neighbor age	设置STA上下文邻接表老化时间	SSID视图
iapp secret {ascii | hex }	设置IAPP ESP密钥	SSID视图

例如:配置在WA1208E A(192.168.0.11/24)和WA1208E B(192.168.0.22/24)之间,STA通过IAPP实现无缝切换。

(1) 在WA1208E A上:

配置开启IAPP功能。

[H3C-ssid-WA1208E]iapp

#配置Cache老化时间为60分钟。

[H3C-ssid-WA1208E]iapp cache age 60

#配置邻接表老化时间为120分钟。

[H3C-ssid-WA1208E]iapp neighbor age 120

#以ASCII形式配置密钥为H3C1208。

[H3C-ssid-WA1208E]iapp secret ascii H3C1208

查看IAPP配置信息。

[H3C-ssid-WA1208E] disp iapp information ssid WA1208E

* * * * * * SSID IAPP Infomation * * * * * *

SSID Name: WA1208E

IAPP: on!

IAPP packet debugging switch: off!

IAPP event debugging switch: off!

IAPP log switch: off!

IAPP cache age: 3600 seconds

IAPP neighbor age: 7200 seconds

IAPP ESP Key(ascii): H3C1208

IAPP STA Context Cache Count: 0

--- Performance Statistic ---

AddNotify sent: 0

```
AddNotify Recieve: 0
MoveNotify sent: 0
MoveNotify Recieve: 0
MoveResponse sent: 0
MoveResponse Recieve: 0
MoveNotify Timeout: 0
MoveNotify Retrans: 0
MoveResponse FailSent: 0
MoveResponse FailRecieve: 0
Cache Hit: 0
Cache Miss: 0
MoveSuccess among APs: 0
MoveFail among APs: 0
--- End of Statistic -----
[H3C-ssid-WA1208E]
#查看 IAPP 邻居信息:
[H3C-ssid-WA1208E]disp iapp neighbor ssid WA1208E
Ssid Name: WA1208E
IAPP : on!
---IAPP Neighbor APs Information---
NO Neighbor AP
[H3C-ssid-WA1208E]
#当无线用户从 WA1208E A 成功漫游到 WA1208E B 后。
[H3C-ssid-WA1208E]disp iapp neighbor ssid WA1208E
Ssid Name: WA1208E
IAPP : on!
---IAPP Neighbor APs Information---
IAPP Neighbor 192.168.0.22 00e0-fc8e-7af8 2002-01-04 15:43:52
No Sta Cache
```

(2) WA1208E-B 的配置和信息显示同 WA1208E-A 类似。

10. 配置 QoS-WMM 功能

(1) 配置 QoS 功能

QoS(quality of service)指数据通信网络在条件允许的情况下能尽力保证预期的带宽、延迟、延迟抖动、丢包率。

例如,WA1208E 的 QoS 功能包括以下内容。

①优先级标识:根据用户配置的流分类或者报文中的信息给报文标上相应的优先级标志。该优先级标志将作为 WMM 模块转发报文时的队列映射依据,从而实现 PQ(priority queue)优先级队列,高优先级的报文优先转发。

②广播报文抑制:将系统转发的广播报文限制在某一带宽之内,如果超出系统设定的带宽,则超出部分被丢弃。如果长时间没有收到报文,则积攒的最大令牌数为令牌桶的容量。

③流量监控:跟广播报文抑制功能基本相同,只是对 SSID 的上行或者下行带宽进行限制,超出带宽的数据报文将被丢弃。如果长时间没有收到报文,则积攒的最大令牌数为令牌桶的容量。

配置 QoS 功能的相关命令如表 9.14 所示。

表 9.14 配置 QoS 功能的相关命令

命令	功能	视图
traffic-priority acl-number	设置符合访问控制列表的数据帧的转发优先级	以太网端口视图 SSID 视图 WDS SSID 视图
rate-limit broadcast cir	配置抑制广播报文的策略	系统视图
rate-limit cir	配置 SSID 流量监控功能	SSID 视图

例如:符合 ACL 700 的报文打上优先级 6,符合 ACL 2000 的打上优先级 3。

[H3C-ssid-Huawei-3COM]traffic-priority acl-number 700 cos 6

[H3C-ssid-Huawei-3COM]traffic-priority acl-number 2000 cos 3

例如:将广播报文的带宽限制在 2000000bit/s,令牌桶的容量为 10000000bit。

[H3C]rate-limit broadcast cir 2000000 cbs 10000000 ebs 0

例如:将 SSID Huawei-3COM 的上行带宽限制在 2000000bit/s,令牌桶的容量为 10000000bit。

[H3C-SSID-Huawei-3COM]rate-limit cir 2000000 cbs 10000000 ebs 0 inbound

(2)配置 WMM 功能

通过 WMM 功能,WA1208E 可以实现按照不同优先级来发送报文,总共有 4 种优先级。可以通过报文中的信息来确定报文优先级,也可以通过配置 ACL 规则来设定报文优先级。每一种优先级根据竞争参数来单独竞争无线信道。通过改变每个优先级的竞争参数可以改变该优先级的竞争信道的能力。只有接入 AP 的 STA 支持 WMM,才能实现该功能。网卡与 AP 的竞争参数都通过 AP 来配置,AP 在网卡接入后将竞争参数实时地下发给网卡。

在使用 WMM 功能时要注意以下几点:

①必须在无线网卡接入 AP 前先启用 WMM。

②可以通过报文中的信息来确定报文优先级;也可以通过配置 ACL 规则,规定匹配该规则的报文按照什么方式区分优先级。

③竞争参数一般采用默认值。

配置 WMM 功能的相关命令如表 9.15 所示。

表 9.15 配置 WMM 功能的相关命令

命令	功能	视图
qos-wmm	开启 WMM 功能	射频模块视图
traffic-priority acl-number	设置符合访问控制列表的数据帧的转发优先级	以太网端口视图 SSID 视图 WDS SSID 视图
traffic-priority default	设置优先级标识的缺省动作	以太网端口视图 SSID 视图 WDS-SSID 视图

例如：开启 WMM 功能。

[H3C-radio-module1]qos-wmm

例如：设定报文的默认优先级按照报文的 TOS 来区分。

[H3C-ssid-Huawei-3COM]traffic-priority default tos

例如：查看射频卡 1 是否启用 WMM 功能，以及设定的 WMM 参数。

[H3C]display wmmconfig radio 1

例如：查看 STA 的网卡与 WA1208E 连接后，与 WA1208E 协商 WMM 的结果。

[H3C]display mac-station

例如：显示 SSID 上的优先级标识配置情况以及统计信息。

[H3C]display traffic-priority ssid wa1208e

9.2.6　通过计算机 USB 连接的 AP 配置

现在有些 AP 还可以连接到计算机的 USB 接口，此时就要在计算机上安装 AP USB 驱动程序。具体步骤如下。

1. 安装 AP USB 驱动程序

(1)将 AP 设备上电，并且将 USB 数据线一端(大头)连接到 PC 机 USB 插槽，另一端(小头)连接到 AP 的 CONSOL 口，同时用原配的 5 类线将 AP 级联到以太网交换机；

(2)PC 机屏幕上显示找到新设备，以提示插入驱动程序，插入所配驱动光盘；

(3)当出现如图 9.19 所示的提示框时，指定安装位置，按“确定”按钮；

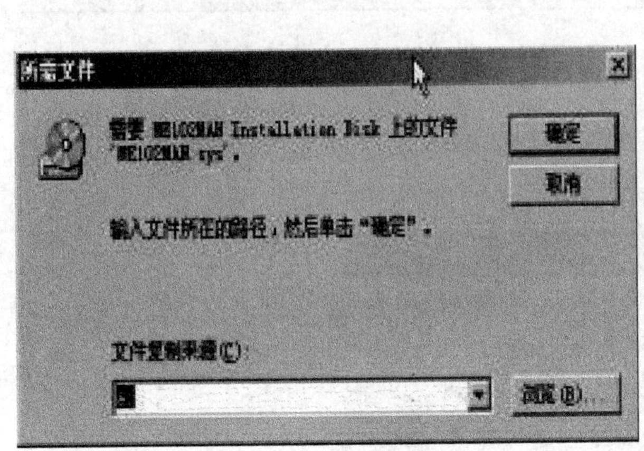

图 9.19　确定安装路径

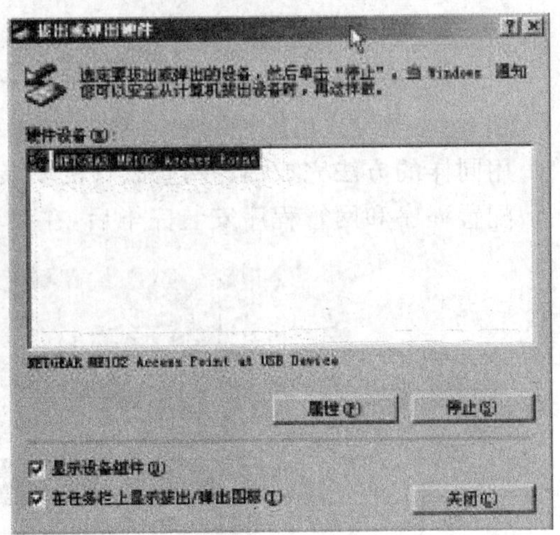

图 9.20　安装成功提示

(4)安装完毕，会出现安装成功的提示，如图 9.20 所示。

2. 安装 AP 配置和管理程序

通过 USB 接口连接到计算机的 AP，其配置和管理程序还要安装在计算机上。

(1)将原配光盘插入光驱，打开资源管理器，进入\USBMANG 文件夹，双击“SETUP.EXE”，出现下面提示界面(见图 9.21)，按“NEXT”；

(2)如图 9.22 所示，安装程序提示具体安装位置，指定具体位置后按“NEXT”；

(3)在图 9.23 所示的菜单中，确定应用程序快捷键文件夹名称；

(4)在图 9.24 所示的选择框图中，按“Finish”按钮完成安装。

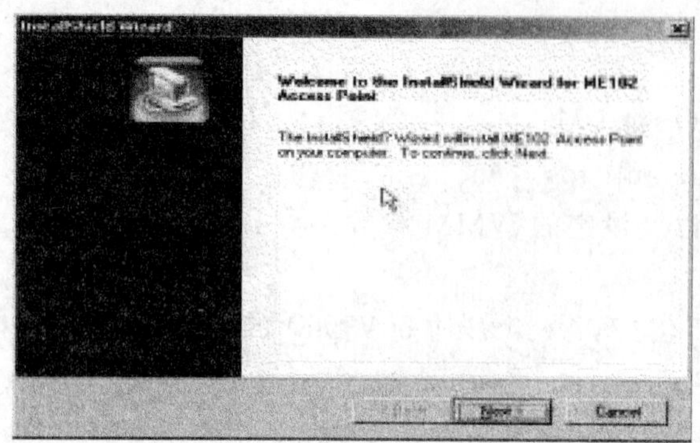

图 9.21 AP 的驱动程序安装界面

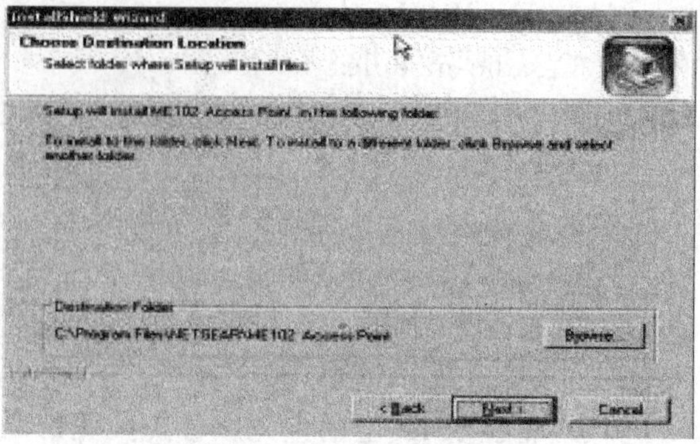

图 9.22 指定安装路径

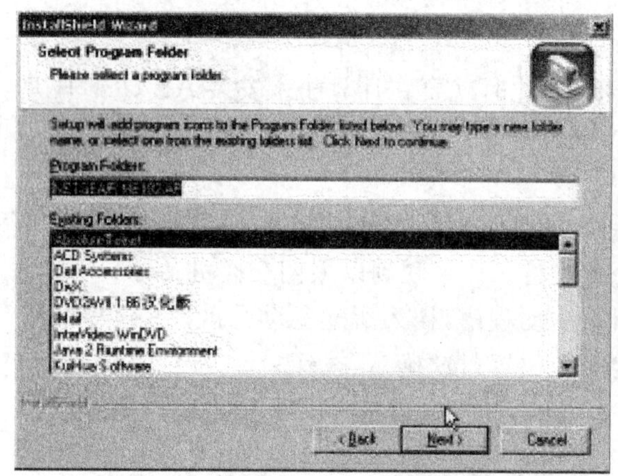

图 9.23 确定应用程序快捷键文件夹名称

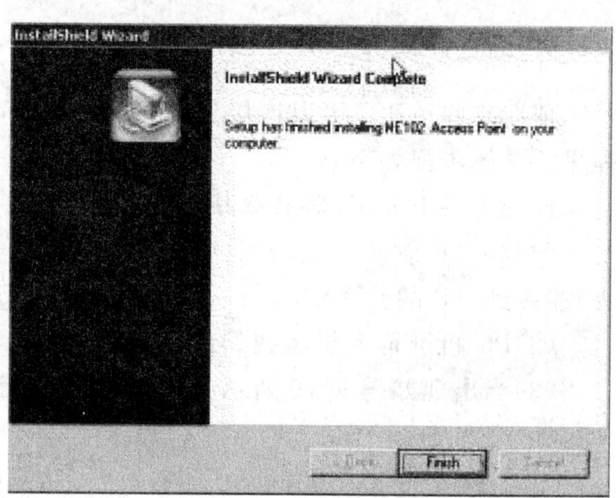

图 9.24 完成安装

用同样的方法完成 AP 网管软件的安装。

配置程序和网管程序安装完毕后，在菜单栏会出现如图 9.25 所示的应用界面。

图 9.25 网管安装后的应用界面

3. AP 参数的具体配置

(1)点击“Access Point USB Manager”快捷键，出现如图 9.26 所示的对话框，点击“Configure”；

(2)点击进入后，出现如图 9.27 所示的菜单面板，共有 General，IP Setting，Encryption，Operational Setting 和 About，默认是 General。

(3)先对 General(公共选项)选项进行配置。Access Point Name 为 AP 设备取名，我们将其取为 TEST AP。ESSID 服务设置初始化校验器(service set identifier，SSID)用来鉴别无线

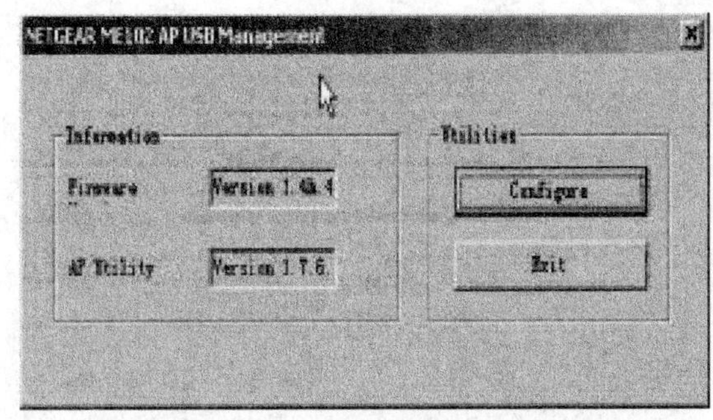

图 9.26　AP 设备参数配置对话框

访问节点所使用的初始化字符串，客户端要通过 SSID 来完成连接的初始化。该校验器由制造商进行设定，同一厂商的产品使用同样的默认值，默认值是 Wireless，为了防止被黑客了解到相应的初始化字符串，我们在配置无线网络时，更改 SSID 初始化字符串为 Lstelcom_2003。Channel 用于定义使用的无线通道，默认是 6，我们不作任何修改。速率设定我们选组“Auto”，即自动配置速率。Regulatory domain 为 FCC（不能改动）。“Auto Rate Fall Back”复选框打勾，如遇到网络断路，会自动退回。具体配置如图 9.27 所示。

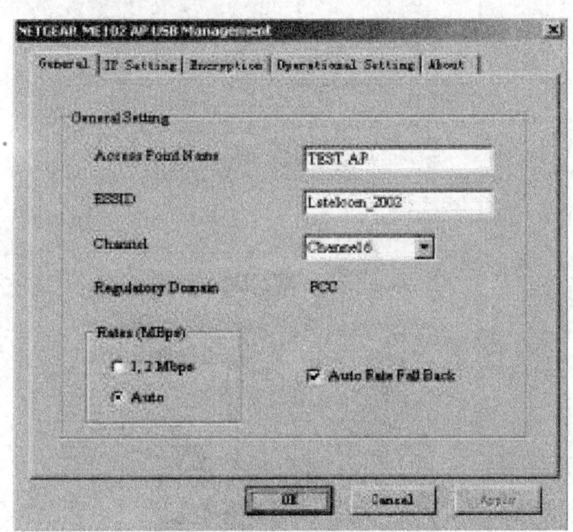

图 9.27　菜单面板

（4）再对“IP Setting”进行设置。可以看到 AP 设备的 MAC 地址（不能修改），我们将 IP 地址定为 133.56.9.95，子网掩码为 255.255.255.0，Gateway 为 0.0.0.0，为考虑网络安全不采用动态分配 IP 地址，“DHCP Primary Port”选择 Ethernet，如图 9.28 所示。

（5）对网络安全加密进行设置。单击“Encryption”，首先对 WEP Key Mode 进行设置。WEP（无线加密协议）是针对无线网络数据传输加密的标准。尽管它仍存在一定的脆弱性，但用来防范普通黑客还是相当有效的。如图 9.29 所示，我们采用 64bits 进行加密，Authentication Type（认证类型）选择“Both”，即对 Open System 和 Shared Key 两种类型都选择。Default Key 选择 Key1。注意应记住在 Key1 中输入的数字（16 进制）序列，以便在终端网卡配置中输入同样的序列实现加密通信。

（6）配置上述内容后就基本上完成了对 AP 设备的配置，对于其他配置可采取默认的设置。

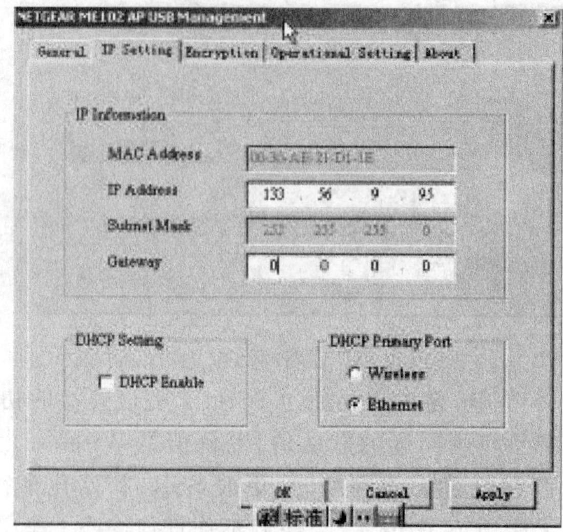

图 9.28　设置 IP 地址和网络掩码

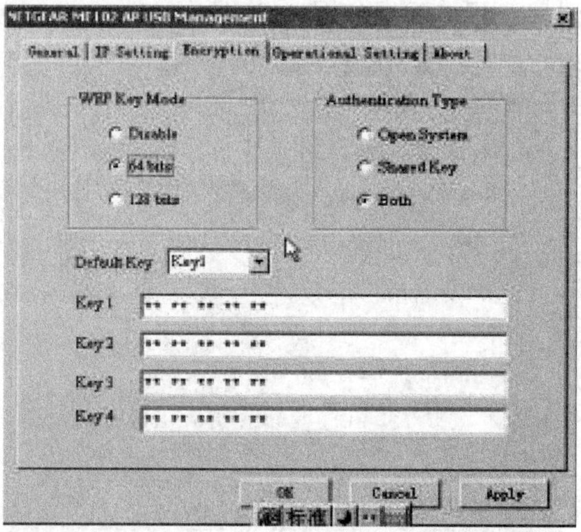

图 9.29　网络安全设置

9.3　无线交换机的配置

9.3.1　产品介绍

无线交换机又称为无线闸道器(wireless gateway,WG)或叫无线控制器(wireless control manager,WCM)。我们以杭州华三通信技术有限公司生产的无线控制器 H3C WX5002 系列为例说明无线交换机的配置,H3C WX5002 系列无线控制器包括 WX5002-128,WX5002-64 无线控制器,是配合 H3C 公司自主研发的 Fit AP (H3C WA2110-AG 无线接入点)实现无线局域网络(Wireless LAN)部署需要。有两个规格,WX5002-128 最多支持 128 个 AP,4K 个无线用户;WX5002-64 最多支持 64 个 AP,2K 个无线用户。

WX5002 系列无线控制器前面板提供有 2 个千兆以太网电口、2 个千兆以太网光口(Combo 口)、1 个 10/100BASE-TX 带外管理接口、1 个 Console 口，后面板提供交流电源输入接口。其外观如图 9.30 所示。

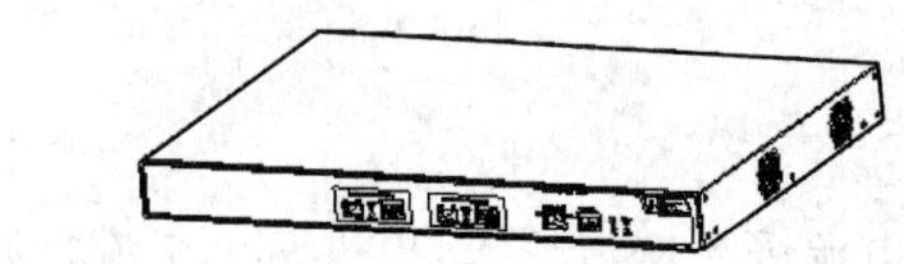

图 9.30　WX5002 系列无线控制器外观

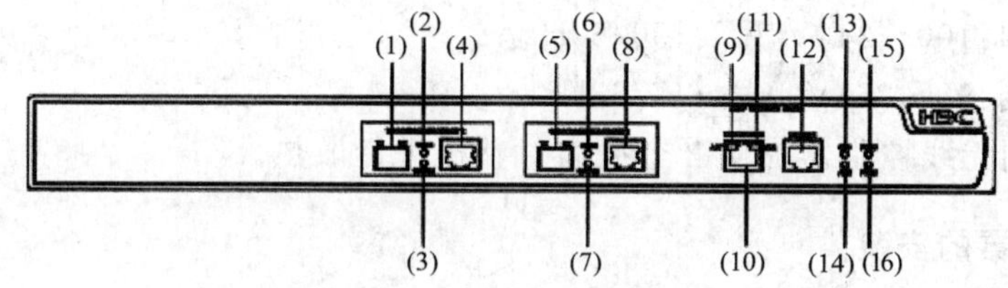

图 9.31　WX5002 系列无线控制器前面板

图 9.31 是 WX5002 系列无线控制器前面板示意图，图中：

(1) 千兆以太网接口 2 SFP 光接口

(2) 千兆以太网接口 2 1000M 工作状态指示灯

(3) 千兆以太网接口 2 10/100M 工作状态指示灯

(4) 10/100/1000 Base-T 自适应以太网电接口 2

(5) 千兆以太网接口 1 SFP 光接口

(6) 千兆以太网接口 1 1000M 工作状态指示灯

(7) 千兆以太网接口 1 10/100M 工作状态指示灯

(8) 10/100/1000 Base-T 自适应以太网电接口 1

(9) 10/100 Base-TX 带外管理网口收发指示灯

(10) 10/100 Base-TX 带外管理网口

(11) 10/100 Base-TX 带外管理网口连接指示灯

(12) Console 接口

(13) 系统指示灯

(14) 系统告警灯

(15) 电源 1 状态指示灯

(16) 电源 2 状态指示灯

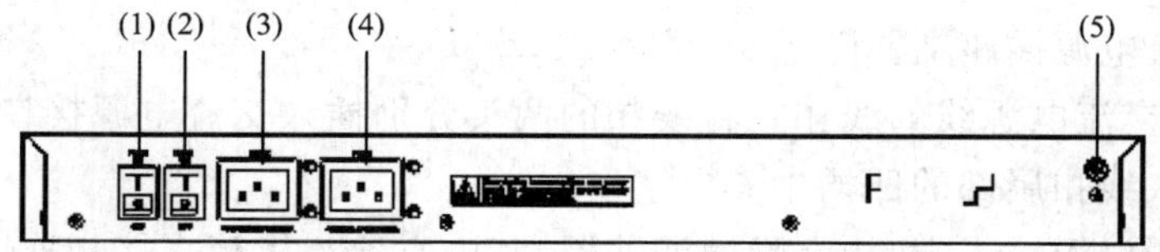

图 9.32　WX5002 系列无线控制器后面板

图 9.32 所示是 WX5002 系列无线控制器后面板。图中：

(1) 交流电源 2 开关

(2) 交流电源 1 开关

(3) 交流电源 2 接口

(4) 交流电源 1 接口

(5) 接地柱

WX5002 系列无线控制器电源采用交流输入，提供两个交流电源输入接口，每个电源输入口可单独给控制器供电，也可同时通电为控制器提供 1+1 冗余电源备份，增强系统可靠性。

交流(AC)输入：

额定电压范围：100～240V AC.；50/60Hz

最大电压范围：90～264V AC.；47/63Hz

WX5002 系列无线控制器提供 2 个风扇对整机进行散热。

9.3.2 无线控制器的安装

无线控制器可以安装在 19 英寸标准机柜上，安装过程如下。

第一步：检查机柜的接地与稳定性。用螺钉将安装挂耳固定在无线控制器前面板两侧；

第二步：将无线控制器放置在机柜的一个托盘上，根据实际情况，沿机柜导槽移动无线控制器至合适位置，注意保证无线控制器与导槽间的合适位置；

第三步：用螺钉将安装挂耳固定在机柜上，保证无线控制器位置水平并牢固。

很多情况下，用户并不具备 19 英寸标准机柜，此时，人们经常用到的方法就是将无线控制器放置在干净的工作台上，此种操作比较简单，只要注意如下事项即可：

(1) 保证工作台的平稳性与良好接地；

(2) 请用户在安装时保持周围环境通风良好，无线控制器四周留出 10cm 的散热空间；

(3) 不要在无线控制器上放置重物；

(4) 需要叠放使用时，设备之间的垂直距离不能小于 1.5cm。

9.3.3 电源线及地线连接

建议使用有中性点接头的单相三线电源插座，或多功能计算机电源插座。电源的中性点在建筑物中要可靠接地，一般楼房在施工布线时，已将本楼供电系统的电源中性点埋地，用户需要确认本楼电源是否已经接地。电源连接步骤如下。

第一步：将无线控制器随机附带的机壳接地线一端接到无线控制器后面板的接地柱上，另一端就近良好接地。

第二步：将无线控制器的电源线一端插到无线控制器机箱后面板的电源插座上，另一端插到外部的供电交流电源插座上。

第三步：安装交流电源线的线扣。将线扣的两头分别插入交流电源接口两侧的插槽中，并将交流电源线置入线扣尾部的凹槽中。

无线控制器的电源输入端，接有噪声滤波器，其中心地与机箱直接相连，称作机壳地(即保护地)，此机壳地必须良好接地，以使感应电、泄漏电能够安全流入大地，并提高整机的抗电磁干扰的能力。正确的接地方式如下：

(1)当无线控制器所处安装环境中有接地排时，将无线控制器的黄绿双色保护接地电缆一端接至接地排的接线柱上，拧紧固定螺母。请注意：消防水管和大楼的避雷针接地都不是正确的接地选项，无线控制器的接地线应该连接到机房的工程接地。

（2）当无线控制器所处安装环境中没有接地排时，若附近有泥地并且允许埋设接地体时，可采用长度不小于 0.5m 的角钢或钢管，直接打入地下。此时，无线控制器的黄绿双色保护接地电缆应和角钢（或钢管）采用电焊连接，焊接点应进行防腐处理。

（3）当无线控制器所处安装环境中没有接地排，并且条件不允许埋设接地体时，若无线控制器采用交流供电，可以通过交流电源的 PE 线进行接地。此时，应先确认交流电源的 PE 线在配电室或交流供电变压器侧良好接地。

9.3.4　安装完成后检查

安装后，需要检查以下事项：

（1）检查选用电源与无线控制器的标识电源是否一致。

（2）检查地线是否连接。

（3）检查配置电缆、电源输入电缆连接关系是否正确。

（4）检查接口线缆是否都在室内走线，无户外走线现象；若有户外走线情况，请检查是否进行了交流电源防雷插排、网口防雷器等的连接。

9.3.5　搭建配置环境

将笔记本电脑或 PC 机通过配置电缆与无线控制器的 Console 口相连。如图 9.33 所示，首先将配置电缆的 DB-9 孔式插头接到要对无线控制器进行配置的笔记本电脑或 PC 机的串口上。然后将配置电缆的 RJ-45 一端连到无线控制器的配置口（Console）上。

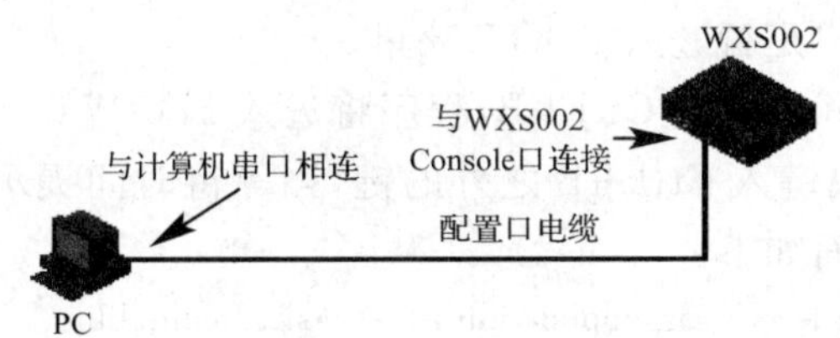

图 9.33　搭建配置环境

将笔记本电脑或 PC 机设置为超级终端（参见图 9.15）。终端参数设置是：波特率为 9600，数据位为 8，奇偶校验为无，停止位为 1，流量控制为无，选择终端仿真为 VT100。

9.3.6　启动无线控制器

在上电之前要对无线控制器进行如下检查：

（1）电源线连接是否正确。

（2）供电电压是否与无线控制器要求一致。

（3）配置电缆连接是否正确，配置使用的终端（可以是 PC）是否已经打开，配置参数是否已完成设置。

检查正确无误后，就可以上电，WX5002 系列无线控制器上电启动后打印信息：

```
* * * * * * * * * * * * * * * * * * * * * * * * * * * * * * * * * *
*                                                                  *
*              H3C WCM BootWare , Ver 1.06                         *
*                                                                  *
* * * * * * * * * * * * * * * * * * * * * * * * * * * * * * * * * *

Copyright(c) 2004-2007 Hangzhou H3C Tech. Co., Ltd. and its licensors.

Compiled date       : Nov 17 2006, 12:20:43
CPU type            : BCM1250
CPU L1 DCache       : 32KB
CPU L1 ICache       : 32KB
CPU L2 Cache        : 512KB
CPU Clock Speed     : 700MHz
Memory Type         : DDR SDRAM
Memory Size         : 1024MB
Memory Speed        : 140MHz
BootWare Size       : 512KB
Flash Size          : 32MB
NVRAM Size          : 512KB

CPLD        Version is 1.00
Hardware    Version is Ver. A
GE0     ..............................OK!
GE1     ..............................OK!

Press Ctrl+B to enter extend boot menu... 5.
```

最后一行信息询问用户是否进入 BOOT 菜单。

若在这 5 秒的等待时间内键入 Ctrl+B,程序将进入 BootWare 主菜单。若在 5 秒的等待时间内,不进行任何操作或键入 Ctrl+B 之外的键,当等待时间提示为 0 时,系统进入自动启动状态。系统自动启动界面如下:

```
The current starting file is main application file--flash:/main.bin!

        The        main        application        file        is
self-decompressing..............................................
................................................................
................................................................
................................................................
................................................................
................................................................
...................................OK!

  System is starting...
User interface con0 is available.

Press ENTER to get started.
```

提示信息"Press ENTER to get started"出现后,标志着无线控制器自动启动完成。回车后,终端屏幕显示如下:

〈H3C〉

用户可以开始对无线控制器进行配置。

9.3.7　登录无线控制器

无线控制器的登录,可以通过以下两种方式实现:

(1)通过 Console 口进行本地登录;

(2)通过以太网端口利用 Telnet 进行本地或远程登录。

通过无线控制器 Console 口进行本地登录是登录无线控制器的最基本的方式,也是配置通过其他方式登录无线控制器的基础。无线控制器在缺省情况下只能通过 Console 口进行本地登录。

9.3.8　WLAN 配置

如图 9.34 所示,无线控制器 WCM 与二层交换机 Switch 相连,AP1(序列 ID 为 H3C-SZ001)和 AP2(序列 ID 为 H3C-SZ002)通过二层交换机与 WCM 相连。AP1,AP2 和 WCM 在同一个网络。AP1 和 AP2 通过 DHCP Server 获取 IP 地址。WCM 的 IP 地址是 10.18.1.1/24。

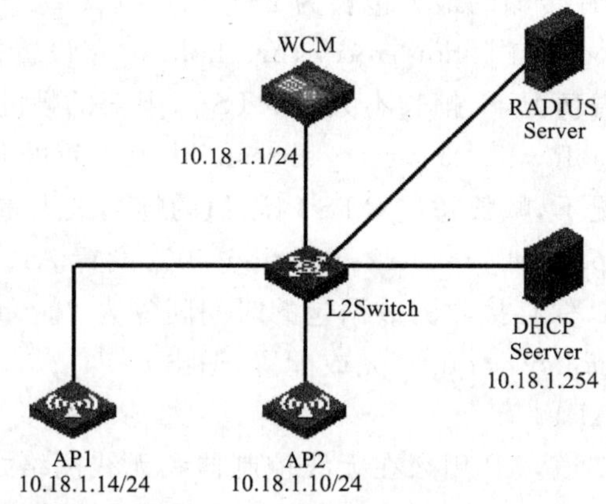

图 9.34　WLAN 服务组网

具体配置步骤如下:

(1)首先配置国家码

〈WCM〉system-view(进入系统视图)

[WCM] wlan enable(使能 WLAN 服务)

[WCM] wlan country-code IN(配置有效的国家码)

国家码用来标识使用射频所在的国家,它规定了射频特性,如功率和可用于帧传输的信道总数。在配置无线控制器之前,必须配置有效的国家码或区域码。在缺省情况下,国家码为 CN,即中国国家码是 CN。

(2) 配置 WLAN ESS 接口

[WCM] interface WLAN-ESS 1

[WCM-WLAN-ESS1] quit

(3)配置 WLAN 服务模板并将 WLAN-ESS 接口与该服务模板绑定

[WCM] wlan service-template 1 clear

[WCM-wlan-st-1] ssid abc

[WCM-wlan-st-1] bind WLAN-ESS 1

[WCM-wlan-st-1] authentication-method open-system

[WCM-wlan-st-1] service-template enable

(4) 配置射频策略

射频策略是由一系列的射频参数组成的。如果某个射频策略被映射到一个射频，则该射频就继承在射频策略里配置所有参数。

[WCM] wlan radio-policy radio policy1 (创建一个射频策略并进入射频策略视图)

[WCM-wlan-rp-radiopolicy1] beacon-interval 200 (设置发送信标帧的时间间隔。在缺省情况下，发送信标帧的时间间隔为 100 TU (Time Unit，时间单位))

[WCM-wlan-rp-radiopolicy1] dtim 4 (设置信标帧的 DTIM 周期)，数据待传指示信息。在缺省情况下，counter 值为 1。DTIM 周期是信标周期的 counter 倍)

[WCM-wlan-rp-radiopolicy1] rts-threshold 2300 (设置 RTS(Request to Send，发送请求)的门限值。在缺省情况下，RTS 门限值为 2346 字节)

[WCM-wlan-rp-radiopolicy1] fragment-threshold 2200(设置数据包无分片传输的最大包长。在缺省情况下，无分片传输的最大包长为 2346 字节)

[WCM-wlan-rp-radiopolicy1] short-retry threshold 6 (设置帧长不大于 RTS 门限值的帧的最大重传次数。在缺省情况下，帧长不大于 RTS 门限值的帧的最大重传次数为 5)

[WCM-wlan-rp-radiopolicy1] long-retry threshold 5(设置帧长超过 RTS 门限值的帧的最大重传次数。在缺省情况下，帧长超过 RTS 门限值的帧的最大重传次数为 5)

[WCM-wlan-rp-radiopolicy1] max-rx-duration 500(设置 AP 保存接收到的数据包的时间间隔。在缺省情况下，AP 保存接收的数据包的时间间隔为 2000ms)

[WCM-wlan-rp-radiopolicy1] quit (完成配置，退出)

(5) 在 WCM 上配置 AP1

通过前面的学习我们知道，AP 用来在无线控制器和无线网络之间建立连接。AP 通过射频信号同无线网络的客户端建立连接，并通过以太网接口连接到有线网络。无线控制器要对 AP 实现全面管理，所以要进行 AP 配置。

[WCM] wlan ap ap1 model WA2100 (设置 AP 名称和型号名称，并进入 AP 模板视图)

[WCM-wlan-ap-ap1] serial-id H3C-SZ001(设置 AP 的序列号)

[WCM-wlan-ap-ap1] description L3Office (设置 AP 的位置)

[WCM-wlan-ap-ap1] echo-interval 80 (配置 AP 的响应时间间隔。在缺省情况下，响应时间间隔为 10s)

[WCM-wlan-ap-ap1] jumboframe enable 1500(配置 Jumbo 帧的门限值。在缺省情况下，关闭 Jumbo 帧的功能)

[WCM-wlan-ap-ap1] statistics-interval 100(配置 AP 的统计时间间隔。在缺省情况下，AP 的统计时间间隔为 600s)

(6) 配置 AP1 的射频

该配置任务用来配置 AP 射频，包括配置射频类型、信道和最大功率。如果某个射频策略被映射到一个射频上，则该射频继承在射频策略里配置的所有参数。

[WCM-wlan-ap-ap1] radio 1 type 11a(进入射频模板视图。在缺省情况下，WA2100 AP 的射频类型为 802.11b)

[WCM-wlan-ap-ap1-radio-1] channel 149(配置射频的信道个数。在缺省情况下,使能自动模式)

[WCM-wlan-ap-ap1-radio-1] max-power 10 (设置当前射频的最大传输功率。在缺省情况下,射频的最大传输功率与国家码和射频模式有关)

[WCM-wlan-ap-ap1-radio-1] radio-policy radiopolicy1 (配置射频策略映射到当前射频。在缺省情况下,缺省射频策略 default-rp 映射到当前射频)

[WCM-wlan-ap-ap1-radio-1] service-template 1 (配置将服务模板映射到当前射频。可以将多个服务模板映射到当前射频)

(7) 在 WCM 上配置 AP2

配置和前面配置 AP1 一样,不再重复解析。

〈WCM〉 system-view

[WCM] wlan ap ap2 model WA2100

[WCM-wlan-ap-ap2] serial-id H3C-SZ002

[WCM-wlan-ap-ap2] description L4Office

[WCM-wlan-ap-ap2] echo-interval 80

[WCM-wlan-ap-ap2] jumboframe enable 1500

[WCM-wlan-ap-ap2] statistics-interval 100

(8) 配置 AP2 的射频

[WCM-wlan-ap-ap2] radio 1 type 11a

[WCM-wlan-ap-ap2-radio-1] channel 149

[WCM-wlan-ap-ap2-radio-1] max-power 10

[WCM-wlan-ap-ap2-radio-1] radio-policy radiopolicy1

[WCM-wlan-ap-ap2-radio-1] service-template 1

[WCM-wlan-ap-ap2-radio-1] quit

[WCM-wlan-ap-ap2] quit

(9) 配置射频资源

该配置任务用来配置射频资源,包括速率集。RRM(Radio Resource Management,射频资源管理),是用于管理这些资源的一种视图。通过 RRM 可以配置 11a,11b 和 11g 射频模式下的速率。每种射频模式下对速率的分类如下:

- 强制速率:设置基本 BSS 速率;
- 支持速率:设置非基本 BSS 速率;
- 禁用速率:设置不使用的速率。

具体配置过程如下:

[WCM] wlan rrm (进入射频资源管理(RRM)视图)

[WCM-rrm] 11a disabled-rate 12 24 (配置速率。该命令用来配置 IEEE 802.11a 射频模式下的速率)

[WCM-rrm] 11a supported-rate 6

[WCM-rrm] quit

(10) 使能所有的射频

[WCM] wlan radio enable all(使能所有的射频)

完成上述配置后，在任意视图下执行 display 命令可以显示配置后 WLAN 服务的运行情况，通过查看显示信息验证配置的效果。在用户视图下，执行 reset 命令。

9.3.9 WLAN 安全配置

IEEE 802.11 协议提供的无线安全性能，可以很好地抵御一般性网络攻击，但是仍有少数黑客能够入侵无线网络，从而无法充分保护包含敏感数据的网络。为了更好地防止未授权用户接入网络，需要实施一种性能高于 802.11 的高级安全机制。

为了克服以上问题，将 WLAN 安全特性融入 Comware 系统来增强系统的安全性和健壮性，该特性通过检查 WLAN-MAC 的方式提供 802.11 客户端的安全接入。先解释如下术语：

(1) 开放系统认证(open system authentication)

开放系统认证是缺省使用的认证机制，也是最简单的认证算法，即不认证。如果认证类型设置为开放系统认证，则所有请求认证的客户端都会通过认证。开放系统认证包括两个步骤：第一步是请求认证，第二步是返回认证结果。如果认证结果为"成功"，那么客户端和 AP 就通过双向认证。

(2)共享密钥认证(shared key authentication)

共享密钥认证是除开放系统认证以外的另外一种认证机制，主要用于 pre-RSN 设备，pre-RSN 设备为不支持 RSNAs(robust security network associations，健壮安全网络连接)的设备。共享密钥认证支持对配置共享密钥的客户端进行认证，也支持对没有配置共享密钥的客户端进行认证。IEEE 802.11 共享密钥认证的实现不需要以明文方式传输密钥，但需要使用 WEP 私密机制。因此，这种认证机制只有在使用 WEP 加密时才可用。

(3)WEP 加密

WEP(wired equivalent privacy，有线等效加密)用来保护无线局域网中的授权用户所交换的数据的机密性，防止这些数据被随机窃听。在实际实现中，已经广泛使用 104 位密钥的 WEP 来代替 40 位密钥的 WEP，104 位密钥的 WEP 称为 WEP-104。

(4)TKIP 加密

TKIP 是一种加密方法，用于增强 pre-RSN 硬件上的 WEP 协议的加密安全性，其加密的安全性远远高于 WEP。WEP 主要的缺点在于，尽管 IV(Initial Vector，初始向量)改变但在所有的帧中使用相同的密钥，而且缺少密钥管理系统，不可靠。TKIP 解决了这些问题，它使用不同的序列计数值来检测重放攻击，并分别使用不同 128 位密钥用于加密和 MIC(Message Integrity Check，信息完整性校验)。

(5)CCMP 加密

CCMP(counter mode with CBC-MAC protocol，[计数器模式]搭配[区块密码锁链一信息真实性检查码]协议)加密机制是基于 AES(advanced encryption standard，高级加密标准)加密机制的 CCM(Counter-Mode/CBC-MAC，区块密码锁链一信息真实性检查码)方法，仅用于 RSNA 客户端。CCM 结合 CTR(counter mode，计数器模式)进行机密性校验，同时结合 CBC-MAC(区块密码锁链一信息真实性检查码)进行认证和完整性校验。CCM 可以保护 MPDU 数据段和 IEEE 802.11 首部中被选字段的完整性。CCMP 中所有的 AES 处理进程都使用 128 位的密钥和 128 位的块大小。CCM 中每个会话都需要一个新的临时密钥。对于每个通过给定的临时密钥加密的帧来说，CCM 同样需要确定唯一的随机值(nonce)。CCMP 使用 48 位的 PN(packet number)来实现这个目的。对于同一个临时密钥，重复使用 PN 会使所有的安全保证无效。

(6)WPA

WPA(Wi-Fi protected access,Wi-Fi 保护访问)是一种比 WEP 性能更强的无线安全方案。WPA 工作在 WPA-PSK 模式(又称 Personal 模式)或者 WPA-802.1x 模式(又称 WPA-Enterprise 模式)下。PSK(preshared key,预共享密钥)模式下使用预共享密钥或者口令进行认证,而企业模式使用 802.1x RADIUS 服务器和 EAP(extensible authentication protocol,可扩展认证协议)进行认证。增强型的 WPA2 增加了 AES-CCMP,以提供更强的加密机制。

(7)RSN(robust security network,健壮安全网络)

RSN 是一种仅允许建立 RSNA(robust security network association,健壮安全网络连接)的安全网络,提供比 WEP 和 WPA 更强的安全性。RSN 可通过信标帧的 RSN IE(information element,信息元素)中的指示来标识。RSN 工作在 RSN-PSK 模式或者 RSN-802.1x 模式。PSK 模式使用预共享密钥或者口令进行认证,而企业模式则使用 802.1x RADIUS 服务器和 EAP 进行认证。RSN 支持 TKIP 和 CCMP 加密机制。

(8) GTK(group temporal key,群组临时密钥)

GTK 由无线控制器生成,在 AP 和客户端认证处理的过程中通过组密钥握手和 4 次握手的方式发送到客户端。客户端使用 GTK 来解密组播和广播报文。RSN 可以通过四次握手或者组密钥握手方式来协商 GTK,而 WPA 只使用组密钥握手方式来协商 GTK。

(9)PTK(pairwise transient key,成对临时密钥)

PTK 密钥通过四次握手方式生成,需要用到如下属性:PMK(pairwise master key,成对主密钥)、AP 随机值(ANonce)、站点随机值(SNonce)、AP 的 MAC 地址和客户端的 MAC 地址。

我们还是以图 9.34 所示的组网方式为例,说明 WLAN 安全 802.1x 典型配置过程。

```
WCM〉system-view
[WCM] port-security enable
[WCM] dot1x authentication-method eap
# 创建一个 RADIUS 方案。
[WCM] radius scheme radius1
# 配置 RADIUS 认证服务器的 IP 地址。
[WCM-radius-radius1] primary authentication 10.18.1.88
# 配置 RADIUS 计费服务器的 IP 地址。
[WCM-radius-radius1] primary accounting 10.18.1.88
[WCM-radius-radius1] key authentication 12345678
[WCM-radius-radius1] key accounting 12345678
# 配置 WCM 的 IP 地址。
[WCM-radius-radius1] nas-ip 10.18.1.1
[WCM-radius-radius1] quit
# 创建一个域。
[WCM] domain radius2
[WCM-isp-radius2] authentication default radius-scheme radius1
[WCM-isp-radius2] authorization default radius-scheme radius1
```

```
[WCM-isp-radius2] accounting default radius-scheme radius1
[WCM-isp-radius2] authentication lan-access radius-scheme radius1
[WCM-isp-radius2] authorization lan-access radius-scheme radius1
[WCM-isp-radius2] accounting lan-access radius-scheme radius1
[WCM-isp-radius2] quit
[WCM] domain default enable radius1
```

创建 RSN 服务模板:

```
# 配置接口。
[WCM] interface WLAN-ESS 1
[WCM-WLAN-ESS1] port-security port-mode userlogin-secure-ext
[WCM-WLAN-ESS1] port-security tx-key-type 11key
[WCM-WLAN-ESS1] port-security authorization ignore
[WCM-WLAN-ESS1] quit
# 配置 RSN 服务模板。
[WCM] wlan service-template 1 crypto
[WCM-wlan-st-1] ssid radius11
[WCM-wlan-st-1] bind WLAN-ESS 1
[WCM-wlan-st-1] authentication-method open-system
[WCM-wlan-st-1] cipher-suite tkip
[WCM-wlan-st-1] cipher-suite ccmp
[WCM-wlan-st-1] security-ie rsn
[WCM-wlan-st-1] service-template enable
[WCM-wlan-st-1] quit
```

创建 WPA 服务模板:

```
# 配置接口。
[WCM] interface WLAN-ESS 2
[WCM-WLAN-ESS2] port-security port-mode userlogin-secure-ext
[WCM-WLAN-ESS2] port-security tx-key-type 11key
[WCM-WLAN-ESS2] port-security authorization ignore
[WCM-WLAN-ESS2] quit
# 配置 WPA 服务模板。
[WCM] wlan service-template 2 crypto
[WCM-wlan-st-2] ssid radius12
[WCM-wlan-st-2] bind WLAN-ESS 2
[WCM-wlan-st-2] authentication-method open-system
[WCM-wlan-st-2] cipher-suite tkip
[WCM-wlan-st-2] security-ie wpa
[WCM-wlan-st-2] service-template enable
[WCM-wlan-st-2] quit
```

9.3.10　端口基本配置

Combo 接口是指设备面板上的两个以太网接口(通常一个是光口一个是电口),而在设备内部只有一个转发接口。Combo 电口与其对应的光口在逻辑上是光电复用的,用户可根据实际组网情况选择其中的一个使用,但两者不能同时工作,当激活其中的一个接口时,另一个接口就会自动处于禁用状态。

H3C 无线控制器 Combo 接口的光口和电口共用一个接口视图。光口和电口的选用采用如下规则:

(1) 当光口和电口只有一个处于连通状态时,自动识别使用处于连通状态的接口。

(2) 当光口和电口都处于连通状态时,优先使用电口。

1. 以太网接口配置

无线控制器的以太网接口都为二层以太网接口。以太网接口的配置包括:

- 以太网端口基本配置;
- 开启端口的流量控制功能;
- 配置以太网端口环回测试功能;
- 配置端口组;
- 配置端口组的广播/组播/未知单播风暴抑止比;
- 配置允许长帧通过指定端口;
- 配置以太网端口进行环回监测;
- 配置以太网统计信息的时间间隔。

(1)以太网端口基本配置

设置端口的双工模式时存在三种情况:

- 当需要端口在发送数据包的同时可以接收数据包时,则可以将端口设置为全双工(full)属性;
- 当需要端口同一时刻只能发送数据包或接收数据包时,则可以将端口设置为半双工(half)属性;
- 当需要端口的双工属性由本端端口和对端端口自动协商决定时,则可以将端口设置为自协商(auto)属性。

用户可以根据实际组网情况选择端口的双工模式。表 9.16 所示为以太网端口基本配置的操作过程和命令。

表 9.16　以太网端口基本配置

操　作	命　令	说　明
进入系统视图	system-view	—
进入以太网端口视图	interface interface-type interface-number	—
打开以太网端口	undo shutdown	可选 在缺省情况下,端口处于打开状态;如果想关闭端口,可以使用 shutdown 命令

续表

操　作	命　令	说　明
设置以太网端口的描述字符串	description text	可选 在缺省情况下，描述字符串为该端口的名称，例如“GigabitEthernet1/0/1 Interface”
设置以太网端口的双工模式	duplex { auto | full | half }	可选 在缺省情况下，端口的双工模式为auto（自协商）状态
设置以太网端口的速率	speed { 10 | 100 | 1000 | auto }	可选 在缺省情况下，以太网端口的速率处于auto（自协商）状态，即端口速率由本端端口和对端端口双方自动协商而定
设置端口的链路类型	port link-type { access | hybrid | trunk }	可选 在缺省情况下，所有端口的链路类型均为Access类型

（2）开启端口的流量控制功能

当本端设备和对端设备都开启了流量控制功能后，如果本端设备发生拥塞，则

• 本端设备将向对端设备发送Pause帧，通知对端交换设备暂时停止发送报文或减慢发送报文的速度；

• 对端设备在接收到该Pause帧后，将暂停向本端发送报文或减慢发送报文的速度，从而避免了报文丢失现象的发生，保证了网络业务的正常运行。

表9.17所示为开启端口流量控制功能的过程。

表9.17　开启端口的流量控制功能

操　作	命　令	说　明
进入系统视图	system-view	—
进入以太网端口视图	interface interface-type interface-number	—
开启端口的流量控制功能	flow-control	必选 在缺省情况下，端口的流量控制功能处于关闭状态

（3）配置以太网端口环回测试功能

用户可以开启以太网端口环回测试功能，检验以太网端口是否能正常工作。测试时端口将不能正常转发数据包。以太网端口环回测试功能包括内部环回测试和外部环回测试。

• 内部环回测试的时候将以太网端口内部环接，这样从该端口发出的报文在设备内部环回后又被该端口接收。如果内部环回测试成功，表明端口内部正常。

• 外部环回测试需要在以太网端口上接一个自环头，从端口发出的报文通过自环头又环回到该端口，并被该端口接收。如果外部环回测试成功，表明端口完全正常。

表9.18所示是配置以太网端口环回测试功能操作过程和命令说明。

表 9.18　配置以太网端口环回测试功能

操　作	命　令	说　明
进入系统视图	system-view	—
进入以太网端口视图	interface interface-type interface-number	—
配置以太网端口进行环回测试	loopback { external | internal }	可选 在缺省情况下,以太网端口环回测试功能处于关闭状态

(4) 配置端口组

为了方便用户配置,对某些任务,设备提供对单个端口配置以及同时对一个端口组中的多个端口配置的功能。在端口组视图下,用户只需输入一次配置命令,该端口组内的所有端口就会配置该功能,以减少重复配置工作。

端口组分为以下两种:

● 手工端口组:由用户手工创建生成,用户可将多个以太网端口手工加入同一个端口组中。

● 动态端口组:由系统自动创建生成的端口组,目前主要应用于聚合端口组。聚合端口组随着聚合组的创建而自动生成,用户不能通过命令直接创建。只有通过对聚合组操作才能给聚合端口组添加或删除端口。

进入端口组视图的方法如表 9.19 所示。

表 9.19　进入端口组视图

操　作		命　令	说　明
进入系统视图		system-view	—
进入端口组视图	进入手工端口组视图	port-group manual port-group-name	—
	进入聚合端口组视图	port-group aggregation agg-id	—

表 9.20 所示是配置手工端口组。

表 9.20　配置手工端口组

操　作	命　令	说　明
进入系统视图	system-view	—
创建手工端口组,并进入手工端口组视图	port-group manual port-group-name	必选
添加以太网端口到指定手工端口组中	group-member interface-list	必选

(5) 配置端口的广播/组播/未知单播风暴抑制比

通过以下配置任务,用户可以设置端口允许通过的最大广播/组播/未知单播报文流量。当端口接收的广播/组播/未知单播流量超过用户设置的值后,系统将丢弃超出广播/组播/未知单播流量限制的报文,从而使端口广播/组播/未知单播流量所占的比例降低到限定的范围,保证网络业务的正常运行。

表 9.21 所示是配置端口的广播/组播/未知单播风暴抑制比的操作过程与命令说明。

表 9.21 配置端口的广播/组播/未知单播风暴抑制比

<table>
<tr><th colspan="2">操 作</th><th>命 令</th><th>说 明</th></tr>
<tr><td colspan="2">进入系统视图</td><td>system-view</td><td>—</td></tr>
<tr><td rowspan="2">进入以太网端口视图或端口组视图</td><td>进入以太网端口视图</td><td>interface interface-type interface-number</td><td rowspan="2">两者必选其一
● 进入以太网端口视图后，下面进行的配置只在当前端口下生效；
● 进入端口组视图后，下面进行的配置将在端口组中的所有端口下生效</td></tr>
<tr><td>进入端口组视图</td><td>port-group { manual port-group-name | aggregation agg-id }</td></tr>
<tr><td colspan="2">配置端口的广播风暴抑制比例</td><td>broadcast-suppression { ratio | pps max-pps }</td><td>可选
在缺省情况下，端口上允许通过的广播流量为 100%，即不对广播流量进行抑制</td></tr>
<tr><td colspan="2">配置端口的组播风暴抑制比例</td><td>multicast-suppression { ratio | pps max-pps }</td><td>可选
在缺省情况下，端口上允许通过的组播流量为 100%，即不对组播流量进行抑制</td></tr>
<tr><td colspan="2">配置端口的未知单播风暴抑制比例</td><td>unicast-suppression { ratio | pps max-pps }</td><td>可选
在缺省情况下，端口上允许通过的未知单播流量为 100%，即不对未知单播流量进行抑制</td></tr>
</table>

（6）配置允许长帧通过指定端口

当以太网端口在进行文件传输等大吞吐量数据交换的时候，可能会遇到大于标准以太网帧长的长帧。通过以下配置任务，可以使大于标准长度又在指定长度范围内的帧通过指定端口。

表 9.22 所示是配置允许长帧通过指定端口。

表 9.22 配置允许长帧通过指定端口

<table>
<tr><th colspan="2">操 作</th><th>命 令</th><th>说 明</th></tr>
<tr><td colspan="2">进入系统视图</td><td>system-view</td><td>—</td></tr>
<tr><td rowspan="2">进入以太网端口视图或端口组视图</td><td>进入以太网端口视图</td><td>interface interface-type interface-number</td><td rowspan="2">两者必选其一</td></tr>
<tr><td>进入端口组视图</td><td>port-group { manual port-group-name | aggregation agg-id }</td></tr>
<tr><td colspan="2">配置允许长帧通过指定端口</td><td>jumboframe enable</td><td>必选
在缺省情况下，系统允许不大于 1600 字节的帧通过以太网端口</td></tr>
</table>

（7）配置以太网端口进行环回监测

环回监测的目的是监测设备的端口是否出现环路。

当用户开启以太网端口的环回监测功能后，设备便定时监测各个端口是否被外部环回。如果发现某端口被环回，设备会将该端口设置为处于环回监测工作状态。

● 对于 Access 端口，如果系统发现端口被环回，则关闭该端口，并向终端上报 Trap 信息，同时删除该端口对应的 MAC 地址转发表项。

● 对于 Trunk 端口和 Hybrid 端口，如果系统发现端口被环回，则向终端上报 Trap 信息。

当端口的环回监测受控功能也同时开启时，系统将关闭该端口，并向终端上报 Trap 信息，同时删除该端口对应的 MAC 地址转发表项。

表 9.23 所示是配置以太网端口进行环回监测操作说明。

表 9.23　配置以太网端口进行环回监测

操　作	命　令	说　明
进入系统视图	system-view	—
开启全局的端口环回监测功能	loopback-detection enable	必选 在缺省情况下，全局的端口环回监测功能处于关闭状态
设置监测端口外部环回情况的时间间隔	loopback-detection interval-time time	可选 在缺省情况下，设备监测端口外部环回情况的时间间隔为 30s
进入以太网端口视图	interface interface-type interface-number	—
开启当前端口的环回监测功能	loopback-detection enable	必选 在缺省情况下，端口环回监测功能处于关闭状态
开启 Trunk 端口和 Hybrid 端口的环回监测受控功能	loopback-detection control enable	可选 在缺省情况下，端口的环回监测受控功能处于关闭状态
显示端口环回监测功能的开启情况和相关信息	display loopback-detection	display 命令可在任意视图中执行

(8) 设置端口统计信息的时间间隔

使用以下的配置任务可以设置端口统计信息的时间间隔。

在使用 display interface interface-type interface-number 命令显示端口信息时，系统显示的就是此时间间隔内的平均速率信息。比如用户设置统计信息的时间间隔为 100s，则相关显示信息为：

Last 100 seconds input：0 packets/s 0 bytes/s

Last 100 seconds output：0 packets/s 0 bytes/s

表 9.24 所示是设置端口统计信息的时间间隔操作说明。

表 9.24　设置端口统计信息的时间间隔

操　作	命　令	说　明
进入系统视图	system-view	—
设置端口统计信息的时间间隔	flow-interval interval	可选 在缺省情况下，端口统计信息的时间间隔为 300s

(9)无线接口配置

H3C 无线控制器支持 WLAN-ESS 与 WLAN-DBSS 类型虚拟接口。WLAN 模块动态地为每一个无线接入服务创建一个 WLAN-DBSS 虚接口，此虚接口的 VLAN 配置继承于 WLAN-ESS 接口。

1）WLAN-ESS 接口

① WLAN-ESS 接口介绍

WLAN-ESS 接口是一种虚拟的二层接口，类似于 Access 类型的二层以太网接口，具有二层属性，并可配置多种二层协议。它为 WLAN-DBSS 接口提供配置模板。用户可以为 WLAN-ESS 接口配置参数，这些参数将应用到该接口下的 WLAN-DBSS 接口上。

② WLAN-ESS 接口配置

表 9.25 所示是 WLAN-ESS 接口配置说明。

表 9.25 WLAN-ESS 接口配置

配置步骤	命令	说明
进入系统视图	system-view	—
进入 WLAN-ESS 接口视图	interface wlan-ess interface-number	必选 如果指定的 WLAN-ESS 接口不存在，则该命令先完成 WLAN-ESS 接口的创建，然后再进入该接口的视图
设置 WLAN-ESS 接口的描述信息	description text	可选 在缺省情况下，接口的描述信息为 interface-name interface
把当前 WLAN-ESS 接口加入指定 VLAN	port access vlan vlanid	可选 在缺省情况下，当前接口属于 VLAN1，缺省 VLAN 是 VLAN1

2）WLAN-DBSS 接口

WLAN-DBSS 接口是一种虚拟的二层接口，类似于 Access 类型的二层以太网接口，具有二层属性，并可配置多种二层协议，可以使能 802.1x 协议。WLAN-DBSS 接口属性继承于对应的 WLAN-ESS 父接口。在无线控制器上，WLAN 模块将动态地为每一无线接入服务在对应的 WLAN-ESS 下创建一个 WLAN-DBSS 接口，在该服务失效后删除相应的 WLAN-DBSS 接口。

（10）端口的显示和维护

在完成上述配置后，在任意视图下执行 display 命令可以显示配置后端口的运行情况，通过查看显示信息验证配置的效果。

在用户视图下执行 reset 命令可以清除端口统计信息。

表 9.26 所示是以太网端口的显示和维护所用到的命令。

表 9.26 以太网端口的显示和维护

操作	命令
显示指定端口当前的运行状态和相关信息	display interface [interface-type [interface-number]]
显示指定端口的端口概要信息	display brief interface [interface-type [interface-number]] [| { begin | include | exclude } regular-expression]
显示端口环回监测功能的开启情况和相关信息	display loopback-detection
显示系统当前存在的指定类型的端口	display port { hybrid | trunk I combo }

续表

操　作	命　令
显示指定手工端口组或所有手工端口组的信息	display port-group manual [name port-group-name | all]
清除指定端口的统计信息	reset counters interface [interface-type [interface-number]]

9.3.11　链路聚合配置

链路聚合是将多个物理以太网端口聚合在一起形成一个逻辑上的聚合端口组，使用链路聚合服务的上层实体把同一聚合组内的多条物理链路视为一条逻辑链路。链路聚合可以实现出/入负荷在聚合组中各个成员端口之间分担，以增加带宽。同时，同一聚合组的各个成员端口之间彼此动态备份，提高了连接可靠性。

1. 手工聚合

手工聚合由用户手工配置，不允许系统自动添加或删除聚合组中的端口。聚合组中必须至少包含一个端口。当聚合组只有一个端口时，只能通过删除聚合组的方式将该端口从聚合组中删除。

(1)在手工聚合组中，端口可能处于两种状态：Selected 和 Unselected。

- 只有 Selected 端口能够收发用户业务报文，Unselected 端口不能收发用户业务报文；
- 处于 Selected 状态且端口号最小的端口为聚合组的主端口，其他端口均为聚合组的子端口。

(2)系统按照以下原则设置端口处于 Selected 或者 Unselected 状态：

- 当聚合组内有处于 up 状态的端口时，系统按照端口全双工/高速率、全双工/低速率、半双工/高速率、半双工/低速率的优先次序，选择优先次序最高且处于 up 状态的端口作为该组的主端口(优先次序相同的情况下，端口号最小的端口为主端口)。只有与主端口的速率、双工、链路状态和基本配置一致且处于 up 状态的端口才允许成为 Selected 状态，其他端口均处于 Unselected 状态。
- 当聚合组中全部成员都处于 down 状态时，编号最小的端口为主端口，但此时全组成员均为 Unselected 状态。
- 因硬件限制而无法与主端口聚合的端口将处于 Unselected 状态。

手工聚合组中处于 Selected 状态的端口数是有限制的，当处于 Selected 状态的端口数超过了这一限制时，系统将按照端口号从小到大的顺序选择一些端口保持在 Selected 状态，端口号较大的端口则变为 Unselected 状态。

需要特别指出的是：在手工聚合组中，当处于 Selected 状态的端口数已达到最大限制时，除非主端口需要更换，否则后加入的端口即使配置与当前主端口一致且端口号比已有的 Selected 端口小，也会成为 Unselected 状态。这样处理是为了尽量维持当前 Selected 端口上的流量不中断，但是可能会导致设备重启前后各端口的 Selected/Unselected 状态不一致。用户应注意避免这种情况的发生。

(3)手工聚合对端口配置的要求

手工聚合组中，只有与主端口配置一致的端口才允许成为 Selected 端口，这些配置包括端口的速率、双工、链路状态和基本配置(具体配置要求请参见表 9.27)。用户需要通过手工配置的方式保持各端口上基本配置一致。当聚合组内有多个端口而用户需要修改某一基本配置时，可能需要在多个端口上配置多次，此时用户可以通过聚合端口组的方式对端口进行批量配置。

在一个聚合组中，当某个端口的配置发生改变时，系统不进行解聚合，但会重新设置各端口的 Selected/Unselected 状态，并重新选择主端口。

表 9.27 链路聚合对端口配置的要求

分　类	具体内容
QoS 配置一致	拥塞避免、物理接口限速、端口优先级、端口信任模式、策略应用
VLAN 配置一致	端口上允许通过的 VLAN、端口缺省 VLAN ID、端口的链路类型(即 Trunk、Hybrid、Access 类型)、VLAN 报文是否带 Tag 配置
端口属性配置一致	端口的速率、双工模式、up/down 状态、广播/组播/单播风暴抑制比、是否端口长帧使能
MAC 地址学习配置一致	端口是否具有最大学习 MAC 地址个数的限制

2. 链路聚合组的负载分担类型

链路聚合组可以分为两种类型：负载分担聚合组和非负载分担聚合组。系统按照以下原则设置聚合组的负载分担类型：

● 当存在聚合资源时，如果聚合组中有两个或两个以上的端口，则系统创建的聚合组为负载分担类型；如果聚合组中只有一个端口(即单链路聚合组)，则系统创建的聚合组为非负载分担类型。

● 当聚合资源分配完后，创建的聚合组将为非负载分担类型。

注意以下事项：

(1)当负载分担聚合组中只有一个端口的时候，该聚合组将转变为非负载分担模式。

(2)负载分担聚合组中至少有 2 个 Selected 端口，而非负载分担聚合组中最多只有一个 Selected 端口时，其余均为 Unselected 端口。

3. 聚合端口组简介

前面介绍时指出，只有配置与主端口配置一致的端口才允许成为 Selected 端口。这些配置包括端口的速率、双工、链路状态和基本配置。用户需要通过手工配置的方式保持端口上基本配置一致。

当聚合组内有多个端口而用户需要修改某一基本配置时，可能需要在多个端口上配置多次。为了提高易用性，设备提供了端口组功能，其中一种类型的端口组称为聚合端口组。在聚合端口组模式下，用户只需输入一次配置命令，该组内的所有成员端口就会配置该属性。

聚合端口组随着聚合组的创建或删除而自动生成或删除，用户不能通过命令直接创建或删除聚合端口组。聚合端口组的成员增删也不能使用端口组成员的添加或删除命令，只能通过聚合模块的添加或删除端口命令间接实现。

聚合端口组属于系统支持的端口组功能中的一种类型。

4. 配置链路聚合

(1)配置手工聚合组

用户可以通过表 9.28 的命令创建手工聚合组，并将以太网端口加入到聚合组中。

表 9.28　配置手工聚合组

操　作	命　令	说　明
进入系统视图	system-view	—
创建手工聚合组	link-aggregation group agg-id mode manual	必选
进入以太网端口视图	interface interface-type interface-number	—
将以太网端口加入聚合组	port link-aggregation group agg-id	必选

需要注意的是：

• 配置了静态 MAC 地址或者黑洞 MAC 地址的端口以及使能 802.1x 的端口不能加入聚合组。

• 用户也可以删除任何一个已经形成的手工聚合组，则该聚合组的端口将全部离开该聚合组。

• 当手工聚合组中只包含一个端口时，不能将该端口从聚合组中删除，而只能通过删除聚合组的方式将该端口从聚合组中删除。

• 用户要通过配置保证在同一链路上处在两台不同设备中的端口的选中状态要保持一致，否则聚合功能不能正确使用。

(2)配置聚合组描述符

用户可以使用表 9.29 中的命令为聚合组配置组描述符。

表 9.29　配置聚合组描述符

操　作	命　令	说　明
进入系统视图	system-view	—
设置聚合组描述符	link-aggregation group agg-id description agg-name	必选 在缺省情况下，聚合组没有描述符

(3)进入聚合端口组视图

用户可以通过以下操作进入一个聚合端口组视图(见表 9.30)。在聚合端口组模式下，用户可以对组内的所有成员端口进行批量配置操作。

表 9.30　进入聚合端口组视图

操　作	命　令	说　明
进入系统视图	system-view	—
进入聚合端口组视图	port-group aggregation agg-id	—

(4)链路聚合显示与维护

在完成上述配置后，在任意视图下执行 display 命令可以显示配置后链路聚合情况，通过查看显示信息验证配置的效果(见表 9.31)。

表 9.31 链路聚合显示与维护

操作	命令
显示端口的链路聚合详细信息	display link-aggregation interface interface-type interface-number [to interface-type interface-number]
显示所有聚合组的摘要信息	display link-aggregation summary
显示指定聚合组的详细信息	display link-aggregation verbose [agg]

5. 链路聚合典型配置举例

如图 9.35 所示，无线控制器 WCM A 用 2 个端口聚合接入交换机 Switch A，从而实现出/入负荷在各成员端口中分担。WCM A 的接入端口为 GigabitEthernet1/0/1 和 GigabitEthernet1/0/2。

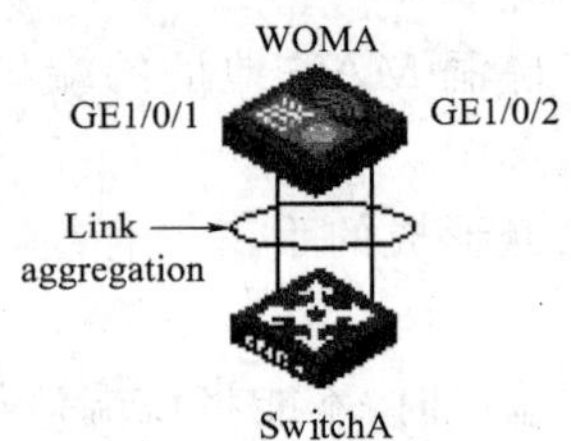

图 9.35 配置链路聚合组网

创建手工聚合组 1 的配置过程如下：

```
⟨Sysname⟩ system-view
[Sysname] link-aggregation group 1 mode manual
# 将以太网端口 GigabitEthernet1/0/1 和 GigabitEthernet1/0/2 加入聚合组 1。
[Sysname] interface GigabitEthernet 1/0/1
[Sysname -GigabitEthernet1/0/1] port link-aggregation group 1
[Sysname -GigabitEthernet1/0/1] quit
[Sysname] interface GigabitEthernet 1/0/2
[Sysname -GigabitEthernet1/0/2] port link-aggregation group 1
```

9.3.12 端口镜像配置

端口镜像是将指定端口的报文复制到镜像目的端口，镜像目的端口会接入数据检测设备，用户利用这些设备分析目的端口接收到的报文，进行网络监控和故障排除。端口镜像示意图如图 9.36 所示。

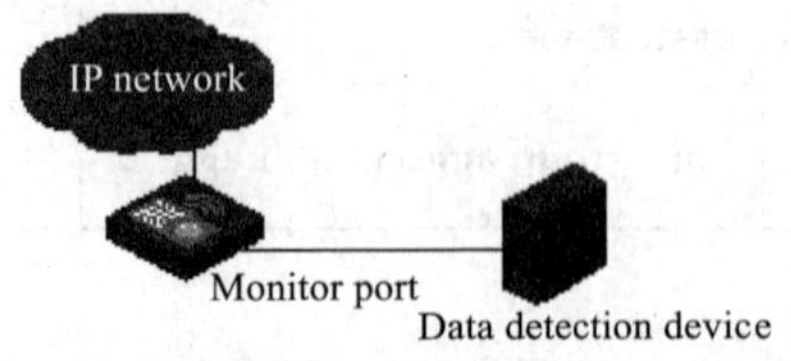

图 9.36 端口镜像

端口镜像通过配置镜像组的方式实现，H3C 无线控制器支持配置本地镜像组，用来实现本地端口镜像的功能。设备将源端口的报文复制到本设备的一个监视端口（目的端口），方便用户对报文进行分析和监视。其中，源端口和目的端口必须在同一台设备上。

1. 配置本地端口镜像

配置本地端口镜像时，用户首先要创建一个本地镜像组，然后为本地镜像组配置源端口和目的端口。具体配置方法和命令见表 9.32。

表 9.32　配置本地端口镜像

<table>
<tr><th colspan="2">操　作</th><th>命　令</th><th>说　明</th></tr>
<tr><td colspan="2">进入系统视图</td><td>system-view</td><td>—</td></tr>
<tr><td colspan="2">创建本地镜像组</td><td>mirroring-group groupid local</td><td>必选</td></tr>
<tr><td rowspan="3">为镜像组配置源端口</td><td>在系统视图下配置源端口</td><td>mirroring-group groupid mirroring-port mirroring-port-list { inbound | outbound | both}</td><td rowspan="3">两者必选其一
用户既可以在系统视图下配置镜像端口，也可以在具体的以太网端口视图下配置镜像端口，两种视图下的配置效果相同</td></tr>
<tr><td rowspan="2">在以太网端口视图下配置源端口</td><td>interface interface-type interface-number</td></tr>
<tr><td>[mirroring-group groupid] mirroring-port {inbound | outbound | both}</td></tr>
<tr><td rowspan="3">为镜像组配置目的端口</td><td>在系统视图下配置目的端口</td><td>mirroring-group groupid monitor-port monitor-port-id</td><td rowspan="3">两者必选其一
两种视图下的配置效果相同</td></tr>
<tr><td rowspan="2">在以太网端口视图下配置目的端口</td><td>interface interface-type interface-number</td></tr>
<tr><td>[mirroring-group groupid] monitor-port</td></tr>
</table>

2. 端口镜像显示

在完成上述配置后，在任意视图下执行 display 命令可以显示配置后镜像组的运行情况，通过查看显示信息验证配置的效果。

显示本地镜像组的配置信息用 display mirroring-group { groupid | local }命令即可。

3. 端口镜像典型配置举例

如图 9.37 所示，某公司有研发部和市场部两个部门。IP 网络通过 GigabitEthernet 1/0/1 接入 WCM；数据检测设备 Server 连接在 WCM 的 GigabitEthernet 1/0/2 端口上。网络管理员希望通过 Server 对 IP 网络的报文进行监控。使用本地端口镜像功能实现该需求，在 WCM 上进行如下配置：

(1) 端口 GigabitEthernet 1/0/1 为镜像源端口；

(2) 连接 Server 的端口 GigabitEthernet 1/0/2 为镜像目的端口。

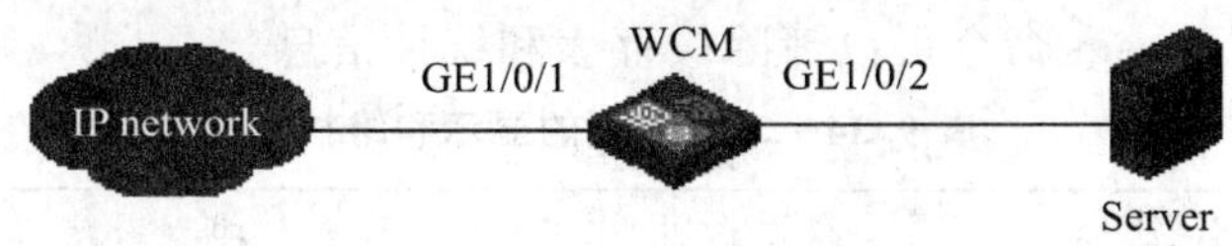

图 9.37　配置本地端口镜像组网图

具体配置过程如下：

进入系统视图。

<Sysname> system-view

创建本地镜像组 1。

[Sysname] mirroring-group 1 local

为本地镜像组配置源端口和目的端口。

[Sysname] mirroring-group 1 mirroring-port GigabitEthernet 1/0/1 both

```
[Sysname] mirroring-group 1 monitor-port GigabitEthernet 1/0/2
# 显示镜像组 1 的配置信息。
[Sysname] display mirroring-group 1
mirroring-group 1:
    type: local
    status: active
    mirroring port:
      GigabitEthernet1/0/1 both
    monitor port: GigabitEthernet1/0/2
```

9.3.13 二层转发配置

报文转发效率是衡量无线控制器性能的一个关键指标。在普通的转发过程中,当无线控制器收到一个报文后,CPU 在转发表中查找连接目的主机的端口,一旦查找到对应的端口,报文将被此端口转发出去。

在支持无线站点的无线控制器中,当转发过程涉及无线站点时,来自站点的数据包被封装进 LWAPP(light weight access point protocol,轻型接入点协议)报头中。转发过程需要首先解码 LWAPP 头部,将被封装的 802.11 报文转换为 802.3 报文,然后查找转发表以确定目的端口,再对报文进行转发。对于正常的转发流程,以上操作将涉及二层转发以外的模块,会影响转发性能。

二层转发配置只用到表 9.33 所示的两条命令。

表 9.33 配置二层转发

操 作	命 令	说 明
进入系统视图	system-view	—
使能快速转发	l2fw fast-forwarding	必选 在缺省情况下,使能快速转发功能

完成上述配置后,在任意视图下执行 display 命令可以显示配置后二层转发的运行情况,通过查看显示信息验证配置的效果。显示情况种类较多具体操作方法见表 9.34。

在用户视图下执行 reset 命令可以清除缓存表和统计信息。

表 9.34 二层转发的显示和维护

操 作	命 令
显示二层快速转发缓存表	display l2-fast-forward cache { all | { dmac mac-addr | smac mac-addr | vlan vlan-id }* } [verbose]
显示二层转发组播表	display l2fw multicast-table { all | vlan vlan-id } [count]
显示二层转发统计信息	display l2fw statistics [mac-address mac-address | vlan vlan-id]
清空二层快速转发缓存表	reset l2-fast-forward cache { all | { dmac mac-addr | smac mac-addr | vlan vlan-id }* }
清空二层转发报文统计信息	reset l2fw statistics

9.3.14 VLAN 配置

1. 配置 VLAN 基本属性

用表 9.35 中的命令配置 VLAN 基本属性。

表 9.35 配置 VLAN 基本属性

配 置	命 令	说 明
进入系统视图	system-view	—
创建 VLAN	vlan {vlan-id1 [to vlan-id2] | all}	可选 该命令主要用于批量创建 VLAN
进入 VLAN 视图	vlan vlan-id	必选 如果指定的 VLAN 不存在，则该命令先完成 VLAN 的创建，然后再进入该 VLAN 的视图
为 VLAN 指定一个描述字符串	description text	可选 在缺省情况下，VLAN 的描述字符串为该 VLAN 的 VLAN ID，如"VLAN 0001"

2. 配置 VLAN 接口基本属性

VLAN 接口是一种虚拟接口，主要用来解决不同 VLAN 内的主机不能直接通信的问题。每个 VLAN 对应一个 VLAN 接口，该 VLAN 接口可以对本 VLAN 内端口收到的报文进行网络层转发操作。通常情况下，由于 VLAN 能够隔离广播域，因此每个 VLAN 也对应一个 IP 网段，VLAN 接口将作为该网段的网关对需要跨网段的报文进行基于 IP 地址的三层转发。

用表 9.36 中的命令配置 VLAN 接口基本属性。

表 9.36 配置 VLAN 接口基本属性

配 置	命 令	说 明
进入系统视图	system-view	—
创建 VLAN 接口并进入 VLAN 接口视图	interface vlan-interface vlan-interface-id	必选 如果该 VLAN 接口已经存在，则直接进入该 VLAN 接口视图
配置 VLAN 接口的 IP 地址	ip address { ip-address { mask | mask-length } | dhcp-alloc [client-identifier mac interface-type interface-number] | bootp-alloc }	可选 在缺省情况下，没有配置 VLAN 接口的 IP 地址
为 VLAN 接口指定一个描述字符串	description text	可选 在缺省情况下，VLAN 接口的描述字符串为该 VLAN 接口的接口名，如"Vlan-interface1 Interface"
打开 VLAN 接口	undo shutdown	可选 在缺省情况下，当 VLAN 接口下所有端口为 down 时，VLAN 接口为 down；当 VLAN 接口下有一个或一个以上的端口处于 up 状态，则 VLAN 接口为 up

3. 配置基于端口的 VLAN

基于端口划分 VLAN 是 VLAN 最简单、最有效的划分方法。它按照设备端口来定义 VLAN 成员，将指定端口加入到指定 VLAN 中之后，端口就可以转发指定 VLAN 的报文。

(1)端口的链路类型

根据端口在转发报文时对 Tag 标签的不同处理方式，可将端口的链路类型分为以下三种：

- Access 类型：端口只能属于 1 个 VLAN，一般用于连接用户设备。
- Trunk 类型：端口可以允许多个 VLAN 通过，可以接收和发送多个 VLAN 的报文，一般用于网络设备之间的连接。
- Hybrid 类型：端口可以允许多个 VLAN 通过，可以接收和发送多个 VLAN 的报文，可以用于网络设备之间的连接，也可以用于连接用户设备。

Hybrid 端口和 Trunk 端口的不同之处在于：

- Hybrid 端口允许多个 VLAN 的报文发送时不带 Tag 标签。
- Trunk 端口只允许缺省 VLAN 的报文发送时不带 Tag 标签。

(2)缺省 VLAN

除了可以设置端口允许通过的 VLAN 外，还可以设置端口的缺省 VLAN。在缺省情况下，所有端口的缺省 VLAN 均为 VLAN1，但用户可以根据需要进行配置。

- Access 端口的缺省 VLAN 就是它所在的 VLAN，不能配置。
- Trunk 端口和 Hybrid 端口可以允许多个 VLAN 通过，能够配置缺省 VLAN。

当执行 undo vlan 命令删除的 VLAN 是某个端口的缺省 VLAN 时，对 Access 端口，端口的缺省 VLAN 会恢复到 VLAN1；对 Trunk 或 Hybrid 端口，端口的缺省 VLAN 配置不会改变，即它们可以使用已经不存在的 VLAN 作为缺省 VLAN。

在配置了端口链路类型和缺省 VLAN 后，端口对报文的接收和发送的处理有几种不同情况，具体情况参见表 9.37。

表 9.37 端口收发报文的处理

<table>
<tr><th rowspan="2">口类型</th><th colspan="2">对接收报文的处理</th><th rowspan="2">对发送报文的处理</th></tr>
<tr><th>当接收到的报文不带 Tag 时</th><th>当接收到的报文带有 Tag 时</th></tr>
<tr><td>Access 端口</td><td rowspan="3">为报文压入缺省 VLAN 的 Tag</td><td>①当 VLAN ID 与缺省 VLAN ID 相同时，接收该报文
②当 VLAN ID 与缺省 VLAN ID 不同时，丢弃该报文</td><td>由于 VLAN ID 就是缺省 VLAN ID，去掉 Tag，发送该报文</td></tr>
<tr><td>Trunk 端口</td><td rowspan="2">①当 VLAN ID 与缺省 VLAN ID 相同时，接收该报文
②当 VLAN ID 与缺省 VLAN ID 不同，但 VLAN ID 是该端口允许通过的 VLAN ID 时，接收该报文
③当 VLAN ID 与缺省 VLAN ID 不同，且 VLAN ID 是该端口不允许通过的 VLAN ID 时，丢弃该报文</td><td>①当 VLAN ID 与缺省 VLAN ID 相同时，去掉 Tag，发送该报文
②当 VLAN ID 与缺省 VLAN ID 不同，且是该端口允许通过的 VLAN ID 时，保持原有 Tag，发送该报文</td></tr>
<tr><td>Hybrid 端口</td><td>当报文中携带的 VLAN ID 是该端口允许通过的 VLAN ID 时，发送该报文，并可以通过 port hybrid vlan 命令配置端口在发送该 VLAN(包括缺省 VLAN)的报文时是否携带 Tag</td></tr>
</table>

4. 配置基于 Access 端口的 VLAN

配置基于 Access 端口的 VLAN 有两种方法：一种是在 VLAN 视图下进行配置，另一种是在以太网接口视图/端口组视图下进行配置。配置过程见表 9.38 和 9.39。

表 9.38 配置基于 Access 端口的 VLAN(在 VLAN 视图下)

配 置	命 令	说 明
进入系统视图	system-view	—
进入 VLAN 视图	vlan vlan-id	必选 如果指定的 VLAN 不存在，则该命令先完成 VLAN 的创建，然后再进入该 VLAN 的视图
将指定 Access 端口加入到当前 VLAN 中	port interface-list	必选 在缺省情况下，系统将所有端口都加入到 VLAN1

表 9.39 配置基于 Access 端口的 VLAN(在以太网接口视图/端口组视图下)

操 作		命 令	说 明
进入系统视图		system-view	—
进入以太网接口视图或端口组视图	进入以太网接口视图	interface interface-type interface-number	两者必选其一 进入以太网接口视图后，下面进行的配置只在当前端口下生效；进入端口组视图后，下面进行的配置将在端口组中的所有端口下生效
	进入端口组视图	port-group { manual port-group-name | aggregation agg-id}	
配置端口的链路类型为 Access 类型		port link-type access	可选 在缺省情况下，端口的链路类型为 Access 类型
将当前 Access 端口加入到指定 VLAN		port access vlan vlan-id	可选 在缺省情况下，所有 Access 端口均属于且只属于 VLAN1

5. 配置基于 Trunk 端口的 VLAN

Trunk 端口可以允许多个 VLAN 通过，只能在以太网接口视图/端口组视图下进行配置。配置方法见表 9.40。

表 9.40 配置基于 Trunk 端口的 VLAN

操 作		命 令	说 明
进入系统视图		system-view	—
进入以太网接口视图或端口组视图	进入以太网接口视图	interface interface-type interface-number	两者必选其一 进入以太网接口视图后，下面进行的配置只在当前端口下生效；进入端口组视图后，下面进行的配置将在端口组中的所有端口下生效
	进入端口组视图	port-group { manual port-group-name | aggregation agg-id}	
配置端口的链路类型为 Trunk 类型		port link-type trunk	必选

续表

操 作	命 令	说 明
允许指定的 VLAN 通过当前 Trunk 端口	port trunk permit vlan { vlan-id-list | all }	必选 在缺省情况下,所有 Trunk 端口只允许 VLAN1 通过
设置 Trunk 端口的缺省 VLAN	port trunk pvid vlan vlan-id	可选 在缺省情况下,Trunk 端口的缺省 VLAN 为 VLAN1

6. 配置基于 Hybrid 端口的 VLAN

Hybrid 端口可以允许多个 VLAN 通过,只能在以太网接口视图/端口组视图下进行配置。具体配置见表 9.41。

表 9.41 配置基于 Hybrid 端口的 VLAN

操 作		命 令	说 明
进入系统视图		system-view	—
进入以太网接口视图或端口组视图	进入以太网接口视图	interface interface-type interface-number	两者必选其一 进入以太网接口视图后,下面进行的配置只在当前端口下生效;进入端口组视图后,下面进行的配置将在端口组中的所有端口下生效
	进入端口组视图	port-group { manual port-group-name | aggregation agg-id}	
配置端口的链路类型为 Hybrid 类型		port link-type hybrid	必选
允许指定的 VLAN 通过当前 Hybrid 端口		port hybrid vlan vlan-id-list { tagged | untagged }	必选 在缺省情况下,所有 Hybrid 端口只允许 VLAN1 通过
设置 Hybrid 端口的缺省 VLAN		port hybrid pvid vlan vlan-id	可选 在缺省情况下,Hybrid 端口的缺省 VLAN 为 VLAN1

在完成上述配置后,在任意视图下执行 display 命令可以显示配置后 VLAN 的运行情况,通过查看显示信息验证配置的效果。参见表 9.42。

在用户视图下执行 reset 命令可以清除接口统计信息。

表 9.42 VLAN 显示和维护

操 作	命 令
显示 VLAN 相关信息	display vlan [vlan-id1 [to vlan-id2] | all | dynamic | static]
显示 VLAN 接口相关信息	display interface vlan-interface [vlan-interface-id]
清除接口的统计信息	reset counters interface [interface-type [interface-number]]

7. VLAN 典型配置举例

网络拓扑如图 9.38 所示。无线控制器 WCM 与对端交换机 Switch 使用 Trunk 端口 GigabitEthernet1/0/1 相连,该端口的缺省 VLAN ID 为 100,该端口允许 VLAN2,VLAN6 到

VLAN50，VLAN100 的报文通过。无线接入点 AP1（序列 ID 为 H3COM-SZ001）加入到 VLAN2，无线接入点 AP2（序列 ID 为 H3COM-SZ002）加入到 VLAN6。

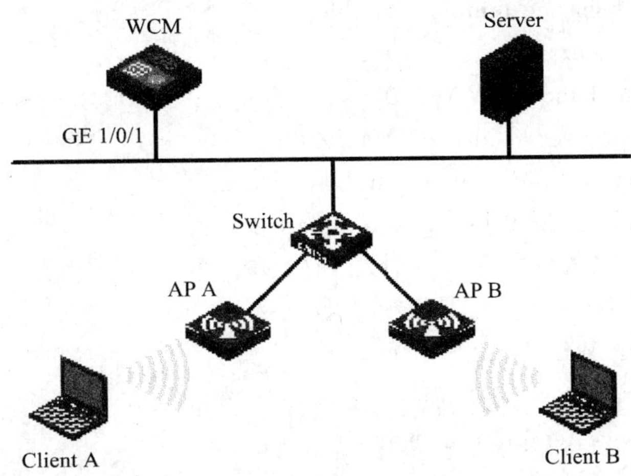

图 9.38　配置基于端口的 VLAN 组网图

配置步骤如下：

（1）配置无线交换机

创建 VLAN2，VLAN6 到 VLAN50，VLAN100。

```
〈WCM〉system-view
[WCM] vlan 2
[WCM-vlan2] quit
[WCM] vlan 100
[WCM-vlan100] vlan 6 to 50
Please wait... Done.
```

进入 GigabitEthernet1/0/1 以太网接口视图。

```
[WCM] interface gigabitethernet 1/0/1
```

配置 GigabitEthernet1/0/1 为 Trunk 端口，并配置端口的缺省 VLAN ID 为 100。

```
[WCM-GigabitEthernet1/0/1] port link-type trunk
[WCM-GigabitEthernet1/0/1] port trunk pvid vlan 100
```

配置 GigabitEthernet1/0/1 允许 VLAN2，VLAN6 到 VLAN50，VLAN100 的报文通过。

```
[WCM-GigabitEthernet1/0/1] port trunk permit vlan 2 6 to 50 100
Please wait... Done.
[WCM-GigabitEthernet1/0/1]quit
```

#配置 AP1 对应 WLAN-ESS 接口加入 VLAN2。

```
[WCM] vlan 2
[WCM-vlan2] port WLAN-ESS 1
[WCM-vlan2] quit
[WCM] wlan service-template 1 clear
[WCM-wlan-st-1] ssid abc
```

```
[WCM-wlan-st-1] bind WLAN-ESS 1
[WCM-wlan-st-1] authentication-method open-system
[WCM-wlan-st-1] service-template enable
[WCM-wlan-st-1] quit
[WCM] wlan ap ap1 model WA2100
[WCM-wlan-ap-ap1] serial-id H3COM-SZ001
[WCM-wlan-ap-ap1] radio 1 type 11b
[WCM-wlan-ap-ap1-radio-1] service-template 1
#配置 AP2 对应 WLAN-ESS 接口加入 VLAN6。
[WCM] vlan 6
[WCM-vlan6] port WLAN-ESS 2
[WCMA-vlan6] quit
[WCM] wlan service-template 2 clear
[WCM-wlan-st-2] ssid efg
[WCM-wlan-st-2] bind WLAN-ESS 2
[WCM-wlan-st-2] authentication-method open-system
[WCM-wlan-st-2] service-template enable
[WCM-wlan-st-2] quit
[WCM] wlan ap ap2 model WA2100
[WCM-wlan-ap-ap2] serial-id H3COM-SZ002
[WCM-wlan-ap-ap2] radio 1 type 11b
[WCM-wlan-ap-ap2-radio-1] service-template 2
# 使能所有的射频。
[WCM] wlan radio enable all
```

(2) 配置交换机

Switch 配置请按具体设备配置。需要将交换机的对应接口同无线控制器配置相同的端口类型,允许通过的 VLAN 及缺省 VLAN。

9.3.15 MAC 地址表管理配置

为了转发报文,设备需要维护 MAC 地址表。MAC 地址表的表项包含了与该设备相连的设备的 MAC 地址、与此设备相连的设备的接口号以及所属的 VLAN ID。MAC 地址表中的表项包括静态表项和动态表项,其中静态表项是由用户配置的;动态表项包括用户配置的和设备学习得来的。静态表项不会被老化掉,而动态表项会被老化掉。

设备学习 MAC 地址的方法如下:如果从某接口(假设为接口 A)收到一个数据帧,设备就会分析该数据帧的源 MAC 地址(假设为 MAC-SOURCE)并认为目的 MAC 地址为 MAC-SOURCE 的报文可以由接口 A 转发;如果 MAC 地址表中已经包含 MAC-SOURCE,设备将对该表项进行更新;如果 MAC 地址表中尚未包含 MAC-SOURCE,设备则将这个新 MAC 地址以及该 MAC 地址对应的接口 A 作为一个新的表项加入到 MAC 地址表中,如图 9.39 所示。

在无线控制器学习 MAC 地址时,用户手工配置的静态 MAC 地址表项不能被学习中获得的动态 MAC 地址覆盖,而动态 MAC 地址表项可以被静态 MAC 地址覆盖。

对于目的 MAC 地址能够在 MAC 地址表中找到的报文，设备会直接使用硬件进行转发；对于目的 MAC 地址不能在 MAC 地址表中找到的报文，设备对报文采用广播方式进行转发。广播报文发出后，会出现下面两种情况：

(1)报文到达了目的 MAC 地址对应的网络设备。目的网络设备将应答此广播报文，应答报文中包含了此设备的 MAC 地址。设备通过地址学习将新的 MAC 地址加入到 MAC 地址转发表中。去往同一目的 MAC 地址的后续报文，就可以利用该新增的 MAC 地址表项直接进行转发。

(2)报文无法到达目的 MAC 地址对应的网络设备，设备则将该报文丢弃。

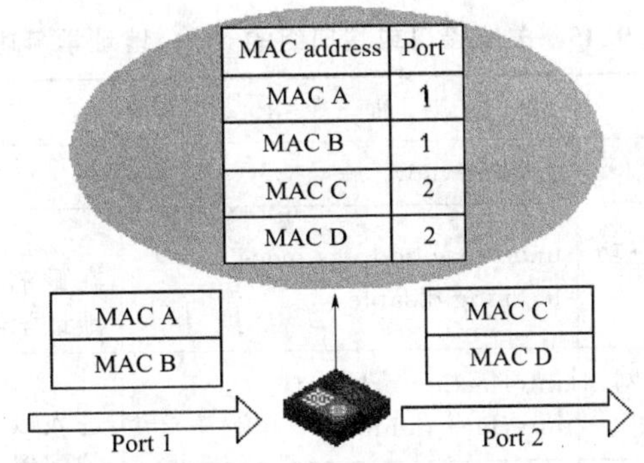

图 9.39　设备的 MAC 地址表项

1. 配置 MAC 地址表管理

管理员根据实际情况可以手工添加、修改或删除 MAC 地址表中的表项。具体方法如表 9.43所示。

表 9.43　设置 MAC 地址表项

操　作	命　令	说　明
进入系统视图	system-view	—
添加/修改 MAC 地址表项	mac-address blackhole mac-address vlan vlan-id	必选
	mac-address { dynamic | static } mac-address interface interface-type interface-number vlan vlan-id	
进入以太网接口视图	interface interface-type interface-number	—
添加/修改该接口下的 MAC 地址表项	mac-address { dynamic | static } mac-address vlan vlan-id	必选

有时为了保证无线控制器的安全，需要关闭 MAC 地址学习功能。常见的危及无线控制器安全的情况是：黑客使用大量源 MAC 地址不同的报文攻击无线控制器，导致无线控制器 MAC 地址表资源耗尽，造成无线控制器无法根据网络的变化更新 MAC 地址表。关闭 MAC 地址学习功能可以有效防止这种攻击。

表 9.44 说明了如何关闭全局 MAC 地址学习功能。关闭全局的 MAC 地址学习功能的同时也就关闭了全部接口的 MAC 地址学习功能。

表 9.44 关闭全局 MAC 地址学习功能

操 作	命 令	说 明
进入系统视图	system-view	—
关闭全局的 MAC 地址的学习功能	mac-address mac-learning disable	必选 在缺省情况下,开启全局的 MAC 地址学习功能

在开启全局的 MAC 地址学习功能的前提下,用户可以关闭无线控制器上的单个接口或者端口组的 MAC 地址学习功能,方法见表 9.45。

表 9.45 关闭接口或端口组的 MAC 地址学习功能

<table>
<tr><th colspan="2">操 作</th><th>命 令</th><th>说 明</th></tr>
<tr><td colspan="2">进入系统视图</td><td>system-view</td><td>—</td></tr>
<tr><td colspan="2">开启全局的 MAC 地址学习功能</td><td>undo mac-address mac-learning disable</td><td>可选
在缺省情况下,开启全局的 MAC 地址学习功能</td></tr>
<tr><td rowspan="2">进入以太网接口或者端口组视图</td><td>进入以太网接口视图</td><td>interface interface-type interface-number</td><td rowspan="2">两者必选其一
进入以太网接口视图后,下面进行的配置只在当前接口生效;进入端口组视图后,下面进行的配置将在端口组的所有接口生效</td></tr>
<tr><td>进入端口组视图</td><td>port-group {aggregation agg-id | manual port-group-name}</td></tr>
<tr><td colspan="2">关闭以太网接口或端口组的 MAC 地址学习功能</td><td>mac-address mac-learning disable</td><td>必选
在缺省情况下,开启以太网接口或端口组的 MAC 地址学习功能</td></tr>
</table>

如果用户设置的老化时间过长,无线控制器可能会保存许多过时的 MAC 地址表项,从而耗尽 MAC 地址表资源,导致无线控制器无法根据网络的变化更新 MAC 地址表。如果用户设置的老化时间太短,无线控制器可能会删除有效的 MAC 地址表项,可能导致无线控制器广播大量的数据报文,影响无线控制器的运行性能。所以用户需要根据实际情况,设置合适的老化时间来有效的实现 MAC 地址老化功能。操作方法如表 9.46 所示。

表 9.46 设置系统 MAC 地址老化时间

操 作	命 令	说 明
进入系统视图	system-view	—
设置 MAC 地址动态表项的老化时间	mac-address timer { aging seconds | no-aging }	可选 在缺省情况下,MAC 地址老化时间的缺省值 300s。

注意,MAC 地址的老化时间作用于全部接口上,地址老化只对动态的(无线控制器学习到的或者用户配置的动态的)MAC 地址表项起作用。

通过设置以太网接口或端口组最多可以学习到的 MAC 地址数,用户可以控制无线控制器维护的 MAC 地址表的表项数量。如果 MAC 地址表过于庞大,可能导致无线控制器的转发性能下降。当接口学习到的 MAC 地址数达到设置的最大值时,该接口将不再对 MAC 地址进行学习。所以我们要按表 9.47 所示的方法设置以太网接口或端口组最多可以学习到的 MAC

地址数。

表 9.47　设置以太网接口或端口组最多可以学习到的 MAC 地址数

<table>
<tr><th colspan="2">操　作</th><th>命　令</th><th>说　明</th></tr>
<tr><td colspan="2">进入系统视图</td><td>system-view</td><td>—</td></tr>
<tr><td rowspan="2">进入以太网接口或者端口组视图</td><td>进入以太网接口视图</td><td>interface interface-type interface-number</td><td rowspan="2">两者必选其一
进入以太网接口视图后，下面进行的配置只在当前接口生效；进入端口组视图后，下面进行的配置将在端口组的所有接口生效</td></tr>
<tr><td>进入端口组视图</td><td>port-group {aggregation agg-id | manual port-group-name}</td></tr>
<tr><td colspan="2">设置以太网接口或端口组最多可以学习到的 MAC 地址数，以及当接口学习到的 MAC 地址数达到设置的最大值时，是否继续转发</td><td>mac-address max-mac-count { count | disable-forwarding }</td><td>必选
在缺省情况下，以太网接口最多可以学习到的 MAC 地址数目 4096。</td></tr>
</table>

在完成上述配置后，在任意视图下执行 display 命令可以显示配置后 MAC 地址表管理的运行情况，通过查看显示信息验证配置的效果，见表 9.48。

表 9.48　MAC 地址表管理显示和维护

<table>
<tr><th>操　作</th><th>命　令</th></tr>
<tr><td rowspan="2">显示 MAC 地址表信息</td><td>display mac-address blackhole [vlan vlan-id][count]</td></tr>
<tr><td>display mac-address [mac-address [vlan vlan-id] | [dynamic | static][interface interface-type interface-number][vlan vlan-id][count]]</td></tr>
<tr><td>显示 MAC 地址表动态表项的老化时间</td><td>display mac-address aging-time</td></tr>
<tr><td>显示系统或接口 MAC 地址的学习状态</td><td>display mac-address mac-learning [interface-type interface-number]</td></tr>
</table>

2. MAC 地址表管理典型配置举例

用户通过 Console 口登录到无线控制器，配置 MAC 地址表管理功能。要求设置无线控制器上动态 MAC 地址表项的老化时间为 500s，在 VLAN1 中的以太网接口 GigabitEthernet1/0/1 上添加一个静态地址表项 00e0-fc35-dc71。

配置步骤如下：

```
# 增加一个静态 MAC 地址表项。
<Sysname> system-view
[Sysname] mac-address static 00e0-fc35-dc71 interface gigabitethernet 1/0/1 vlan 1
# 设置动态 MAC 地址表项的老化时间为 500s。
[Sysname] mac-address timer aging 500
# 查看以太网接口 GigabitEthernet1/0/1 上的 MAC 地址表信息。
[Sysname] display mac-address interface gigabitethernet 1/0/1
Unicast Table
```

MAC-address	VLAN ID State	Port	Aging time
0014-2AEB-97CF 1	Learned	GigabitEthernet1/0/1	AGING
00E0-FC35-DC71 1	Config-static	GigabitEthernet1/0/1	NOAGED

9.3.16 IPv4 地址配置

接口获取 IP 地址有以下三种方式：

(1)通过手工指定 IP 地址；

(2)通过 BOOTP 分配得到 IP 地址；

(3)通过 DHCP 分配得到 IP 地址。

这几种方式是互斥的，通过新的配置方式获取的 IP 地址会覆盖通过原有方式获取的 IP 地址。例如，首先通过手工指定了 IP 地址，然后使用 BOOTP 协议申请 IP 地址，那么手工指定的 IP 地址会被删除，接口的 IP 地址是通过 BOOTP 协议分配到的。

本节只介绍通过手工指定 IP 地址的方式。另外两种获取 IP 地址的方式请参见"DHCP 配置"。

1. 配置接口 IP 地址

在一般情况下，一个接口配置一个 IP 地址。无线控制器支持为 VLAN 接口和 Loopback 接口配置 IP 地址，配置方法如表 9.49 所示。

表 9.49 配置接口 IP 地址

操　作	命　令	说　明
进入系统视图	system-view	—
进入接口视图	interface interface-type interface-number	—
配置接口的 IP 地址	ip address ip-address { mask | mask-length }	必选 在缺省情况下，没有为接口配置 IP 地址

2. IP 地址配置举例

如图 9.40 所示，无线控制器 WCM 的端口 GigabitEthernet1/0/1 通过交换机连接两个 AP，AP1 和 AP2 分别属于网段 172.16.2.0/24 和 172.16.3.0/24。AP1 的 IP 地址为 172.16.2.2/24，AP2 的 IP 地址为 172.16.3.2/24，WCM 分别与这两个 AP 互通。

配置步骤如下：

\# 配置 VLAN 接口 2 和 VLAN 接口 3 的 IP 地址。

```
<WCM> system-view
[WCM] vlan 2 to 3
Please wait... Done.
[WCM] interface vlan-interface 2
[WCM-Vlan-interface2] ip address 172.16.2.1 255.255.255.0
[WCM-Vlan-interface2] quit
[WCM] interface vlan-interface 3
[WCM-Vlan-interface3] ip address 172.16.3.1 255.255.255.0
```

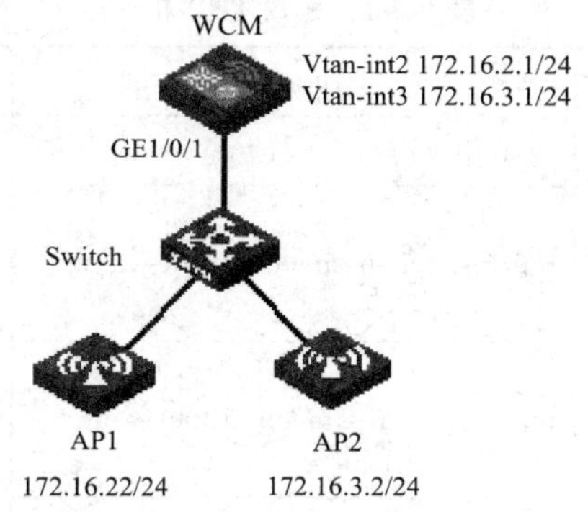

图 9.40　IP 地址配置组网图

[WCM] quit

配置接口 GE1/0/1。

[WCM] interface gigabitethernet1/0/1

[WCM-GigabitEthernet1/0/1] port link-type trunk

[WCM-GigabitEthernet1/0/1] port trunk permit vlan 2 to 3

[WCM-GigabitEthernet1/0/1] port trunk pvid vlan 1

[WCM-GigabitEthernet1/0/1] return

在完成上述配置后，在任意视图下执行 display 命令可以显示配置后 IP 地址的运行情况，通过查看显示信息验证配置的效果。

9.3.17　IPv4 性能配置

在一些特定的网络环境里，需要调整 IP 的参数，以便网络性能达到最佳。IP 性能的配置包括：

- 配置 TCP 定时器；
- 配置 TCP 连接的接收和发送缓冲区的大小；
- 配置 ICMP 差错报文发送功能。

1. 配置 TCP 属性

(1)配置 TCP 的可选参数

可以配置的 TCP 可选参数包括：

- synwait 定时器：当发送 SYN 报文时，TCP 启动 synwait 定时器，如果 synwait 超时前未收到回应报文，则 TCP 连接建立不成功。
- finwait 定时器：当 TCP 的连接状态为 FIN—WAIT—2 时，启动 finwait 定时器，如果在定时器超时前没有收到报文，则 TCP 连接终止；如果收到 FIN 报文，则 TCP 连接状态变为 TIME—WAIT 状态；如果收到非 FIN 报文，则从收到的最后一个非 FIN 报文开始重新计时，在超时后中止连接。
- TCP 连接的接收和发送缓冲区的大小。

配置方法见表 9.50。

表 9.50 配置 TCP 属性

操 作	命 令	说 明
进入系统视图	system-view	—
配置 TCP 的 synwait 定时器超时时间	tcp timer syn-timeout time-value	可选 在缺省情况下，synwait 定时器超时时间为 75s
配置 TCP 的 finwait 定时器超时时间	tcp timer fin-timeout time-value	可选 在缺省情况下，finwait 定时器超时时间为 675s
配置 TCP 连接的接收和发送缓冲区的大小	tcp window window-size	可选 缺省情况下，缓冲区为 8KB

2. 配置 ICMP 差错报文发送功能

传递差错报文是 ICMP(internet control message protocol，互联网控制报文协议)的主要功能之一。ICMP 报文通常被网络层或传输层协议用来在异常情况发生时通知相应设备，从而便于进行控制管理。

(1)ICMP 差错报文发送功能的作用

重定向报文、超时报文、目的不可达报文是 ICMP 差错报文中的三种。下面分别介绍这三种差错报文发送的条件及作用。

(2)ICMP 重定向报文发送功能

主机启动时，它的路由表中可能只有一条到缺省网关的缺省路由。当满足一定的条件时，缺省网关会向源主机发送 ICMP 重定向报文，通知主机重新选择正确的下一跳路由器进行后续报文的发送。

设备在满足下列条件时会发送对主机重定向的 ICMP 重定向报文：

①接收和转发数据报文的接口是同一接口；

②被选择的路由本身没有被 ICMP 重定向报文创建或修改过；

③被选择的路由不是设备的默认路由；

④数据报文中没有源路由选项。

ICMP 重定向报文发送功能可以简化主机的管理，使具有很少选路信息的主机逐渐建立较完善的路由表，从而找到最佳路由。

(3)ICMP 超时报文发送功能

ICMP 超时报文发送功能是在设备收到 IP 数据报文后，如果发生超时差错，则将报文丢弃并给源端发送 ICMP 超时差错报文。

设备在满足下列条件时会发送 ICMP 超时报文：

①设备收到 IP 数据报文后，如果报文的目的地不是本地且报文的 TTL 字段是 1，则发送“TTL 超时”ICMP 差错报文；

②设备收到目的地址为本地的 IP 数据报文的第一个分片后，启动定时器，如果所有分片报文到达之前定时器超时，则会发送“重组超时”ICMP 差错报文。

(4)ICMP 目的不可达报文发送功能

ICMP 目的不可达报文发送功能是在设备收到 IP 数据报文后，如果发生目的不可达的差错，则将报文丢弃并给源端发送 ICMP 目的不可达差错报文。设备在满足下列条件时会发送目的不可达报文：

①设备在转发报文时，如果在路由表中没有找到对应的转发路由，且路由表中没有缺省路由，则给源端发送“网络不可达”ICMP差错报文；

②设备收到目的地址为本地的数据报文时，如果设备不支持数据报文采用的传输层协议，则给源端发送“协议不可达”ICMP差错报文；

③设备收到目的地址为本地、传输层协议为UDP的数据报文时，如果报文的端口号与正在使用的进程不匹配，则给源端发送“端口不可达”ICMP差错报文；

④源端如果采用“严格的源路由选择”发送报文，当中间设备发现源路由所指定的下一个设备不在其直接连接的网络上，则给源端发送“源站路由失败”的ICMP差错报文；

⑤设备在转发报文时，如果转发接口的MTU小于报文的长度，但报文被设置了不可分片，则给源端发送“需要进行分片但设置了不分片比特”ICMP差错报文。

(5)ICMP差错报文发送功能的弊端

ICMP差错报文的发送虽然便于控制管理，但也存在一定的弊端：

①由于发送大量的ICMP报文，增大了网络流量。

②如果设备接收到大量需要发送ICMP差错报文的恶意攻击报文，设备会因为处理大量该类报文而导致性能降低。

③由于重定向功能会在主机的路由表中增加主机路由，当增加的主机路由很多时，会降低主机性能。

④由于ICMP目的不可达报文传递给用户进程的信息为不可达信息，如果有用户恶意攻击，可能会影响终端用户的正常使用。

为了避免上述现象发生，可以关闭无线控制器的ICMP差错报文发送功能，从而减少网络流量、防止遭到恶意攻击。如何配置见表9.51。

表9.51 配置ICMP差错报文发送功能

操 作	命 令	说 明
进入系统视图	system-view	—
关闭ICMP重定向报文发送功能	undo ip redirects	必选 在缺省情况下，ICMP重定向报文发送功能处于使能状态
关闭ICMP超时报文发送功能	undo ip ttl-expires	必选 在缺省情况下，ICMP超时报文发送功能处于使能状态
关闭ICMP目的不可达报文发送功能	undo ip unreachables	必选 在缺省情况下，ICMP目的不可达报文发送功能处于使能状态

在完成上述配置后，在任意视图下执行display命令可以显示配置后IP性能的运行情况，通过查看显示信息验证配置的效果。

在用户视图下，用户可以执行reset命令清除IP，TCP和UDP的流量统计信息。

9.3.18 IPv6 配置

1. 配置 IPv6 基本功能

(1)使能 IPv6 报文转发功能

在进行 IPv6 的相关配置以前,必须先使能 IPv6 报文转发功能。否则即使在接口上配置了 IPv6 地址,仍无法转发 IPv6 的报文,造成 IPv6 网络无法互通。使能方法见表 9.52。

表 9.52 使能 IPv6 报文转发功能

操　作	命　令	说　明
进入系统视图	system-view	—
使能 IPv6 报文转发功能	ipv6	必选 在缺省情况下,IPv6 报文转发功能处于关闭状态

(2)配置 IPv6 单播地址

①IPv6 站点本地地址和全球单播地址可以通过下面两种方式配置。

• 采用 EUI-64 格式形成:当配置采用 EUI-64 格式形成 IPv6 地址时,接口的 IPv6 地址的前缀是所配置的前缀,而接口标识符则由接口的链路层地址转化而来。

• 手工配置:用户手工配置 IPv6 站点本地地址或全球单播地址。

②IPv6 的链路本地地址可以通过两种方式获得。

• 自动生成:设备根据链路本地地址前缀(FE80::/64)及接口的链路层地址,自动为接口生成链路本地地址。

• 手动指定:用户手工配置 IPv6 链路本地地址。

操作方法见表 9.53。

表 9.53 配置 IPv6 链路本地地址

<table>
<tr><th colspan="2">操　作</th><th>命　令</th><th>说　明</th></tr>
<tr><td colspan="2">进入系统视图</td><td>system-view</td><td>—</td></tr>
<tr><td colspan="2">进入接口视图</td><td>interface interface-type interface-number</td><td>—</td></tr>
<tr><td rowspan="2">配置 IPv6 全球单播地址或站点本地地址</td><td>手工指定 IPv6 地址</td><td>ipv6 address {ipv6-address prefix-length | ipv6-address/prefix-length}</td><td rowspan="2">两者必选其一
在缺省情况下,接口上没有配置站点本地地址和全球单播地址</td></tr>
<tr><td>采用 EUI-64 格式形成 IPv6 地址</td><td>ipv6 address ipv6-address/prefix-length eui-64</td></tr>
<tr><td rowspan="2">配置 IPv6 链路本地地址</td><td>配置自动生成链路本地地址</td><td>ipv6 address auto link-local</td><td rowspan="2">可选
在缺省情况下,当接口配置了 IPv6 站点本地地址或全球单播地址后,会自动生成链路本地地址</td></tr>
<tr><td>手工指定接口的链路本地地址</td><td>ipv6 address ipv6-address link-local</td></tr>
</table>

2. 配置 IPv6 邻居发现协议

(1)配置静态邻居表项

将邻居节点的 IPv6 地址解析为链路层地址,可以通过邻居请求消息 NS 及邻居通告消息

NA 来动态实现,也可以通过手工配置来实现。

无线控制器根据 IPv6 地址及 VLAN 接口号来唯一标识一个静态邻居表项。目前有以下两种配置方式:

①配置 VLAN 接口对应 IPv6 地址、链路层地址;

②配置 VLAN 中的端口对应 IPv6 地址、链路层地址。

配置过程见表 9.54。

表 9.54　配置静态邻居表项

操　作	命　令	说　明
进入系统视图	system-view	—
配置静态邻居表项	ipv6 neighbor ipv6-address mac-address {vlan-id port-type port-number | interface interface-type interface-number}	必选

(2)配置接口上允许动态学习的邻居的最大个数

设备可以通过 NS 消息和 NA 消息来动态获取邻居节点的链路层地址。如果动态获取的邻居表过大,将可能导致设备的转发性能下降。为此,可以通过设置接口上允许动态学习的邻居的最大个数来进行限制。如果接口上动态学习的邻居个数达到所设置的最大值时,该接口将不再学习邻居信息,如表 9.55 所示。

表 9.55　配置接口上允许动态学习的邻居的最大个数

操　作	命　令	说　明
进入系统视图	system-view	—
进入接口视图	interface interface-type interface-number	—
配置接口上允许动态学习的邻居的最大个数	ipv6 neighbors max-learning-num number	可选 在缺省情况下,接口上允许动态学习的邻居的最大个数为 256

(3)配置 RA 消息的相关参数

用户可以根据实际情况,配置接口是否发送 RA 消息及发送 RA 消息的时间间隔,同时可以配置 RA 消息中的相关参数以通告给主机。当主机接收到 RA 消息后,就可以采用这些参数进行相应操作了。可以配置的 RA 消息中的参数及含义如表 9.56 所示。

表 9.56　RA 消息中的参数及描述

参　　数	描　　述
跳数限制(Cur Hop Limit)	主机在发送 IPv6 报文时,将使用该参数值填充 IPv6 报文头中的 Hop Limit 字段。同时该参数值也可作为设备应答报文中的 Hop Limit 字段值
前缀信息(Prefix Information)	在同一链路上的主机收到设备发布的前缀信息后,可以进行无状态自动配置等操作

续表

参数	描述
被管理地址配置标志位(M flag)	用于确定主机是否采用有状态自动配置获取 IPv6 地址 如果设置该标志位为 1,主机将通过有状态自动配置(例如 DHCP 服务器)来获取 IPv6 地址;否则,将通过无状态自动配置获取 IPv6 地址,即根据自己的链路层地址及路由器发布的前缀信息生成 IPv6 地址
其他配置标志位(O flag)	用于确定主机是否采用有状态自动配置获取除 IPv6 地址外的其他信息 如果设置其他配置标志位为 1,主机将通过有状态自动配置(例如 DHCP 服务器)来获取除 IPv6 地址外的其他信息;否则,将通过无状态自动配置获取其他信息
路由器生存时间(Router Lifetime)	用于设置发布 RA 消息的路由器作为主机的默认路由器的时间。主机根据接收到的 RA 消息中的路由器生存时间参数值,就可以确定是否将发布该 RA 消息的路由器作为默认路由器
邻居请求消息重传时间间隔(Retrans Timer)	设备发送 NS 消息后,如果未在指定的时间间隔内收到响应,就会重新发送 NS 消息
保持邻居可达状态的时间(Reachable Time)	当通过邻居可达性检测确认邻居可达后,在所设置的可达时间内,设备认为邻居可达;超过设置的时间后,如果需要向邻居发送报文,会重新确认邻居是否可达

表 9.57 所示是配置 RA 消息的相关参数。

表 9.57 配置 RA 消息的相关参数

操作	命令	说明
进入系统视图	system-view	—
配置跳数限制	ipv6 nd hop-limit value	可选 在缺省情况下,跳数限制为 64 跳
进入接口视图	interface interface-type interface-number	—
取消对 RA 消息发布的抑制	undo ipv6 nd ra halt	必选 在缺省情况下,抑制发布 RA 消息
配置 RA 消息发布的最大时间间隔和最小时间间隔	ipv6 nd ra interval max-interval-value min-interval-value	可选 在缺省情况下,RA 消息发布的最大间隔时间为 600s,最小时间间隔为 200s RA 消息周期性发布时,相邻两次的时间间隔是在最大时间间隔与最小时间间隔之间随机选取一个值作为周期性发布 RA 消息的时间间隔 配置的最小时间间隔应该小于等于最大时间间隔的 3/4

续表

操　作	命　令	说　明
配置 RA 消息中的前缀信息	ipv6 nd ra prefix {ipv6-address prefix-length | ipv6-address/prefix-length } valid-lifetime preferred-lifetime [no-autoconfig | off-link]*	可选 在缺省情况下,没有配置 RA 消息中的前缀信息,此时将使用发送 RA 消息的接口 IPv6 地址作为 RA 消息中的前缀信息
设置被管理地址配置标志位为 1	ipv6 nd autoconfig managed-address-flag	可选 在缺省情况下,被管理地址标志位为 0,即主机通过无状态自动配置获取 IPv6 地址
设置其他配置标志位为 1	ipv6 nd autoconfig other-flag	可选 在缺省情况下,其他配置标志位为 0,即主机通过无状态自动配置获取其他信息
配置 RA 消息中路由器的生存时间	ipv6 nd ra router-lifetime value	可选 在缺省情况下,RA 消息中路由器的生存时间为 1800s
配置邻居请求消息重传时间间隔	ipv6 nd ns retrans-timer value	可选 在缺省情况下,接口发送 NS 消息的时间间隔为 1000ms,接口发布的 RA 消息中 Retrans Timer 字段的值为 0
配置保持邻居可达状态的时间	ipv6 nd nud reachable-time value	可选 在缺省情况下,接口保持邻居可达状态的时间为 30000ms,接口发布的 RA 消息中 Reachable Timer 字段的值为 0

(4)配置重复地址检测时发送邻居请求消息的次数

接口获得 IPv6 地址后,将发送邻居请求消息进行重复地址检测,如果在指定的时间内(通过 ipv6 nd ns retrans-timer 命令配置)没有收到响应,则继续发送邻居请求消息,当发送的次数达到所设置的次数后,仍未收到响应,则认为该地址可用,如表 9.58 所示。

表 9.58　配置重复地址检测时发送邻居请求消息的次数

操　作	命　令	说　明
进入系统视图	system-view	—
进入接口视图	interface interface-type interface-number	—
配置重复地址检测时发送邻居请求消息的次数	ipv6 nd dad attempts value	可选 在缺省情况下,重复地址检测时发送邻居请求报文的次数为 1,当 value 值为 0 时,表示禁止重复地址检测

3. 配置 PMTU 发现

(1)配置指定地址的静态 PMTU

用户可以为指定的目的 IPv6 地址配置静态的 PMTU 值。当源端主机从接口发送报文时,将比较该接口的 MTU 与指定目的 IPv6 地址的静态 PMTU,如果报文长度大于两者中的最小值，则采用此最小值对报文进行分片，如表 9.59 所示。

表 9.59 配置指定地址的静态 PMTU

操　作	命　令	说　明
进入系统视图	system-view	—
配置指定 IPv6 地址对应的静态 PMTU 值	ipv6 pathmtu ipv6-address [value]	必选 在缺省情况下，没有配置静态 PMTU 值

(2)配置 PMTU 老化时间

通过“IPv6 PMTU 发现”中的方法动态确定源端主机到目的端主机的 PMTU 后，源端主机将使用这个 MTU 值发送后续报文到目的端主机。当 PMTU 老化时间超时后，动态确定的 PMTU 值将会被删除，源端主机会通过 PMTU 机制重新确定发送报文的 MTU 值。

该配置对静态 PMTU 不起作用，如表 9.60 所示。

表 9.60 配置 PMTU 老化时间

操　作	命　令	说　明
进入系统视图	system-view	—
配置 PMTU 老化时间	ipv6 pathmtu age age-time	可选 在缺省情况下，PMTU 的老化时间是 600s

4. 配置 TCP6

可以配置的 TCP6 属性包括。

(1)synwait 定时器：当发送 SYN 报文时，TCP6 启动 synwait 定时器，如果 synwait 超时前未收到回应报文，则 TCP6 连接建立不成功。

(2)finwait 定时器：当 TCP6 的连接状态为 FIN—WAIT—2 时，启动 finwait 定时器，如果在定时器超时前没有收到报文，则 TCP6 连接终止；如果收到 FIN 报文，则 TCP6 连接状态变为 TIME—WAIT 状态；如果收到非 FIN 报文，则从收到的最后一个非 FIN 报文开始重新计时，在超时后中止连接。

(3)面向连接 Socket 的接收和发送缓冲区的大小。

参见表 9.61。

表 9.61 配置 TCP6

操　作	命　令	说　明
进入系统视图	system-view	—
配置 TCP6 的 finwait 定时器	tcp ipv6 timer fin-timeout wait-time	可选 在缺省情况下，finwait 定时器的值为 675s
配置 TCP6 的 synwait 定时器	tcp ipv6 timer syn-timeout wait-time	可选 在缺省情况下，synwait 定时器的值 75s
配置 TCP6 的缓冲区大小	tcp ipv6 window size	可选 在缺省情况下，TCP6 的缓冲区大小为 8KB

5. 配置 IPv6 FIB 转发功能(见表 9.62)

在使能 IPv6 的 FIB 缓存功能后，当报文进行转发时将会查找 FIB 缓存，这样缩短了 IP 报文查找时间，从而提高了转发效率。

通过配置 IPv6 的 FIB 负载分担方式，可以决定在转发报文时，对于等价路由如何选择。目前支持两种方式。

(1)基于 hash 算法的方式：根据源 IPv6 地址、目的 IPv6 地址等信息，采用一定的算法，决定报文转发时将使用哪一条等价路由。

(2)轮询方式：在转发报文时，轮流使用每条等价路由。

表 9.62　配置 IPv6 FIB 转发功能

<table>
<tr><th colspan="2">操　作</th><th>命　令</th><th>说　明</th></tr>
<tr><td colspan="2">进入系统视图</td><td>system-view</td><td>—</td></tr>
<tr><td colspan="2">使能 IPv6 FIB 缓存功能</td><td>ipv6 fibcache</td><td>必选
在缺省情况下，IPv6 FIB 缓存功能处于关闭状态</td></tr>
<tr><td rowspan="2">配置 IPv6 FIB 负载分担方式</td><td>配置采用基于 hash 算法的方式</td><td>ipv6 fib-loadbalance-type hash-based</td><td rowspan="2">可选
在缺省情况下，采用轮询方式，即在转发报文时，轮流使用每条等价路由</td></tr>
<tr><td>配置采用轮询方式</td><td>undo ipv6 fib-loadbalance-type hash-based</td></tr>
</table>

6. 配置 ICMPv6 报文发送

(1)配置指定时间内发送 ICMPv6 差错报文的最大个数

如果网络中短时间内发送的 ICMPv6 差错报文过多，将可能导致网络拥塞。为了避免这种情况，可以控制在指定时间内发送 ICMPv6 差错报文的最大个数，目前采用令牌桶算法来实现。

用户可以设置令牌桶的容量，即令牌桶中可以同时容纳的令牌数；同时可以设置令牌桶的刷新周期，即每隔多长时间将令牌桶内的令牌个数刷新为所配置的容量。一个令牌表示允许发送一个 ICMPv6 差错报文，每当发送一个 ICMPv6 差错报文，则令牌桶中减少一个令牌。如果连续发送的 ICMPv6 差错报文超过了令牌桶的容量，则后续的 ICMPv6 差错报文将不能被发送出去，直到按照所设置的刷新频率将新的令牌放入令牌桶中，如表 9.63 所示。

表 9.63　配置指定时间内发送 ICMPv6 差错报文的最大个数

操　作	命　令	说　明
进入系统视图	system-view	—
配置控制 ICMPv6 差错报文发送的令牌桶容量和刷新周期	ipv6 icmp-error { bucket bucket-size | ratelimit interval}*	可选 在缺省情况下，令牌桶容量为 10，令牌桶的刷新周期为 100ms，即每一个刷新周期内最多可以发送 10 个 ICMPv6 差错报文 刷新周期为 0 时，表示不限制 ICMPv6 差错报文的发送

(2)配置允许回复组播形式的 Echo request 报文

如果允许主机回复组播形式的 Echo request 报文,则主机 A 可以构造目的地址为组播地址、源地址为主机 B 的 Echo request 报文,使该组播中所有的主机都向主机 B 发送 Echo reply 报文,从而达到攻击主机 B 的目的。因此,为了避免主机利用设备达到攻击的目的,在缺省情况下,不允许设备回复组播形式的 Echo request 报文。可以通过下面的命令,配置允许设备回复组播形式的 Echo request 报文,如表 9.64 所示。

表 9.64 配置允许回复组播形式的 Echo request 报文

操作	命令	说明
进入系统视图	system-view	—
配置允许回复组播形式的 Echo request 报文	ipv6 icmpv6 multicast-echo-reply enable	必选 在缺省情况下,不允许回复组播形式的 Echo request 报文

7. IPv6 基础显示和维护

在完成上述配置后,在任意视图下执行 display 命令可以显示 IPv6 配置后的运行情况,用户可以通过查看显示信息验证配置的效果。

在用户视图下,执行 reset 命令可以清除相应的统计信息,如表 9.65 所示。

表 9.65 IPv6 显示和维护

操作	命令
显示 FIB 转发信息表项	display ipv6 fib [ipv6-address]
显示 FIB 缓存中的路由总数	display ipv6 fibcache
显示可以配置 IPv6 地址的接口的 IPv6 信息	display ipv6 interface [brief] [interface-type [interface-number]]
显示邻居信息	display ipv6 neighbors {ipv6-address | all | dynamic | interface interface-type interface-number | static | vlan vlan-id} [| {begin | exclude | include} text]
显示符合指定条件的邻居表项的总个数	display ipv6 neighbors { all | dynamic | interface interface-type interface-number | static | vlan vlan-id } count
显示 IPv6 的 PMTU 信息	display ipv6 pathmtu { ipv6-address | all | dynamic | static }
显示指定套接字的相关信息	display ipv6 socket [socktype socket-type] [task-id socket-id]
显示 IPv6 报文及 ICMPv6 报文的统计信息	display ipv6 statistics
显示 TCP6 连接的统计信息	display tcp ipv6 statistics
显示 TCP6 连接的状态信息	display tcp ipv6 status
显示 UDP6 的统计信息	display udp ipv6 statistics
清除 FIB 缓存项	reset ipv6 fibcache
清除 IPv6 邻居信息	reset ipv6 neighbors { all | dynamic | interface interface-type interface-number | static }
清除 PMTU 值	reset ipv6 pathmtu { all | static | dynamic}
清除 IPv6 报文统计信息	reset ipv6 statistics
清除所有 TCP6 连接的统计信息	reset tcp ipv6 statistics
清除所有 UDP6 统计信息	reset udp ipv6 statistics

8. IPv6 基础典型配置举例

如图 9.40 所示，无线控制器 WCM 和交换机 Switch 通过以太网端口直接相连，给 VLAN 接口配置不同类型的 IPv6 地址，验证它们之间的互通性。其中 EUI-64 前缀为 2001::/64，WCM 的全球单播网络地址为 3001::1/64，Switch 的全球单播网络地址为 3001::2/64。

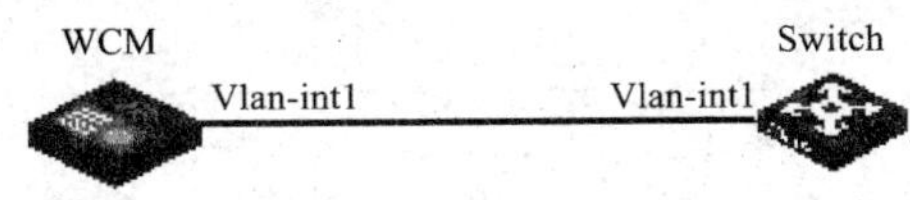

图 9.41　IPv6 地址配置组网图

配置步骤如下：

(1) 配置 WCM。

使能交换机无线控制器的 IPv6 转发功能。

〈WCM〉 system-view

[WCM] ipv6

配置 VLAN 接口 1 的链路本地地址为自动生成。

[WCM] interface vlan-interface 1

[WCM-Vlan-interface1] ipv6 address auto link-local

配置 VLAN 接口 1 的 EUI-64 地址。

[WCM-Vlan-interface1] ipv6 address 2001::/64 eui-64

配置 VLAN 接口 1 的全球单播地址。

[WCM-Vlan-interface1] ipv6 address 3001::1/64

(2)交换机 Switch 的配置，请参考具体使用的设备手册。

9.3.19　802.1x 配置

802.1x 本身的各项配置除了"全局及端口下开启 802.1x 特性"任务外，其余配置则是可选的，用户可以根据各自的具体需求决定是否进行这些配置。

802.1x 提供了一个用户身份认证的实现方案，但是仅仅依靠 802.1x 是不足以实现该方案的。接入设备的管理者选择使用 RADIUS 或本地认证方法，以配合 802.1x 完成用户的身份认证：

(1)如果是通过远端的 RADIUS 服务器进行认证，则需要在 RADIUS 服务器上配置相应的用户名和密码，然后在设备端进行 RADIUS Client 的相关设置。

(2)如果是本地认证，则需要在设备上手动添加认证的用户名和密码记录，这样用户使用和设备中记录相同的用户名和密码通过 802.1x 客户端软件上网时，就可以通过认证。配置本地认证时，用户使用的服务类型必须设置为 lan-access。

具体配置细节，请参见"AAA RADIUS HWTACACS 配置"。

1. 配置全局 802.1x

表 9.66 所示为如何配置全局 802.1x。

表 9.66 配置全局 802.1x

<table>
<tr><th colspan="2">配置步骤</th><th>命 令</th><th>说 明</th></tr>
<tr><td colspan="2">进入系统视图</td><td>system-view</td><td>—</td></tr>
<tr><td colspan="2">开启全局的 802.1x 特性</td><td>dot1x</td><td>必选
在缺省情况下,全局的 802.1x 特性为关闭状态</td></tr>
<tr><td colspan="2">开启端口的 802.1x 特性</td><td>dot1x interface interface-list</td><td>必选
在缺省情况下,端口的 802.1x 特性为关闭状态</td></tr>
<tr><td colspan="2">设置 802.1x 用户的认证方法</td><td>dot1x authentication-method {chap|eap|pap}</td><td>可选
在缺省情况下,无线控制器对 802.1x用户的认证方法为 CHAP 认证</td></tr>
<tr><td rowspan="3">配置端口控制</td><td>设置端口接入控制的模式</td><td>dot1x port-control {authorized-force | auto | unauthorized-force} [interface interface-list]</td><td>可选
在缺省情况下,802.1x 在端口上进行接入控制的模式为 auto</td></tr>
<tr><td>设置端口接入控制方式</td><td>dot1x port-method {macbased | portbased} [interface interface-list]</td><td>可选
在缺省情况下,802.1x 在端口上进行接入控制方式为 macbased</td></tr>
<tr><td>设置端口同时接入用户数量的最大值</td><td>dot1x max-user user-number [interface interface-list]</td><td>可选
在缺省情况下,所有的端口上都允许同时最多有 1024 个接入用户</td></tr>
<tr><td colspan="2">设置无线控制器向接入用户发送认证请求报文的最大次数</td><td>dot1x retry max-retry-value</td><td>可选
在缺省情况下,max-retry-value 为 2,即无线控制器最多可向接入用户发送 2 次认证请求报文</td></tr>
<tr><td colspan="2">配置定时器参数</td><td>dot1x timer {handshake-period handshake-period-value | quiet-period quiet-period-value | server-timeout server-timeout-value | supp-timeout supp-timeout-value | tx-period tx-period-value}</td><td>可选
在缺省情况下:
①握手定时器的值为 15s
②静默定时器的值为 60s
③认证服务器超时定时器的值为 100s
④客户端认证超时定时器的值为 30s
⑤用户名请求超时定时器的值为 30s</td></tr>
<tr><td colspan="2">开启静默定时器功能</td><td>dot1x quiet-period</td><td>可选
在缺省情况下,静默定时器功能处于关闭状态</td></tr>
<tr><td colspan="2">使能全局的对通过代理登录无线控制器的用户的检测及控制</td><td>dot1x supp-proxy-check {logoff | trap} [interface interface-list]</td><td>可选
在缺省情况下,没有设置无线控制器对通过代理登录的用户的检测及接入控制</td></tr>
<tr><td colspan="2">进入以太网接口视图</td><td>interface interface-type interface-number</td><td>—</td></tr>
</table>

续表

配置步骤	命　令	说　明
使能端口对通过代理登录无线控制器的用户的检测及控制	dot1x supp-proxy-check {logoff | trap}	可选 在缺省情况下,没有设置无线控制器对通过代理登录的用户的检测及接入控制
开启在线用户握手功能	dot1x handshake	可选 在缺省情况下,开启在线用户握手功能
开启多播触发功能	dot1x multicast-trigger	可选 在缺省情况下,多播触发功能处于开启状态

只有同时开启全局和端口的 802.1x 特性后,802.1x 的配置才能在端口上生效。

(1)开启端口的 802.1x 特性与配置端口控制(设置端口接入控制的模式、端口接入控制方式、端口同时接入用户数量的最大值)也可在接口视图下进行,具体配置请参见表 9.67。全局配置与端口配置并无优先级之分,仅是作用范围不一致,后配置的参数会覆盖已有的参数。

(2)必须同时开启全局和指定端口的代理用户检测与控制,此特性的配置才能在该端口上生效。

(3)一般情况下,用户无需使用 dot1x timer 命令改变部分定时器值,除非在一些特殊或恶劣的网络环境下,可以使用该命令调节交互进程。

2. 配置端口的 802.1x

表 9.67 所示是配置端口的 802.1x。

表 9.67　配置端口的 802.1x

配置步骤	命　令	说　明
进入系统视图	system-view	—
进入以太网接口视图	interface interface-type interface-number	—
开启端口的 802.1x 特性	dot1x	必选 在缺省情况下,端口的 802.1x 特性为关闭状态
设置端口接入控制的模式	dot1x port-control {authorized-force | auto | unauthorized-force}	可选 在缺省情况下,802.1x 在端口上进行接入控制的模式为 auto
设置端口接入控制方式	dot1x port-method {macbased |portbased}	可选 在缺省情况下,802.1x 在端口上进行接入控制方式为 macbased
设置端口同时接入用户数量的最大值	dot1x max-user user-number	可选 在缺省情况下,所有的端口上都允许同时最多有 1024 个接入用户
开启在线用户握手功能	dot1x handshake	可选 在缺省情况下,开启在线用户握手功能

续表

配置步骤	命 令	说 明
使能端口对通过代理登录无线控制器的用户的检测及控制	dot1x supp-proxy-check {logoff|trap}	可选 在缺省情况下,没有设置无线控制器对通过代理登录的用户的检测及接入控制
开启多播触发功能	dot1x multicast-trigger	可选 在缺省情况下,多播触发功能处于开启状态

请注意,802.1x 的代理检测功能依赖于在线用户握手功能。在配置代理检测功能之前,必须先开启在线用户握手功能。关闭在线用户握手功能之前,必须先关闭配置代理检测功能。

(1)如果端口启动了 802.1x,则不能配置该端口加入聚合组。反之,如果该端口已经加入到某个聚合组中,则禁止在该端口上启动 802.1x。

(2)对于 802.1x 用户,如果采用 EAP 中继认证方式,则无线控制器会把客户端输入的内容直接封装后发给服务器,这种情况下 user-name-format 命令的设置无效,user-name-format 的介绍请参见"AAA RADIUS HWTACACS 命令"。

(3)如果 802.1x 客户端配置的用户名携带版本号或者用户名中存在空格,则无法通过用户名检索和切断用户的连接,但是通过其他方式(如 IP 地址、连接索引号等)仍然可以检索和切断用户的连接。

(4)若端口启动了 802.1x 的多播触发功能,则该端口会定期向客户端发送多播触发报文来启动认证。但是对于无线局域网来说,可以由客户端主动发起认证,或由 802.11 发现用户并触发认证,而不必端口定期发送 802.1x 的多播报文来触发。同时,多播触发报文会占用无线的通信带宽,因此建议无线局域网中的接入无线控制器关闭该功能。

(5)如果设备为 LS8M1WCM128A0 业务板,建议不要在 GigabitEthernet1/0/1 接口上进行 802.1X 配置。

3. 配置 GuestVlan

(1)配置准备

- 开启 802.1x 特性;
- 配置端口上进行接入控制的方式为 portbased;
- 配置端口上进行接入控制的模式为 auto;
- 已经创建需要配置为 GuestVlan 的 VLAN。

(2)配置 GuestVlan(见表 9.68)

表 9.68 配置 GuestVlan

配置步骤	命 令	说 明
进入系统视图	system-view	—
配置指定端口的 GuestVlan	dot1x guest-vlan vlan-id [interface interface-list]	必选 在缺省情况下,端口没有配置 GuestVlan
	或者在以太网接口视图下 interface interface-type interface-number dot1x guest-vlan vlan-id	

(3)802.1x 显示和维护

在完成上述配置后，在任意视图下执行 display 命令可以显示配置后 802.1x 的运行情况，通过查看显示信息验证配置的效果。表 9.69 所示为显示和维护的命令。

在用户视图下，执行 reset 命令可以清除 802.1x 的统计信息。

表 9.69　802.1x 配置的显示和维护

操　　作	命　　令
显示 802.1x 的会话连接信息、相关统计信息或配置信息	display dot1x [sessions | statistics] [interface interface-list]
清除 802.1x 的统计信息	reset dot1x statistics [interface interface-list]

4. 802.1x 典型配置举例

如图 9.42 所示，某用户的工作站与无线控制器的端口 GigabitEthernet1/0/1 相连接。

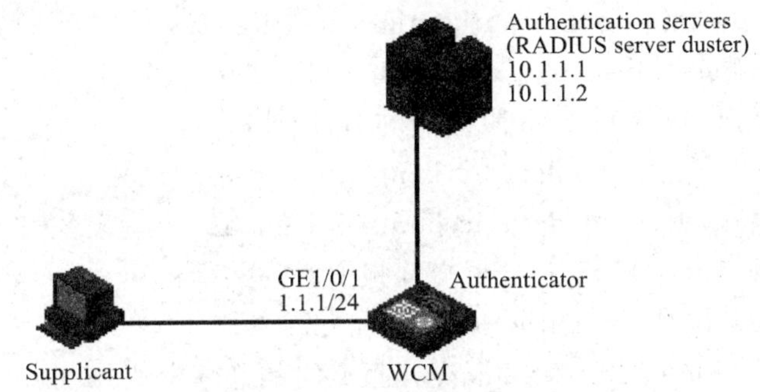

图 9.42　启动 802.1x 和 RADIUS 对接入用户进行 AAA 操作

(1)无线控制器的管理者希望在端口 GigabitEthernet1/0/1 上对接入用户进行认证，接入控制方式要求是 macbased。

(2)所有 AAA 接入用户都属于一个缺省的域：aabbcc.net，该域最多可容纳 30 个用户。认证时，先进行 RADIUS 认证，如果 RADIUS 服务器没有响应再转而进行本地认证；计费时，如果 RADIUS 计费失败则切断用户连接使其下线。

(3)由两台 RADIUS 服务器组成的服务器组与无线控制器相连，其 IP 地址分别为 10.1.1.1和 10.1.1.2，要求使用前者作为主认证/备份计费服务器，使用后者作为备份认证/主计费服务器。

(4)设置系统与认证 RADIUS 服务器交互报文时的共享密钥为 name、与计费 RADIUS 服务器交互报文时的共享密钥为 money。

(5)设置系统在向 RADIUS 服务器发送报文后 5s 种内如果没有得到响应就向其重新发送报文，发送报文的次数总共为 5 次，设置系统每 15min 就向 RADIUS 服务器发送一次实时计费报文。

(6)设置系统从用户名中去除用户域名后再将之传给 RADIUS 服务器。

(7)本地 802.1x 接入用户的用户名为 localuser，密码为 localpass，使用明文输入；闲置切断功能处于打开状态，正常连接时用户空闲时间超过 20min，则切断其连接。

下述各配置步骤包含了大部分 AAA/RADIUS 协议配置命令，对这些命令的介绍，请参见“AAA RADIUS HWTACACS 配置”。此外，客户端和 RADIUS 服务器上的配置略。

配置步骤如下：

配置各接口的 IP 地址(略)。

添加本地接入用户，启动闲置切断功能并设置相关参数。

```
〈WCM〉system-view
[WCM] local-user localuser
[WCM-luser-localuser] service-type lan-access
[WCM-luser-localuser] password simple localpass
[WCM-luser-localuser] attribute idle-cut 20
[WCM-luser-localuser] quit
```

创建 RADIUS 方案 radius1 并进入其视图。

```
[WCM] radius scheme radius1
```

设置主认证/计费 RADIUS 服务器的 IP 地址。

```
[WCM-radius-radius1] primary authentication 10.1.1.1
[WCM-radius-radius1] primary accounting 10.1.1.2
```

设置备份认证/计费 RADIUS 服务器的 IP 地址。

```
[WCM-radius-radius1] secondary authentication 10.1.1.2
[WCM-radius-radius1] secondary accounting 10.1.1.1
```

设置系统与认证 RADIUS 服务器交互报文时的共享密钥。

```
[WCM-radius-radius1] key authentication name
```

设置系统与计费 RADIUS 服务器交互报文时的共享密钥。

```
[WCM-radius-radius1] key accounting money
```

设置系统向 RADIUS 服务器重发报文的时间间隔与次数。

```
[WCM-radius-radius1] timer response-timeout 5
[WCM-radius-radius1] retry 5
```

设置系统向 RADIUS 服务器发送实时计费报文的时间间隔。

```
[WCM-radius-radius1] timer realtime-accounting 15
```

指示系统从用户名中去除用户域名后再将之传给 RADIUS 服务器。

```
[WCM-radius-radius1] user-name-format without-domain
[WCM-radius-radius1] quit
```

创建缺省用户域 aabbcc.net 并进入其视图。

```
[WCM] domain aabbcc.net
[WCM-isp-aabbcc.net] quit
[WCM] domain default enable aabbcc.net
```

指定 radius1 为该域用户的 RADIUS 方案，并采用 local 作为备选方案。

```
[WCM] domain aabbcc.net
[WCM-isp-aabbcc.net] authentication default radius-scheme radius1 local
[WCM-isp-aabbcc.net] authorization default radius-scheme radius1 local
[WCM-isp-aabbcc.net] accounting default radius-scheme radius1 local
```

设置该域最多可容纳 30 个用户。

```
[WCM-isp-aabbcc.net] access-limit enable 30
```

启动闲置切断功能并设置相关参数。

[WCM-isp-aabbcc. net] idle-cut enable 20

[WCM-isp-aabbcc. net] quit

开启全局 802. 1x 特性。

[WCM] dot1x

开启指定端口 GigabitEthernet1/0/1 的 802. 1x 特性。

[WCM] interface gigabitethernet 1/0/1

[WCM-GigabitEthernet1/0/1] dot1x

[WCM-GigabitEthernet1/0/1] quit

设置接入控制方式(该命令可以不配置,因为端口的接入控制在缺省情况下就是macbased)。

[WCM] dot1x port-method macbased interface gigabitethernet 1/0/1

5. GuestVlan 的典型配置举例

如图 9. 43 所示,一台主机通过 802. 1x 认证接入网络,认证服务器为 RADIUS 服务器。Supplicant 接入无线控制器的端口 GigabitEthernet1/0/1 在 VLAN1 内;认证服务器在 VLAN2 内;Update Server 是用于客户端软件下载和升级的服务器,在 VLAN10 内。无线控制器的端口 GigabitEthernet1/0/2 为 Trunk 口同交换机相连。

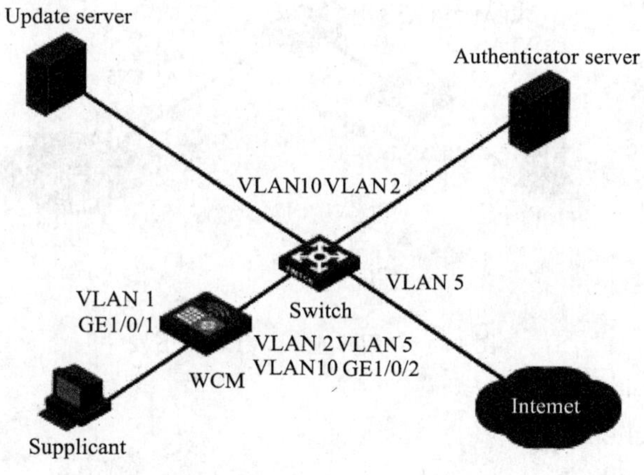

图 9. 43　GuestVlan 典型组网图

如图 9. 44 所示,在 GigabitEthernet10//1 上开启 802. 1x 特性并使能 GuestVlan10,当无线控制器从端口发送触发认证报文(EAP-Request/Identity)超过设定的最大次数而没有收到任何回应报文后,GigabitEthernet1/0/1 被加入 GuestVlan10 中,此时 Supplicant 和 Update Server 都在 VLAN10 内,Supplicant 可以访问 Update Server 并下载 802. 1x 客户端。

如图 9. 45 所示,当用户认证成功上线,认证服务器下发 VLAN5。此时 Supplicant 和 Ethernet1/2 都在 VLAN5 内,Supplicant 可以访问 Internet。

假设无线控制器 WCM 通过交换机 Switch 到 Update Server,Authenticator Server,Internet 路由可达。设置 GigabitEthernet1/0/2 为 Trunk 口,加入 Vlan2,Vlan5,Vlan10 及各 Vlan 接口的 IP 地址配置从略,相关配置请参考“VLAN 配置和 MAC 地址表管理”。

配置过程如下:

配置 RADIUS 方案 2000。

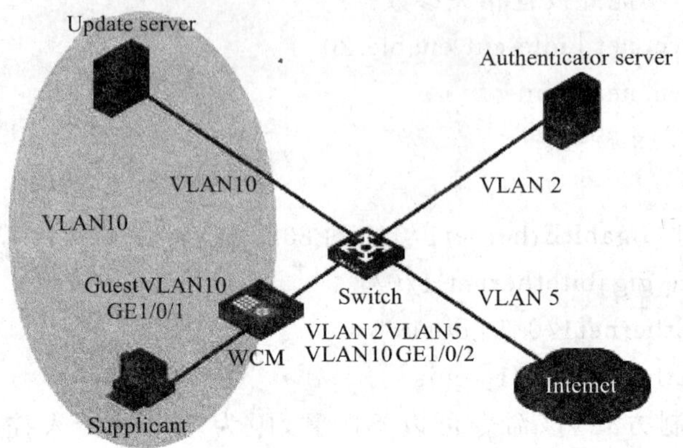

图 9.44 使能 GuestVlan

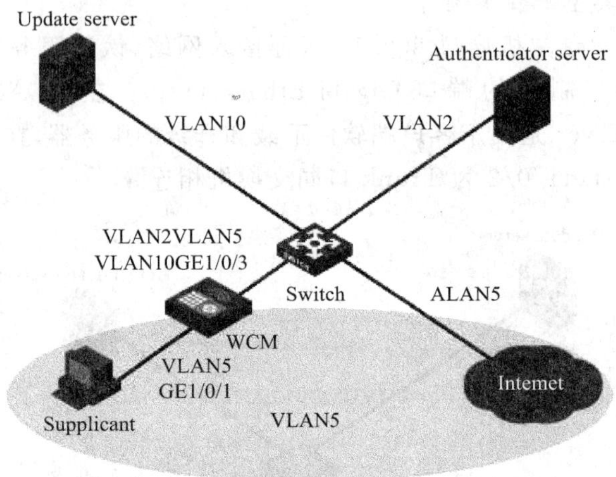

图 9.45 用户上线,VLAN 下发

```
〈WCM〉system-view
[WCM] radius scheme 2000
[WCM-radius-2000] primary authentication 10.11.1.1 1812
[WCM-radius-2000] primary accouting 10.11.1.1 1813
[WCM-radius-2000] key authentication abc
[WCM-radius-2000] key accouting abc
[WCM-radius-2000] user-name-format without-domain
[WCM-radius-2000] quit
```

配置 domain,该 domain 使用刚才配置好的 RADIUS 方案 2000。

```
[WCM] domaim system
[WCM-isp-system] authentication default radius-scheme 2000
[WCM-isp-system] authorization default radius-scheme 2000
[WCM-isp-system] accounting default radius-scheme 2000
[WCM-isp-system] quit
```

```
# 开启全局 802.1x 特性。
[WCM] dot1x
# 开启指定端口的 802.1x 特性。
[WCM] interface GigabitEthernet 1/0/1
[WCM-GigabitEthernet1/0/1] dot1x
# 配置端口上进行接入控制的方式为 portbased。
[WCM-GigabitEthernet1/0/1] dot1x port-method portbased
# 配置端口上进行接入控制的模式为 auto。
[WCM-GigabitEthernet1/0/1] dot1x port-control auto
# 配置端口的链路类型为 access。
[WCM-GigabitEthernet1/1] port link-type access
[WCM-ethernet1/1] quit
# 创建 VLAN10。
[WCM] vlan 10
[WCM-vlan10] quit
# 配置指定端口的 Guest Vlan。
[WCM] dot1x guest-vlan 10 interface GigabitEthernet 1/1
```

通过命令 display current-configuration 或者 display interface ethernet 1/1 可以查看 Guest Vlan 配置情况。在没有用户上线、用户认证失败或用户成功下线等情况下发送触发认证报文(EAP-Request/Identity)超过设定的最大次数时，通过命令 display vlan 10 可以查看端口配置的 GuestVlan 是否生效。

9.3.20　DHCP 配置

随着网络规模的不断扩大和网络复杂度的提高，计算机的数量经常超过可供分配的 IP 地址数量。同时随着便携机及无线网络的广泛使用，计算机的位置也经常变化，相应的 IP 地址也必须经常更新，从而导致网络配置越来越复杂。DHCP(dynamic host configuration protocol，动态主机配置协议)就是为了满足这些需求而发展起来的。

DHCP 采用客户端/服务器通信模式，由客户端向服务器提出配置申请，服务器返回 IP 地址等相应的配置信息，以实现 IP 地址等信息的动态配置。

在 DHCP 的典型应用中，一般包含一台 DHCP 服务器和多台客户端(如 PC 和便携机)，如图 9.46 所示。

针对客户端的不同需求，DHCP 提供三种 IP 地址分配策略。

(1)手工分配地址：由管理员为少数特定客户端(如 WWW 服务器等)静态绑定固定的 IP 地址。通过 DHCP 将配置的固定 IP 地址发给客户端。

(2)自动分配地址：DHCP 为客户端分配租期为无限长的 IP 地址。

(3)动态分配地址：DHCP 为客户端分配有有效期限的 IP 地址，到达使用期限后，客户端需要重新申请地址。绝大多数客户端得到的都是这种动态分配的地址。

请注意，如果采用动态地址分配策略，则 DHCP 服务器分配给客户端的 IP 地址有一定的租借期限，当租借期满后服务器会收回该 IP 地址。如果 DHCP 客户端希望继续使用该地址，就需要更新 IP 地址租约。

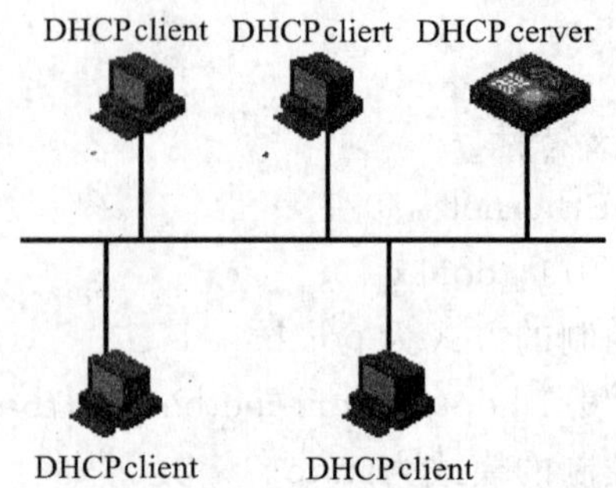

图 9.46 DHCP 典型应用

在 DHCP 客户端的 IP 地址租约期限达到一半时间时,DHCP 客户端会向为它分配 IP 地址的 DHCP 服务器单播发送 DHCP-REQUEST 报文,以进行 IP 租约的更新。如果客户端可以继续使用此 IP 地址,则 DHCP 服务器回应 DHCP-ACK 报文,通知 DHCP 客户端已经获得新 IP 租约;如果此 IP 地址不可以再分配给该客户端,则 DHCP 服务器回应 DHCP-NAK 报文,通知 DHCP 客户端不能获得新的租约。

如果在租约的一半时间进行的续约操作失败,DHCP 客户端会在租约期限达到 7/8 时,广播发送 DHCP-REQUEST 报文进行续约。DHCP 服务器的处理方式同上,不再赘述。

有关 IP 地址动态获取过程和 DHCP 的报文格式等内容请参看有关书籍。

1. DHCP 服务器配置任务

(1) 使能 DHCP 服务

首先使能 DHCP 服务,只有使能 DHCP 服务后,其他相关的 DHCP 配置才能生效。使能配置命令如表 9.70 所示。

表 9.70 使能 DHCP 服务

操　作	命　令	说　明
进入系统视图	system-view	—
使能 DHCP 服务	dhcp enable	必选 在缺省情况下,DHCP 服务处于禁止状态

(2) 配置 DHCP 服务器的地址池

配置 DHCP 服务器的地址池分以下几步进行。

1)创建 DHCP 地址池

创建方法如表 9.71 所示。

表 9.71 创建 DHCP 地址池

操　作	命　令	说　明
进入系统视图	system-view	—
创建 DHCP 地址池并进入 DHCP 地址池视图	dhcp server ip-pool pool-name	必选 在缺省情况下,没有创建 DHCP 地址池

2)配置 DHCP 地址池的地址分配方式

根据客户端的实际需要,可以将地址池配置为采用静态绑定或动态分配方式进行地址分配,但对一个 DHCP 地址池不能同时配置这两种方式。

动态地址分配需要指定用于分配的地址范围，而静态地址绑定则可以看作是只包含一个地址的特殊的 DHCP 地址池。

①配置采用静态绑定方式进行地址分配

某些客户端（如 WWW 服务器等）需要固定的 IP 地址，可以通过将客户端的 MAC 地址与 IP 地址绑定的方式实现。当具有此 MAC 地址的客户端申请 IP 地址时，DHCP 服务器将根据客户端的 MAC 地址查找到对应的 IP 地址，并分配给客户端。

某些客户端在向 DHCP 服务器发送 DHCP-DISCOVER 报文申请 IP 地址时，会构建客户端 ID 并添加到报文中一起发送。如果在 DHCP 服务器上将客户端 ID 与 IP 地址绑定，则当该客户端申请 IP 地址时，DHCP 服务器将根据客户端 ID 查找到对应的 IP 地址并分配给客户端。

目前，一个 DHCP 地址池中只能配置一个静态绑定，可以是 IP 地址与 MAC 地址的绑定，也可以是 IP 地址与客户端 ID 的绑定，如表 9.72 所示。

表 9.72　配置采用静态绑定方式进行地址分配

<table>
<tr><th colspan="2">操　作</th><th>命　令</th><th>说　明</th></tr>
<tr><td colspan="2">进入系统视图</td><td>system-view</td><td>—</td></tr>
<tr><td colspan="2">进入 DHCP 地址池视图</td><td>dhcp server ip-pool pool-name</td><td>—</td></tr>
<tr><td colspan="2">配置静态绑定的 IP 地址</td><td>static-bind ip-address ip-address [mask-length | mask mask]</td><td>必选
在缺省情况下，没有配置静态绑定的 IP 地址</td></tr>
<tr><td rowspan="2">配置静态绑定的 MAC 地址或客户端 ID</td><td>配置静态绑定的客户端 MAC 地址</td><td>static-bind mac-address mac-address</td><td rowspan="2">两者必选其一
在缺省情况下，没有配置静态绑定的 MAC 地址和客户端 ID</td></tr>
<tr><td>配置静态绑定的客户端 ID</td><td>static-bind client-identifier client-identifier</td></tr>
</table>

需要指出的是：

static-bind ip-address 和 static-bind mac-address 或 static-bind client-identifier 命令必须配合使用。

在同一个 DHCP 地址池中，如果配置了 static-bind mac-address 命令后，再配置 static-bind client-identifier 命令，则后面的配置将会覆盖前面的配置，反之亦然。

在同一个 DHCP 地址池中，如果多次执行 static-bind ip-address 或 static-bind mac-address 或 static-bind client-identifier 命令，新的配置会覆盖已有配置。

静态绑定的 IP 地址不能是 DHCP 服务器的接口 IP 地址，否则会导致 IP 地址冲突，被绑定的客户端将无法正常获取到 IP 地址。

静态绑定的客户端 ID，要与在待绑定客户端通过 display dhcp client verbose 命令显示的客户端 ID 一致。否则，客户端无法成功获取 IP 地址。

②配置采用动态分配方式进行地址分配

对于采用动态地址分配方式的地址池，需要配置该地址池可分配的地址范围，地址范围的大小通过掩码来设定。目前，一个地址池中只能配置一个地址段。

DHCP 服务器在分配地址时，需要排除已经被占用的 IP 地址（如网关、FTP 服务器等）。否则，同一地址分配给两个客户端会造成 IP 地址冲突。

对于不同的地址池，DHCP 服务器可以指定不同的地址租用期限，但同一 DHCP 地址池中的地址具有相同的期限。地址租用有效期限不具有继承关系。操作过程和使用的命令如表 9.73 所示。

表 9.73　配置采用动态分配方式进行地址分配

操　作	命　令	说　明
进入系统视图	system-view	—
进入 DHCP 地址池视图	dhcp server ip-pool pool-name	—
配置动态分配的 IP 地址范围	network network-address [mask-length | mask mask]	必选 在缺省情况下，没有配置动态分配的 IP 地址范围，即没有可供分配的 IP 地址
配置动态分配的 IP 地址的租用有效期限	expired { day day [hour hour [minute minute]] | unlimited }	可选 在缺省情况下，IP 地址租用有效期限为 1 天
返回系统视图	quit	—
配置 DHCP 地址池中不参与自动分配的 IP 地址	dhcp server forbidden-ip low-ip-address [high-ip-address]	可选 在缺省情况下，除 DHCP 服务器接口的 IP 地址外，DHCP 地址池中的所有 IP 地址都参与自动分配

注：在同一个 DHCP 地址池中，如果多次执行 network 命令，新的配置会覆盖已有配置。

多次执行 dhcp server forbidden-ip 命令，可以配置多个不参与自动分配的 IP 地址段。

3）配置 DHCP 客户端的域名后缀

在 DHCP 服务器上，可以为每个地址池指定客户端使用的域名后缀。在给客户端分配 IP 地址的同时，也将域名后缀发送给客户端。

在客户端进行域名解析时，用户只需要输入域名的部分字段，客户端就会自动将输入的域名加上域名后缀进行解析，如表 9.74 所示。

表 9.74　配置 DHCP 客户端的域名

操　作	命　令	说　明
进入系统视图	system-view	—
进入 DHCP 地址池视图	dhcp server ip-pool pool-name	—
配置为 DHCP 客户端分配的域名后缀	domain-name domain-name	必选 在缺省情况下，没有配置为 DHCP 客户端分配的域名后缀

4）配置 DHCP 客户端的 DNS 服务器地址

通过域名访问 Internet 上的主机时，需要将域名解析为 IP 地址，这是通过 DNS(domain name system，域名系统)实现的。为了使 DHCP 客户端能够通过域名访问 Internet 上的主机，DHCP 服务器应在为客户端分配 IP 地址的同时指定 DNS 服务器地址。配置方法如表 9.75 所示。目前，每个 DHCP 地址池最多可以配置 8 个 DNS 服务器地址。

表 9.75　配置 DHCP 客户端的 DNS 服务器地址

操　作	命　令	说　明
进入系统视图	system-view	—
进入 DHCP 地址池视图	dhcp server ip-pool pool-name	—
配置为 DHCP 客户端分配的 DNS 服务器地址	dns-list ip-address&〈1-8〉	必选 在缺省情况下，没有配置为 DHCP 客户端分配的 DNS 服务器地址

5）配置 DHCP 客户端的 WINS 服务器地址

对于使用 Microsoft Windows 操作系统的客户端，由 WINS（Windows Internet naming service，Windows Internet 名称服务）服务器为通过 NetBIOS 协议通信的主机提供主机名到 IP 地址的解析。所以，大部分 Windows 网络客户端需要进行 WINS 的设置。

为了使 DHCP 客户端实现主机名到 IP 地址的解析，DHCP 服务器应在为客户端分配 IP 地址的同时指定 WINS 服务器地址。目前，每个 DHCP 地址池最多可以配置 8 个 WINS 服务器地址。

DHCP 客户端在网络上使用 NetBIOS 协议通信时，需要在主机名和 IP 地址之间建立映射关系。根据获取映射关系方式的不同，NetBIOS 节点分为以下四种。

①b 类节点（b-node）："b"代表广播（broadcast），即此类节点采用广播方式获取映射关系。源节点通过发送带有目的节点主机名的广播报文来获取目的节点的 IP 地址，目的节点收到广播报文后，就将自己的 IP 地址返回给源节点。

②p 类节点（p-node）："p"代表端到端（peer-to-peer），即此类节点采用发送单播报文与 WINS 服务器通信的方式获取映射关系。源节点给 WINS 服务器发送单播报文，WINS 服务器收到单播报文后，返回源节点请求的目的节点名所对应的 IP 地址。

③m 类节点（m-node）："m"代表混合（mixed），是具有部分广播特性的 p 类节点。即此类节点首先发送广播报文来获取映射关系，如果没有获取到，则再发送单播报文与 WINS 服务器通信来获取映射关系。

④h 类节点（h-node）："h"代表混合（hybrid），是具备"端到端"通信机制的 b 类节点。即此类节点首先发送单播报文与 WINS 服务器通信来获取映射关系，如果没有获取到，再发送广播报文来获取映射关系。

各类节点配置方法是有区别的，具体如表 9.76 所示。

表 9.76　配置 DHCP 客户端的 WINS 服务器地址

操　作	命　令	说　明
进入系统视图	system-view	—
进入 DHCP 地址池视图	dhcp server ip-pool pool-name	—
配置为 DHCP 客户端分配的 WINS 服务器地址	nbns-list ip-address&〈1-8〉	必选 对于 b 类节点，为可选 在缺省情况下，没有配置为 DHCP 客户端分配的 WINS 服务器地址
配置为 DHCP 客户端分配的 NetBIOS 节点类型	netbios-type {b-node | h-node | m-node | p-node}	必选 在缺省情况下，没有配置为 DHCP 客户端分配的 NetBIOS 节点类型

注：如果配置 DHCP 客户端为 b 类 NetBIOS 节点，则不需要配置 WINS 服务器地址。

6）配置 DHCP 客户端的 BIMS 服务器信息

为了使 DHCP 客户端通过 BIMS(branch intelligent management system，分支网点智能管理系统)服务器进行软件的备份和升级等操作，DHCP 服务器需要在为 DHCP 客户端分配 IP 地址的同时，将 BIMS 服务器的 IP 地址、端口号以及加密的共享密钥等信息也发给 DHCP 客户端。之后，DHCP 客户端就可以定期向 BIMS 服务器发送连接请求，从 BIMS 服务器上获取配置文件，进行软件的备份和升级等操作，如表 9.77 所示。

表 9.77 配置 DHCP 客户端的 BIMS 服务器信息

操　作	命　令	说　明
进入系统视图	system-view	—
进入 DHCP 地址池视图	dhcp server ip-pool pool-name	—
配置为 DHCP 客户端分配的 BIMS 服务器的 IP 地址、端口及共享密钥信息	bims-server ip ip-address [port port-number] sharekey key	必选 在缺省情况下，没有配置为 DHCP 客户端分配的 BIMS 服务器信息

7）配置 DHCP 客户端的网关地址

DHCP 客户端访问本网段以外的服务器或主机时，数据必须通过网关进行转发。DHCP 服务器可以在为客户端分配 IP 地址的同时指定网关的地址。

在 DHCP 服务器上，可以为每个地址池分别指定客户端对应的网关地址。目前，每个 DHCP 地址池最多可以配置 8 个网关地址，如表 9.78 所示。

表 9.78 配置 DHCP 客户端的网关地址

操　作	命　令	说　明
进入系统视图	system-view	—
进入 DHCP 地址池视图	dhcp server ip-pool pool-name	—
配置为 DHCP 客户端分配的网关地址	gateway-list ip-address&〈1-8〉	必选 在缺省情况下，没有配置为 DHCP 客户端分配的网关地址

8）配置 DHCP 客户端的 TFTP 服务器地址及启动文件名

设备在空配置启动时自动获取并执行配置文件的功能，被称为自动配置。具体过程如下：

①设备在空配置启动时，系统会自动将处于 up 状态的接口(如缺省 VLAN 对应的虚接口)设置为 DHCP 客户端，并向 DHCP 服务器获取 IP 地址及后续获取配置文件所需要的信息(如 TFTP 服务器的 IP 地址、TFTP 服务器名、启动文件名等)。

②如果获取到相关信息，则 DHCP 客户端就可发起 TFTP 请求，从指定的 TFTP 服务器获取配置文件，之后设备就使用获取到的配置文件进行设备初始化工作。如果没有获取到相关信息，则设备在空配置的情况下正常启动。

自动配置功能在空配置启动的设备上不需要进行任何配置，但需要在 DHCP 服务器上配置一些必需的参数，包括 TFTP 服务器地址、TFTP 服务器名和启动文件名。

在 DHCP 服务器收到 DHCP 客户端发来的请求报文后，如果请求报文中的 Option 55 中有 Option 66，Option 67 或 Option 150 的参数，则会在为客户端分配 IP 地址的同时，将所配置的 TFTP 服务器的 IP 地址、TFTP 服务器名或启动文件名等信息也发给 DHCP 客户端。之后，

DHCP 客户端就可以从 TFTP 服务器获取配置文件，完成设备的自动配置，如表 9.79 所示。

表 9.79　配置 DHCP 客户端的 TFTP 服务器地址及启动文件名

操　作	命　令	说　明
进入系统视图	system-view	—
进入 DHCP 地址池视图	dhcp server ip-pool pool-name	—
配置为 DHCP 客户端分配的 TFTP 服务器地址	tftp-server ip-address ip-address	可选 在缺省情况下，没有配置为 DHCP 客户端分配的 TFTP 服务器地址
配置为 DHCP 客户端分配的 TFTP 服务器名	tftp-server domain-name domain-name	可选 在缺省情况下，没有配置为 DHCP 客户端分配的 TFTP 服务器名
配置为 DHCP 客户端分配的启动文件名	bootfile-name bootfile-name	可选 在缺省情况下，没有配置为 DHCP 客户端分配的启动文件名

9）配置 DHCP 自定义选项

通过配置 DHCP 自定义选项，用户可以：

①定义新的 DHCP 选项。随着 DHCP 的不断发展，新的可选项会陆续出现，为了支持这些新的选项，可以通过手工定义的方式将新选项添加到 DHCP 服务器的属性列表中。

②定义已有选项的内容。有些选项的内容 RFC 2132 中没有统一规定。厂商可以根据需要定义选项的内容，如 Option 43。通过配置 DHCP 自定义选项，可以为 DHCP 客户端提供厂商指定的信息。

③扩展已有的 DHCP 选项。当前已提供的方式无法满足用户需求时（比如通过 dns-list 命令最多只能配置 8 个 DNS 服务器地址，如果用户需要配置的 DNS 服务器地址数目大于 8，则该命令无法满足需求），可以通过配置 DHCP 自定义选项的方式进行扩展。

表 9.80 所示是配置 DHCP 自定义选项，而表 9.81 所示是常用 Option 使用说明。

表 9.80　配置 DHCP 自定义选项

操　作	命　令	说　明
进入系统视图	system-view	—
进入 DHCP 地址池视图	dhcp server ip-pool pool-name	—
配置 DHCP 自定义选项	option code {ascii ascii-string | hex hex-string&〈1-16〉| ip-address ip-address&〈1-8〉}	必选 在缺省情况下，没有配置 DHCP 自定义选项

表 9.81　常用 Option 使用说明

Option	RFC 对应名称	对应的命令	参数选择
3	Router Option	gateway-list	ip-address
6	Domain Name Server Option	dns-list	ip-address
15	Domain Name	domain-name	ascii

续表

Option	RFC 对应名称	对应的命令	参数选择
44	NetBIOS over TCP/IP Name Server Option	nbns-list	ip-address
46	NetBIOS over TCP/IP Node Type Option	netbios-type	hex
51	IP Address Lease Time	expired	hex
58	Renewal (T1) Time Value	expired	hex
59	Rebinding (T2) Time Value	expired	hex
66	TFTP server name	tftp-server	ascii
67	Bootfile name	bootfile-name	ascii
43	Vendor Specific Information	—	hex

注意：

● 配置自定义选项可能会对 DHCP 的工作过程造成影响，请谨慎使用 DHCP 自定义选项。

● 通过自定义选项配置 IP 地址租约时，Option 51 参数的计算方法为：将 IP 地址租约时间换算为秒数，并以十六进制表示。

● option 43 只支持 hex 格式，配置规则为：Type(1 字节)+Length(1 字节)+Server-type(2 字节)+IP 地址个数(1 字节)+IP 地址列表。其中，Type 为 0x80，Length 为可变长度，Server-Type 为保留(填充为 0x0000)，IP 地址列表是多个依次排列的网络序 IP 地址。

2. 配置 DHCP 服务的安全功能

在配置 DHCP 服务器后，为了提高 DHCP 服务的安全性，需要配置 DHCP 服务的安全功能。

在配置 DHCP 服务的安全功能之前，需完成 DHCP 服务器的必配任务：使能 DHCP 服务和配置 DHCP 服务器的地址池。

(1) 配置伪 DHCP 服务器检测功能

如果网络中有私自架设的 DHCP 服务器，当客户端申请 IP 地址时，这台 DHCP 服务器就会与 DHCP 客户端进行交互，导致客户端获得错误的 IP 地址。这种私设的 DHCP 服务器称为伪 DHCP 服务器。

在 DHCP 服务器上使能伪 DHCP 服务器检测功能后，当 DHCP 服务器接收到 siaddr 字段(为客户端分配 IP 地址的服务器 IP 地址)不为 0 的 DHCP 报文时，DHCP 服务器会记录报文中 siaddr 字段的值及接收到报文的接口信息，以便管理员及时发现并处理伪 DHCP 服务器。配置伪 DHCP 服务器检测功能的方法见表 9.82。

表 9.82 配置伪 DHCP 服务器检测功能

操 作	命 令	说 明
进入系统视图	system-view	—
使能伪 DHCP 服务器检测功能	dhcp server detect	必选 在缺省情况下，禁止伪 DHCP 服务器检测功能

(2) 配置IP地址重复分配检测功能

为了防止IP地址重复分配导致地址冲突，DHCP服务器为客户端分配地址前，需要先对该地址进行探测。

地址探测是通过ping功能实现的，通过检测是否能在指定时间内得到ping响应来判断是否有地址冲突。DHCP服务器发送目的地址为待分配地址的ICMP回显请求报文，如果在指定时间内收到回显响应报文，DHCP服务器从地址池中选择新的IP地址，并重复上述操作；如果在指定时间内没有收到回显响应报文，则继续发送ICMP回显请求报文，直到发送的回显请求报文达到最大值，如果仍然没有收到回显响应报文，则将地址分配给客户端，从而确保客户端被分得的IP地址唯一。

DHCP服务器通过ping操作来检测是否发生地址冲突，而DHCP客户端则通过发送免费ARP报文检测是否发生地址冲突，如表9.83所示。

表9.83　配置IP地址重复分配检测功能

操　作	命　令	说　明
进入系统视图	system-view	—
配置DHCP服务器发送回显请求报文的最大数目	dhcp server ping packets number	可选 在缺省情况下，DHCP服务器发送回显请求报文的最大数目为1 0表示不进行ping操作
配置DHCP服务器等待回显响应报文的超时时间	dhcp server ping timeout milliseconds	可选 在缺省情况下，DHCP服务器等待回显响应报文的超时时间为500ms 0表示不进行ping操作

3. 配置Option 82的处理方式

如果配置DHCP服务器处理Option 82，则当DHCP服务器收到带有Option 82的报文后，会在响应报文中携带Option 82，并为客户端分配IP地址等信息。

如果配置DHCP服务器忽略Option 82，则当DHCP服务器收到带有Option 82的报文后，不会在响应报文中携带Option 82，只为客户端分配IP地址等信息。

在配置Option 82的处理方式之前，需完成DHCP服务器的必配任务：使能DHCP服务和配置DHCP服务器的地址池。

表9.84所示是配置Option 82的处理方式。

表9.84　配置Option 82的处理方式

操　作	命　令	说　明
进入系统视图	system-view	—
配置DHCP服务器处理Option 82	dhcp server relay information enable	可选 在缺省情况下，DHCP服务器处理Option 82

4. DHCP服务器显示和维护

在完成上述配置后，在任意视图下执行display命令可以显示配置后DHCP服务器的运行情况，通过查看显示信息验证配置的效果，如表9.85所示。

在用户视图下执行reset命令清除DHCP服务器的相关信息。

表 9.85 DHCP 服务器显示和维护

操作	命令
显示 DHCP 的地址冲突统计信息	display dhcp server conflict {all|ip ip-address}
显示 DHCP 地址池中的租约超期信息	display dhcp server expired {all | ip ip-address | pool[pool-name]}
显示 DHCP 地址池的可用地址信息	display dhcp server free-ip
显示 DHCP 地址池中不参与自动分配的 IP 地址	display dhcp server forbidden-ip
显示 DHCP 地址池中的地址绑定信息	display dhcp server ip-in-use { all | ip ip-address | pool [pool-name]}
显示 DHCP 服务器的统计信息	display dhcp server statistics
显示 DHCP 地址池的树状结构信息	display dhcp server tree {all|pool[pool-name]}
清除 DHCP 地址冲突的统计信息	reset dhcp server conflict {all|ip ip-address}
清除 DHCP 动态地址绑定信息	reset dhcp server ip-in-use { all | ip ip-address | pool [pool-name] }
清除 DHCP 服务器的统计信息	reset dhcp server statistics

5. DHCP 服务器典型配置举例

常见的 DHCP 组网方式可分为两类：第一种是 DHCP 服务器和客户端在同一个子网内，直接进行 DHCP 报文的交互；第二种是 DHCP 服务器和客户端处于不同的子网中，必须通过 DHCP 中继代理实现 IP 地址的分配。无论哪种情况下，DHCP 的配置都是相同的。无线控制器不支持 DHCP 中继代理功能，如图 9.47 所示。

(1) 作为 DHCP 服务器的无线控制器为网段 10.1.1.0/24 中的客户端动态分配 IP 地址，该地址池网段分为两个子网网段，即 10.1.1.0/25 和 10.1.1.128/25；

(2) 无线控制器的两个 VLAN 接口，VLAN 接口 1 和 VLAN 接口 2 的地址分别为 10.1.1.1/25和 10.1.1.129/25；

(3) 10.1.1.0/25 网段内的地址租用期限为 10 天 12 小时，域名后缀为 aabbcc.com，DNS 服务器地址为 10.1.1.2，WINS 服务器地址为 10.1.1.4，网关的地址为 10.1.1.126；

(4) 10.1.1.128/25 网段内的地址租用期限为 5 天，域名后缀为 aabbcc.com，DNS 服务器地址为 10.1.1.2，无 WINS 服务器地址，网关的地址为 10.1.1.254。

(5) 10.1.1.0/25 网段与 10.1.1.128/25 网段的域名后缀、DNS 服务器地址相同，可以只配置 10.1.1.0/24 网段的域名后缀和 DNS 服务器地址，10.1.1.0/25 网段与 10.1.1.128/25 网段继承 10.1.1.0/24 网段的配置。

在本例中，建议从 VLAN 接口 1 申请 IP 地址的客户端数目不要超过 122 个；从 VLAN 接口 2 申请 IP 地址的客户端数目不要超过 124 个。

配置步骤如下：

(1) 配置端口属于 VLAN 及对应 VLAN 接口的 IP 地址(略)

(2) 配置 DHCP 服务

使能 DHCP 服务。

```
〈WCM〉system-view
[WCM] dhcp enable
```

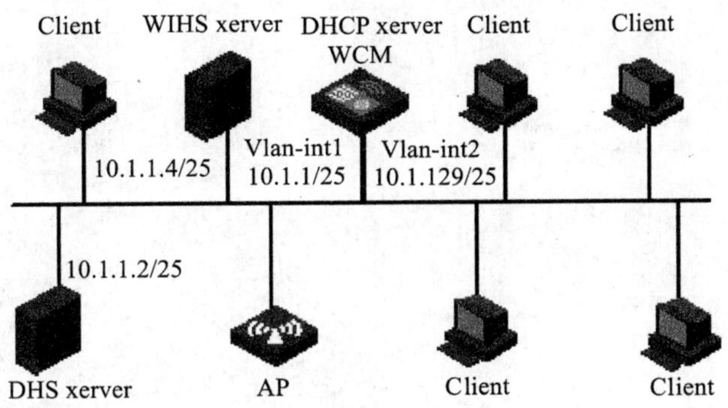

图 9.47　DHCP 组网图

配置不参与自动分配的 IP 地址(DNS 服务器、WINS 服务器和网关地址)。

```
[WCM] dhcp server forbidden-ip 10.1.1.2
[WCM] dhcp server forbidden-ip 10.1.1.4
[WCM] dhcp server forbidden-ip 10.1.1.126
[WCM] dhcp server forbidden-ip 10.1.1.254
```

配置 DHCP 地址池 0 的共有属性(地址池范围、客户端域名后缀、DNS 服务器地址)。

```
[WCM] dhcp server ip-pool 0
[WCM-dhcp-pool-0] network 10.1.1.0 mask 255.255.255.0
[WCM-dhcp-pool-0] domain-name aabbcc.com
[WCM-dhcp-pool-0] dns-list 10.1.1.2
[WCM-dhcp-pool-0] quit
```

配置 DHCP 地址池 1 的属性(地址池范围、网关、地址租用期限、WINS 服务器地址)。

```
[WCM] dhcp server ip-pool 1
[WCM-dhcp-pool-1] network 10.1.1.0 mask 255.255.255.128
[WCM-dhcp-pool-1] gateway-list 10.1.1.126
[WCM-dhcp-pool-1] expired day 10 hour 12
[WCM-dhcp-pool-1] nbns-list 10.1.1.4
[WCM-dhcp-pool-1] quit
```

配置 DHCP 地址池 2 的属性(地址池范围、地址租用期限、网关)。

```
[WCM] dhcp server ip-pool 2
[WCM-dhcp-pool-2] network 10.1.1.128 mask 255.255.255.128
[WCM-dhcp-pool-2] expired day 5
[WCM-dhcp-pool-2] gateway-list 10.1.1.254
```

第10章

无线局域网测试与验收

10.1 无线局域网测试与验收概述

在一个无线局域网安装调试完成后，还需要对实际的网络构建效果进行检查。对用户来说，这个过程叫做工程验收。在验收过程中，需要了解构建的无线局域网是否可以满足先前的规划设计要求，是否能够实现用户的需求。在工程验收期间，尽可能多做测试。

线缆有屏蔽与非屏蔽之分，焦点在于干扰和安全。无线局域网的开放性使它处于完全的公开环境。干扰、非法入侵等与有线网络存在完全不同的问题，严重影响了网络性能。

无线局域网与有线网络在发展方面明显不同的是，尽管无线网络发展时间不长，商业应用刚刚开始，但由于几十年来网络维护管理的概念早已深入人心，所以无线网络的测试与维护问题，在发展的初期就为越来越多的用户所关心。

从目前的情况来看，大部分用户在无线网络部署完成后，只通过简单手段对无线信号的强度进行检测，最常见的就是使用笔记本＋无线网卡的信号强度指示，这种手段并不能够全面反映所部署的无线网络整体性能状况，有时即使信号强也不能表明传输性能就好。

如多径干扰问题，就是一个很典型的例子，用户通过检测信号强度来判定最佳的无线传输位置，有时反而该位置的传输性能最差。对于一个部署完毕的无线网络工程，用户根本就不清楚自己的无线网络的整体情况是怎么样的。此外，对整个无线网络没有详细的文档，增加了用户的维护成本及排除故障的时间，而且不利于日后用户对无线网络的维护和调整。

验收测试通常会发现：无线信号实际覆盖情况是否存在死区；传输速率、丢包率、数据重传率等有关整个无线网络传输性能的指标；是否存在信道冲突及确定冲突分布位置；了解整个无线网络的AP、SSID、信道分布状况。测试用户无线网络中是否存在安全隐患，查找且定位一些安全问题，如AP安全机制、无线加密方式、无线信号泄露、Ad-hoc检测、非法无线设备的接入、恶意无线干扰、恶意的无线访问点接入及各种攻击等进行验收测试，同时建立完善的无线网络验收报告。这个报告也叫竣工报告，它包含了初步方案的一部分内容和站点测量安装情况说明，是提供给用户的最终说明报告。报告内容包括工程说明、开工申请、网络设备工程安装总量表、已安装设备与材料表、重大工程质量事故报告表、停(复)工通知、验收证书、交接书、竣工图和系统测试记录等。这份报告将是用户的主要技术资料，是管理和维护无线局域网的主要依据，所以应该不厌其烦地保留收集到的每一个数据。

这一章重点讲解无线局域网的测试与验收问题。

10.1.1 无线局域网的测试观点

从网络发展渊源来看，无线局域网与以太网同出一源；从 MAC 层协议特点上看，无线局域网与有线以太网有着共享同一传输通道的共同特点；从应用来说，目前无线局域网的应用大部分定位是用于有线网的补充。因此，无线局域网的测试与有线以太网也有很多相似之处。虽然，现在无人再对 WLAN 是目前网络界最热门的技术与市场持怀疑态度，但是，WLAN 的监测和测试仍然是一个常被人们忽略的问题，甚至在大多数情况下还在用笔记本和无线网卡的方法来测试和验收无线网络工程，这不由得让我们想起早期以太网时代的测试情景。

尽管无线局域网的 MAC 层协议与以太网不同，以太网的传输协议是 CSMA/CD，无线网络标准采用 CSMA/CA(带有回避冲突的载波侦听多路访问)的 MAC 方式，其共同特点是多个接入设备共享一个通信通道的机制。WLAN 其实也是有“线”的，对于 802.11b 无线局域网而言，这根线就是 2.4GHz 频段上的一段 83.5MHz 的频带。事实上，WLAN 在设计、管理和维护等方面都比有线局域网复杂许多，影响网络性能的变数也更多，有时甚至是难以预料的。CSMA/CA 协议确实比 CSMA/CD 协议的信道利用率低，但是由于无线传输的特性，在无线局域网中不能采用有线局域网的 CSMA/CD 协议。信道利用率受传输距离和空旷程度的影响，当距离远或者有障碍物影响时会存在隐藏终端问题，降低了信道利用率。具体地说，最高的信道利用率与传输速率有关。在 802.11b 无线局域网中，当速率为 1Mbps 时，最高信道利用率可到 90%，而在 11Mbps 时，最高信道利用率只有 65%左右。但这些缺点并不能掩盖无线局域网的优势。原因在于：首先，摆脱了线缆的束缚，对于网络发展是一个转折点。其次，由于 MAC 层协议使用 CSMA/CA 协议，与标准以太网协议可无缝连接运作。尽管无线 LAN 与有线 LAN 有些不同，需要一个无线接入点(AP)连接，但其兼容性使得 WLAN 在与 LAN 结合运作时，易于联成一网。最后，对于不适合布线或无法布线的地区，WLAN 解决了该地的网络应用问题。

无线局域网在传输的基础介质上冲破了传统有线网络(包括铜缆双绞线和光纤等)的束缚，走向了“以太”的三维空间传输方式。事实上，由于其新的传输特点和网络结构特点，使它的设计、管理和安装者们对管理与维护中的测试观点分为了三种：第一种是协议分析的观点，第二种是无线射频分析观点，第三种是综合分析观点。

1. 传统协议分析不能测定干扰源

早期无线网测试基本上都以协议分析作为主要方法，这是因为，无线的传输基于微波，通过空间传输，网络传输的介质已经不是主要问题了，因此完成对传输数据包分析测试，从网络应用角度上完成网络传输的性能问题测试，就足以完成无线网络的测试工作。常见的这类协议分析多数是基于软件对无线网络传输的数据包进行捕包和解码及分析等功能来实现的。自上而下的网络分析方法是相当多的网络管理人员熟悉的手段，因此就产生了这样的观点：认为传统的协议分析技术能完全解决无线网络的测试需求。

事实并非如此，无线网络的物理层其实更需要测试。无线网络虽然摆脱了传统有线网络介质上的物理特性约束，但它也带来了前所未有的物理层方面的问题。以 802.11b 为例，2.4GHz 的传输频率是公共的无线频率，与蓝牙、微波炉以及各种微波设施相同，无线网络的信号是否会埋没在各种干扰噪声之中呢？此时须测试无线传输的各种信道的信号强度、噪声强度，信噪比成为检测无线局域网物理层传输性能最基本的参数。这与局域网中对五类和六类布线系统的传输性能参数测定一样，衰减、近端串扰、回波损耗等性能参数决定了铜线的布线系统通信质量。

在底层测试上，无线局域网与布线系统测试还有一个明显的不同点，即布线系统的性能是基于点对点确切链路来保证的，而无线局域网摆脱了线缆的束缚，以无线广播的方式传输，要测定的性能就不是点对点，而是三维的立体覆盖范围。所以，测定如何查找定位在无线网络的覆盖范围和干扰源，更是无线网络测试维护的基本需求。与之相对应的网络吞吐量测试，事实上从网络应用方面体现了对无线网络物理层的测试意义。

2. 无线射频分析无法得出传输性能

由于无线局域网是基于微波射频传输的，因此有人就认为对它的测试主要集中在对射频分析上，它能够完成无线局域网物理层的全部测试，也就完成了无线局域网的安装测试问题。这种测试类似于布线测试，如五类链路测试和光缆链路测试。但是，这并不能完全反映无线局域网链路层以上的传输性能情况，就如我们不能说马路宽敞平直，就认为这是一条畅通的道路一样。没有实时的网络流量分析、网络吞吐量测试以及协议和应用统计，就无法真正满足无线网络性能以及安全性的测试需求。

在双绞线为基础的网络中，布线阶段和网络建设阶段是非常明确的两个阶段。由于综合布线建立的是一个与应用无关的布线系统，所以在布线过程中只对布线系统的性能进行评估，并不考虑网络的传输问题。而无线局域网的基础建设中，介质和物理网络应用是二合一的整体，所以即使是无线网络的工程测试，也绝不能仅仅测试物理信号那么简单和片面。

3. 物理与传输综合分析才能测试无线局域网整体

无线网络维护与管理中的测试要从以下几个方面入手：

物理层的测试，首先需完成的是各种信道、信号、噪声的测试，实际上是传输介质和信号传输载体的测试；其次是网络实际吞吐量的测试，以测试网络传输性能能否满足不同网络应用的需求；最后是射频源的精确定位测试，以解决无线网络中故障射频点及干扰源的定位问题。

网络整体性能的测试，就像以太网一样，对于无线局域网的传输性能测试来说，目前还没有一个标准来确定什么样的结果就是合格的。但通过实践，也有一些总结出的相应的参考参数来说明无线局域网的传输性能，并用它们来评估无线局域网的安全调试水平，或作为工程的验收使用。比如：

①信噪比：＞30％；

②保持连接速度：＞5.5Mbps(IEEE 802.11b)；

③包丢失和包重发：＜3％。

这里除了网络基本传输性能之外，还应包括网络结构分析、网络接入控制管理、数据帧的组成结构分析、任一接入点 AP 的性能分析等这些测试结果，综合分析后，才有可能完成全面的网络整体性能测试。

另外，还有网络安全问题。无线网的安全问题始终是影响无线网络应用发展的最大问题。无线网的安全问题分为两大类：一类是非法入侵，另一类是恶意攻击。但随着 802.1x 安全协议的推广，目前大多数实际困扰无线网络的安全问题是由于无线网络安装人员未进行安全设置，而非技术原因。因此，无线网络安全监测和报告是无线局域网测试不可或缺的测试项目之一。

协议分析，捕包解码。无线网络故障中 15%～20%源于网络的协议及应用层，网络维护中协议分析更是必不可少的手段之一。甚至一些无线网络连通性的故障原因也可以通过协议分析进行故障诊断。最后，作为一个完整的无线网络测试维护方法还应该提供专家分析系统，来分析故障原因、提出解决方案建议，以满足不同技术水平用户的需求。

10.1.2　无线局域网的测试内容

WLAN 的测试主要应用于以下几个方面：

第一是信道测试。与布线测试不同，信号强度、噪声强度、信噪比是信道测试中最重要的指标，无线传输的模式是微波传输，信号强度的测试是验证信号衰减的状态，微波衰减的强弱与距离、障碍物屏蔽、AP 的发射功率等因素相关，信号的强度在 WLAN 中站点能否上网连通起决定性作用。由于 802.11 协议使用的是公共频道，在这些频道中还有其他通信或工业设备，例如微波炉、手提电话、2.4G/5.8G 微波传输设施都会给 WLAN 造成噪声，对 WLAN 的传输造成很大干扰。

第二是 WLAN 网络性能测试。与有线网络测试相同，网络性能测试也分基本测试和运行监测，基本测试包括 AP 吞吐量测试、连通性测试、站点及 AP 列表分析等，测试者通过这些测试完成对 WLAN 运行基本情况的评估。运行监测是在基本测试的基础上增加了实时的 AP 站点性能综合分析、实时流量分析、SSID 分组分析、802.11 网络传输的各种数据包和信号帧的分类及组成、实时的网络利用率和吞吐量以及任一节点的传输速率等测试参数，这些参数反映了 WLAN 目前实际的工作状态。

第三是协议分析。对于 WLAN 来说，由于它在协议方面有许多特殊的帧格式，因此实时的捕包解码是 WLAN 测试中不可或缺的方法。由于我们作协议分析的目的是网络维护管理，因此我们在解码过程中，只需要分解到下三层协议，下三层协议包含了几乎全部网络维护管理的基本信息。

第四是故障诊断。这是在网络运行维护中必不可少的一项应用，WLAN 的故障诊断是通过对信道测试、网络性能分析、捕包解码等多项测试结果进行综合分析来进行的。WLAN 的自身特点造成 WLAN 的故障诊断被分为两部分：一是网络性能的故障诊断（网络性能评估），包括连通性故障、低速传输、AP 信号弱等；二是网络安全的故障诊断（网络安全评估），这是 WLAN 网络特有的问题。由于微波传输的特性，在某一空间内，微波信号可以被这个空间内的所有信号接收设备所接收，因此 IEEE 不断推出针对 WLAN 的安全协议，从最初的 WEP，LEAP，MIC，TKIP，802.1x 安全协议到最新的 WPA，可以说 WLAN 的安全系数已经是越来越高了。但目前的安全问题大都出于用户的初始设置问题，大多数用户连最基本的安全模式 WEP 都没有打开，就像你的门没有锁一样，任何人都可以随意进入你的网络，这时的网络是非常不安全的。发现现有的安全漏洞是 WLAN 安全测试的最基本要求。对于无线用户来说，仅仅打开 WEP 功能是远远不够的，WEP 是静态密钥，对于一个训练有素的黑客来说攻击只有 WEP 的网络仅需要两个小软件就可以轻松搞定。因此，这里引出了一个认证问题，如何认证一台设备是网络内的正常设备还是非法入侵的设备，不论非法入侵者使用什么手段侵入，对于网络来说都是不安全的因素，如何发现并迅速定位非法入侵的设备也是 WLAN 安全测试中非常重要的需求。

第五是 WLAN 应用中的维护问题。完善的管理文档会使网络的运行维护更轻松，管理文档除了必须包括各无线接入点和站点的详细状态列表之外，还要将测试报告归入文档中，既要包括基本的网络安全、性能分析，也要将每次的实时报告顺序归档，这样就形成了整个网络的长期的动态的网络分析文档，为进一步的网络升级维护提供了方便的途径。

总而言之，我们要测试以下内容：

①无线信号泄露检测；

②无线安全机制检测；

③非法无线接入点检测及定位；

④恶意无线干扰检测；

⑤恶意无线方式的攻击；

⑥Ad-hoc 检测与定位；

⑦多径干扰检测；

⑧异常流量检测；

⑨帧 CRC 错误检测；

⑩重传率测试；

⑪无线漫游检测；

⑫站点连接、重连接、断线问题检测。

无线网络用户都希望确保所有的产品都具备承载关键任务、应用及数据所需要的性能和稳定性。然而，对于业界来说，Wi-Fi 或 802.11 设备及系统的性能和稳定性测试一直是一项巨大的挑战，因为 802.11 协议与生俱来的复杂性往往会使此类测试变得异常困难。此外，由于无线设备所具有的移动特性和无所不在的无线电射频干扰，进一步增加了测试时的难度。

2004 年 7 月，IEEE 正式组建了 802.11T 工作组，其宗旨是开发一整套测试规范文档，即"IEEE 802.11 无线性能发展推荐实例"。该文档将有望于 2008 年 1 月前全部完成。这份 IEEE 802.11T 文档定义了各种应用下的测试衡量标准。其中的三种首要应用案例就是数据、延迟敏感性和流媒体。

1. 数据

数据应用对于网络的要求并不苛刻。这些应用包括 Web 下载、文件传输、文件共享、电子邮件和其他内容。面向数据的流量通常使用低优先级传送。对于数据应用比较重要的性能测试衡量标准包括吞吐速率与传输距离、接入点容量和每个接入点吞吐速率。

2. 延迟敏感性

延迟比较敏感的应用对时间要求比较苛刻，例如通过 Wi-Fi 传输的 VoIP 应用。这些应用的 QoS 要求包括语音质量（延迟、抖动和包丢失）与传输距离、语音质量与网络负载、语音质量与呼叫负载以及基础服务集（basic service set，BSS）。BSS 是一种单接入点网络，类似蜂窝网络环境中的单个蜂窝。BSS 过渡就是移动站从一个接入点漫游到另外一个接入点的过程。

3. 流媒体

流媒体应用包括实时音频/视频流、存储的内容流和组播高清晰度电视流。这些应用需要最严格的 QoS，包括带宽和延迟保障。其性能衡量标准包括视频质量（吞吐速率、延迟、抖动）与传输距离以及视频质量与网络负载。这些衡量标准被分为主要和次要两类：主要衡量标准会直接影响语音质量等用户体验；次要衡量标准则会对主要衡量标准产生影响，例如延迟、抖动和包丢失都会对语音质量产生影响。

除了前面提到的衡量标准外，802.11T 的当前版本还规定了诸如吞吐量与路径损失、快速

BSS 过渡、接收器敏感度以及接入点容量和相关性能等衡量标准。802.11T 定义了两种测试环境，即通过导体传输的环境和通过无线电传输的环境。

如果没有适当的测试，无线设备和网络就不可能可靠地提供给用户所需要的吞吐能力、客户端容量、安全性和容错能力，因而也就无法为企业提供可以接受的网络性能。802.11T 的目的是提供通用的、被普遍接受的衡量标准、方法和测试条件，实现 802.11 无线设备的测试、对比和部署规划。802.11T 将帮助用户确保产品能够直面企业网络的各种挑战和需求，并且帮助 IT 经理选择最快、最强健，并且能够在恶劣网络条件下仍然具备足够弹性的产品。随着无线局域网技术的不断发展，802.11a，802.11g 两个标准的推出和商用给无线网的发展带来了新的商机，随着中国移动、中国电信、中国网通几大运营商先后投资建设 WLAN 宽带接入热点，WLAN 已成为移动商务和移动上网的代名词，各大高校也争相建设 WLAN，以满足学生和教职员工不断增长的上网需求，大型企业也将 WLAN 作为下一步网络建设的发展方向，针对多频测试、支持分布式测试的需求也被提到日程上来。能够实现分布式测试，能够同时支持 802.11a/b/g多频的测试方案已经成为了 WLAN 测试的首选方案。

10.2 测试工具

10.2.1 无线局域网测试仪器

1. 无线网络测试仪

美国泰优公司最新推出的 WP150 无线网测试仪是一款多功能、手持式的无线网络故障诊断和维护工具，如图 10.1 所示。它可以自动搜寻当前网络中的无线设备、检测无线信号强度、测试无线网络设备的连通性等，WP150 无线网络测试仪提供了你所需要的一切重要信息，以便快速识别、查看和配置无线网络并发现潜在的故障现象。

WP150 无线网络测试仪的主要功能如下：

①深度查看和分析 802.11a/b/g 无线网络；

②自动搜寻无线网络设备、接入点(AP)、移动用户；

③显示接入点 AP 设备名称、传输信道、现有无线网络名称(SSID)、加密方法、现有无线网络数量等；

④显示无线信号强度；

⑤Ping 功能测试网络设备的连接状态；

⑥支持 DHCP 用于识别和 IP/MAC 寻址；

⑦自动关机；

⑧背光显示，适用于黑暗环境中使用；

⑨4 节碱性电池供电，也可使用充电电池；

⑩重量仅 200 克，方便携带和使用；

⑪电池使用时间，待机为 2.5 年，测试为 22 小时。

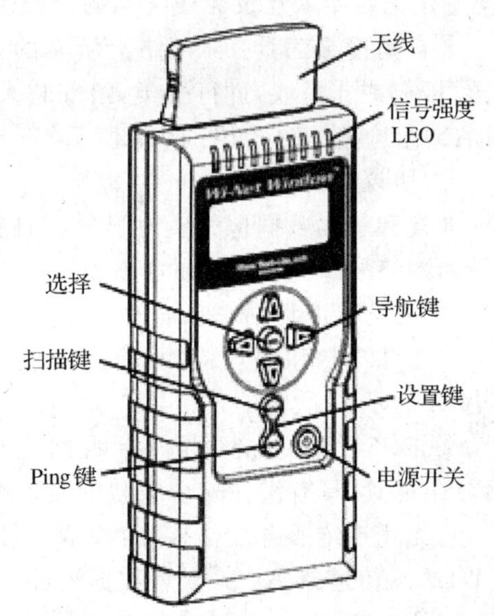

图 10.1　WP150 无线网络测试仪

2. 威兰手持式无线局域网测试仪

威兰手持式无线局域网测试仪是基于PDA的新一代无线局域网802.11a/b/g测试、管理和诊断工具，它将多种工具集成在同一个、高实用性的应用程序中运行，如图10.2所示。这些工具可用于无线局域网的规划、设计、安装、维护和管理等各个阶段，帮助用户迅速排除连接性问题，维护网络的性能和安全。

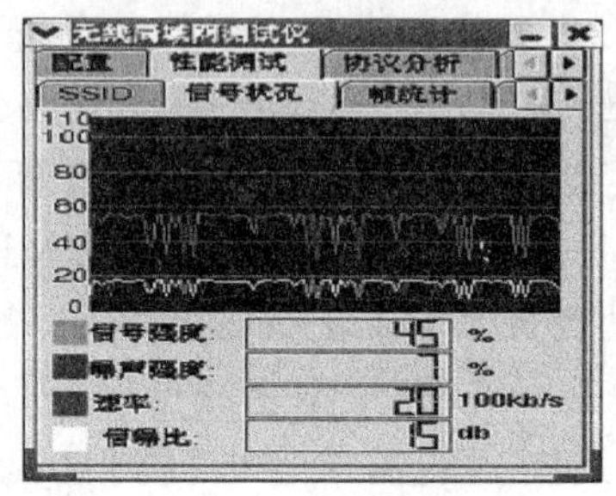

图10.2　威兰手持式无线局域网测试仪

威兰手持式无线局域网测试仪的主要功能如下：

①性能测试；

②协议分析；

③安全状况评估；

④性能管理；

⑤网络辅助设计；

⑥连接故障诊断。

(1)性能测试

①全面的深入的探查功能：对接入点或站点进行详细的探查来评估信号质量以及不同的设置选项。

②通道信号强度/质量测试工具：对信号强度、噪声强度、传输速率、信噪比等指标进行测试，确定无线接入点及无线终端的最佳位置，寻找干扰源，帮助防止可能的冲突和性能问题。

③自动搜寻工具：对网络上所有的SSID、AP以及站点(授权或非授权)进行分类，给安装人员提供准确的WLAN结构拓扑图，如图10.3所示。

图10.3　WLAN结构拓扑图

(2)协议分析

捕捉和解码数据包并实时显示，为网络专业人员检测诊断网络故障提供有力的工具。

(3)安全状况评估

①非法AP和用户检测：检测未经授权的设备，如图10.4所示。

②未经设置的接入点：指明网络中SSID广播、WEP未设置，具有潜在安全威胁的接入点。

③无线拒绝服务攻击探测：检测入侵者通过大量占用WLAN信道或AP关联表数据溢出方法造成网络拒绝访问的故障。

④伪装AP检测：检测入侵者试图假冒一个经过注

册的 MAC 地址来入侵网络。

(4)性能管理

①性能报警：监测 WLAN 环境中可能引起性能问题的各种情况，当发现这些情况则报警通知用户。这些情况包括误包率过高、某信道内接入点过多、信源干扰、信号质量差及过低的传输速率。

②生成测试报告：自动生成反映 WLAN 网络工作状态、性能和安全的测试报告，通过保存和邮件的方式通知用户，如图 10.5 所示。

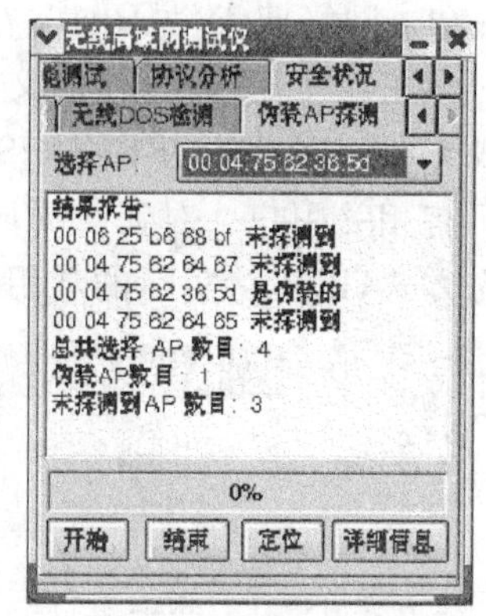

图 10.4　检测未经授权的设备

(5)网络辅助设计

①接入点的数量：检测覆盖区内各信道具体的接入点数量，帮助网络规划设计人员对容量进行有效的规划。

②接入点的位置：对接入点的位置进行修正，实现合理的覆盖和应用。

③选择合适的信道：推荐合适的信道将相邻蜂窝间的干扰降到最小。

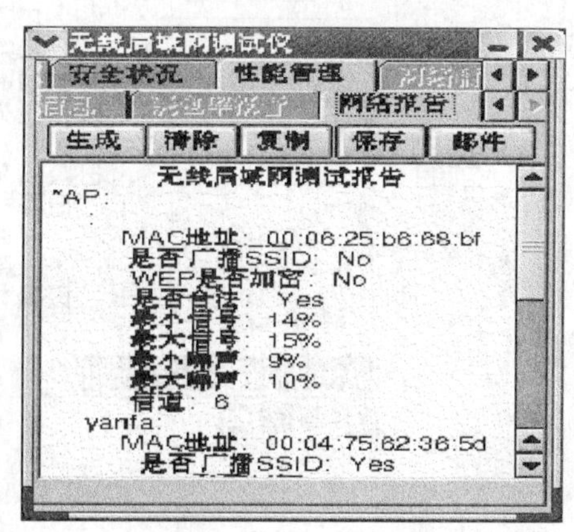

图 10.5　性能和安全的测试报告

(6)连接故障诊断工具

为了帮助排除相关的问题，威兰手持式无线局域网测试仪在内部集成了一套智能的连接诊断工具。

①连接不匹配工具：识别 SSID 和 WEP 码，传输速率或 RF 信道不匹配故障，这些是连接问题的主要原因。

②基于 LAN 的故障诊断工具：帮助隔离与特定接入点间的连接问题，包括 Ping、路由跟踪和 DNS 查询。

③故障分析工具：帮助分析传输失败的原因，如认证、连接问题。

3. 手持式无线网测试仪——ES-WLAN 网络通无线网络测试仪

ES 网络通的无线网 WLAN 测试模块让你比以往任何时候都更快地解决无线网络故障，或者至少可以证明它并非网络问题。对于今天日趋复杂的网络，这一手持式 802.11a/b/g 无线局域网分析工具，如图 10.6 所示，会帮助你更好地预防故障、及时地发现故障并有效地解决故障。

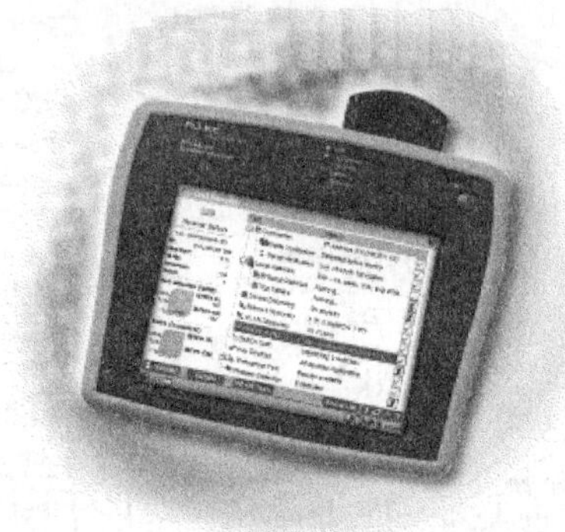

图 10.6　ES-WLAN 网络通无线网络测试仪

通过快速地网络搜索和故障诊断，ES 网络通可以迅速找到无线网络故障原因，保持网络的正常运行。它会帮你优化无线网络，把工作做得更为出色。作为一台便携式的无线网测试仪，ES 网络通方便携带、易于使用，同时内置的网络故障诊断和配置工具非常强大。ES 网络通就像你的全能助手。

ES 网络通无线网测试仪功能介绍如下：

(1) 网络搜索(见图 10.7)

谁正在使用网络,他们又在哪里? 无线网局域网用户集中在建筑物的一个区域内,是否会造成无线网络性能的下降?ES 网络通的无线功能可以快速识别到所有无线网络接入点并搜索到所有相关用户。对无线局域网利用率的透视能力还可以帮助你更好地确定接入点位置以及扩充方式,以支持实际的利用率模型。

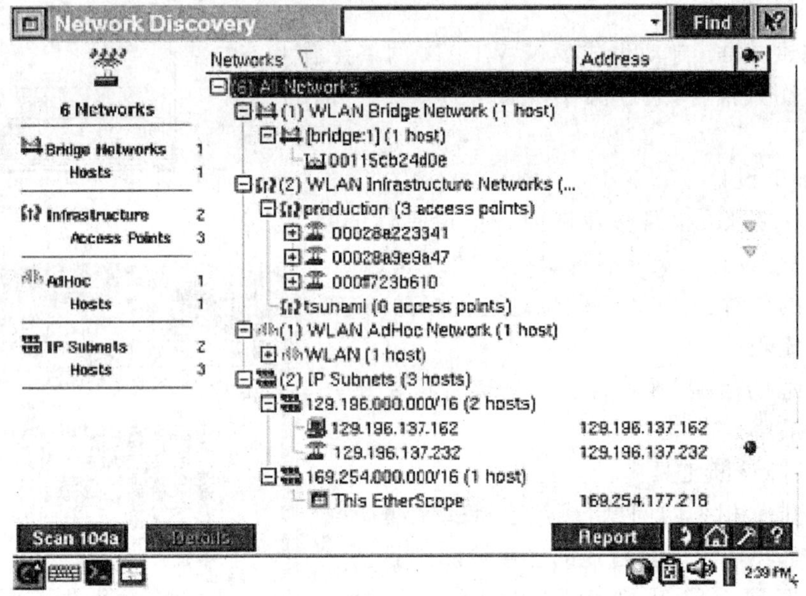

图 10.7 网络搜索

(2)身份认证(见图 10.8)

ES 网络通的无线功能可以搜索到基础结构和用户设备是否采用了适当的身份认证机制。使用 ES 网络通的登录测试工具可以测试并监测 EAP(扩充的身份认证协议)认证。使用 ES

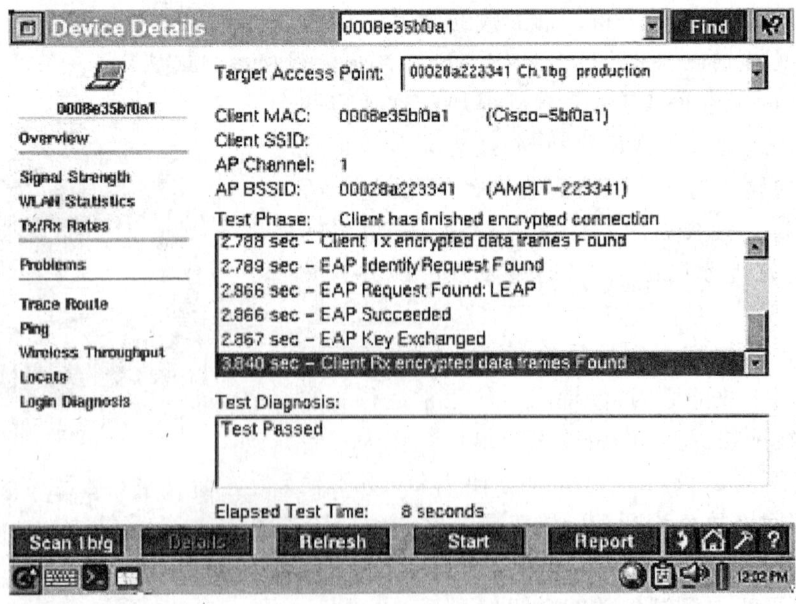

图 10.8 身份认证

网络通可以强制分离无线用户和接入点，当用户重新登录到网络上时可以监测用户和接入点 EAP 交换。同时搜索是否、哪里、什么时间 EAP 认证过程被中断。

(3) 测量 RF 信号(见图 10.9)

通道之间的干扰是否会引发问题？信号强度是否足以支持所有用户？ES 网络通可以持续地扫描 2.4GHz 和 5GHz 频率，透视你的无线局域网覆盖率和性能。通过下拉菜单查看你所需要的测量结果，包括信号强度、信噪比、利用率及其他一些有用的测量结果。还可以快速确定你的接入点是否配置到正确的通道以及 RF 传输能力是否适合你现有的环境。

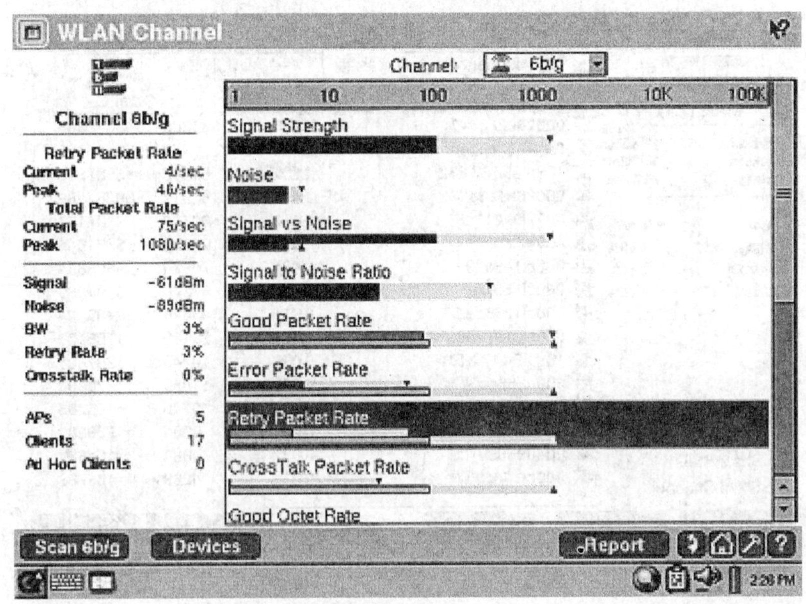

图 10.9　测量 RF 信号

(4) RF 站点调查(见图 10.10)

安装了接入点后 RF 的环境是否发生改变？无线网络的覆盖率是否足以支持所有用户？无

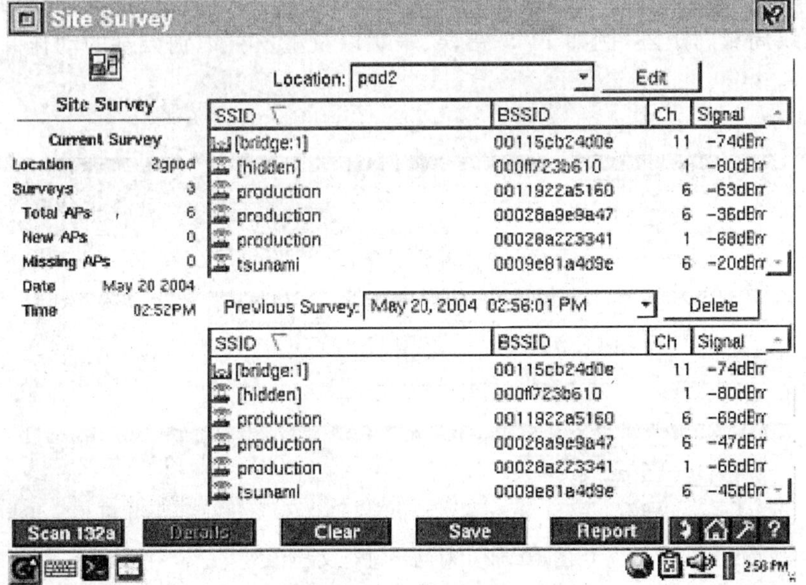

图 10.10　RF 站点调查

线网络是否可提供足够的覆盖率来支持无缝漫游？使用 ES 网络通的无线功能可以在安装无线网后即时捕捉 RF 覆盖率基线数据，还可以将历史数据与过去一段时间内阶段性的数据进行比较。使用这些信息可以在因 RF 环境的改变而影响到用户前，最少地对无线网络接入点传输能力进行调整、重新部署接入点或增加新的接入点。

(5) 识别发送流量最高者(见图 10.11)

从图中可知谁是占用带宽最多的用户。使用 ES 网络通的无线功能可以识别最繁忙的接入点以及要求最高的无线网用户。

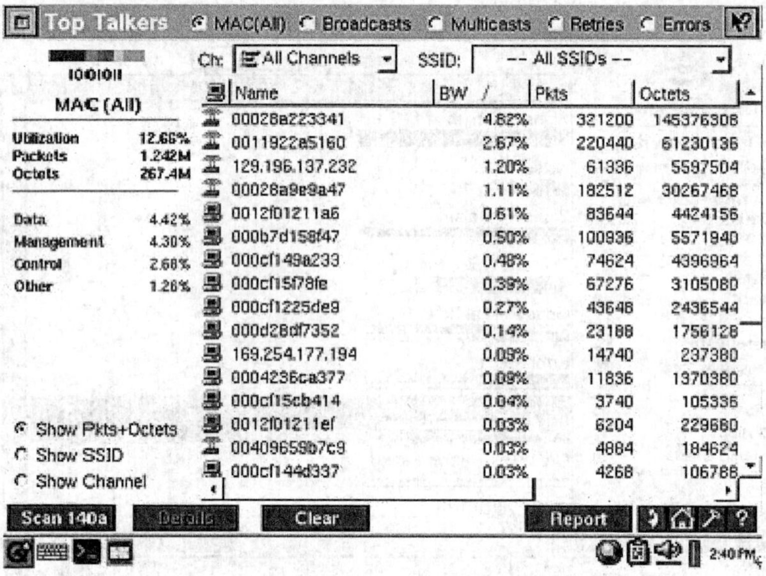

图 10.11 识别发送流量最高者

(6) 对网络进行文档备案(见图 10.12)

使用 ES 网络通可以生成 XML 格式的测试报告，对你的无线局域网进行文档备案。该报告可以记录网络矩阵、站点调查数据、网络搜索列表，用于生成状态报告或用于历史参考。还可以深入查看无线局域网矩阵，例如 FCS 错误、串扰以及重发。识别可疑的动作并识别故障源、解决故障。

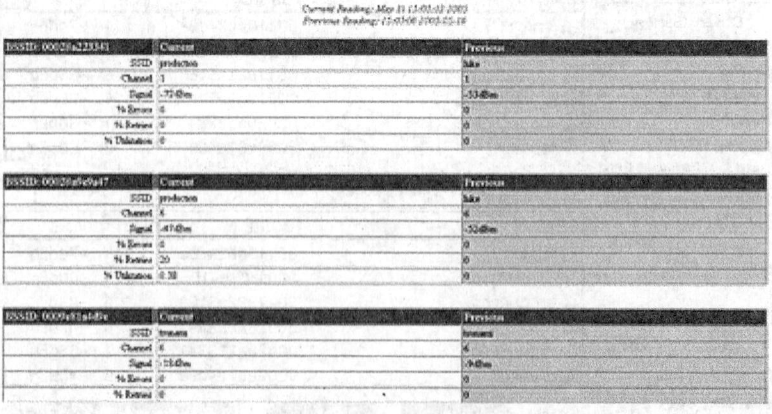

图 10.12 对网络进行文档备案

(7) 定位非法设备(见图 10.13)

使用 ES 网络通的定位功能可以物理地跟踪非法设备和 Ad-hoc 网络。只需随着可听可视的指示即可定位到非法设备。

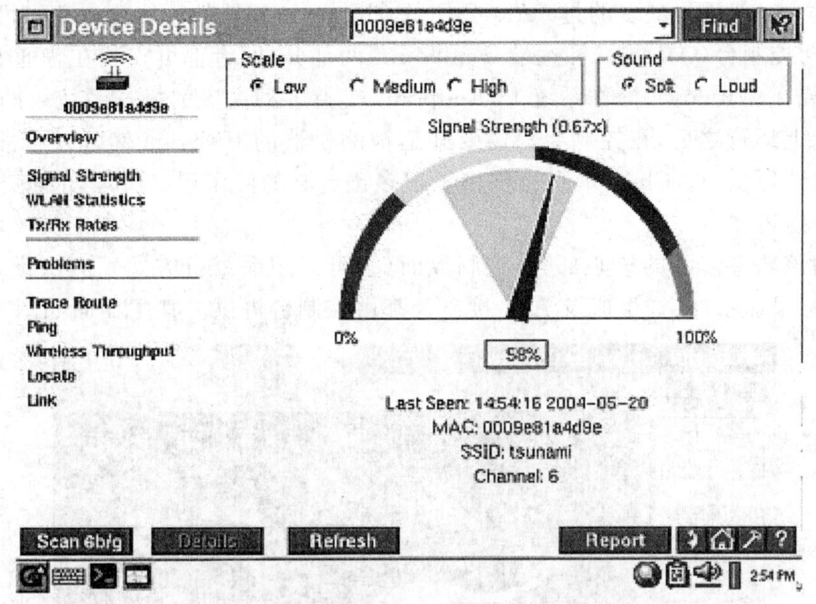

图 10.13　定位非法设备

(8) 搜索非授权的设备(见图 10.14)

无线网络的安全性是大家都非常关注的问题,且无线网安全策略也很难来强制实行。使用 ES 网络通的无线功能可以对无线网环境进行周期性的审核,可以自动搜索到非法接入点、无授权的无线网桥、移动用户以及 Ad-hoc 网络,帮助你快速响应并解决问题。

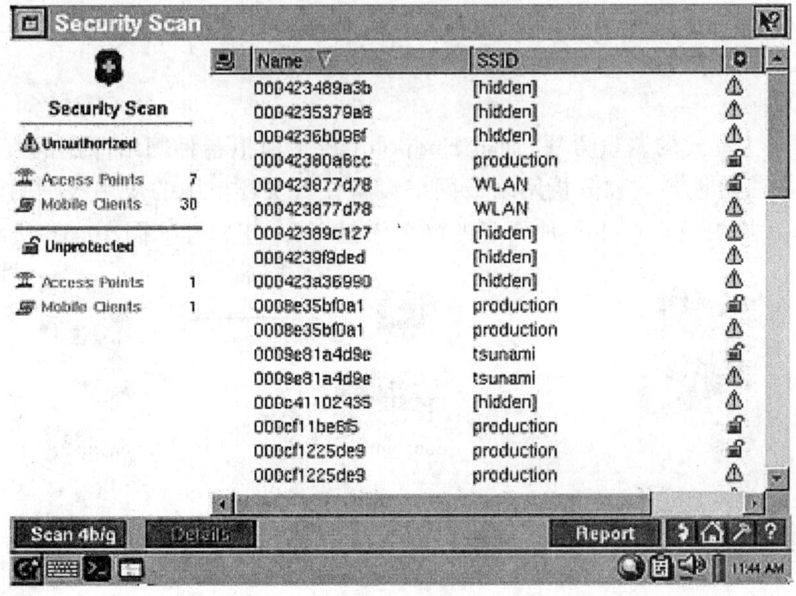

图 10.14　搜索非授权的设备

10.2.2 测试软件

由于无线测试的专业设备都比较昂贵，所以在一般的无线网络工程实施中大多采用软件的方式来测试。目前用得最多的是netiq公司的Chariot。该软件主要用来测试网络硬件与软件性能，它包括控制台(Console)和远端(Endpoint)两部分，两者都可安装在普通PC或服务器上，控制台安装在Windows操作系统上，Endpoint支持各种主流的操作系统。Endpoint程序在被测客户端上运行之后，在控制台只需要知道被测机器的IP地址，就可以非常容易地将被测机器加入测试环境中。Chariot自身携带了很多预定义的应用程序脚本，能够产生非常形象和详细的结果描述。

控制台为该软件产品的核心部分，控制界面(也可采用命令行方式)、测试设计界面、脚本选择及编制、结果显示、报告生成及API接口等都由控制台提供。其主界面如图10.15所示。

图10.15 Chariot界面

远端Endpoint可根据实际测试的需要安装在单个或者多个终端处，负责从控制台接收、指令、完成测试数据上报到控制台。

1. 测试原理

Chariot采用主动式的测量方法，通过Endpoint产生模拟各种网络应用的真实流量，采用End to End的方法定量测试和分析网络或网络设备在真实环境中的应用级别的性能。在整个测试中，Endpoint主要负责产生各种真实的网络流量，其工作原理如图10.16所示。

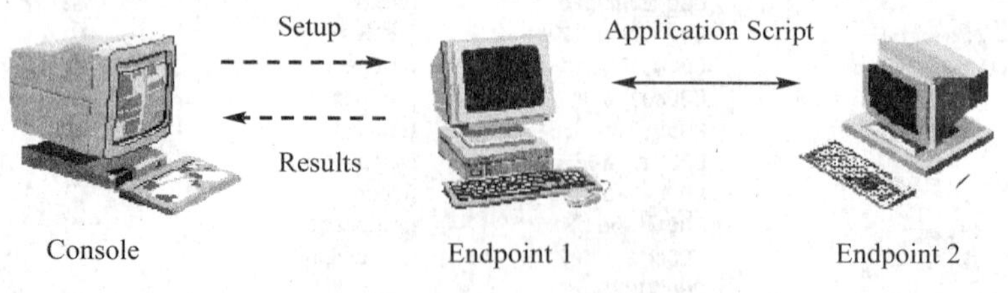

图10.16 工作原理图

假定我们要测试图10.16所示的远端Endpoint1计算机和远端Endpoint2计算机之间的数据流量。

首先在Endpoint1和Endpoint2计算机上进行chariot的客户端软件Endpoint。双击Endpoint.exe出现图10.17所示的对话框，按“确定”后你会发现任务管理器多了一个名为

endpoint 的进程,说明被测置的机器已经就绪了。

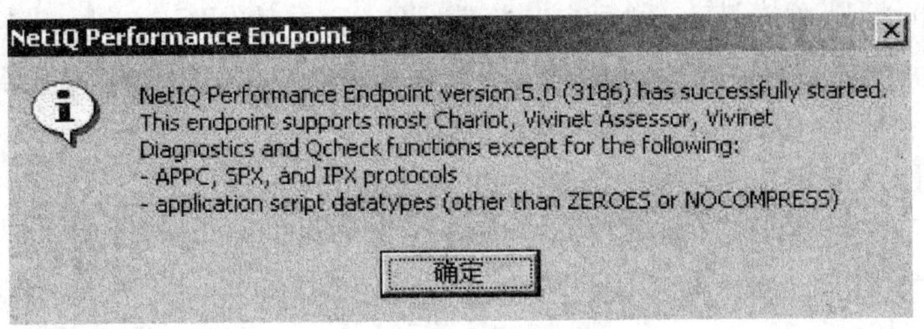

图 10.17　"确定"对话框

接下去就需要运行控制台(Console)端的 Chariot 程序了。在图 10.15 所示的主界面中点击"New"按钮,弹击如图 10.18 所示的测试任务界面。

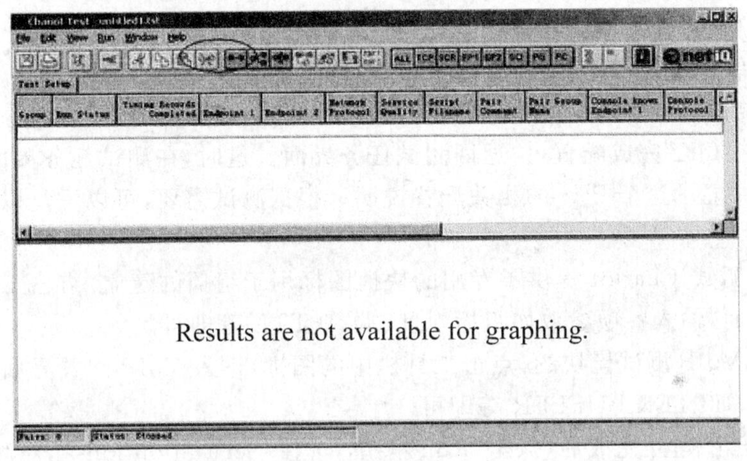

图 10.18　进入测试任务界面

第一步:在 Console 端制定测试任务,包括建立 Pair、选择脚本以及配置相应的测试参数。

第二步:由 Console 端将测试任务发给 Endpoint1,然后在 Endpoint1、Endpoint2 之间进行初始化进程。

第三步:在初始化进程完成后,两个 Endpoints 执行他们的应用脚本,并且由 Endpoint1 来收集测试结果等。

第四步:Endpoint1 把测试结果返回给 Console 端,以各种表示形态显示出来,并可以以 HTML、TXT、CSV 三种形式进行报表输出。

2. 系统配置

Chairot 在使用中对硬件的配置要求不高,目前各类主流机型都可满足。在最新的 Chairot5.4 版本中,Console 端要求安装在 WIN NT/2000/XP 系统上;此外,为了更好地进行测试,对安装 Endpoint 系统的软件配置也有一定的要求。

3. 具体测试流程

Chariot 测试的是端到端的网络性能,其实现是通过安装在网络或网络设备两端的 PC 或服务器上的 EndPoint 去完成的。举例来说,两个 EndPoint 之间通过指定 IP 地址建立一个连接,我们称之为一个 Pair 或一个 Connection,这是一个 S/C 结构,在这个 Pair 中,通常 EndPoint1 作为流量的发起方,EndPoint2 作为流量的接收方。所以,基于这种机制你可以很容易用 Chariot 进行点到点、点到多点、多点到多点的测试。

在使用 Chariot 对网络或网络设备性能进行测试时，首先在相应的测试点上安装 EndPoint。Console 端则可安装在笔记本电脑或 PC 上，并确保 Console 端与各测试点的连通性（建议不要将 Console 端与 Endpoint 装在同一台电脑上）。在测试时，将安装了 EndPoint 的各 PC 或服务器与控制台通过局域网或广域网连接在一起互相通信。

在开始测试时，按照以下步骤对 Chariot 进行配置：

（1）建立 Pair。点击 Chariot 图标，进入 Chariot 主界面。点击“New”，进入 Chariot 测试任务界面。在“Edit”菜单中选择“Add Pair”，或是点击工具栏中图标，进入 Pair 配置界面。

（2）在 Pair 配置界面中填入 Endpoint1/Endpoint2（简称 E1，E2，下同）的 IP 地址。这里需要提及的是在 Chariot 测试中，通常 E1 作为流量的发起端，E2 作为流量的接受端，所以，通过 IP 地址就可以指定流量的方向。

（3）点击“Select Script”键，为了方便用户选择，Chariot 已将脚本进行了分类，使用时只需进入类型文件夹中，选择具体的测试脚本即可。如果需要对测试脚本进行修改，点击“Edit this script”进入脚本编辑器，双击需要修改的参数行，就可对该参数进行修改。

（4）选择与测试脚本匹配的协议（默认为 TCP 协议）以及其他辅助选项。

（5）最后点击“OK”完成配置，并返回测试任务界面。这时，在测试任务界面中会显示出一个 Pair 已建立，并显示这个 Pair 的相关配置说明。根据测试需要，可以重复以上步骤，建立多个 Pair。

对于组播的测试，Chariot 提供了专用的快捷图标用于组播的建立。点击工具栏中的图标，进入组播配置界面，输入各项参数如组播地址、端口、TTL 等即可。

对于配置了 VoIP 测试模块的，点击工具栏中的图标，进入 VoIP 配置界面，输入各项参数如语音编码类型、JITTER BUFFER 等即可。

（6）在所有 Pair 建立完成后，点击“Run”菜单，选择“Set run options”，对测试时间等进行设定，选择“Collect endpoint CPU utilization”等。点击“OK”并返回测试任务界面。

（7）当所有的测试配置完成后，点击“Run”菜单中的“Run”或工具栏中的图标开始进行测试。

在整个测试过程中，建议先对网络进行基准性能测试，即在多个 Pair 上运行基准测试脚本，包括“throughput”与“reponse-time”测试教本。这个测试的目的是要了解你的无线网络的一些基本特性，并作为一个基准与以后的测试结果作比较。这里需要提及的是，对于 10M 的网络，选择“throughput”脚本；对于 100M/1000M 的网络，选择“Benchmarks”文件夹中的“high-performance-throughput”脚本。你也可以选择脚本文件夹“Benchmarks”中的其他脚本进行测试。通过不断的增加测试的 Pair 数量，对设备进行压力测试。

在基准测试完成并对测试结果认同后，可以对感兴趣的网络应用的性能进行测试，如流媒体，数据库、FTP、MAIL 应用等，只需在测试时选择相应的测试脚本即可。对于无线网络设备的测试，还可以进行多次测试，以验证设备在不同的加密设置或其他的不同配置情况下的性能状况，通过不断地增加测试的 Pair 数量，也可以对设备进行压力测试。

在测试过程中，你可以不断地更改你的网络或设备的配置、拓扑或安置位置等，可以模拟出各种无线网络应用方案的环境，如对等工作方式、单接入点工作方式、冗余工作方式、多接入点工作方式以及多蜂窝漫游工作方式等，并可将每次的测试结果保存下来，随后再通过 Chariot 提供的“Compare”功能进行对比，以便了解网络或设备在不同环境中的性能表现。

此外，为了验证与评估网络或网络设备在实际应用时的性能表现，还可以用 Chariot 对被测网络或设备进行应用性能的测试。通过在多个 Pair 上运行不同种类的测试脚本或是通过修改脚本中的参数来模拟现实中的一个复杂的网络应用环境，比如根据未来使用的需要，可以定量地让多个 Pair 分别运行不同的脚本，一部分 Pair 运行 FTP、E-mail 等普通流量类型的脚本，一部分 Pair 运行 RealMedia 等基于 Buffer 技术的实时性流量类型的脚本，另一部分 Pair 运行 VoIP、视频等实时流量类型的流媒体脚本。因为在网络的实际应用当中，往往这三种流量类型是同时存在并相互影响的，所以通过这样的测试方式，你就可观察网络或网络设备在一个真实复杂环境下的性能表现，其测试数据可以为设计优化、产品验收、市场定位与推广演示等提供参考。

4. 测试结果

Chariot 的测试结果主要以数字加图形的方式显示出来，并能以 HTML，TXT，CSV 三种格式生成概述与详细两种测试报表。其图形默认形式为曲线图，也可以根据需要改为直方图、饼图等方式。

此外，测试结果根据所选脚本使用协议的不同，在内容上也有一定的差别，比如使用 TCP 协议时，测试结果包括有 Throughput，Transaction rate，Tesponse time 以及 CPU Utilization；使用 UDP/RTP 协议时，测试结果还包括有 Lost data，Jitter，Delay 等指标参数。

对于基准测试，则主要依据 Throughput，Response time，Transaction rate 以及 CPU Utilization 等对网络或网络设备性能进行评测。比如在对网卡的测试中，通过 CPU Utilization 可以分析网卡传输数据所占用的服务器/客户端资源与吞吐量的关系，也可以对千兆网卡的 TCP/IP offloading 进行验证。

对于应用测试，针对在实际应用中的不确定性与随机性，Chariot 提供了四种访问分布形态，可以帮助你了解网络或网络设备对随机的、突发的流量的处理能力。如果能详细了解网络或网络设备使用环境的具体情况，如用户数量、流量类型、访问频率等，通过修改测试脚本，Chariot 还可以模拟出一个真实的应用环境，了解网络或设备在未来实际应用中的性能表现。其测试结果经过国际上许多知名设备提供商、系统集成商等的多年应用证明是准确的、可靠的，在应用层的测试中具有权威性。

5. 注意事项

为了能准确地执行测试，真正体现被测设备的性能，现将在做基准测试时的一些注意事项简述如下：

(1)在对“Run”菜单中的“Set run options”选项进行选择时，对于“How to end a test run”项，建议选择 Run for a fixed duration 或 run until any pair completes；对于“How to report timing”项，选择 Batch；建议不要选择“Poll endpoint”与“Validate data upon receipt”。

(2)不建议将 Console 端与 Endpoint 安装在同一台计算机上；客户端的系统配置尽可能保持一致，推荐在做基准测试时使用 WIN NT/2000/XP 操作系统；对测试环境尽可能不做太多改动，以保证每次测试的公正性。

(3)不要在安装了 Endpoint 的终端或服务器上运行其他软件，关闭各种扫描程序，如“病毒扫描”等。

(4)建议使用脚本的默认值，除非对网络的应用有非常具体的了解与需求。

(5)通常一次标准的基准测试时间为 2～5 分钟。

6. 用 Chariot 软件测试距离对 AP 吞吐量的影响

测试方法：共用两台 PC，一台通过网线连接在 X-Micro WLAN 11g+ Router 的 LAN 接口，另一台通过无线网卡和路由器作无线连接（两台电脑都在LAN这一边）。在这里，配合测试使用的无线网卡是NETGEAR的WG121，由于该网卡使用IEEE802.11g协议，速度不能达到11g＋的要求，所以很遗憾，在测试过程中无法测试X-Micro WLAN 11g＋ Router的108Mbps速度。另外，该网卡不支持WPA标准，所以在此次测试中没有测试WPA方式下的安全模式。

测试结果如表10.1所示。

表 10.1 测试距离对AP吞吐量的影响

<table>
<tr><th colspan="6">无线性能测试(No WEP)</th></tr>
<tr><th rowspan="2"></th><th rowspan="2">信噪比(dB)</th><th rowspan="2">传输速度(Mbps)</th><th rowspan="2">响应时间(ms)</th><th colspan="2">UDP stream</th></tr>
<tr><th>吞吐量(Kbps)</th><th>丢包率(%)</th></tr>
<tr><td rowspan="2">环境 1</td><td rowspan="2">无法获得信噪比</td><td rowspan="2">22.045</td><td>平均值 1</td><td rowspan="2">499</td><td rowspan="2">0</td></tr>
<tr><td>最大值 1</td></tr>
<tr><td rowspan="2">环境 2</td><td rowspan="2">无法获得信噪比</td><td rowspan="2">22.034</td><td>平均值 1</td><td rowspan="2">499</td><td rowspan="2">0</td></tr>
<tr><td>最大值 1</td></tr>
<tr><td rowspan="2">环境 3</td><td rowspan="2">无法获得信噪比</td><td rowspan="2">21.209</td><td>平均值 1</td><td rowspan="2">499</td><td rowspan="2">0</td></tr>
<tr><td>最大值 1</td></tr>
</table>

测试环境说明：

环境1：X-Micro Router和NETGEAR的WG121之间距离为2m（无障碍物）。

环境2：X-Micro Router和NETGEAR的WG121之间距离为20m（无障碍物）。

环境3：X-Micro Router和NETGEAR的WG121之间距离为30m（中间有一层木板）。

Chariot软件绘制的图标如图10.19所示。

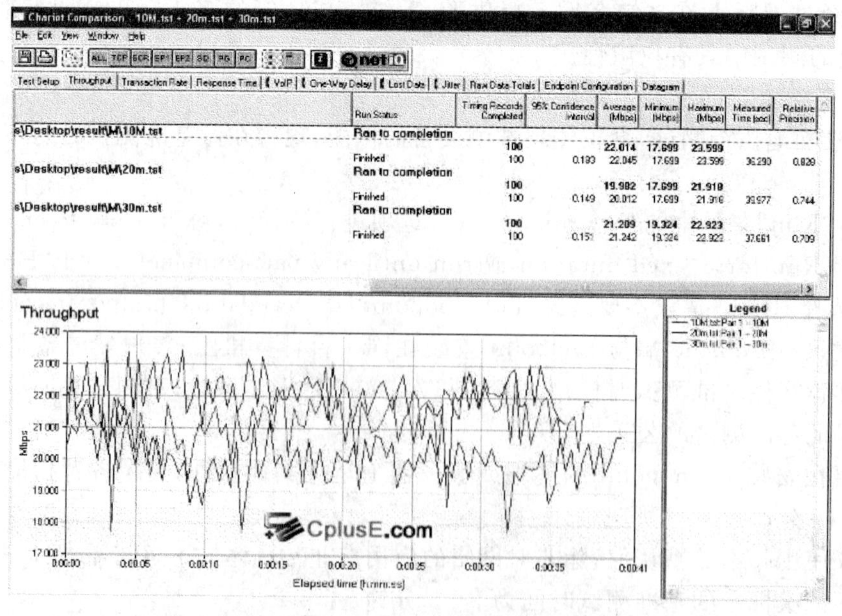

图 10.19 Chariot软件绘制的图标

10.3 测试项目和测试方法

无线局域网测试项目和测试方法主要包括以下几个方面：

1. WLAN网络规划与部署验证测试

通过对现场的无线RF环境进行勘测，了解当前无线网络环境是否能够符合用户目前和未来的无线应用需求，检测是否存在对无线网络的干扰，能否满足无线网络部署条件。

此外，通过勘测来验证无线网部署方案的可行性。如了解所部署AP的信号覆盖和信号强度的范围、部署AP数量及安放位置的合理性，信道及SSID的划分，是否存在信道冲突等情况。

具备良好的无线网络环境是部署无线网络的首要要素，往往用户在部署无线网络之前对当前所处无线环境并不了解，只有在部署完之后，才发现所部署的无线网络可能很不适合使用，或是效果不佳，浪费用户大量时间和资源。用户往往在部署之前希望了解无线部署后的实施效果，但是没有相应量化的手段而无法验证。我们通过对用户的无线部署方案进行验证，获得在无线网络部署方案实施之前的模拟效果，有利于用户调整自己部署方案，从而最终达到最佳的效果，节省用户的时间和资源，减少不必要的投资，降低部署成本。

对于规划与部署验证测试主要从以下几个方面着手。

(1) 无线环境检测　查找是否存在影响无线网络应用的干扰，识别、定位干扰源，并提出相应解决办法。出据独立的无线环境检测报告。

(2) 验证无线部署方案　根据用户的部署方案进行实地勘测，了解信号强度及信号覆盖情况，通道及SSID分布状况，噪声水平及信噪比分布；AP的传输速率、重传率、丢包率等分布情况；检测是否存在多径干扰，确定合理的AP位置和数量。写出独立的测试报告，包括：信道、AP、SSID信号覆盖效果图、信道及SSID分布效果图、信道及AP冲突分布图。

2. WLAN网络性能测试

WLAN性能测试主要是为了解整个无线网络AP信号覆盖、冲突、噪声、信噪比、传输速率、丢包率、重传率等影响无线WLAN性能的指标，并通过图形方式来显示出各种指标的分布状态，对WLAN环境中的AP、信道及SSID划分情况进行分析，分析是否存在不合理的划分，从而进行结构调整。

通过对动态的RF环境进行检测，勘测整个RF环境是否存在影响无线传输性能的干扰。通过无线网络的信道吞吐量检测，考察无线AP的数据处理能力。监测无线网络流量情况并进行协议分析，分析无线WLAN内运行的协议种类，以及各种协议所占比例，查看是否有异常的协议和流量在运行。从而有效地量化用户的无线网络性能，为用户提供调整、完善整个无线网络的依据及方案。

有很多用户虽然都使用了无线网络，但是对整个WLAN的信号覆盖、信道分配、SSID划分、是否存在冲突及位置、流量、信道吞吐率及协议分布等情况并不了解，而这些因素确是决定用户整个无线网络性能的重要指标。

WLAN性能测试测试内容如下。

(1) RF环境分析；

(2) AP信号覆盖测试；

(3) AP 性能测试;

(4) 信道吞吐率测试;

(5) 无线流量监测;

(6) 协议统计分析。

3. WLAN 网络工程验收测试

通过对竣工 WLAN 进行测试,验收整个无线网络部署工程的最终效果,提供完整无线网工程验收报告。

验收测试通常会发现无线信号实际覆盖情况是否存在死区;传输速率、丢包率、数据重传率等有关整个无线网络传输性能的指标;是否存在信道冲突及确定冲突分布位置;了解整个无线网络的 AP、SSID、信道分布状况等。验收测试同时建立完善的无线网络信息文档,如 AP 信息等。

大部分用户在无线网络部署完成后,只通过简单手段对无线信号的强度进行检测,最常见的就是使用笔记本+无线网卡的信号强度指示,这种手段并不能够反映出所部署的无线网络整体性能状况,有时即使信号强也不能表明传输性能就好。

测试内容包括全面了解整个无线网络部署情况,对无线网络工程进行如下验收测试。

(1) 查找无线干扰源;

(2) 多径干扰检测;

(3) 异常流量检测;

(4) 帧 CRC 错误检测;

(5) 重传率测试;

(6) 无线漫游检测;

(7) 站点连接、重连接、断线问题检测。

4. WLAN 网络安全测试与评估

WLAN 网络安全测试与评估包括:测试用户无线网络中是否存在安全隐患,查找且定位一些安全问题,如:AP 安全机制、无线加密方式、无线信号泄露、Ad-hoc 检测、非法无线设备的接入、恶意无线干扰、恶意的无线访问点接入及各种攻击等。

在测试时将用户的无线网络安全指标与美国 DOD 标准或其他相关行业标准进行对比,对照用户无线网络是否符合美国国防部关于无线网络部署与使用相关安全标准,并针对发现的安全问题提出相应的解决方案。经过测试用户可以很清楚地了解目前无线网络中存在的安全隐患,并通过相应的解决方案达到有效的防范目的。

自从有 WLAN 技术出现之后,"安全"就成为始终伴随在"无线"这个词身边的影子,很多用户在建立好无线网之后,并不知道无线信号是否泄露到公司以外的区域,而无形地将自已的网络暴露在外,这使得用户在有线网络安全上的防护全部失去作用。目前,WLAN 往往是有线局域网的延伸,所以无线局域网的安全隐患都可能威胁到有线网络的安全。

那些对网络安全非常敏感的有线网络用户提供是否存在无线网络接入的潜在危险,查找受保护的有线网络区域是否有无线局域网设备的存在,这是政府机构和研发机构保护敏感数据区的有效测试方法。

WLAN 网络安全测试与评估测试内容包括:

(1) 无线信号泄露检测;

(2) 无线安全机制检测;

(3) 非法无线接入点检测及定位;
(4) 恶意无线干扰检测;
(5) 恶意无线方式的攻击;
(6) Ad-hoc 检测与定位;
(7) 无线安全相容性测试。
下面列举几种具体测试内容和方法。

10.3.1　功能性测试

1. AP 的自动速率适应测试(见表 10.2)

表 10.2　AP 的自动速率适应测试

测试内容及方法	该测试使用一台 AP 与一台无线终端来测试。将被测试 AP 与无线网卡设置为速率自适应,使用一台无线终端由近到远地离 AP 缓慢移动,同时在移动终端上 Ping AP 的 IP 地址,通过监测无线终端的速率变化情况来测试 AP 的速率自适应功能是否工作正常
测试结果描述	无线终端由近到远地离 AP 缓慢移动,从终端的无线网卡的属性看到速率随着距离的增加,逐渐由 54M 降到 11M,5.5M,2M,1M;当 PING 出现丢包时,网络断开。该产品支持速率自适应的功能

2. AP 的 QoS 支持能力测试(见表 10.3)

表 10.3　AP 的 QoS 支持能力测试

测试内容及方法	为支持 QoS 功能的 AP 设备的被测试端口设置服务质量策略,根据已设置的 QoS 策略,使用 Smartbit6000B 向该端口发送基于以太网类型、IP 协议、IP 端口的数据流,使用 Smartbit 捕捉所有通过 AP 以后的数据包,从而反映出各个 AP 对 QoS 的支持能力
测试结果描述	在该测试中,我们根据以太网类型、IP 协议、IP 端口等在 AP 中对指定的数据流设置为阻止或过滤;根据指定的 QoS 策略,通过 Smartbit 向端口发送指定的数据流,最后在抓到的数据中,不包含被阻止或被过滤的数据包。此设备可以基于以太类型、IP 协议、IP 端口等,对出入有线以太网网接口与无线接口的数据流进行过滤

3. 无缝漫游功能测试(见表 10.4)

表 10.4　无缝漫游功能测试

测试内容及方法	该测试使用一台 AP 与两台无线终端;安装 AP,设置相同的 SSID 和频道;安装终端;分别在 CH1 频道、速率为 11M 且两 AP 相距 50m 的状况下,将笔记本在两个 AP 之间移动,在移动过程中往 LAN 中另外一台终端发送 20M 的数据;同时,使用一台无线终端 Ping 另一台无线终端的 IP 地址,通过速率的变化与 Ping 的结果测试其漫游功能
测试结果描述	在从一个 AP 的覆盖范围移向另一个 AP 的覆盖范围时,Ping 出现了短时间的中断。被测试的设备支持漫游的功能

10.3.2 性能测试

1. AP 传输性能测试(见表 10.5)

表 10.5 AP 传输性能测试

测试内容及方法	该测试使用一台 AP 与两台无线终端。配置 NetIQ Chariot 软件,按照说明手册安装 AP,选择频道,分别在 1M,2M,5.5M,11M 及 AUTO 状态下工作,测试传输固定大小的文件所花费的时间(单位:s),分别对各种情形测试三次,求其平均值		
测试结果描述	传输速率	传送文件大小	传送时间(s)
	1M	20000 Bytes	
	2M	20000 Bytes	
	5.5M	20000 Bytes	
	11M	20000 Bytes	
	AUTO	20000 Bytes	

2. WEP 加密 40 位性能测试(见表 10.6)

表 10.6 WEP 加密 40 位性能测试

测试内容及方法	该测试使用一台 AP 与两台无线终端。配置 NetIQ Chariot 软件,按照说明手册安装 AP,选择频道,为所有的终端配置相同的 10 位密码,分别在 1M,2M,5.5M,11M 及 AUTO 状态下工作,测试传输固定大小的文件所花费的时间(单位:s),分别对各种情形测试三次,求其平均值		
测试结果描述	传输速率	传送文件大小	传送时间(s)
	1M	20000 Bytes	
	2M	20000 Bytes	
	5.5M	20000 Bytes	
	11M	20000 Bytes	
	AUTO	20000 Bytes	

3. 覆盖范围测试(见表 10.7)

表 10.7 覆盖范围测试

测试内容及方法	按照提供的说明书安装 AP;按照说明手册安装 AP 管理软件,设置相同的 ESSID;按照提供的说明书在同一台笔记本上安装网卡,设置相同的 ESSID 发送速率固定为 54M,选择频道在室内作测试,以 1000Kbps 为测量基准
测试结果描述	在无线终端由近到远地往 AP 移动的过程中,用无线终端 Ping AP 的 IP 地址,并观察无线网卡的属性栏。在室内的环境中,该被测试设备的 Ping 测试在约几米之间开始出现丢包,超过几米左右以后,无线网卡属性栏中显示连接完全断开;在室外的环境中,该被测试设备的 Ping 测试在约多少米之间开始出现丢包,超过多少米以后,无线网卡属性栏中显示连接完全断开

在竣工文档中,通过测试后在建筑平面图画出示意覆盖圆圈。记录和解析任何覆盖漏洞。

4. 传输速率测试(见表 10.8)

表 10.8　传输速率测试

测试内容及方法	该测试使用一台 AP 与两台无线终端。按照说明手册安装网卡,在相同的笔记本电脑下,任选择一个网卡作为收发端,固定距离为 20m,方向是各厂商的最佳角度,调整 Tx Rate 与频道,传送一个固定大小的的文件给接收端,测试三次的传输速率,将结果求平均值(单位:Mbps)		
测试结果描述	传输速率	传送文件大小	传输速率(Mbps)
	1M	40000 Bytes	
	2M	40000 Bytes	
	5.5M	40000 Bytes	
	11M	40000 Bytes	
	AUTO	40000 Bytes	

5. AP 在不同距离下的传输速率(见表 10.9)

表 10.9　AP 在不同距离下的传输速率

测试内容及方法	该测试使用一台 AP 与两台无线终端。按照说明手册安装网卡,在相同的笔记本电脑下,任选择一个网卡作为收发端,方向选择为最佳角度,将速率配置为自动模式,分别在 5m,15m,25m 的距离下,传送一个固定大小的文件给接收端,测量其传输速率,将测得三次的结果求平均值(单位:Mbps)		
测试结果描述	传输距离	传输文件尺寸	传输速率(Mbps)
	5M	20000 Bytes	
	15M	20000 Bytes	
	25M	20000 Bytes	

经过上述测试,在竣工文档中详细地说明带宽和吞吐量的情况,精确地表明在场景中什么地方带宽可能是无法支持工作的,同样要在平面图上画出示意圆圈。同时对测出的射频干扰源提出移除的建议。为什么要移除?注意解释干扰源将如何影响无线局域网的使用。说明问题区域的存在,让用户对可能出现的问题有所准备。

10.3.3　安全性测试

1. 配置多标识符(见表 10.10)

表 10.10　配置多标识符

测试内容及方法	为所有被测试的设备配置相同的 SSID,测试其通讯能力,改变其中一台终端设备的 SSID,测试与其他终端的通讯能力
测试结果描述	当系统所有的设备配置了相同的 SSID 时,设备可以互通,将其中的一台无线终端设置不同的 SSID,该设备无法在与网上其他终端通讯。该设备支持服务配置标识符 AP300 最多可配置 8 个 BSSID,真正实现 VLAN

2. 数据加密方式测试(见表 10.11)

表 10.11 数据加密方式测试

测试内容及方法	为所有被测试的设备配置相同的 WEP 密码,测试所有被连设备的通信能力,改变其中一台终端设备的 WEP 密码,测试与其他终端的连接能力和通讯能力
测试结果描述	在共享式的认证过程中,当系统所有的设备配置了相同的 WEP 加密时,设备可以互通,改变某一台无线终端的 WEP 密码,或改变其加密的位数,该设备无法再与网上其他终端通信。该设备支持有效加密

3. 身份认证方式测试(见表 10.12)

表 10.12 身份认证方式测试

测试内容及方法	验证身份认证
测试结果描述	在测试共享密钥式的身份认证功能时,当其中一个设备的密码与其他设备密码不相同的时候,该终端无法与其他终端连接,而在开放式认证时,密码不同并不影响彼此之间的连接。该设备支持开放式与共享密钥式的身份认证

10.4 无线网中如何定位和测试干扰源

随着无线系统的普及,信号干扰也日益成为无线系统设计人员和业务供货商的头号大敌。信号干扰不仅影响了无线系统的覆盖范围和容量,而且还限制了现有系统和新兴系统的效能。在极为复杂的信号环境下,无线通信系统中的干扰显然不可避免。这些环境由多种无线网络构成,包括行动通讯业务系统、专用移动无线电设备和传呼/广播系统。同时,WLAN 和 DVB 等新技术和新信号源的导入也成为无线通信业务的潜在威胁。

信号干扰的来源很广,包括区域内授权或未授权的各种发射器。无论授权与否,干扰源都将产生相同的结果影响系统的性能。具体地说,干扰会导致数据传输速率降低及接入点覆盖缩小。唯一的区别在于,在未授权的频带上,潜在的未受控制的干扰源无疑更多。

下面描述了一些典型的干扰信号源及其影响。尽管受影响的系统可以利用设计避免指定频带外信号的影响,但频带外的发射器仍然可能影响频带内的发射器性能。

(1)减敏效应:附近存在高功率发射器时,即便干扰信号完全在频带以外(见图 10.20),受影响的接收器仍将进入射频过载状态。当受影响接收器的预选滤波器无法满足要求时,这种情况就会出现。渗透到受影响接收器的高功率信号将使前端放大器的作业点超出其动态特性范围。这不仅破坏了常规的线性放大流程,还导致了互调失真和严重的数据错误。

(2)非线性功率放大器的互调信号:现代无线系统可以在一个公共基地台中接收、发送并处理成百上千条信息信道的语音或数据。多信息信道信号在最终功率级前端混合并放大。最终功率级放大器对线性度的要求非常高,因为非线性特性可能产生并发送交叉频率信号(cross-frequency signal),而这些交频信号可能引发自身系统作业频带内的干扰或与其他系统交叉干扰。

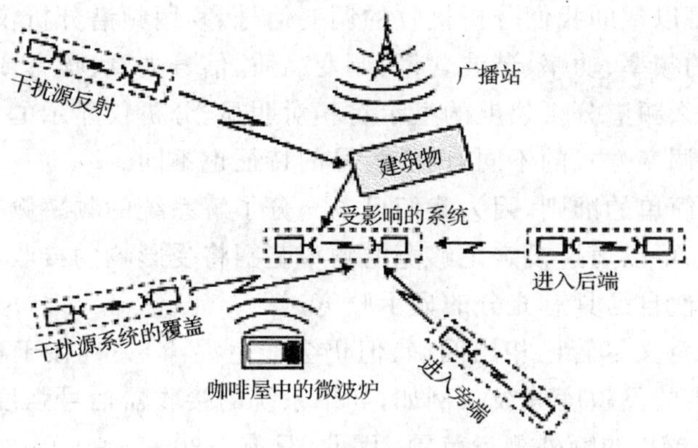

图 10.20　典型的干扰信号源及其影响

(3)非线性外部组件的互调干扰:这种干扰称为"生锈栅栏(rusty fence)"综合症。如果两个高功率的发射信号 f1 和 f2 随机撞击到生锈的组件(如铁栅栏、生锈的铁屋顶甚至腐蚀的同轴电缆)上,那么将可能发生电效应。受腐蚀的接合部如同一个整流二极管,可以混合撞击到接合部的发送信号。这将产生一系列重复传送的新信号,称为互调分量。非授权 WLAN 利用 FHSS 或 DSSS 技术,可以在更宽的频带上对有效数据进行扩频调变。这些技术工作在 ISM 频带上,这也是典型家用微波炉的工作频率。微波炉工作在 2.4GHz 谐振频率上,尽管扩频调变方案可以防止微波炉信号渗透产生的干扰,而渗透信号的位置和功率级仍然有可能使其突破干扰抑制防线。

(4)谐波和寄生输出:如果宽频输出功率放大器进入饱和状态,信号将开始压缩,因而导致包含互调干扰在内的诸多负面效应。由于信号削波将在宽频传输信号中产生谐波,因此天线发射的伪信号将干扰其他接收器的通频带。当功率放大器的信号衰落至随机振荡模式,寄生信号将不可避免。

干扰信号的频率是识别干扰源的最常用参数,因此,通常可以根据频率特性对干扰信号进行分类。需要指出的是,不管干扰信号在频带内还是在频带外,信号都必然经由天线、电缆,然后进入受影响的接收器。因此,连接至 OS 天线的频谱分析仪可以作为显示并识别不期望信号的测量接收器。

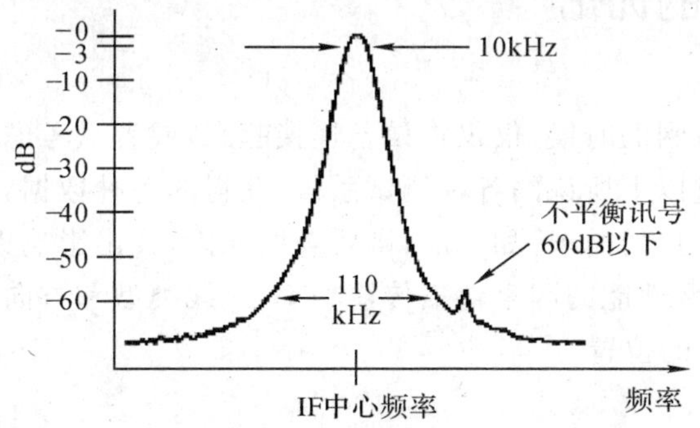

图 10.21　扫描窗的波形

干扰通常只影响接收器的性能。尽管干扰源在实体上靠近发射器,但发射信号的特性则完全可能不受任何影响。因此,识别干扰接收器的信号的关键是了解受影响系统待接收信号的特性。

系统的操作指南可以帮助我们分析接收的调变信号。利用频谱分析仪分析频域特性，可以非常简便地测量信号的频率、功率、谐波含量、调变品质、信号失真、噪音或干扰。如果干扰覆盖了期望接收的信号，那么频谱分析仪上的显示将相对明显。分析仪显示的干扰“指纹”包含了重要的识别特征，而根据调变方式的不同，调变信号的特征也不同。

频率范围：它是最简单的准则，因为我们可以充分了解系统的频率频宽以及期望观察的频带范围。需要明确的是，可以通过设定足够宽的频率范围将受影响的接收器信号及邻近的干扰信号均包含在内，因而使自己具有充分的显示频宽。

灵敏度：灵敏度的意义尽管已相当明确，但仍会产生混淆，关键在于理解系统规格以及测量期望接收器输入所需的灵敏度等级。例如，如果系统的接收器信号强度指针约为－60dBm，那么通常只需要20～30dB的额外测量范围。因此，具有－80～－90dBm灵敏度的频谱分析仪可以很好地完成这项工作。

频率分辨率、动态范围和扫描时间：这些特性相互关联。可以将分辨率视为扫描未知信号频带的“扫描窗”的波形，扫描窗的波形与图10.21所示的波形相似。频谱分析仪能提供可选的分辨率，这称为分辨率频宽(RBW)。RBW表现出了分析仪中频(IF)放大器通路的－3dB带通频宽。在测量频率接近的信号中，分辨率至关重要，因为需要用分辨率区分这些信号。

可选性：在一些干扰应用中，信号可以具有完全不同的幅度。这种情况下，可选性将成为重要指针，因为两条信号中较弱的信号将很可能湮灭在较强信号的过滤器边缘中。

波形因子：频谱分析仪的波形因子定义了中频放大器的－60dB频宽与－3dB频宽比。在图10.21中，10kHz RBW滤波器的常规波形因子为11∶1，110kHz下频宽约为－60dB，而60kHz下的频宽值则减半。如果两条信号之间的间隔为60kHz，但其中一条信号的幅度比另一条低－60dB，那么该信号将被湮灭在主要信号的选择边缘中。

测量精密度：任何频谱分析仪的测量精密度都与分析仪使用的各种组件的精密度有关。在将未知信号测量值与待测系统的测量规格进行比较时，测量精密度发挥了重要作用。在进行典型的干扰测试时，用户往往需要确定一些比率，如C/I表现出了相同工作频宽下，期望载波相对于干扰信号的工作裕量。因此，绝对精密度往往不如相对精密度重要。

10.5 无线局域网的优化

在构建大型无线局域网的时候，仅仅将设备连接起来，或者只考虑单个设备对于网络性能的影响还是不够的。通过以上所说的各种测试手段，获得的各种数据，我们可以分析该无线局域网的性能是否满足了用户的需求。如不能，则要查明原因，找出影响无线局域网性能的原因。一般来说，影响无线局域网性能的因素包括传输功率、天线类型和方向、噪声和干扰、建筑物结构和无线接入点AP摆放的位置。

1. 网络性能的优化

网络性能包括传输速率和吞吐量。对于无线局域网的性能是基于许多因素的，无线局域网设备因为采用的标准不同、硬件结构和软件功能不同，会具有不同的网络性能。在相同的环境下，采用遵循802.11g标准的产品构建的无线局域网的性能肯定要好于遵循802.11b标准。或者在一个802.11b的设备混合使用的环境下，数据的传输速率可能不会高于2Mbps，实际上吞吐量将更小——大约为1Mbps。如果额外的安全解决方案被实施，例如有线等效加密

(WEP),加密和解密数据的额外开销也可能导致吞吐量的下降。使用 VPN 隧道对于一个应用同样也要增加无线局域网系统的额外开销。其他无线局域网中影响网络性能的因素包括数据链路层协议(CSMA/CA,RTS/CTS 等)、分裂的使用(要求再次组装数据包)和数据包的尺寸等。

无线局域网构建的结构不同,也会影响网络的性能,比如,在无线接入点 AP 和无线客户端之间距离太大将导致吞吐量的下降,因为错误数量的增加(误码率)将产生一个对于再次传输的巨大需求。还是以 802.11b 的环境为例。它支持速率的动态变化,在这样的环境中,无线局域网设备被配制成为对于特定的数据传输速率不连续的跳跃(1,2,5.5 和 11Mbps),如果 11Mbps 不能被维持,那么将下降到 5.5Mbps。由于一个无线局域网中的吞吐量大约是 50%的数据速率,改变数据速率将明显地影响吞吐量。

除了以上所说的问题能够影响无线局域网的性能以外,在网络性能的优化过程中,还可能遇到的四个问题是:协调定位、远近效应、隐蔽站点和网间漫游。这四类问题只有在大规模构建无线局域网中才会遇到,对于一般的小型无线局域网(如家庭应用),虽然也会遇到这些问题,但根本不需要考虑如何去解决它。

2. 协调定位

协调定位是一个常用的无线局域网优化实施技术,它能够使我们有效合理地布建多个无线接入点的环境,为覆盖区域的用户提供更多的带宽和吞吐量。协调定位的意义在于:一是保证无线局域网的传输速率和均衡负载;二是规避邻近信道和相同信道的干扰。在这里介绍无线局域网中的协调定位问题主要是为了避免可能存在的邻近信道和相同信道干扰。首先来了解这两个概念。

在 802.11b 中,有 3 个不重叠的微波信道,如图 10.22 所示。

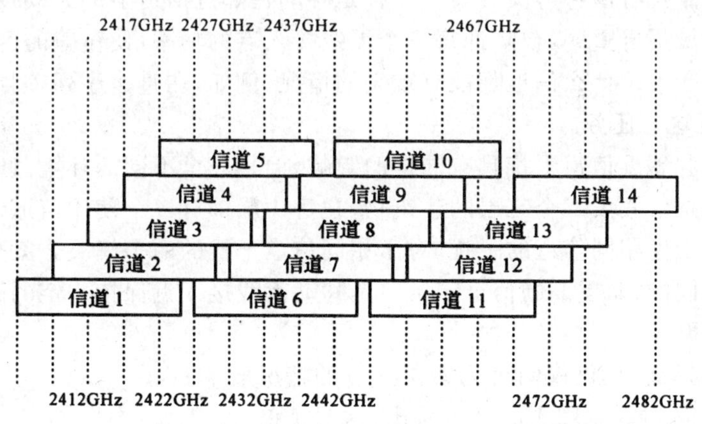

图 10.22　3 个不重叠的微波信道

这 3 个信道被用于在同一个物理区域使用的无线接入点。信道的宽度是 22MHz,最多的信道数是 14 个,在我国只定义使用了 13 个。在同一个物理层使用非重叠的信道的协调定位的无线接入点有利于无线局域网的实施。

所谓邻近信道,是指射频波段中有重叠的信道。如图 10.23 所示,信道 1 邻近于信道 2、又邻近于信道 3 等。因为信道的带宽是 22MHz,而这些信道的中心频率仅仅相隔 5MHz。

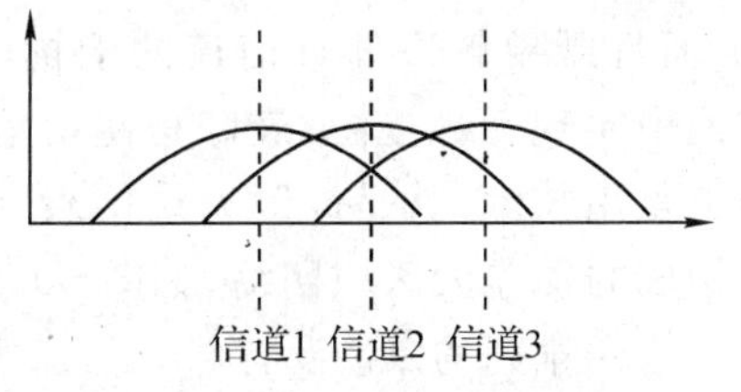

图 10.23　邻近信道干扰

当两个或更多的无线接入点使用重叠信道时，它们覆盖的区域物理的重叠相互之间太邻近时，邻近信道的干扰便会发生。而邻近信道的干扰可能极大地降低无线局域网的吞吐量。

当协调定位的无线接入点在一个所给区域内试图提供一个性能优化的无线局域网时，注意到邻近信道的干扰是非常重要的。如果在被使用的信道之间没有足够的分割，在非重叠信道的协调定位的无线接入点能够体验邻近的信道干扰，如图 10.24 所示。

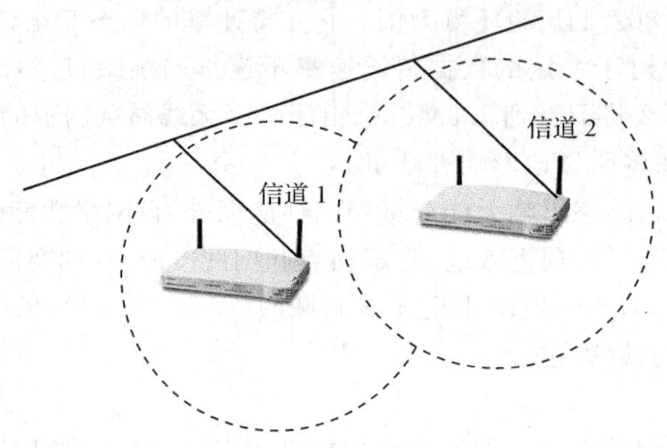

图 10.24　网络配置中产生邻近信道干扰的情况

为了发现邻近信道的干扰问题，可能需要一个频谱分析仪。频谱分析仪将显示一个被使用的信道如何相互重叠的示意，表示无线接入点在同一个物理区域使用相互之间的信道是如何重叠的。事实上，使用其管理工具中带有信道扫描功能的无线网卡和笔记本电脑搭配起来，这是最简单的检查周围是否有干扰信道的工具和方法。

对于相邻信道干扰有两种解决方案。一种是移动在邻近信道上的无线接入点相互保持足够的距离。覆盖区域不再重叠，或降低每一个无线接入点的功率，使覆盖的区域不再重叠。另一种解决方案仅用于无论什么信道都没有重叠的情况。例如，在直接序列扩频技术中使用信道 1 或信道 11 将实现这一任务。

相同信道干扰和邻近信道干扰具有同样的影响，但是完全不同的环境。通过频谱分析仪可看到相同信道的干扰。假设一个三层的建筑物，在每一层都有一个使用信道 1 的无线接入点，可能上下层之间会产生相同信道的干扰。对于相同信道干扰的两个解决方案是，首先使每一个无线接入点使用不同的、非重叠的信道。第二是移动无线接入点保持一定的距离，使无线接入点覆盖的区域不重叠。

一个简单的选择是，在仅仅两个无线接入点的情况下使用信道 1 和信道 11。从图 10.22 可看出，这两个信道是完全不重叠的。不管无线接入点放置多么接近，都不会产生相同信道或邻近信道干扰问题。

如果一个无线局域网规模比较大，有多个无线接入点，而且既要解决邻近信道的干扰问题，又要在无线局域网中实现无缝漫游，最好是使用信道复用技术。所谓信道复用技术，就是放置无线接入点的非重叠得覆盖区域构成的覆盖大区域网络，如图 10.25 所示。

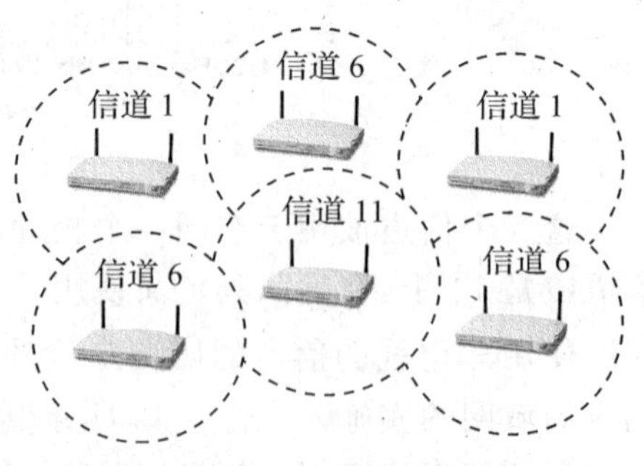

图 10.25　信道复用技术示意图

这样排列的 AP 没有邻近信道干扰和相同信道干扰。这样协调定位的 AP 将增大无线局域网的吞吐量。

作为第二个选择，我们可以使用 802.11a 工作在 5GHz UNII 频段的兼容设备。每一个 5GHz UNII 频段比 2.4GHz ISM 频段广阔，拥有 3 个可使用的波段，每一波段允许 4 个非重叠的信道。通过使用混合的 802.11a 和 802.11b 设备，更多的系统能够被协调定位在同一个空间里，而不必担心产生邻近信道干扰。

3. 远近效应

在无线局域网环境中经常出现"远近效应"问题。在各无线客户端均以相同的功率发射信号时，无线接入点接收到的近处无线客户端发射的信号功率将远大于远处无线客户端发射的信号功率，就是近处的信号强和远处的信号弱。远近效应是指近处大功率信号对远处小功率信号产生很强的干扰，或者说是信号强的设备抑制信号弱的设备，使之无法正常通信。远近效应实际上类似于一群人所有的尖叫同时进入麦克风。当一群人在麦克风附近大声尖叫时，远处的人的声音将不能到达麦克风。即使这个麦克风足够灵敏，能够在静默的环境下获取极小的声音。但是在高功率近距离的交谈已经有效地提高了噪声底线，使这一点低振幅的输入不被听到。

我们可以从图 10.26 所示的示意图中，马上可以了解到无线局域网实施结果中的远近效应。无线客户端 A 非常接近无线接入点 AP，无线客户端 B 远离无线接入点 AP。在这种环境下，远离的无线客户端 B 只有有限的无线信号得到传输而无法与无线接入点 AP 建立连接。事实上，无线客户端 B 一直在无线接入点 AP 的覆盖区域以内，但它不能进行连接和通信。这意味着必须解决站点检测期间远近效应问题。

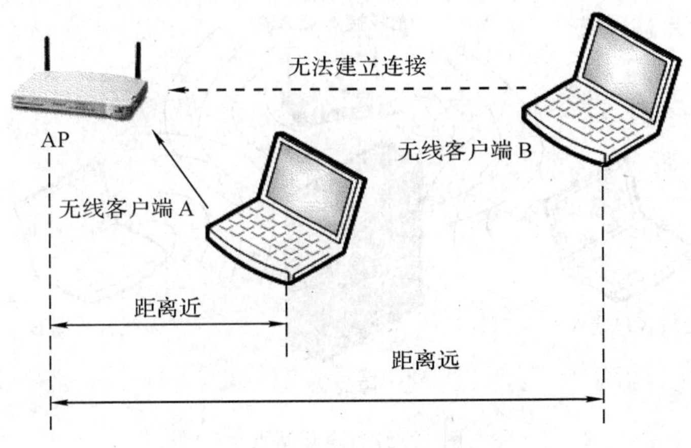

图 10.26　远近效应示意图

解决远近效应问题，主要是在无线局域网中调节无线客户端的位置和每一个无线客户端的传输功率。由于远近效应问题阻止一个无线客户端进行通信，应该首先检测无线客户端是否已经被正确的驱动，并且已经关联上这个无线接入点 AP。解决远近效应问题的下一步是通过无线接入点 AP 发现不被监听的无线客户端问题的方法沿着 AP 周围移动，寻找一个与无线接入点 AP 附近信号弱一点的无线客户端。

尽管远近效应问题能够衰减那些射频信号掩没的无线客户端，但是远近效应在绝大部分环境中还是容易克服的。如果一个无线客户端能够听到其他无线客户端的传输，将停止自己的传输，遵循 CSMA/CA 的共享介质的访问规则。然而，如果由于任何原因，远近效应问题仍然存在于无线局域网中，可以通过以下几种方式实施补救，克服远近效应问题。

①对于远端的无线客户端提高功率(被淹没的无线客户端)；

②对于近端的无线客户端降低功率(靠近 AP 的无线客户端)；

③移动远端的无线客户端使其靠近无线接入点 AP。

还有一个解决方案是移动无线接入点 AP 靠近远端的无线客户端。这个解决方案应该被看做最后一个手段，因为移动一个无线接入点 AP 可能影响到更多的已经接入无线局域网的 AP 和无线客户端。此外，移动一个无线接入点需要展现一个有缺陷的站点检测或整个网络规划，那是一个更大的问题，所以说移动 AP 是一种没有办法的办法。

隐蔽站点问题。隐蔽站点是在无线局域网上遭遇到一个无线客户端不能够侦测到一个或多个其他的无线客户端已经被联入无线局域网的情况。在这种环境下，一个无线客户端能够侦测到这个无线接入点 AP，但是由于在这些无线客户端之间有一些障碍物或较大的距离而不能侦测到有其他的无线客户端也连接到同一个 AP 上。这个环境导致了一个介质访问共享上的问题，导致在无线客户端传输之间的冲突，这些冲突能够在无线局域网中明显地降低吞吐量。

图 10.27 所示是隐蔽站点，从图中可以看出，障碍物墙面的上方有一个无线接入点 AP，在墙的两边各有一个无线客户端 A 和 B。这两个无线客户端都能听到无线接入点 AP 的传输，但不能相互听到对方的传输。假如无线客户端 A 正在传输一个数据帧到无线接入点 AP，无线客户端 B 不能听到这个传输，无线客户端 B 会误认为信道是空闲的，此时也传输数据帧到无线接入点 AP，这样就会产生冲突。这种冲突将导致无线客户端多次传输。隐蔽站点越多，冲突产生就越多。

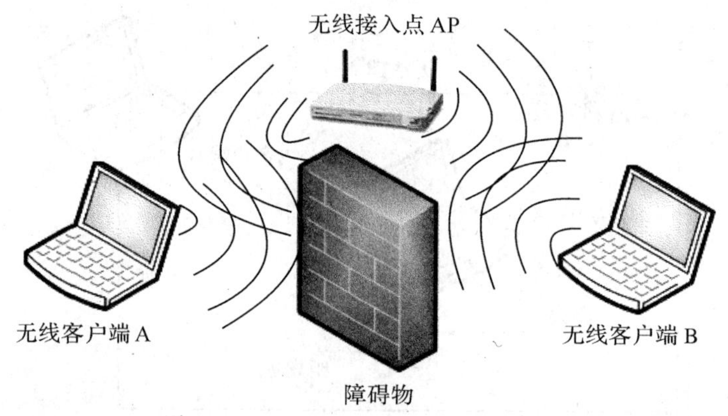

图 10.27 隐蔽站点

隐蔽站点的主要征兆是无线局域网的吞吐量的下降。许多时候，通过监听无线局域网用户抱怨侦测到一个不寻常的反应迟缓的网络，将发现存在一个隐蔽站点，因为隐蔽站点的问题，吞吐量可能下降到 40%。由于无线局域网使用 CSMA/CA 协议，已经有一个近似 50%的开销，但是，在这个隐蔽站点的问题期间，可能会损失在系统中保留下来的吞吐量的一半。

尽管无线局域网的设计是无缝漫游的，但是因为无线网络移动的天性，可能在任何一个时间都会遭遇一个隐蔽站点。如果一个用户移动他的计算机进入会议室或另外一个办公室，这个无线客户端中新的位置对于其他接入无线局域网的无线客户端而言可能会成为隐蔽站点。

一旦发现了一个隐蔽站点问题，这个问题的无线客户端必须被定位。发现这个无线客户端将包括手动搜索这个无线客户端，可能是主无线客户端扇区以外的无线客户端。一旦这些无线客户端被定位，有几种对这个问题的补救方法。

一种方法是使用 RTC/CTS 协议。RTS/CTS 协议对于一个隐蔽站点的问题的解决不是必然的，而是减少已经在网络上的隐蔽站点负面冲突的一种方法。隐蔽站点导致了过多的冲突，对于网络的吞吐量是一个严重的危害。RTS/CTS 协议包括发送一个小的数据包(RTS)到被接收的目标以提示发送返回一个数据包(CTS)，在发送数据负载之前，清除数据传输的介质，这个过程通知任何一个附近的将要发送的无线客户端，使他们延迟传输(从而避免冲突)。RTS 和 CTS 都包含紧急数据传输的长度，所以无线客户端正在开销的 RTS 或 CTS 帧知道将要传输多长时间，在什么时候能够开始再次传输。

一般情况必须手动配置 RTS/CTS 设置。数据包阀值指直接的数据包尺寸，将引发 RTS/CTS 协议的使用。由于隐蔽站点导致冲突，并且冲突主要影响大的数据包。我们可以通过设置 RTS/CTS 的数据包阀值以克服隐蔽站点问题。这个设置最主要的是告诉无线接入点 AP 传输所有的数据包要大于“X”(我们所设置的)使用 RTS/CTS 和所有其他没有使用 RTS/CTS 的数据包。如果隐蔽站点在网络吞吐量上拥有一个较小的冲突，那么激活 RTS/CTS 可能对于吞吐量来说是一个有害的影响。RTS/CTS 介质预留为高级参数，支持的范围为 0～2347 字节。如果设置为 2347(默认设置)，则将禁用 RTS/CTS 机制。如果设置为 0，RTS/CTS 机制将应用于所有的数据包。如果设置为 0～2347 的某个值，访问点将对大于或等于指定大小的数据包使用 RTS/CTS 机制。除非怀疑无线单元内包含隐蔽节点，否则对于大多数无线局域网，不需要启用这个参数。

另外一种方法是移除障碍物或无线客户端。如果在移动的无限客户端上提高功率可能不能工作。例如，由于一个无线客户端被一个水泥或钢筋的墙阻挡不能和其他的无限客户端通信而被隐蔽。可能无法移除一个这样的障碍物，只能移动无线客户端，但是如果可以移动的障碍物，那么对于隐蔽站点的问题可能是另外一种补救的方法。当进行站点侦测时，注意是哪些类型的障碍物。移动这个这个无线客户端或障碍物，使通信设备能够相互之间听到所有的信息。如果已经发现这个隐蔽站点的问题是一个用户移动他的计算机进入一个对于其他无限客户端隐蔽的区域，可能不得不迫使那些用户再次移动。这种对于迫使用户移动的问题，可以通过扩大无线局域网来解决，也就是说，为了解决这个隐蔽站点的问题，可以增加正确的覆盖面积，可能需要增加额外的无线接入点 AP。

4. 网间漫游

当在建筑物中任何区域超过一个无线接入点的接收范围，需要小区的重叠实现区域的覆盖。重叠的覆盖区域是无线局域网设置的重要属性，因为在重叠的区域之间能够进行无缝漫游。漫游允许用户使用移动的无线客户端在重叠的小区进行自由移动，连续地保持他们的网络连接。

漫游是一个无线客户端在没有丢失网络连接的情况下，从一个小区(或 BBS)无缝地移动到另外一个区域，包括基本漫游和扩展漫游。基本漫游是指无线客户端的移动仅局限在一个扩展服务区内部。扩展漫游指无线客户端从一个扩展服务区中的一个基本服务集(BSS)移动到另一个扩展服务区的一个基本服务集(BSS)，IEEE 802.11 并不保证这种漫游的上层连接，上层的协议技术常常用到的是采用移动 IP(Mobile IP)或 DHCP Server。通过这种对于无线客户端来说是一种透明的方式，无线接入点使无线客户端从一个区域到另一个区域，确保不中断连接。

图 10.28 所示为无线客户端 1 从无线接入点 A 的覆盖区域漫游到无线接入点 B 的覆盖区域。在一个使用 DHCP 分配 IP 地址的网络中，当一个无线客户端移出上一个基本服务集小区的边缘可能丢失连接。当这个无线客户端进入下一个基本服务集小区时，将不得不再次建立连接。对于地址这个特定问题，许多专用软件的解决方案被使用。

当两个或更多个的无线接入点有重叠的覆盖区域时，在重叠区域的无线客户端能够和其

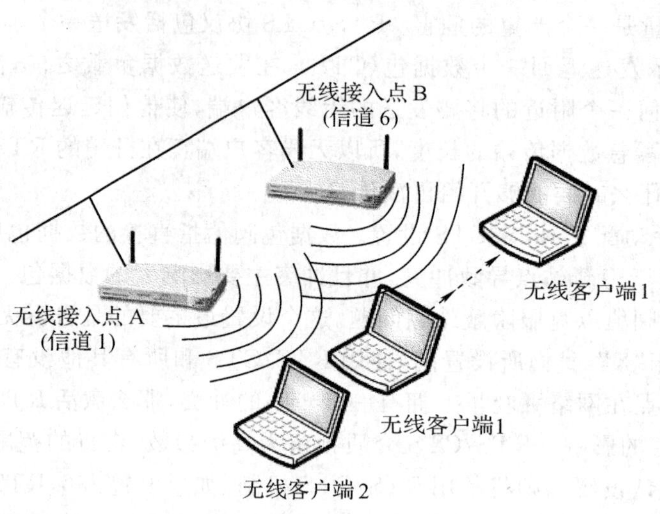

图 10.28 漫游过程示意图

中一个无线接入点建立一个最可能的连接,同时持续地搜索最好的无线接入点。当一个无线局域网无线客户端进入一个或多个无线接入点的范围时,无线客户端基于信号的强度和观测到的数据包误码率选择一个无线接入点接入(或叫加入一个 BBS)。一旦连接到一个无线接入点,为了获取一个不同的无线接入点是否能够提供一个更好的性能参数,无线客户端周期性地侦测所有的无线局域网信道。如果无线客户端测定从一个不同的无线接入点上有一个更强的信号,这个无线客户端将再次连接新的无线接入点,调整到那个无线接入点设置的微波信号。无线客户端将不试图漫游,直到信号降低到设备信号强度的阀值。

802.11 标准中没有定义应该如何执行漫游,但是定义了与漫游相关的基本模块。这些基本模块包括主动和被动的扫描和一个重新关联的过程。当一个无线客户端从一个无线接入点漫游到另外一个无线接入点时,重新关联的过程发生,接入一个新的无线接入点。802.11 标准允许一个无线客户端工作在相同信道或不同信道的多个无线接入点之间进行漫游。例如,每100ms 一个无线接入点可能传输一个信标,包括一个无线客户端同步的时间标志,一个通信的指示图,一个被支持速率的标识和其他参数。漫游的无线客户端使用信息测量已经存在连接的无线接入点的信号强度。如果连接是虚弱的,漫游的无线客户端可能试图接入到一个新的无线接入点。

802.11 标准必须有一个连接下降的容忍度和再次建立连接。这个标准试图确保对数据传输最小的破坏,并且可以为在多个基本服务集(BSS)之间隐蔽和推进信息提供一些功能。因为无线客户端已经远离初始的无线接入点,导致信道变弱,关联和重新关联仅仅是应用不同。关联请求帧在第一次加入一个网络的时候被使用到;重新关联请求帧被用在无线接入点之间,所以新的无线接入点通过旧的无线接入点获取传输的缓冲帧,并且使分布式系统知道无线客户端已经移动了。图 10.29 所示为重新关联的过程。

当工作站开始漫游并逐渐远离原无线接入点 AP 时,它对原无线接入点的接收信号将变差,于是工作站启动扫描功能,重新定位无线接入点。一旦定位了新的无线接入点,工作站随即发射重新连接请求给新的无线接入点,新的无线接入点将该工作站的重新连接请求通知分布式系统(DS),DS 随即改变该工作站与无线接入点的映射关系,并通知原无线接入点,不再与该工作站关联,新的无线接入点向工作站发射重新连接响应,完成漫游过程。如果工作站没有收到重新关联响应,它将重启扫描功能,定位其他无线接入点,重复上述过程。

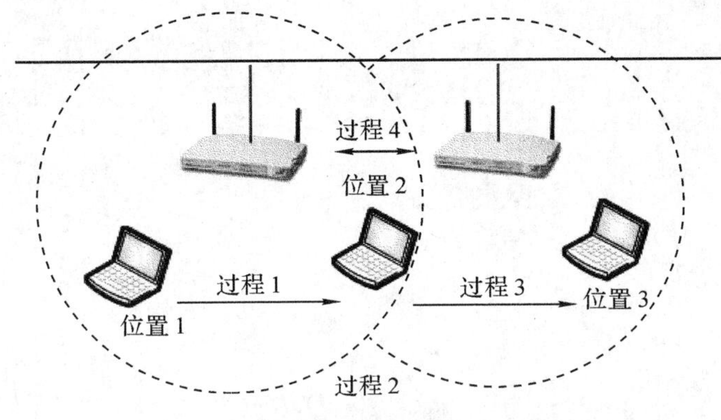

图 10.29　重新关联

无线局域网技术的 MAC 子层负责无线客户端与无线接入点通信。当一个无线客户端进入一个或多个接入点的覆盖范围时，它将根据信号的强度和检测到的误包率，选择其中性能最好的一个无线接入点并与之关联。一旦被该无线接入点接受，无线客户端会将无线信道调整到设置接入的地方。它定期检测所有的无线局域网信道，以便确定是否有其他接入点能够提供更好的性能。如果检测到存在这样一个无线接入点，它将与新的无线接入点重新建立关联，无线客户端将调整设置该无线接入点的无线信道。出现这样的重新连接通常是由于无线客户端在物理位置上离开了原始无线接入点，导致信号变弱。此外，当建筑物中的物理特性发生变化，或者原始无线接入点的网络通信量过高时，也会出现重新关联的情况。在后一种情况下，这个功能称为"负载均衡"，因为它的主要作用是将总体的无线局域网负载最有效地分布到可用的无线基础设施中。

这个与无线接入点的关联和重新关联的过程允许用户通过创建一系列相互重叠的无线覆盖区域，来实现无线局域网的大范围覆盖。要达到这个目的，最理想的办法就是使用前面介绍过的"信道复用"技术。

在无线局域网的漫游过程中，还会涉及两个主要的功能：适应的（或自动的）速率选择（ARS）和动态的速率转换（DRS），它们都是用于描述在无线局域网无线客户端动态的调节速率的方法，这个速率调节在当无线客户端和无线接入点之间距离增加或干扰增加的情况下。

现代扩频系统设计为仅在特定的数据速率进行不连续的跳跃，例如 1，2，5.5 和 11Mbps。当无线接入点和无线客户端之间的距离拉大时，信号强度将下降到一个不能维持当前速率的位置。当这种信号强度的下降产生，传输设备将降低数据速率到下一个更低的特定的数据速率，比如说从 11Mbps 下降到 5.5Mbps 或从 2Mbps 下降到 1Mbps。当距离无线接入点越远，传输速率下降越多，如图 10.30 所示。

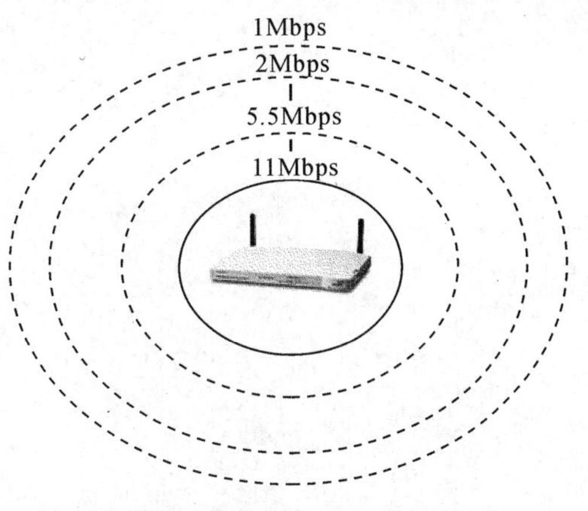

图 10.30　传输速率自适应过程

一个无线局域网系统将不能够从 11Mbps 下降到 10Mbps，例如，由于 10Mbps 不是一个特定的数据速率，产生这个不连续跳跃的方法（依赖于制造商）通常被称为自动速率选择（ARS）和动态速率转换（DRS）。